"十三五"普通高等教育本科系列教材

U0287880

自动控制元件

（第二版）

编著　冯　越　姜艳姝
主审　万　磊　高俊山

中国电力出版社
CHINA ELECTRIC POWER PRESS

内 容 提 要

全书详细介绍了自动控制系统中各种典型的电磁类控制元件的基本结构、工作原理、特性及应用实例。全书共分 11 章，主要内容包括作为执行元件使用的拖动电机中的直流电动机、交流电动机和同步电动机，作为执行元件使用的控制电机中的直/交流伺服电动机、步进电动机、无刷直流电动机、直线电动机以及作为测量元件使用的控制电机中的测速发电机、旋转变压器、自整角机和感应同步器等。本书的编写力求体系完整，注意各种电机的联系与对比，既突出了理论性也增强了实用性。

本书可作为普通高等院校各类自动化专业、电气类专业、机械电子工程专业等的教材，也可作为工程技术人员学习电机知识的参考书。

图书在版编目（CIP）数据

自动控制元件/冯越，姜艳姝编著．—2 版．—北京：中国电力出版社，2018.1（2023.2 重印）

"十三五"普通高等教育本科规划教材

ISBN 978－7－5198－1560－8

Ⅰ.①自…　Ⅱ.①冯…②姜…　Ⅲ.①自动控制－控制元件－高等学校－教材　Ⅳ.①TP273

中国版本图书馆 CIP 数据核字（2017）第 323164 号

出版发行：中国电力出版社

地　　　址：北京市东城区北京站西街 19 号（邮政编码 100005）

网　　　址：http://www.cepp.sgcc.com.cn

责任编辑：周巧玲　（010－63412539）

责任校对：王海南

装帧设计：张　娟

责任印制：吴　迪

印　　　刷：北京雁林吉兆印刷有限公司

版　　　次：2010 年 1 月第一版　2018 年 1 月第二版

印　　　次：2023 年 2 月北京第四次印刷

开　　　本：787 毫米×1092 毫米　16 开本

印　　　张：18.5

字　　　数：448 千字

定　　　价：46.00 元

前　言

　　本书是作者根据自动化专业的性质、教学改革的要求，并结合多年的教学经验编著而成。

　　本书主要内容包括执行元件和测量元件两大部分。涵盖了应用最广泛的拖动电机，如直流电动机、交流电动机和同步电动机三大电机；控制用电机，如伺服电动机、步进电动机、无刷直流电动机、直线电动机；测量用电机，如测速发电机、旋转变压器、自整角机和感应同步器等。

　　本书的特点如下：

　　(1) 内容典型，体系完整。本书介绍了自动控制系统中各种典型的电磁类控制元件，从常用的交、直流电机入手，扩充到各种控制电机，使各类电磁元件（各种电机）有机地结合起来，形成一个完整的体系。

　　(2) 注重基础，结合应用。本书重点介绍了自动控制元件的基本结构、工作原理及特性，在此基础上，各章给出了各种控制元件的应用实例，使读者在学习本教材之后可以对控制元件及其相关知识有比较全面和系统的了解和掌握。

　　(3) 知识更新，适合于作教材。本书既包括执行元件也包括测量元件，尤其对具有新结构和新原理的电磁元件，如无刷直流电动机、直线电动机等也做了一定的介绍，使内容更加充实。作为教材，本书的编写注重层次分明，语言简练，各章节风格统一。为了便于读者对本书教学内容的理解和巩固，各章均配有适当的习题和思考题。课堂讲授与实验总学时数为70学时左右。

　　本书由哈尔滨理工大学冯越和姜艳姝编著。冯越编写了绪论、第1章、第3～7章和附录，姜艳姝编写了第2章和第8～11章。全书由冯越统稿。

　　本书由哈尔滨工程大学万磊教授和哈尔滨理工大学高俊山教授主审，对全书提出了许多宝贵的意见和建议，在此表示诚挚的感谢。在编写过程中作者参考了书末所列的文献资料，在此谨向其作者表示感谢。

　　由于作者水平所限，书中难免有错误和不妥之处，恳请读者批评指正。

编　者

2017 年 10 月

目　　录

第Ⅲ篇　测量元件——控制电机

绪　　论

0.1　控制元件的作用与分类

自 20 世纪 40 年代以来，随着科学技术和生产的迅速发展，自动化技术也随之得到非常广泛地应用，并已渗透到社会生产和人类社会中的许多领域。在宇宙开发利用方面，如卫星发射、轨道变更、飞船发射、姿势控制、飞船回收及其他操作；在航空方面，如机场控制、导航；在国防军事方面，如导弹制导、自动火炮；在交通运输方面，如磁悬浮列车和全天候客机的自动运行；在工业生产方面，如温度、压力、流量、物位、成分等参数的控制，机床、各类大型机械、轧钢机、冶金工程、化工工程、生物与制药工程生产调度；在日常生活方面，如空调器、电梯、自动售货机等，都离不开自动化技术。毫无疑问，自动控制已经是现代工程中非常重要的技术。而所有这些形形色色的控制系统，又都是由一些具有几种典型功能的元器件及其电子线路组成，本书主要介绍自动控制系统中这些常用的元器件。

图 0-1 所示为遥控导弹发射架自动定位系统示意框图。该系统的控制对象是导弹发射架，被控制的量是导弹发射架的转角位置，参考输入信号是电压信号，它代表导弹发射架应当转动的角位移，即期望位置。精密电位器的转轴和发射架的轴相连接，它的输出电压代表发射架的实际位置，这个电压反馈到输入端，又被称为反馈信号。反馈信号和参考输入信号一起加到差动放大器的输入端。如果发射架的实际位置和期望位置不一致，参考输入信号和反馈信号之间就有一个差值，这个差值反映了实际位置偏离期望位置的程度，称为偏差信号。差动放大器将偏差信号放大，放大后的信号仍不足以拖动电动机转动，所以又经过功率放大器放大。功率放大器输出的电压加到直流电动机的电枢绕组上，使电动机转动，带动导弹发射架转动，转动方向是使偏差电压减小到 0。当导弹发射架转动到期望位置时，偏差信号为 0，电动机电枢绕组两端电压也变为 0，电动机应停止转动并使发射架保持在期望位置。当参考输入信号改变时，发射架将随着信号转动。整个系统属于角位移跟踪系统，又称为随动系统或伺服系统。

为了提高系统的跟随性能，实际系统中还要加入串联补偿装置和并联（反馈）补偿装置。

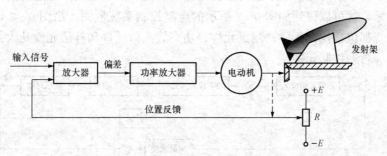

图 0-1　导弹发射架自动定位系统

　　控制系统中的控制元件虽然是各种各样的，但根据它们在控制系统中的功能和作用可以分为以下四大类。

　　(1) 执行元件。驱动控制对象，控制或改变被控量（输出量），直接完成控制任务。

　　应用最广泛的执行元件是电动机，包括直流电动机、异步电动机、步进电动机、小功率同步电动机等。从原理上来说，所有电机都有可逆性，一台电机可以作为电动机用，也可以作发电机用，所以发电机和电动机往往统称为电机。电机按电源性质可分为直流电机、交流电机、脉冲电机等。电机按功率可分为大型、中小型和微型。微电机一般指折算至 1000r/min 时连续额定功率为 750W 及以下，或机壳外径不大于 160mm，或轴中心高不大于 90mm 的电机。微电机按其用途可分为三大类：电源微电机（包括各类发电机），驱动微电机和控制微电机。控制微电机指的是在自动控制系统中，用于检测、放大、执行、解算等用途的微电机。

　　执行元件是控制系统最基本的组成部分。从广义上说，执行元件受放大后的信号驱动，直接带动控制对象完成控制任务。执行元件的作用是将电信号转换成机械位移（线位移或角位移）或速度。系统对执行元件的基本要求是：具有良好的静特性（调节特性和机械特性）和快速响应的动态特性。本书将对执行元件做重点介绍。

　　(2) 测量元件。将被测量检测出来并转换成另一种容易处理和使用的量。所谓容易处理的量，主要指的是电信号，因为只有电信号容易进行放大、加减、积分、微分、滤波、存储和传送。因此，测量元件又可狭义地理解为将外界输入的信号变换为电信号的一类元件。测量元件一般称为传感器。过程控制中又称为变送器。

　　(3) 放大元件。将微弱信号放大，以便最后驱动执行元件。放大元件又可分为前置放大元件和功率放大元件两种。功率放大元件的输出信号具有较高的功率，可以直接驱动执行元件。

　　在控制系统中，控制信号不能直接驱动执行元件——电动机，因为它不能提供电动机运行所需要的足够大的功率。控制信号必须通过功率放大元件才能使电动机按着期望的方向和速度运行。可以说，功率放大元件把具有固定电压的电源变成了由信号控制的能源，电压或电流随控制信号而变化的电源。

　　(4) 补偿元件（旧称校正元件）。为了确保系统稳定并使系统达到规定的精度指标和其他性能指标，控制系统的设计者往往还要在系统中另外增加一些元件，这些元件就被称为补偿元件。补偿元件的作用是改善系统的性能，使系统能正常、可靠地工作并达到规定的性能指标。

　　在图 0-1 的自动定位系统中，执行元件是电动机，测量元件是精密电位器，放大元件是放大器，补偿元件在图中没有画出。

　　如果我们用一个个的方框表示系统中各元件的功能，而用方框图外边的箭头代表元件的输入和输出信号，就可以得到如图 0-2 所示的典型控制系统框图。由图 0-2 可知，任何一个自动控制系统都包括执行元件、测量元件、功率放大器元件和补偿元件几大部分，我们将这些元件统称为自动控制元件。

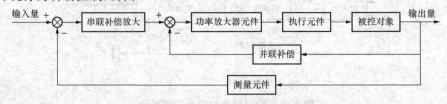

图 0-2　典型控制系统框图

图 0-3 所示为某工件加热用电炉炉温自动控制系统示意。由给定环节给出的电压 u_r 代表所要求保持的炉温，它与表示实际炉温的测温热电耦的电压 u_f 相比较，形成误差电压 $\Delta u = u_r - u_f$。Δu 经过放大器放大后带动电动机 M 向一定方向转动，并使调压器提高或降低加热电压，以使 u_f 达到 u_r 并使 $\Delta u = 0$。这时，电动机不再转动，自动调节系统达到新的平衡点。这里，电动机有一个正确的旋转方向问题，当 $u_r > u_f$，即 $\Delta u > 0$，此时表示炉温低于所要求保持的恒值，电动机的旋转方向应该使调压器的滑动触点向上，以增加加热电压。反之，$\Delta u < 0$，则滑动触点应向下移动以减少加热电压。这里，执行元件是电动机，测量元件是热电耦，放大元件是放大器，补偿元件在图中没有画出。

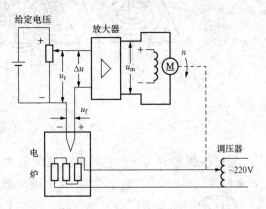

图 0-3　自动控温系统示意

由于自动控制元件是构成自动控制系统的基础，无疑其性能将在很大程度上决定着整个系统的工作。所以现代控制系统对元件提出了高可靠性、高精度、快速性的要求。

0.2　本书的主要内容

本书主要介绍自动控制系统中常见的电磁类执行元件和测量元件。这些元件是在磁场参与下进行机械能与电能或电能与电能之间的转换，它们是利用电和磁的原理进行工作的元件，我们把这类元件统称为电磁元件。常见的电磁类执行元件包括拖动电动机中的直流电动机、交流电动机和同步电动机三大电动机以及控制微电动机（也称控制电动机）中的伺服电动机、步进电动机、无刷直流电动机、直线电动机等，常见的电磁类测量元件包括控制电机中的测速发电机、旋转变压器、自整角机和感应同步器等。有的元件，如测速发电机，既可做测量元件，也可做反馈补偿元件。而放大元件（装置）和大部分补偿元件（装置）均由电子线路组成，或是由计算机实现，这些内容在电子技术、电力电子技术、自动控制原理及计算机控制等课程中有详细介绍，本书不再赘述。

必须说明的是：为了适应教学改革，编著本书旨在将电机与拖动、自动控制元件两门课程融会贯通，合二为一，故本书对电机与拖动内容要有所侧重。实际上，拖动电机、控制电机就是执行元件。

自动控制元件这门课程涉及的知识面广，实用性强。本书将从结构、原理、特性和应用实例四个方面介绍常用的控制元件。希望同学们通过本门课程的学习，对所介绍的控制元件能够做到了解结构，熟悉原理，掌握特性，正确使用。

0.3　预　备　知　识

1. 感应强度（或磁通密度）B

磁场是由电流产生的。描述磁场强弱及方向的物理量是磁感应强度 B。为了形象地描绘磁场，采用磁感应线或称磁力线，磁力线是无头无尾的闭合曲线。图 0-4 所示为直线电流、圆电流及螺线管电流产生的磁力线。

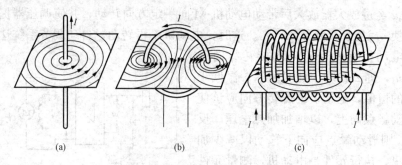

(a)　　　　　　　　　(b)　　　　　　　　　(c)

图 0-4　电流磁场中的磁力线

磁感应强度 B 与产生它的电流之间的关系用毕奥—萨伐尔定律描述，磁力线的方向与电流的方向满足右手螺旋关系，如图 0-5 所示。

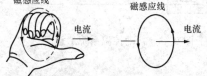

磁感应线　　　　　　　磁感应线

电流　　　　　　　　　电流

图 0-5　磁力线与电流的右手螺旋关系

2. 磁场强度 H

计算导磁物质中的磁场时，引入辅助物理量磁场强度 H，它与磁密 B 的关系为

$$B = \mu H \qquad\qquad (0-1)$$

式中　μ——导磁物质的磁导率。

真空的磁导率为 μ_0。铁磁材料的 $\mu \gg \mu_0$，例如铸钢的 μ 约为 μ_0 的 1000 倍，各种硅钢片的 μ 为 μ_0 的 6000～7000 倍。国际单位制中磁场强度 H 的单位名称为安［培］/米，单位符号 A/m。

3. 安培环路定律 l

在磁场中，沿任意一个闭合磁回路的磁场强度线积分等于该回路所环链的所有电流的代数和，即

$$\oint_l H \mathrm{d}l = \sum I \qquad\qquad (0-2)$$

式中　$\sum I$——该磁路所包围的全电流。

因此，这个定律也叫全电流定律。工程应用中遇到的磁路，其几何形状是比较复杂的，直接利用安培环路定律的积分形式进行计算有一定的难度。为此，在计算磁路时，要进行简化。简化的办法是把磁路分成几段，几何形状规则的为一段，找出它的平均磁场强度，再乘上这段磁路的平均长度，得磁位降（也可理解为一段磁路所消耗的磁通势）。最后把各段磁路的磁位降加起来，就等于总磁通势，即

$$\sum_{k=1}^{n} H_k l_k = \sum I = IW \qquad\qquad (0-3)$$

式中　H_k——磁路里第 k 段磁路的磁场强度，A/m；

　　　l_k——第 k 段磁路的平均长度，m；

　　　IW——作用在整个磁路上的磁通势，即全电流数，安匝；

　　　W——励磁线圈的匝数。

式（0-3）也可以理解为，消耗在任一闭合磁回路上的磁通势，等于该磁路所链着的全

部电流。

4. 铁磁材料的磁化特性

铁磁材料（如铁、镍、钴等）的磁导率 μ 比空气的磁导率 μ_0 大几千到几万倍。对于铁磁材料，磁导率 μ 除了比 μ_0 大得多外，还与磁场强度以及物质磁状态的历史有关，所以铁磁材料的 μ 不是一个常数。在工程计算时，不按 $H=B/\mu$ 进行计算，而是事先把各种铁磁材料用试验的方法，测出它们在不同磁场强度 H 下对应的磁密 B，并画成 $B—H$ 曲线，称为磁化曲线，如图 0-6 所示。从图 0-6（a）曲线 1、曲线 3 看出，铁磁材料的 $B—H$ 曲线不是单值的，而是具有磁滞回线的特点，即在同一个大小的磁场强度 H 下，对应着两个磁密 B 值，这就是说，究竟是对应着哪一个磁密 B 值，还要看铁磁材料工作状态的历史情况。当铁磁材料的磁滞回线较窄时，可以用它的平均磁化曲线，即基本磁化曲线 [见图 0-6（a）中曲线 2] 进行计算。这样 B 与 H 之间便呈现了单值关系。顺便还要指出，磁化特性的另一个特点是具有饱和性。图 0-6（b）是铁磁材料的原始磁化特性，它与平均磁化特性相差甚小。当磁场强度从 0 增大时，磁密 B 随磁场强度量增加较慢（图中 0a 段），之后，磁密 B 随 H 的增加而迅速增大（ab）段，过了 b 点，B 的增加减慢了（bc 段），最后为 cd 段，又呈直线。其中，a 称为跗点，b 点为膝点，c 点为饱和点。过了饱和点 c，铁磁材料的磁导率趋近于 μ_0。

磁滞回线较窄的铁磁材料属于软磁材料，如硅钢片、铁镍合金、铁淦氧、铸钢等。这些材料磁导率较高，回线包围面积小，磁滞损耗小，多用于作电机、变压器的铁芯。硬磁材料，如钨钢、钴钢等，其磁滞回线较宽，主要用作永久磁铁。

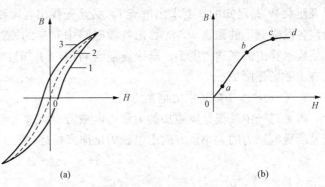

(a)　　　　　　　　　　(b)

图 0-6　铁磁材料的磁化特性
1—磁滞回线上升分支；2—平均磁化特性；3—磁滞回线下降分支

5. 磁感应通量（或磁通）Φ

穿过某一截面积 S 的磁感应强度 B 的通量，即穿过截面积 S 的磁力线根数称为磁感应通量，简称磁通，用 Φ 表示，即

$$\Phi = \int_S B \mathrm{d}S \tag{0-4}$$

在均匀磁场中，如果截面积 S 与 B 垂直，如图 0-7 所示，则式（0-4）变为

$$\Phi = BS \quad \text{或} \quad B = \frac{\Phi}{S} \tag{0-5}$$

式中　B——单位截面积上的磁通，称为磁通密度，简称磁密，在电机和变压器中常采用磁密。

在国际单位制中，Φ 的单位名称为韦 [伯]，单位符号 Wb；B 的单位名称为 [特斯拉]，单位符号 T，$1\mathrm{T}=1\mathrm{Wb/m^2}$。

6. 简单磁路的计算方法

图 0-8 所示为一个最简单的磁路，它是由铁磁材料和空气两部分串联而成。铁芯上绕

了匝数为 W 的线圈称为励磁线圈，线圈电流为 I。进行磁路计算时，把这个磁路按材料及形状分成两段，一段截面积为 S 的铁芯，长度为 l，磁场强度为 H；另一段是空气，长度为 δ，磁场强度为 H_δ。根据安培环路定律，则

$$Hl + H_\delta\delta = IW \qquad (0\text{-}6)$$

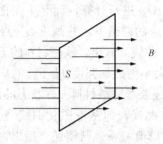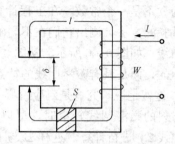

图 0-7　均匀磁场中的磁通　　　　　　　　　图 0-8　简单磁路

在电机或变压器里，磁路计算时，已知的是磁路里各段的磁通 Φ 以及各段磁路的几何尺寸（即磁路长度与横截面），求出所需的总磁通势 IW。从式（0-6）看出，磁路长度 l、δ 以及匝数 W 是已知的，要求出电流 I，必须先找出各段磁路的 H 和 H_δ。具体计算时，根据给定各段磁路里的磁通 Φ，先算出各段磁路中对应的磁通密度 B（$B = \Phi/S$，S 是截面积），然后根据算出的磁通密度 B，求磁场强度 H（$H = B/\mu$）。对于铁磁材料，可以根据其磁化特性查出磁场强度 H。

7. 载流导体在磁场中的电磁力定律

磁场对场中载流导体施加的力称为电磁力，流过电流 i 的导体上取一小段为电流元，电流元所受电磁力的大小及方向由电磁力定律来描述，即

$$\mathrm{d}f = i\mathrm{d}l \cdot B \qquad (0\text{-}7)$$

式中　$\mathrm{d}l$——线元；

　　$i\mathrm{d}l$——电流元，方向同电流 i 的方向；

　　B——电流元所在处的磁感应强度；

　　$\mathrm{d}f$——磁场对电流元的作用力。

在均匀磁场中，若载流直导体与 B 方向垂直、长度为 l，流过的电流为 i，载流导体所受的力为 f，则

$$f = Bli \qquad (0\text{-}8)$$

在电机学中用左手定则确定 f 的方向。即伸开左手，大拇指与其他四指成 $90°$，如图 0-9 所示，如果磁力线穿过手心，其他四指指向导线中电流的方向，则拇指指向就是导体受力的方向。

8. 电磁感应定律

变化的磁场会产生电场，使导体中产生感应电动势，这就是电磁感应现象。在电机中电磁感应现象主要表现在两个方面：①导体与磁场有相对运动，导体切割磁力线时，导体内产生感应电动势，称为切割电动势；②线圈中的磁通变化时，线圈内产生感应电动势。下面介绍这两种情况下产生的感应电动势的定性与定量的描述。

（1）切割电动势。长度为 l 的直导体在磁场中与磁场相对运动，导体切割磁力线速度为 v，导体处的磁感应强度为 B 时，若磁场均匀、直导线 l，磁感应强度 B，导体相对运动方

向 v 三者互相垂直，则导体中感应电动势为

$$e = Blv \qquad (0-9)$$

在电机学中用右手定则确定电动势 e 的方向。即把右手手掌伸开，大拇指与其他四指成 $90°$ 角，如图 $0-10$ 所示，如果让磁力线穿过手心，拇指指向导体运动方向，则其他四指的指向就是导体中感应电动势的方向。

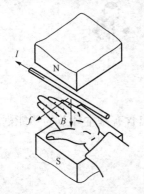 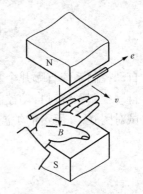

图 $0-9$　左手定则确定感应电动势　　　　　图 $0-10$　右手定则确定电磁力

(2) 变压器电动势。图 $0-11$ 所示，匝数为 W 的线圈环链着磁通 Φ，当 Φ 变化时，线圈 AX 两端感匝电动势 e，其大小与线圈匝数及磁通变化率成正比。方向由楞次定律决定。当 Φ 增加时，即 $\mathrm{d}\Phi/\mathrm{d}t > 0$，$A$ 点为高电位，X 点为低电位；当 Φ 减小时，即 $\mathrm{d}\Phi/\mathrm{d}t < 0$，根据楞次定律，$X$ 点为高电位，A 点为低电位。为了写成数学表达式，首先规定电动势 e 的正方向。有以下两种方法。

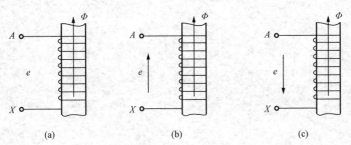

图 $0-11$　磁通及其感应电动势

1) 按左手螺旋关系规定 e 与 Φ 的正方向。如图 $0-11$（b）所示，e 的正方向从 X 指向 A。与实际情况相比，当 $\mathrm{d}\Phi/\mathrm{d}t > 0$ 时，实际上是 A 点高电位，X 点低电位，而规定的 e 的正方向与之相同，这样 $e > 0$；当 $\mathrm{d}\Phi/\mathrm{d}t < 0$ 时，实际上是 A 点低电位，X 点高电位，而规定的 e 的方向正好与之相反，因此 $e < 0$。这样，$\mathrm{d}\Phi/\mathrm{d}t$ 与 e 的符号是一致的，同时为正或同时为负，e 和 Φ 之间的关系应为

$$e = W \frac{\mathrm{d}\Phi}{\mathrm{d}t}$$

2) 按右手螺旋关系规定 e 与 Φ 的正方向。如图 $0-11$（c）所示，此时 e 的正方向从 A 指向 X。与实际情况相比，当 $\mathrm{d}\Phi/\mathrm{d}t > 0$ 时，实际上 A 点为高电位，X 点为低电位，而规定的 e 的正方向与实际方向相反，此时 $e < 0$；显然，当 $\mathrm{d}\Phi/\mathrm{d}t < 0$ 时，$e > 0$，这就是 $\mathrm{d}\Phi/\mathrm{d}t$ 与 e

总是不同符号，e 与 Φ 的关系式应为

$$e = -W\frac{\mathrm{d}\Phi}{\mathrm{d}t}$$

以上两种不同正方向的规定下，数学式的符号不同。

思考题与习题

0-1　自动控制系统有哪几个基本元件？

0-2　自动控制系统对自动控制元件有何要求？

0-3　试对图 0-3 所示的炉温自动控制系统作出含有基本环节的功能框图。

第Ⅰ篇 执行元件——拖动电机

电机是自动控制系统中一种最重要和最基本的元件，它包括发电机和电动机两大类。作为动力元件，发电机是电能的主要能源，它将机械能转换为电能；作为用电元件，电动机是主要的设备，它将电能转换为机械能来拖动生产机械。

第1章 直 流 电 机

1.1 直 流 电 机 的 结 构

直流电机分为直流电动机和直流发电机两大类。从直流电机的主要结构来看，发电机和电动机没有太大差别，主要是由定子（静止的）部分、转子（旋转的）部分和气隙组成。对电机来说，固定不动的部分称为定子；旋转的部分称为转子，定子与转子间的空隙称为气隙。结构图和基本组成如图1-1和图1-2所示。

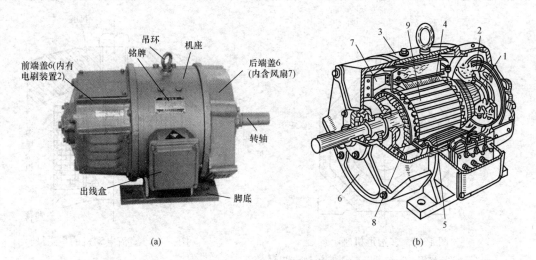

图 1-1 直流电机结构图

(a) 实物图；(b) 装配图

1—换向器；2—电刷装置；3—机座；4—主磁极；5—换向极；6—端盖；7—风扇；8—电枢绕组；9—电枢铁芯

1.1.1 定子部分

1. 机座

机座用来固定主磁极和换向极，并借助它与底座相连以固定电动机。机座由铸钢或钢板制成，它是磁路的一部分，故称之为定子磁轭。机座两端装有端盖以保护绕组，中小型电动机端盖中装有轴承以支撑电枢。多边形机座示意如图1-3所示。

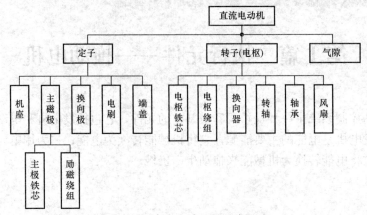

图 1 - 2　直流电动机的基本组成

2. 主磁极

固定在电动机外壳内部的磁极，由主磁极铁芯和励磁绕组两部分组成，其作用是产生磁场。主磁极总是成对出现，用 p 代表磁极对数，如四极电动机 $p=2$，直流电动机可以做成多对磁极。转子转动时，因齿与槽相对于主磁极铁芯在不断地变动，即磁路的磁阻在不断变化，从而在主磁极铁芯中将引起涡流损耗。为了减小涡流损耗，主磁极铁芯常用 1.5mm 厚的低碳薄钢板叠压而成。主磁极上有励磁绕组，多数直流电动机都是由励磁绕组通以直流电流来建立主磁场，只有小功率直流电动机的主磁极会用永久磁铁，由永久磁铁做成的电动机叫永磁直流电动机。直流电动机的主磁极如图 1 - 4 所示。

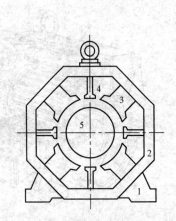

图 1 - 3　多边形机座示意

1—机座；2—磁轭；3—主极；4—换向极；5—电枢

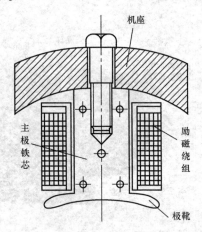

图 1 - 4　直流电动机的主磁极

3. 换向极

换向极又称附加极，用以产生换向磁场，改善电动机的换向，减小换向火花。换向极放置在主磁极间，铁芯大多用整块钢加工而成，大型直流电动机也采用硅钢片叠压而成。换向绕组与电枢绕组串联，电流较大，一般用铜线或扁铜线绕制而成。

4. 电刷

电刷有两个作用：其一是把转动的电枢与静止的外电路相连接，使电流经电刷流入电枢或从电枢流出；其二是它与换向器配合而获得直流电压。电刷常用具有光滑接触特性的石墨、混有金属的金属石墨或润滑性与石墨相同的金属制成的导电块，装在刷盒内用弹簧压在换向器上，电动机旋转时与换向器表面形成滑动接触。刷盒固定在刷杆上，刷杆用刷架座圈固定在端盖或机座上。电刷的数目等于主磁极数，或电刷对数等于主磁极对数，同极性的各刷杆用连接线连在一起并引到电动机出线盒的接线柱上，或将其先与换向极绕组串联后再引到出线柱上。这样，电刷的一端与换向器相连，另一端与电源相接，电动机的电流将通过电刷和换向器流入电枢绕组。电刷装置如图1-5所示，直流电动机的电枢如图1-6所示。

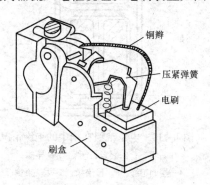

铜辫

压紧弹簧

电刷

刷盒

图1-5 电刷装置

图1-6 直流电动机的电枢

1.1.2 转子部分

直流电机转子又称电枢，它是产生感应电动势和通过电流从而实现能量转换的枢纽，转子由电枢铁芯、电枢绕组、换向器和转轴组成。

1. 电枢铁芯

电枢铁芯的作用是给主磁通提供磁的通路和嵌入电枢绕组。它放置在主磁极内侧的空间上，由于电枢转动时，穿过铁芯的磁通方向不断变化，铁芯中会产生涡流及磁滞损耗，为了减少涡流损耗，电枢铁芯大多是用0.5mm厚的硅钢片叠压而成的圆柱体，片间有绝缘涂层，片的边缘冲有槽以放电枢绕组，片上有通风孔，整个铁芯固定在转子支架或转轴上。电枢铁芯冲片如图1-7所示，电枢铁芯如图1-8所示，转子槽和嵌入的绕组如图1-9所示。

图1-7 电枢铁芯冲片

图1-8 电枢铁芯

2. 电枢绕组

用以产生感应电动势和感应电流，使电动机实现能量转换。电枢绕组通常是将绝缘铜线在模型上绕成线圈后，再嵌入铁芯槽中，各线圈的两端分别与相应的换向片相连，这样，各线圈通过换向片连接起来构成电枢绕组。为了防止电动机转动时线圈受离心力而甩出，在槽口加上槽楔予以固定，伸出槽外的端接部分用钢丝或玻璃丝带扎紧在绕组支架上。

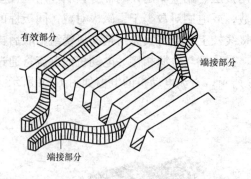

图 1-9　转子槽和嵌入的绕组

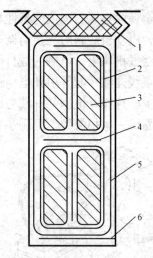

图 1-10　电枢绕组在槽中的绝缘情况

1—槽楔；2—线圈绝缘；3—导体；

4—层间绝缘；5—槽绝缘；6—槽底绝缘

3. 换向器

换向器的作用对发电机而言，是将电枢绕组内感应的交流电动势转换成电刷间的直流电动势；对电动机而言，则是将从电源输入的直流电流转换成电枢绕组内的交变电流，并保证每个磁极下电枢导体内电流的方向不变，以产生相同方向的电磁转矩。换向器安装在转轴上，与电枢线圈相连并与电枢一起转动。换向器由许多楔形铜质换向片组成，片间用云母绝缘，拼成圆筒形，用套筒和压圈固定于转轴上且与转轴绝缘，电枢绕组的每个线圈的两端分别焊接在两个换向片上，整个换向器外侧放置电刷以传导电流。换向器结构如图 1-11 所示。直流电动机连接线示意如图 1-12 所示。

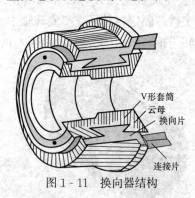

图 1-11　换向器结构

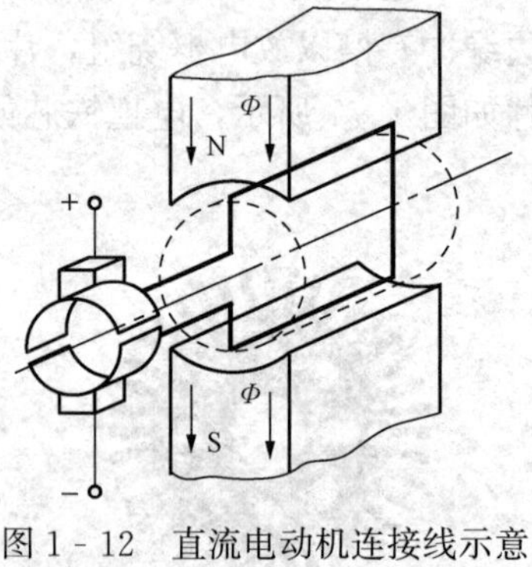

图 1-12　直流电动机连接线示意

1.1.3　气隙

在静止的主磁极和转动的电枢之间有一空气隙，气隙对电动机的运行性能影响很大。空气隙的大小随电动机容量的不同而不同。小型电动机的空气隙为 1～3mm，大型电动机的气隙可达 12mm。空气隙的量值虽小，但由于其磁阻较大，因而在电动机磁路中占有很重要的地位。

1.1.4　型号和额定值

1. 型号

在电动机机座的表面上钉有铭牌，其上标明电动机型号、电动机额定数据和产品数据

（如出厂编号、出厂日期）等。国产电动机的型号一般用大写汉语拼音和阿拉伯数字表示，如 Z_3-31 型，其含义如下：

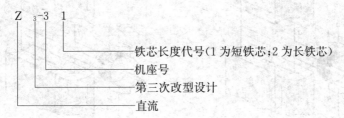

汉语拼音表示产品代号，ZF 和 ZD 系列分别代表直流发电机和电动机，如 Z 系列代表一般用途的直流电动机；ZJ 系列代表精密机床用直流电动机；ZT 系列代表调速直流电动机；ZQ 系列代表直流牵引电动机；ZH 系列代表船用直流电动机；ZFH 系列代表船用直流发电机；ZA 系列代表防爆安全型直流电动机；ZKJ 系列代表挖掘机用直流电动机；ZZJ 系列代表冶金、起重机用直流电动机；ZYT 系列代表永磁直流电动机等。

2. 额定值

（1）额定电压 U_N：电动机在额定状态下运行时，电枢出线端的电压，单位为 V。

（2）额定电流 I_N：流过电枢回路的总电流，单位为 A。

（3）额定功率 P_N：电动机在铭牌规定的额定状态下运行时，电动机的输出功率，单位为 kW。对于电动机，额定功率是指轴上输出的机械功率，$P_N=U_N I_N \eta_N$；对于发电机，是指电刷间输出的电功率，$P_N=U_N I_N$。

（4）额定转速 n_N：指额定状态下运行时，转子的转速，单位为 r/min。

（5）额定励磁电流 I_f：指电动机在额定状态时的励磁电流，单位为 A。

（6）工作方式（定额）：指电动机在正常使用时持续的时间。分连续、断续和短时三种。

直流电动机按额定值运行时，称为额定运行状态。额定状态下运行，电动机效率最高。电动机的铭牌上标出的各物理量都是额定值。直流电动机铭牌示意如图 1 - 13 所示。

直 流 电 动 机			
型　号	Z_3-31	励磁方式	他励
功　率	1.1kW	励磁电压	100V
电　压	110V	励磁电流	0.713A
电　流	13.45A	工作方式	连续
转　速	1500r/min	重　量	59kg
产品编号		出厂日期　　年 月	
× × 电 机 厂			

图 1 - 13 直流电动机铭牌示意

1.2 直流电机的基本工作原理

1.2.1 直流电动机的基本工作原理

1. 直流电动机的基本工作原理

图 1 - 14 所示为直流电动机的物理模型，N、S 为定子磁极，固定不动。abcd 是固定在可旋转导磁圆柱体上的线圈，线圈连同导磁圆柱体称为电动机的转子或电枢。线圈的首末端 a、d 连接到两个相互绝缘并可随线圈一同旋转的换向片上。转子线圈与外电路的连接是通过放置在换向片上固定不动的电刷完成的。

把电刷 A、B 接到直流电源上，电刷 A 接正极，电刷 B 接负极。此时电枢线圈中将有电流流过。如图 1 - 14（a）所示，设导体中的电流为 i（A），根据电磁力定律，带电导体在

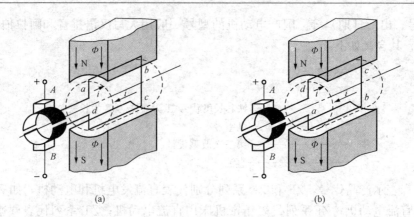

图 1 - 14　直流电动机模型

磁场中会受到电磁力 f 的作用，每边导体受力的大小可通过下式求得

$$f = Bli \tag{1-1}$$

式中　B——磁场的磁感应强度，Wb/m^2；

　　　l——导体 ab 或 cd 的有效长度，m；

　　　i——导体中的电流，A。

　　电磁力 f 的单位为 N。导体受力方向由左手定则确定。在磁场作用下，N 极性下导体 ab 受力方向从右向左，S 极下导体 cd 受力方向从左向右。该电磁力形成逆时针方向的电磁转矩。当电磁转矩大于阻转矩时，电动机转子逆时针方向旋转。当电枢旋转到图 1 - 14（b）所示的位置时，原 N 极性下导体 ab 转到 S 极下，受力方向从左向右，原 S 极下导体 cd 转到 N 极下，受力方向从右向左。该电磁力形成逆时针方向的电磁转矩。线圈在该电磁力形成的电磁转矩作用下继续逆时针方向旋转。由于线圈转动时电刷不动，和电刷 A 接触的导体总是位于 N 极下，其受力方向总是从右向左；和电刷 B 接触的导体总是位于 S 极下，其受力方向总是从左向右，这一对电磁力形成一个力矩，称为电磁转矩，电动机在此电磁转矩作用下按逆时针方向旋转起来。

　　实际直流电动机的电枢根据需要有多个线圈。线圈分布在电枢铁芯表面的不同位置，按照一定的规律连接起来，构成电机的电枢绕组。根据需要，磁极也按 N、S 极交替放置多对。

　　2. 直流发电机工作原理

　　当原动机驱动电机转子逆时针旋转时，根据电磁感应定律知，导体在磁场中运动，切割磁力线，导体中会产生感应电动势，即在线圈 $abcd$ 中将产生感应电动势。每边导体感应电动势的大小可通过下式求得

$$e = Blv \tag{1-2}$$

式中　B——磁场的磁感应强度，Wb/m^2；

　　　l——导体 ab 或 cd 的有效长度，m；

　　　v——导体 ab 或 cd 的线速度，m/s。

　　由此计算出来的感应电动势单位是 V，其方向可用右手定则确定。在逆时针旋转时，如图 1 - 15（a）所示，导体 ab 在 N 极下，感应电动势的极性为 a 点高电位，b 点低电位；导体 cd 在 S 极下，感应电动势的极性为 c 点高电位，d 点低电位；在此状态下，电刷 A 的极

性为正，电刷 B 的极性为负。当线圈旋转 180°后，如图 1 - 15（b）所示，导体 ab 在 S 极下，感应电动势的极性为 a 点低电位，b 点高电位；而导体 cd 在 N 极下，感应电动势的极性为 c 点低电位，d 点高电位；由于线圈转动时电刷不动，和电刷 A 接触的导体总是位于 N 极下，和电刷 B 接触的导体总是位于 S 极下，因此电刷 A 的极性总是正的，电刷 B 的极性总是负的，在电刷 A、B 两端可获得直流电动势。

与直流电动机相同，实际的直流发电机的电枢并非单一线圈，磁极也并非一对。

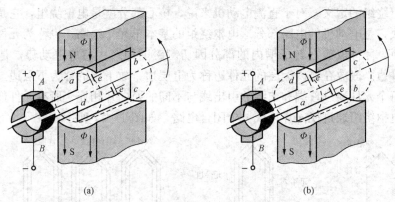

(a)　　　　　　　　　　　(b)

图 1 - 15　直流发电机模型

3. 直流电动机的励磁方式

直流电动机励磁绕组的供电方式称为励磁方式。根据励磁绕组与电枢绕组的连接方式，可分为他励和自励两大类，自励包括并励、串励和复励。他励直流电动机的励磁绕组接在独立的励磁电源上，与电枢绕组无关，如图 1 - 16（a）所示。对发电机来说，自励是指励磁电流由发电机本身供给；对电动机来说，自励是指励磁电流与电枢为同一电源，如图 1 - 16（b）～（d）所示。四种电动机在能量转换的电磁过程中没有本质的区别，但运行特性却差别很大。

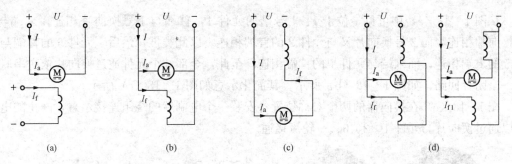

(a)　　　　　　(b)　　　　　　(c)　　　　　　(d)

图 1 - 16　直流电机的励磁方式
（a）他励；（b）并励；（c）串励；（d）复励

并励电动机的励磁绕组与电枢绕组并联，他励和并励方式励磁绕组匝数较多，导线较细；串励电动机的励磁绕组与电枢绕组串联，电枢电流就是励磁电流，励磁绕组匝数少、导线较粗；复励直流电动机在主磁极上装有两套励磁绕组，一套与电枢绕组并联是并励绕组，另一套与电枢绕组串联是串励绕组。两套励磁绕组产生的磁通方向相同时称为积复励，方向相反称为差复励。工业应用中常用积复励。

　　励磁绕组所消耗的功率为电动机额定功率的 $1\%\sim3\%$，并励或他励绕组中的电流一般为额定电流的 $1\%\sim5\%$。

　　另外，为了减小体积，小型直流电动机可采用永磁式。控制系统中采用的电磁式直流电动机几乎都是他励直流电动机，所以本章重点介绍他励直流电动机。

1.2.2　直流电动机的电枢绕组和磁场

1. 直流电动机的电枢绕组

（1）电枢绕组的定义。对于直流电动机来说，核心部分就是电枢绕组，它是由带绝缘的导线绕制而成，是电动机的电路部分。电枢绕组的基本单元是线圈，也称为元件。元件可以是单匝或多匝，元件嵌放在转子槽内的部分因切割磁通而产生感应电动势，是它的有效部分，称为元件边。嵌放在槽内上层的元件边称为上层边，放下层的称为下层边，这样构成了双层绕组。每个元件通过首端和末端的引出线与不同的换向片相连，所有元件连接起来构成绕组，整个电枢绕组通过换向片连成一个闭合电路，如图 1-17 所示。

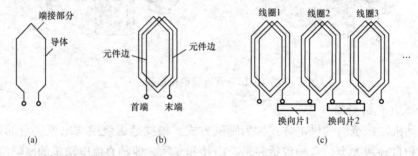

图 1-17　线匝、线圈和绕组
(a) 线匝；(b) 线圈；(c) 绕组

　　（2）电枢绕组的连接方式。现以 6 个槽的电枢绕组为例，介绍直流电枢绕组的连接方式。

　　从图 1-18（a）中可见，位于 1、4 号槽的元件 1，首端与 1 号换向片相连，末端与 2 号换向片相连，而 2 号换向片又与元件 2 的首端相连。以此类推，最后，元件 6 的首端与元件 5 的末端相连，而末端与元件 1 的首端相连。至此，全部 6 个元件通过换向片依次串联构成一个闭合回路，如图 1-18（b）所示，其简化示意如图 1-18（c）所示。

　　图 1-18（c）在换向器的两个对称位置各安装一个电刷后的绕组连接示意，静止的电刷可以通过换向片与元件 1、2、3、…轮流接通。

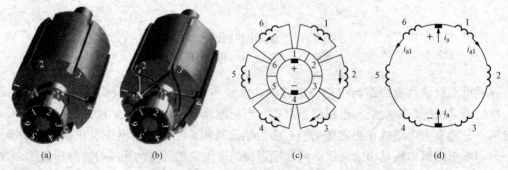

图 1-18　电枢绕组连接示意

图 1-18 (d) 则是更简化的示意。由图可见，装上一对电刷后，绕组就具有了两条并联支路。

图 1-19 中安装了两对电刷，从而具有 4 条并联支路。

（3）电枢电流与导体电流的关系。电枢电流是通过电刷流经电枢绕组各支路的总电流，而导体电流则是其中一条支路的电流。设并联支路对数为 a，则并联支路数为 $2a$，由图 1-18 (d) 和图 1-19 (b) 可知，电枢电流 I_a 等于每根导体中的电流 i_a 之和。即

$$I_a = 2ai_a \qquad (1-3)$$

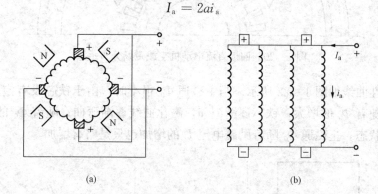

(a)　　　　　　　　　　　　(b)

图 1-19　导体中的电流与电枢电流
(a) 两极电动机接线图；(b) 等效电路（电动状态）

电枢电流的方向，由图 1-18 (c) 和 (d) 可知，在电枢旋转过程中，电枢电流的方向是固定不变的，图中总是从上到下的方向，但导体电流的方向却是变化的：右边支路的电流从线圈的首端流到尾端，而左边支路的电流从尾端流到首端。所以，在电枢旋转过程中，当一根导体从一条支路进入另一条支路时，其中的电流会改变方向。根据这一特点，在设计电枢绕组时，总是尽可能使得同一个磁极下的导体电流具有相同的方向，以便获得较大的电磁转矩。

2. 直流电动机的磁场

直流电动机空载是指电动机对外无功率输出，即电动机不输出机械功率，发电机不输出电功率，不带负载空转的一种状态。这时，电动机电枢电流很小可忽略，而发电机电枢电流为 0，所以直流电动机空载磁场就是指由励磁绕组通入励磁电流单独产生的磁场。

图 1-20 所示为一台四极直流电动机空载磁场分布示意。通入励磁电流后，在电动机中产生励磁磁场。实际的励磁磁通可分为主磁通 Φ_0 和漏磁通 Φ' 两部分。主磁通 Φ_0 的路径是从定子 N 极出发，经气隙进入电枢铁芯，再经气隙进入定子 S 极铁芯，然后由定子磁轭回到 N 极，形成闭合回路。由此可见，主磁通 Φ_0 既与励磁绕组交链，又与电枢绕组交链。漏磁通 Φ' 不经过电枢铁芯而直接进入相邻的磁极或磁轭里形成闭合回路，约占主磁通的 20%。

主磁极正对着电枢的部分叫极靴，极靴与机座间套装励磁绕组的部分叫极身。由于极靴下气隙小而极靴外气隙很大，所以在磁极轴线处气隙磁通密度最大而靠近极尖处气隙磁密逐渐减小，在极靴以外则显著减小，至 N 极与 S 极的分界线处磁密为 0，所以，空载时的气隙磁通密度为一平顶波，如图 1-21 所示。

空载主磁通 Φ_0 与空载磁动势 F_f（或空载励磁电流 I_f）的关系称为直流电动机的空载磁

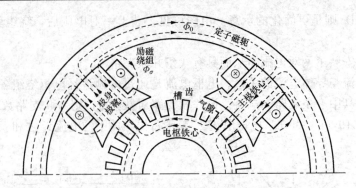

图 1 - 20　四极直流电动机空载磁场分布示意

化特性，其特性曲线如图 1 - 22 所示。当主磁通 Φ_0 很小时，由于铁芯没有饱和，磁化曲线接近于直线；随着 Φ_0 的增大，铁芯逐渐饱和，磁化曲线逐渐弯曲；随着 Φ_0 的进一步增大，铁芯进入饱和状态，主磁通 Φ_0 随着励磁电流 I_f 的增加也只是略有增加。

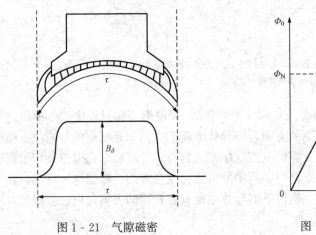

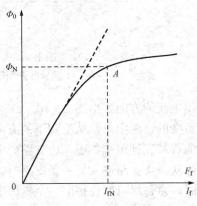

图 1 - 21　气隙磁密　　　　　　　　　图 1 - 22　空载磁化性曲线

　　为了经济、合理地利用材料，一般直流电机额定运行时，额定磁通 Φ_N 设定在图中 A 点，即磁化特性曲线开始进入饱和区的位置。

　　3. 电枢反应

　　直流电机空载运行时，励磁绕组接入励磁电流，产生主磁场 Φ_0，如图 1 - 20 所示。电机负载运行时，电枢电流也会产生磁场，它会影响励磁电流所建立的磁场的分布情况，甚至可能使每极磁通的大小发生变化，这种现象称为电枢反应。

　　图 1 - 23（a）、（b）表示励磁电流和电枢电流分别单独作用时的磁场。由图 1 - 23（b）知，负载运行时，在一个磁极下电枢导体的电流都是一个方向，相邻的不同极性的磁极下电枢导体的电流方向相反。电枢旋转时，各磁极下电枢电流的方向不变，因此电枢磁场的方向也不变。由图 1 - 23（a）、（b）可知，电枢磁场的轴线（q 轴）与主磁场 Φ_0 的轴线（d 轴）相互垂直。

　　图 1 - 23（c）表示主磁极磁场和电枢磁场共同作用下的合成磁场。在电枢磁场作用下，电机的主磁场不再对称于主磁场的轴线，使磁场发生畸变，气隙磁密为 0 的地方发生了偏离。这时，在主磁极的前极尖（电枢旋转时电枢上一点先进入的极尖）磁场减弱，而后极尖

（电枢旋转时最后退出的极尖）气隙磁场加强，如果电机磁路不饱和，即工作于磁化曲线的近似直线段，则增强的磁通与减弱的磁通数值相等，一个磁极下的合成磁密的平均值不变，每极磁通的大小不变。若电机的磁路饱和，如空载工作点在图 1-22 磁化曲线的拐弯 A 点处，则增强的磁通比减弱的磁通要少，使每极下的平均磁密减少，总的来说削弱了气隙磁场，如图 1-23（d）所示。可见，在磁路饱和情况下，电枢反应使每极磁通减少，这就是电枢反应的去磁作用。

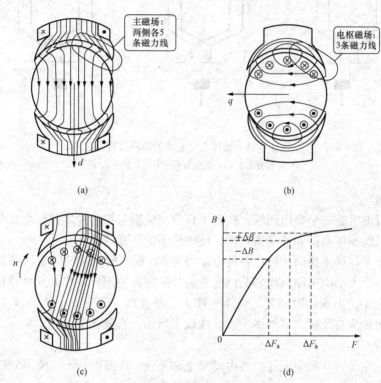

图 1-23 电枢反应的磁场

（a）主磁极磁场；（b）电枢磁场；（c）负载运行时的合成磁场；（d）空载磁密

1.2.3 直流电动机的换向

直流电动机的电枢绕组是闭合的回路，经换向器与电刷接触后分为几条支路，电动机在运转时，电枢绕组的元件将从一条支路换接到另一条支路，此时元件内的电流会改变方向。元件电流改变方向的过程称为换向过程。在这一过程中，不仅元件电流在换向片经过电刷的极短时间内完成电流方向的改变，而且支路电流又要在电刷上集中以传到外电路，与此同时还伴随有电磁的、机械的、电热的和电化学的现象。所以换向过程很复杂。

1. 电流换向过程

为了分析方便，假定换向片的宽度等于电刷的宽度。

如图 1-24 所示，换向器及绕组元件以线速度 v 从左向右运动，电刷固定不动，观察元件 1 的换向过程。该图共有 3 个元件，位于中间的元件记为 1 号元件，当电刷完全与换向片 1 接触时，元件 1 属于左边的一条支路，其左边圈边电流向上，右边向下经换向片 1 及电刷流出。电枢向右运动，电刷在换向片 1、2 中间时，元件 1 被电刷短路，其电流为 0。再往右，电刷仅与换向片 2 接触时，元件 1 中的电流已经反向，右边向上，左边向下经换向片 2 及电刷将电流导出。换向过程所经历的时间称为换向周期，用 T_K 表示，通常只有几毫秒。

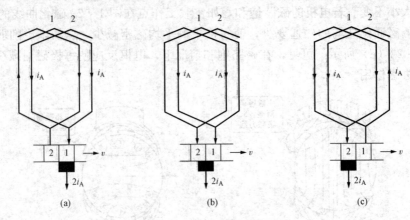

图 1 - 24　元件 1 中电流的换向过程

（a）换向开始；（b）换向过程中；（c）换向结束

2. 换向火花

换向是直流电机的一个突出问题，换向不良会在电刷与换向片之间产生火花。当火花大到一定程度，可能损坏电刷和换向器表面，使电机不能正常工作。

在理想情况下，如果换向元件中各种电动势为 0，被电刷短接的闭合回路就不会出现环流，元件中的电流大小由电刷与相邻两换向片的接触面积决定，则换向元件中的电流从 $+i_A$ 变为 $-i_A$ 的过程中，电流随时间变化规律大体为一条直线，即有 $i = f(t)$ 关系式为一条直线，把这种换向称为直线换向，如图 1 - 25 曲线 1 所示，直线换向是理想换向，电机不会出现火花。

电机在实际换向时，换向元件中各电动势之和不为 0，即 $\sum e \neq 0$。换向元件中存在以下三种电动势：

（1）自感电动势 e_L：换向元件中电流变化时产生的自感电动势，有

$$e_L = L \frac{\mathrm{d}i}{\mathrm{d}t} \tag{1-4}$$

（2）互感电动势 e_M：同时换向的几个元件中相互产生的互感电动势，有

$$e_M = M \frac{\mathrm{d}i}{\mathrm{d}t} \tag{1-5}$$

通常，把自感电动势 e_L 与互感电动势 e_M 之和称为电抗动势 e_r，即

$$e_r = e_L + e_M = L_r \frac{\mathrm{d}i}{\mathrm{d}t} \tag{1-6}$$

电抗电动势总是阻碍换向元件中的电流变化的，e_r 方向应与换向前元件的电流方向一致。

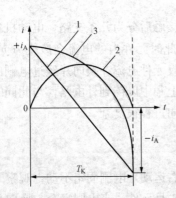

图 1 - 25　换向元件中的电流变化

1—直线换向；2—环流；3—延迟换向

（3）电枢反应电动势 e_a：换向元件处在几何中性线上，主磁场在此区域磁通密度 $\Phi_0 = 0$，但电枢磁密 $e_a \neq 0$，

在刷位正常时最大，换向元件切割电枢磁场产生电枢反应电动势 e_a，其方向与 e_r 相同，也是阻碍换向元件中的电流变化的。由于换向元件中的总感应电动势 $\sum e = e_a + e_r \neq 0$，则在被电刷短接的闭合回路中就产生环流 i_k，如图 1 - 26 所示。设闭合回路的总电阻为 $\sum R$，则环流为

$$i_k = \frac{\sum e}{\sum R} = \frac{e_a + e_r}{\sum R} \tag{1-7}$$

i_k 的变化规律如图 1 - 25 曲线 2 所示。

环流的存在使换向元件在换向过程中电流不随时间直线变化，这时换向元件的电流是图 1 - 25 中曲线 1 与 2 的叠加，即曲线 3 所示，此时电流改变方向的时刻将比直线换向时延后，这种换向称为延迟换向。延迟换向使电刷离开换向片 1 的瞬间，在其后刷端会出现火花，使换向器表面受到损伤。转速和电枢电流越大，换向火花越大，因此直流电机的转速及电枢电流的最大值都要受到换向条件的限制。

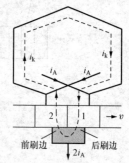

我国电机基本标准规定了火花等级：1 级为没有火花；1.25 级为电刷边缘小部分有微弱点状火花；1.5 级为大部分电刷下有微弱火花；2 级是绝大部分或全部电刷边缘有较强烈的火花；3 级是全部电刷边缘均有很大的火花且火星向外飞溅。允许长期运行的电机，火花等级不能超过 1.5 级。

图 1 - 26 延迟换向中的环流

3. 换向极的作用

为了改善换向，在电动机的几何中性线处加装换向磁极，如图 1 - 27 和图 1 - 28 所示，换向绕组 N_k、S_k 与电枢绕组串联，使得其磁动势与电枢电流成正比，即 $F_k \propto I_a$，换向磁极的极性与电枢磁场极性相反以抵消 $e_a + e_r$ 的作用，使换向元件中的合成电动势为 0，从而使换向变为理想的直线换向。

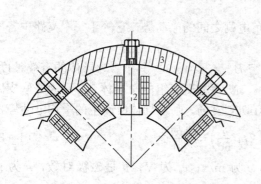

图 1 - 27 主磁极与换向极分布
1—主极；2—换向极；3—磁轭

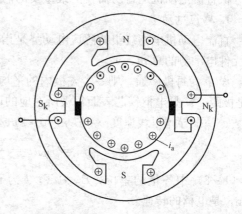

图 1 - 28 安装换向极改善换向

4. 补偿绕组

电枢反应使气隙磁密发生畸变，这给换向带来困难，同时还在极靴的增强区域使气隙磁场达到很高值。当元件切割该处磁场时，就会感应出很高的感应电动势，使与这些元件相连的换向片的片间电压升高。当片间电压超过一定限度时，就会在换向片的片间形成电位差火

花。在换向不利的情况下，电刷下的火花与换向片间的电位差火花汇合在一起，如图 1-29（a）所示，随着换向器的旋转，在正、负电刷间可以形成很长的电弧，严重时可使换向器表面的整个圆周上发生环火（图中虚线），烧坏电刷和换向器表面，使电机不能正常工作。

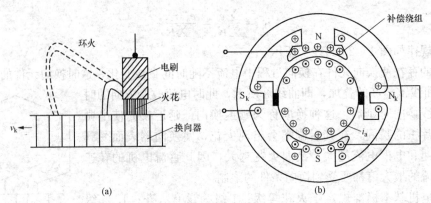

图 1-29　环火与补偿绕组
(a) 环火；(b) 补偿绕组

　　为了防止环火，对于大型直流电机在主磁极极靴内开有槽，槽中安装补偿绕组，补偿绕组与电枢绕组串联，如图 1-29（b）所示，它所产生的磁动势应与电枢磁动势相反，达到消除电位差火花和环火的目的。

1.2.4　电枢感应电动势与电磁转矩

　　直流电机运行时，电枢导体将切割气隙磁场，电枢绕组中就会产生感应电动势；当电枢绕组内流过电流时，带电导体在气隙磁场中，就会受到电磁转矩的作用。电动势与电磁转矩是分析直流电动机运行所需要的最重要的两个物理量。

　　1. 感应电动势

　　直流电动机电枢绕组的感应电动势是指正负电刷之间的电动势，它等于每个支路中各串联元件电动势的总和。

　　设 Φ 为每极磁通，则一个磁极内的平均磁密 $B_{av} = \Phi/(\tau l)$，其中 l 为导体的有效长度，τ 是极距，τl 是电枢铁芯表面每极所对应的面积。N 为电枢绕组的总导体数，a 为并联支路对数。一根导体以线速度 $v = \pi D n/60 = 2p\tau n/60$ 切割磁场，一根导体所产生的平均电动势为

$$e_{av} = B_{av}lv = \frac{\Phi}{\tau l}l\left(2p\tau\,\frac{n}{60}\right) = \frac{2pn}{60}\Phi \qquad (1-8)$$

式（1-8）中各量的单位，B_{av} 为 T；l 为 m；v 为 m/s；e_{av} 为 V；p 是磁极对数；n 为 r/min，是电枢的转速。

　　电枢电动势等于一根导体的平均电动势乘上串联支路上的导体数 $N/2a$，即

$$E_a = \frac{N}{2a}e_{av} = \frac{N}{2a}\frac{2pn}{60}\Phi = \frac{pN}{60a}\Phi n = C_e\Phi n \qquad (1-9)$$

则有

$$E_a = C_e\Phi n \qquad (1-10)$$

式中　C_e——电动势常数，它是与电动机结构有关的参数，$C_e = \dfrac{pN}{60a}$。

2. 电磁转矩

电磁转矩是指电枢上所有载流导体在磁场中受力所形成的转矩的总和。电磁转矩可由电磁力求出。作用在导体上的电磁力 $f=Bli$，因为空气隙中磁通分布不均匀，在计算电枢上所有导体产生的电磁力时，应用平均磁通密度 B_{av} 的概念，每根导线的电流为 $i_a=I_a/2a$（式 1-3），平均每根导体上的电磁力为

$$f_{av} = B_{av}l\frac{I_a}{2a} \tag{1-11}$$

设电枢的半径为 $D/2$，N 根导体所受的电磁转矩为

$$T = f_{av}N\frac{D}{2} = B_{av}l\frac{I_a}{2a}N\frac{D}{2} \tag{1-12}$$

将 $B_{av}=\dfrac{\Phi}{\tau l}$ 代入式（1-12）中，得

$$T = \frac{\Phi}{\tau l}l\frac{I_a}{2a}N\frac{2p\tau}{2\pi} = \frac{pN}{2\pi a}\Phi I_a = C_T\Phi I_a \tag{1-13}$$

即有

$$T = C_T\Phi I_a \tag{1-14}$$

式中 C_T——转矩常数，它仅与电机结构有关，$C_T = \dfrac{pN}{2\pi a}$。

（1）$T\propto\Phi I_a$，改变 Φ 或 I_a 的大小，可使 T 大小发生变化，当磁通 Φ 单位为 Wb，电枢电流 I_a 单位为 A，则电磁转矩 T 的单位为 N·m；

（2）T 方向取决于 Φ 和 I_a 的方向，改变 Φ 的方向（即改变励磁电流 I_f 的方向），就可以改变 T 的方向。

对于同一台电动机，容易得出转矩常数与电动势常数之间的关系式

$$\frac{C_T}{C_e} = \frac{\dfrac{pN}{2\pi a}}{\dfrac{pN}{60a}} = \frac{60}{2\pi} = 9.55 \tag{1-15}$$

即有

$$C_T = 9.55C_e \tag{1-16}$$

1.2.5 他励直流电动机的数学描述

图 1-30 所示为各物理量的正方向。图中，U_a 为电枢两端的端电压，E_a 为电枢感应电动势，I_a 为电枢电流，T 是电磁转矩，T_L 为负载转矩，T_0 是空载转矩，T_1 是原动机拖动发电动机的拖动转矩，T_2 是电动机的输出转矩，n 是电动机的转速，U_f 是励磁电压，I_f 是励磁电流，Φ 是主磁通。

1. 基本关系式

（1）直流电动机。图 1-30（a）所规定的正方向通常称为电动机惯例。由此可列写直流电动机稳态运行时的基本方程式为

$$U_a = E_a + I_aR_a \tag{1-17}$$
$$E_a = C_e\Phi n \tag{1-18}$$
$$T = C_T\Phi I_a \tag{1-19}$$
$$T = T_0 + T_2 \tag{1-20}$$

$$I_{\mathrm{f}} = \frac{U_{\mathrm{f}}}{R_{\mathrm{f}}} \qquad (1 \text{-} 21)$$

$$\Phi = f(I_{\mathrm{f}}, I_{\mathrm{a}}) \qquad (1 \text{-} 22)$$

式中　R_{a}——电枢回路总电阻（包括电枢绕组、换向器绕组、补偿绕组、电刷接触等电阻）；

　　　R_{f}——励磁回路总电阻。

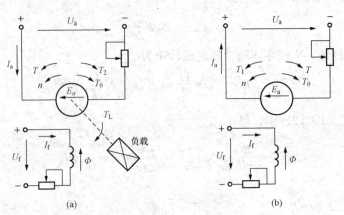

图 1 - 30　他励直流电机各量的正方向
(a) 电动机惯例；(b) 发电机惯例

式（1 - 17）是根据基尔霍夫电压定律列写的电枢回路方程，此式表明电动机的输入电压 U_{a} 一部分供给电枢电路的压降 $I_{\mathrm{a}}R_{\mathrm{a}}$，其余部分产生感应电动势 E_{a}，使电动机在 E_{a} 的作用下旋转起来。

电枢感应电动势和电磁转矩方程分别为式（1 - 19）和式（1 - 20）。

电动机运行是为了拖动负载。电动机稳定运行时，电磁转矩与负载转矩大小相等，方向相反，即 $T = T_{\mathrm{L}}$，二者达到平衡状态。电枢电流 I_{a} 由电源供给，当转速一定时，负载转矩 T_{L} 应为空载转矩 T_0 与轴上输出的转矩 T_2 之和。它们的平衡关系由式（1 - 20）确定。

式（1 - 21）代表他励和并励电动机的励磁电流，而每极磁通 Φ 的大小由空载磁化特性和电枢反应决定，见式（1 - 22）。

电动机运行时，负载转矩 T_{L} 是已知量，若保持每极磁通不变，由 $T_{\mathrm{L}} = C_{\mathrm{T}}\Phi I_{\mathrm{a}}$ 知，电枢电流 $I_{\mathrm{a}} = T_{\mathrm{L}}/(C_{\mathrm{T}}\Phi)$，表明电枢电流的大小取决于负载转矩。当电源电压 U_{a} 和电枢回路电阻 R_{a} 确定后，电枢感应电动势可由 $E_{\mathrm{a}} = U_{\mathrm{a}} - I_{\mathrm{a}}R_{\mathrm{a}}$ 算出，进而可由 $E_{\mathrm{a}} = C_{\mathrm{e}}\Phi n$ 确定电动机的转速 n，也就是说，负载确定后，电动机的电枢电流、感应电动势和转速等量可相应随之确定。

（2）直流发电机。由图 1 - 30（b）的发电机惯例可列写直流发电机稳态运行时的基本方程式，见表 1 - 1。其中 $E_{\mathrm{a}} = U_{\mathrm{a}} + I_{\mathrm{a}}R_{\mathrm{a}}$ 是根据基尔霍夫电压定律列写的电枢回路方程，此式表明发电机的感应电动势 E_{a} 和电枢电流的方向相同，电动势 E_{a} 一部分供给电枢电路的压降 $I_{\mathrm{a}}R_{\mathrm{a}}$，其余则为输出的端电压 U_{a}；$T_1 = T + T_0$ 表明稳态运行时，作用在电机轴上共有 3 个转矩，即原动机供给发电机的轴转矩 T_1，电磁转矩 T 和空载转矩 T_0，T_1 的方向与转速 n 相同，T 和 T_0 与 n 相反。

表 1-1	直流电机特性的基本关系式	
运行方式 / 平衡关系	电 动 机	发 电 机
电枢回路电压	$U_a = E_a + I_a R_a$	$E_a = U_a + I_a R_a$
机电能量转换	$E_a = C_e \Phi n$, $\quad T = C_T \Phi I_a$	$E_a = C_e \Phi n$, $\quad T = C_T \Phi I_a$
机械系统转矩	$T = T_L = T_0 + T_2$	$T_1 = T + T_0$
励磁和主磁通	$I_f = U_f / R_f$, $\quad \Phi = f(I_f, I_a)$	$I_f = U_f / R_f$, $\quad \Phi = f(I_f, I_a)$
功率平衡	$P_1 = P_M + p_{Cua}$ $P_M = P_0 + P_2$	$P_1 = P_M + P_0 = P_2 + \sum P$ $\sum P = p_{Cua} + P_m + p_{Fe}$

2. 功率平衡方程

(1) 直流电动机。

把式 (1-17) 两边同时乘以 I_a，得

$$U_a I_a = E_a I_a + I_a^2 R_a \qquad (1-23)$$

改写成

$$P_1 = P_M + p_{Cua} \qquad (1-24)$$

式中　P_1——电动机从电源输入的电功率，$P = U I_a$；

　　　P_M——电磁功率，即把电功率转换成机械功率的那部分功率，$P_M = E_a I_a$；

　　　p_{Cua}——电枢回路总的铜损耗，$p_{Cua} = I_a^2 R_a$。

从外接电源输入的功率 P_1，一部分用于电枢电路的发热铜损耗 $I_a^2 R_a$，大部分转变成了电磁功率 P_M。

把式 (1-20) 两边同时乘以机械角速度 Ω，得

$$T\Omega = T_0 \Omega + T_2 \Omega \qquad (1-25)$$

改写成

$$P_M = p_0 + P_2 \qquad (1-26)$$

式中　P_M——电磁功率，$P_M = T\Omega$；

　　　p_0——空载损耗，包括铁损耗 p_{Fe} 和机械摩擦损耗 p_m，$P_0 = T_0 \Omega$；

　　　P_2——转轴上输出的机械功率，在额定运行时为额定输出功率 P_N，$P_2 = T_2 \Omega$。

电磁功率 P_M 再转变为机械功率，供给一部分机械损耗和铁损耗（统称空载损耗），剩余的就是转轴上有效的输出机械功率 P_2。图 1-31 所示为他励直流电动机的功率流程图，其中总损耗 $\sum p = p_{Cua} + p_0 = p_{Cua} + p_{Fe} + p_m$。

(2) 直流发电机。把式 $T_1 = T + T_0$ 两边同时乘以机械角速度 $\Omega \left(= \dfrac{2\pi n}{60} \right)$，得

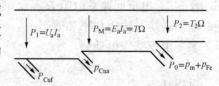

图 1-31　他励直流电动机功率流程

$$T_1 \Omega = T\Omega + T_0 \Omega \qquad (1-27)$$

改写为

$$P_1 = P_M + p_0 \qquad (1-28)$$

式中　P_1——发电机的输入电功率，即由原动机提供的机械功率，$P_1 = T_1 \Omega$；

　　　P_M——电磁功率，即把电功率转换成机械功率的那部分功率，$P_M = T\Omega$；

　　　p_0——发电机的空载损耗功率。

其中，p_m 是机械摩擦损耗，包括轴承摩擦、电刷与换向器表面摩擦、电枢旋转与空气摩擦，以及风扇所消耗的功率等；p_{Fe} 是铁损耗，即电枢铁芯在磁场中旋转时，铁芯中的磁滞与涡流损耗，$p_0 = T_0\Omega = p_m + p_{Fe}$。

对发电机来说，原动机的输入功率 P_1 分成两部分，一小部分供给发电机的空载损耗 p_0，绝大部分功率在电枢电路中转换为电磁功率 P_M。

把式 $E_a = U_a + I_aR_a$ 两边同时乘以 I_a，得

$$E_aI_a = U_aI_a + I_a^2R_a = P_2 + p_{Cua} \tag{1-29}$$

式中　P_2——发电机输出给负载的电功率，额定运行时，P_2 就是发电机额定功率 P_N，$P_2 = T_2\Omega$；

　　　　p_{Cua}——电枢回路总的铜损耗，$p_{Cua} = I_a^2R_a$。

因为

$$E_aI_a = C_e\Phi nI_a = \frac{2\pi C_T}{60}\Phi nI_a = C_T\Phi I_a\frac{2\pi n}{60} = T\Omega = P_M \tag{1-30}$$

可知 $E_aI_a = P_M$ 就是机械功率转变为电能的那一部分电功率，因此 E_aI_a 也叫电磁功率。式 (1-29) 表明电磁功率 P_M 扣除铜损耗 p_{Cua} 后即为发电机的输出功率 P_2。

综合以上功率关系可得

$$P_1 = P_M + p_0 = (P_2 + p_{Cua}) + (P_m + p_{Fe}) = P_2 + \sum P \tag{1-31}$$

式中　$\sum p$——发电机的总损耗，$\sum P = p_{Cua} + p_m + p_{Fe}$。

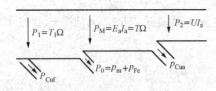

图 1-32　他励直流发电机功率流程

图 1-32 所示为他励直流发电机功率流程，图中还画出了励磁功率 P_{Cuf}。为了便于比较，将以上分析的功率平衡关系式归纳，见表 1-1。

（3）电机的效率。无论是发电机还是电动机，其效率都可用下式计算

$$\eta = \frac{P_2}{P_1} \times 100\% = \left(1 - \frac{\sum P}{P_1}\right) \times 100\% \tag{1-32}$$

电机由于存在旋转部分，因此损耗要比变压器大，相应地效率也比变压器低，一般最高只有 85% 左右。

【例 1-1】已知一台他励直流电动机数据为 $P_N = 75kW$，$U_N = 220V$，$I_{aN} = 383A$，$n_N = 1500r/min$，电枢回路总电阻 $R_a = 0.0192\Omega$，忽略磁路饱和的影响。求额定运行时的电磁转矩、输出转矩、输入功率和效率。

解　电枢感应电动势

$$E_{aN} = U_N - I_{aN}R_a = 220 - 383 \times 0.0192 = 212.646(V)$$

电磁功率

$$P_M = E_{aN}I_N = 212.646 \times 383 = 81\,443(W)$$

（1）电磁转矩

$$T = C_T\Phi I_a = C_T\Phi\frac{P_M}{E_{aN}} = C_T\Phi\frac{P_M}{C_e\Phi n_N}$$

$$= 9.55\frac{P_M}{n_N} = 9.55 \times \frac{81\,443}{1500} = 518.5(N \cdot m)$$

（2）输出转矩

$$T_{2N} = 9.55\frac{P_N}{n_N} = 9.55 \times \frac{75\,000}{1500} = 477.5(N \cdot m)$$

（3）输入功率

$$P_1 = U_N I_{aN} = 220 \times 383 = 84\ 260(\text{W})$$

（4）效率

$$\eta = \frac{P_2}{P_1} = \frac{75\ 000}{84\ 260} \times 100\% = 89\%$$

1.2.6 直流电动机的可逆原理

实际上，直流发电机与直流电动机的构造相同。当直流电机作为发电机接在直流电网上时，其感应电动势大于电枢电压，电流方向由电动势决定，和电动势同方向，如图 1-30（b）所示，电机由原动机带动，旋转方向和原动机的机械转矩方向相同，因为电枢电流和磁通所产生的电磁转矩 T 与旋转方向相反，是制动转矩。如果减少励磁使电机电动势小于电网电压，则电流反向，如图 1-30（a）所示，此时电磁功率变为负值，即输入电功率而输出机械功率，此时电机已变为电动机运行了。电动机电枢的旋转是由于电磁转矩，所以电磁转矩是电动转矩，外加机械负载的转矩是制动转矩。这时电枢旋转时所产生的感应电动势和电枢电流方向相反，称为反电动势，电流方向由外加电源电压决定，由此可知，同一台电机可以作为发电机使用，也可以作为电动机运行，由其能量转换关系或电动势与转矩的性质决定，这就是电动机的可逆原理。后续章节介绍的感应电动机、同步电动机也具有此原理。

1.3 串励直流电动机

串励直流电动机的励磁绕组与电枢相串联，如图 1-33 所示，励磁电流与电枢电流为同一电流，即 $I_a = I_f$。

1.3.1 速度特性

由式（1-17）和式（1-18），得

$$n = \frac{E_a}{C_e \Phi} = \frac{U - I_a R_a}{C_e \Phi} \qquad (1-33)$$

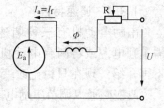

图 1-33　串励电动机的接线

式中　R_a——电枢回路总电阻，包括电枢绕组电阻、电刷接触电阻、励磁绕组电阻等。

如果电动机的磁路没有饱和，即 $\Phi = K I_a$，可得

$$n = \frac{U}{C_e K I_a} = \frac{K'}{I_a} \qquad (1-34)$$

所以，速度特性 $n = f(I_a)$ 为一条等轴双曲线，如图 1-34 所示。由图可见，空载时，$I_a \approx 0$，速度可能达到极危险的高峰值，即所谓的"飞速"事故，这是因为磁通很小。所以，串励电动机不允许在空载或轻载（小于额定负载的 $15\% \sim 20\%$）下运行，也不允许用皮带等容易发生断裂或滑脱的传动机构，而应采用齿轮或直接采用联轴器进行耦合。

1.3.2 转矩特性

起动开始时，磁路未饱和，磁通随电流而增大，即 $\Phi = K I_a$，则

$$T = C_T \Phi I_a = C_T K I_a^2 = K'' I_a^2 \qquad (1-35)$$

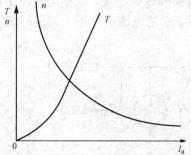

图 1-34　串励电动机转速和转矩特性

即起动转矩与电流的平方成正比，此时转矩特性 $T = f(I_a)$ 为一抛物线。当磁路高度饱和时，磁通几乎不变，则转矩即与电流的一次方成比例，转矩特性变为一条直线，如图 1 - 34 所示。由此可知，在相同的起动电流情况下，串励电动机的起动转矩较他励电动机大（见第 1.4 节）。对起动或过载时要求有较大转矩的场合，使用串励电动机最为适宜，电流或功率不必增加很多就能使转矩大大增加，因此这种电动机适用于起重及牵引设备中，如起重机、市区或矿山电气机车等。

1.3.3　机械特性

将以上速度特性和转矩特性合并，由式（1 - 35）得 $I_a = \sqrt{T/K''}$ 代入式（1 - 33）中，磁路未饱和时，$\Phi = KI_a$，得

$$n = \frac{U - I_a R_a}{C_e \Phi} = \frac{U - I_a R_a}{C_e K I_a} = \frac{U}{C_e K} \frac{1}{\sqrt{T/K''}} - \frac{R_a}{C_e K} = \frac{A}{\sqrt{T}} - B \tag{1 - 36}$$

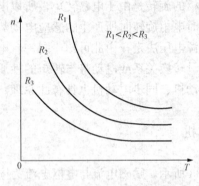

图 1 - 35　串励电动机的机械特性

这也是一条双曲线，如图 1 - 35 所示，纵坐标轴为其渐近线，随着负载的增大，磁路逐渐饱和，特性曲线的下部已不是双曲线了。由图 1 - 35 可见，串励电动机机械特性的硬度比他励电动机小得多（见第 1.4 节），即特性很软。串励电动机负载的大小对转速影响很大，且具有轻载转速高的特性。负载转矩较大时，电动机转速较低，负载轻时，转速又能很快上升。这对于牵引机车一类的运输机械是一可贵特性，因为重载时它可以自动降低运行速度以确保运行安全，而轻载时又可自动升高运行速度以提高生产效率。

1.3.4　调速特性

串励电动机有三种调速方法，其中改变电枢电压需单独电源或将两台电动机作串并联，而改变电枢电阻的方法和他励电动机类似，这里不再介绍。现在只讨论改变磁通的方法。

改变磁通以调节串励电动机的转速有两种方法：①励磁绕组分路；②电枢绕组分路。如图 1 - 36 所示，若将励磁绕组分路，这时电枢端电压应保持额定值不变，负载转矩也恒定。将开关 SB1 闭合，励磁电流被分路，磁通减少，由 $E_a = C_e \Phi n$ 知，转速与磁通成反比例地增大；由于转矩一定，由 $T = C_T \Phi I_a$ 知，电枢电流也必然增大；输入及输出功率同时增加，效率基本不变。这种方法较经济，但转速增加一般不超过额定速度的 25%～35%。

应用电枢绕组分路的方法时，在闭合开关 SB2 的开始瞬间磁通不变，电枢电流减小使电磁转矩、转速及感应电动势下降。达到新的稳定状态后，励磁电流必须增大以使转矩不变。所以调速后输入功率增大，而输出功率因转速降低而减小，故效率降低，所以这种方法不经济，但调速范围较宽。此外，如电车等还应用两台串励电动机的串联、并联以及和变阻器各种组合来调节转速。

改变电源正负接线并不能改变串励电动机的转向。从电流的角度看，改变电流方向时，由于定子

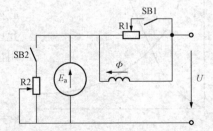

图 1 - 36　串励电动机改变励磁调速的接线

和转子磁场同时改变方向，而磁场与转子电流的方向关系并没有改变，所以旋转方向也不能改变。

1.4　他励直流电动机的外部特性

1.4.1　他励直流电动机的机械特性

1. 机械特性的表达式

他励直流电动机机械特性是指电动机的电枢电压、励磁电流保持一定（一般为额定值）时，转速与转矩之间的关系，即 $n=f(T)$。由于转速和转矩都是机械量，所以把它称为机械特性。根据直流电动机稳态运行时的基本方程式（1 - 17）～式（1 - 19）可求得

$$n = \frac{E_a}{C_e \Phi} = \frac{U - I_a R_a}{C_e \Phi} = \frac{U}{C_e \Phi} - \frac{R_a}{C_e \Phi} I_a \qquad (1 - 37)$$

$$n = \frac{U}{C_e \Phi} - \frac{R_a}{C_e C_T \Phi^2} T \qquad (1 - 38)$$

改写成

$$n = n_0 - \beta T = n_0 - \Delta n \qquad (1 - 39)$$

式中　n_0——$T=0$ 时的转速，称为理想空载转速，$n_0 = \dfrac{U}{C_e \Phi}$；

　　　　β——机械特性的斜率，$\beta = \dfrac{R_a}{C_e C_T \Phi^2}$；

　　　　Δn——转速降，$\Delta n = \beta T$。

2. 固有机械特性

固有机械特性是当电动机的电枢电压和励磁磁通均为额定值，电枢电路中没有串入附加电阻，即 $R=R_a$ 时的机械特性，其数学表达式为

$$n = \frac{U_N}{C_e \Phi_N} - \frac{R_a}{C_e C_T \Phi_N^2} T \qquad (1 - 40)$$

固有机械特性曲线如图 1 - 37 所示。固有机械特性具有以下特点：

（1）随着电磁转矩 T 增大，转速 n 降低。其特性是一条略向下倾斜的直线。因为 T 增大，$T = C_T \Phi_N I_a$ 使 I_a 也增大；根据 $E_a = C_e \Phi_N n = U_N - I_a R_a$，电枢电动势 E_a 减小，转速 n 下降。

（2）其特性为硬特性。因为此时斜率 $\beta = \dfrac{R_a}{C_e C_T \Phi^2}$ 的值较小。

（3）当 $T=0$ 时，$n = n_0 = \dfrac{U_N}{C_e \Phi_N}$ 为理想空载转速。此时 $I_a = 0$，$E_a = U_N$。

（4）当 $T = T_N$ 额定值时，$n = n_N$，转速降 $\Delta n_N = n_N - n_0 = \beta T_N$，为额定转速降。

（5）实际上，当电动机旋转时，无论有无负载，总存在着一定的空载损耗和相应的空载转矩 T_0，与其相对应的实际空载转速将低于 n_0，由此可见式

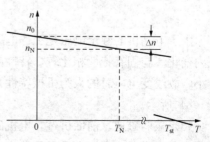

图 1 - 37　他励直流电动机固有机械特性

(1 - 38)的右边第二项即表示电动机带负载后的转速降，用 Δn 表示，则

$$\Delta n = \frac{R}{C_e C_T \Phi^2} T = \beta T \tag{1 - 41}$$

其中，机械特性的斜率 β 越大，Δn 越大，机械特性就越"软"，通常称 β 大的机械特性为软特性。一般他励电动机在电枢没有外接电阻时，机械特性都比较"硬"。机械特性的硬度也可用额定转速降 Δn_N 来说明；Δn_N 小，则机械特性硬度就高。

（6）电动机刚起动时，$n=0$，$E_a = C_e \Phi_N n = 0$，此时电枢电流 $I_a = U_N/R_a = I_{st}$，称为起动电流，电磁转矩 $T = C_T \Phi_N I_{st} = T_{st}$，称为起动转矩。由于电枢电阻 R_a 很小，所以 I_{st}、T_{st} 很大，是额定值的几十倍，如此大的起动电流和起动转矩会损坏换向器。因此，他励、并励直流电动机不允许在额定电压下直接起动。

以上分析的是第Ⅰ象限的情况：$T_{st} > T > 0$，$n_0 > n > 0$，$U_N > E_a > 0$，电动机为电动状态。

（7）当 $T > T_{st}$，$n < 0$ 时，$I_a > I_{st}$，即 $\frac{U_N - E_a}{R_a} > \frac{U_N}{R_a}$，$U_N - E_a > U_N$，因此 $E_a < 0$，即 $n < 0$，机械特性在第Ⅳ象限为堵转状态。

（8）当 $T < 0$，$n > n_0$ 时，电磁转矩的实际方向与转速相反，电动机变为制动性转矩，此时 $I_a < 0$，则 $E_a = U_N - I_a R_a > U_N$，转速 $n > n_0$，机械特性在第Ⅱ象限。实际上，这时电磁功率 $P_M = E_a I_a = T\Omega < 0$，输入功率 $P_1 = U_N I_a < 0$，电机处于发电运行状态。

他励直流电动机固有机械特性是一条斜直线，跨 3 个象限，特性较硬。机械特性表征电动机本身的能力。至于电动机运行于哪种状态，还要看拖动什么样的负载。

3. 人为机械特性

他励直流电动机的电压、磁通、电枢回路电阻人为地改变后，其对应的机械特性称为人为机械特性。人为机械特性主要有 3 种。

（1）电枢回路串电阻。此时 $U = U_N$，$\Phi = \Phi_N$，$R = R_a + R_1$。人为机械特性的方程为

$$n = \frac{U_N}{C_e \Phi_N} - \frac{R_a + R_1}{C_e C_T \Phi_N^2} T \tag{1 - 42}$$

与固有特性相比，理想空载转速 n_0 不变，但转速降 Δn 增大。R_1 越大，Δn 也越大，特性越软，如图 1 - 38 （a）所示。这类人为机械特性是一组通过 n_0 点但斜率不同的放射形直线。

（2）改变电枢电压。此时 $R = R_a$，$\Phi = \Phi_N$，特性方程式为

$$n = \frac{U}{C_e \Phi_N} - \frac{R_a}{C_e C_T \Phi_N^2} T \tag{1 - 43}$$

由于电动机的额定电压是工作电压的上限，因此改变电压时，只能在低于额定电压的范围内变化。与固有特性相比较，特性曲线的斜率不变，理想空载转速 n_0 随电压减小成正比减小，故改变电压时的人为机械特性是一组低于固有机械特性而与之平行的直线，如图 1 - 38 （b）所示。

（3）减弱磁通。前面讲过，电机磁路接近于饱和，增大每极磁通是难以做到的，改变磁通都指减小磁通。可以在励磁回路内串接电阻 R_f 或降低励磁电压 U_f 来减弱磁通，此时 $U = U_N$，$R = R_a$，特性方程式为

$$n = \frac{U_N}{C_e \Phi} - \frac{R_a}{C_e C_T \Phi^2} T \tag{1-44}$$

由于磁通的减少，使得理想空载转速 n_0 和斜率 β 都增大，n_0 与 Φ 成反比，β 与 Φ^2 成反比，Φ 越低，特性越倾斜。改变每极磁通时的人为机械特性是一组既不平行又不成放射形的一组直线，如图 1-38（c）所示。

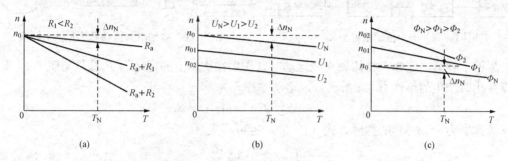

图 1-38 他励直流电动机的人为特性
(a) 电枢回路串电阻；(b) 改变电枢电压；(c) 减弱磁通

4. 根据铭牌数据估算机械特性

由于他励直流电动机的机械特性是一条直线，只要找到特性上的任意两点，就可以决定这条直线。通常选择理想空载点（0，n_0）和额定工作点（T_N，n_N）这两个特殊点。额定转速在产品目录或铭牌数据中已知，所以只需要求出 n_0 和 T_N。

因为固有特性的理想空载转速为

$$n_0 = \frac{U_N}{C_e \Phi_N} \tag{1-45}$$

而

$$C_e \Phi_N = \frac{E_{aN}}{n_N} = \frac{U_N - I_N R_a}{n_N} \tag{1-46}$$

从式（1-46）可见，只要估算出 E_{aN} 或 R_a 就能求出 $C_e \Phi_N$，从而求得理想空载转速 n_0。

(1) E_{aN} 的估算。对于一般直流电动机，$E_{aN} \approx (0.93 \sim 0.97) U_N$。其中，小容量电动机取小系数，大容量电动机取大系数。

(2) R_a 的估算。对于一般直流电动机，额定运行时铜损耗约占总损耗的 50%。即

$$I_N^2 R_a = (0.4 \sim 0.7) \sum p = (0.4 \sim 0.7)(U_N I_N - P_N) \tag{1-47}$$

$$R_a = (0.4 \sim 0.7) \frac{U_N I_N - P_N}{I_N^2} \tag{1-48}$$

额定电磁转矩的计算式为

$$T_N = C_T \Phi_N I_N = 9.55 C_e \Phi_N I_N \tag{1-49}$$

有了两个特殊点（0，n_0）和（T_N，n_N），就可以画出电动机的固有机械特性。

1.4.2 他励直流电动机的运行特性（使用）

1. 电动机与拖动负载

(1) 电力拖动系统的运动方程式。电动机作为原动机拖动生产机械，生产机械称为电动机的负载。电力拖动系统一般由控制设备、电动机、传动机构、生产机械和电源五部分组成，如图 1-39 所示。

最简单的单轴拖动系统是指电动机输出轴直接拖动生产机械，如图1-40所示。电动机与负载为同轴、同转速。

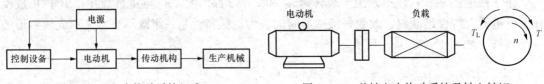

图1-39 电力拖动系统组成   图1-40 单轴电力拖动系统及轴上转矩

根据牛顿第二定律，物体做直线运动时，作用在物体上的拖动力 F 总是与阻力 F_L 以及速度变化时产生的惯性力 ma 所平衡，运动方程式为

$$F - F_L = ma \qquad (1-50)$$

对于线速度为 v(m/s) 的物体，式（1-50）也可写成

$$F - F_L = m\frac{\mathrm{d}v}{\mathrm{d}t}$$

与直线运动相似，做旋转运动的拖动系统的运动平衡方程式为

$$T - T_L = J\frac{\mathrm{d}\omega}{\mathrm{d}t} \qquad (1-51)$$

式中 T——电动机的电磁转矩，N·m；

   T_L——生产机械的负载转矩，N·m；

   ω——拖动系统的旋转角速度，rad/s；

   J——拖动系统的转动惯量，kg·m²。

转动惯量 J 可用下式表示

$$J = m\rho^2 = \frac{G}{g}\left(\frac{D}{2}\right)^2 = \frac{GD^2}{4g} \qquad (1-52)$$

式中 m、G——转动体的质量（kg）和重力（N），$G = mg$；

   g——重力加速度，m/s²；

   ρ——转动体的惯性半径，m；

   D——转动体的惯性直径，m。

将角速度 $\omega = \dfrac{2\pi n}{60}$ 和式（1-52）代入式（1-51）中，可得实际工程计算中常用的电力拖动系统运动方程

$$T - T_L = \frac{GD^2}{375}\frac{\mathrm{d}n}{\mathrm{d}t} \qquad (1-53)$$

式中 GD^2——转动物体的飞轮矩，N·m²。$GD^2 = 4GJ$，反映了转动体的惯性大小。电动
   机和生产机械各旋转部分的飞轮矩可在相应的产品目录中查到。

许多生产机械为了满足工作的需要，工作机构的速度往往与电动机的转速不同，即在电动机与工作机构之间装设有变速机构，如皮带变速、齿轮变速和蜗轮蜗杆变速等。这时的电力拖动系统就称为多轴的拖动系统，如图1-41所示。为简化多轴系统的分析计算，通常把负载与系统飞轮矩折算到电动机轴上来，变多轴系统为单轴系统进行分析处理。

在式（1-53）中 $\mathrm{d}n/\mathrm{d}t$ 为动态量，由此可知：

1）当 $T > T_L$ 时，$\mathrm{d}n/\mathrm{d}t > 0$，系统加速。

2）当 $T < T_L$ 时，$\mathrm{d}n/\mathrm{d}t < 0$，系统减速。

3）当 $T = T_L$ 时，$\mathrm{d}n/\mathrm{d}t = 0$，速度恒定，系统在稳定状态下运行。

当 $T \neq T_L$ 时，系统处于加速或减速运动状态，其加（或减）速度 $\mathrm{d}n/\mathrm{d}t$ 与飞轮力矩 GD^2 成反比。飞轮力矩 GD^2 越大，系统惯性越大，转速变化就越小，系统稳定性好，灵敏度低；反之亦然。

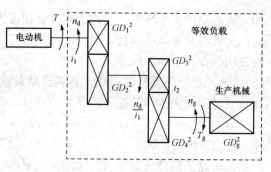

图 1-41 多轴电力拖动系统

（2）电力拖动系统的负载特性。生产机械工作机构的负载转矩与转速间的关系 $n = f(T_L)$，称为负载的转矩特性。转矩既有大小又具有方向，转矩的方向由系统运动方程式中取值的正负来判定。其规定如下：首先规定（或假设）某转速 n 的正方向，则电磁转矩 T 的方向与所规定 n 的正方向相同时取正值。对于负载转矩 T_L，则当 T_L 的方向与所规定 n 的正方向相同时取负值；反之取正值。常见的负载转矩有三种。

1）恒转矩负载特性。恒转矩负载就是负载转矩 T_L 恒定不变，与转速 n 无关，即 $T_L =$ 常数。根据负载转矩的方向特点又分为反抗性负载和位能性负载两种。

①反抗性恒转矩负载。它的特点是负载转矩的大小不变，但方向始终与生产机械运动的方向相反，总是阻碍电动机的运转，即是阻转矩。属于这类特性的生产机械如轧钢机、皮带运输机和机床的平移机构等。其负载特性位于第Ⅰ、Ⅲ象限，如图1-42所示。

②位能性恒转矩负载。它的特点是负载转矩由重力作用产生。不论生产机械运动的方向变化与否，负载转矩的大小和方向始终不变。例如，起重设备提升重物时，负载转矩为阻转矩，其作用方向与电动机旋转方向相反；当下放重物时，负载转矩变为驱动转矩，其作用方向与电动机旋转方向相同，促使电动机旋转；位能性恒转矩负载特性位于第Ⅰ、Ⅳ象限，如图1-43所示。

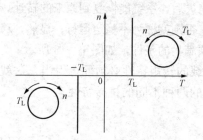

图 1-42 反抗性恒转矩负载特性

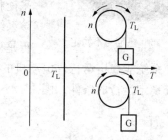

图 1-43 位能性恒转矩负载特性

2）恒功率负载特性。它的方向特点属于反抗性负载，其大小特点是当转速变化时，负载从电动机吸收的功率为恒定值

$$P_L = T_L \omega = T_L \times \frac{2\pi n}{60} = \frac{2\pi}{60} \times T_L n = 常数 \qquad (1-54)$$

即负载转矩与转速成反比。机床进行切削加工，每次切削的切削转矩都是恒转矩负载；但是车床粗加工时，切削量大（T_L 大），用低速挡；精加工时，切削量小（T_L 小），用高速挡，其加工工艺要求负载的转速与转矩之积为常数，即机械功率为常数。轧钢机轧制钢板时，工

件小，需要高速度小转矩，工件大需要低速度大转矩。还有，汽车发动机的输出功率是一定的，当上坡时只能低速运行，而平道时则可以高速行驶。工程上称这类负载为恒功率负载。其特性曲线如图 1 - 44 所示。

3）通风机、泵类负载特性。通风机型负载转矩的方向特点是属于反抗性负载，大小特点是负载转矩的大小与转速 n 的平方成正比，即

$$T_L = Kn^2 \tag{1-55}$$

式中　K——比例常数。

常见的这类负载如通风机、水泵、油泵和螺旋桨等，其负载特性曲线如图 1 - 45 所示。

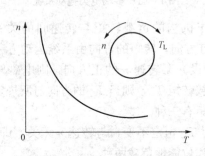

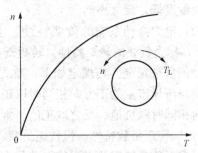

图 1 - 44　恒功率负载特性曲线　　　　　图 1 - 45　泵类负载特性曲线

实际生产机械的负载特性常为几种类型负载的组合。例如，起重机提升重物时，电动机所受到的除位能性负载转矩外，还要克服系统机械摩擦所造成的反抗性负载转矩，所以电动

图 1 - 46　稳定与不稳定

机轴上的负载转矩 T_L 应是这两个转矩之和。

（3）电力拖动系统的稳定运行条件。对于任一电力拖动系统，假设原来稳定运行于某一转速，由于受到外界某种短时干扰，如负载的突然变化或电网电压波动等（这种变化不是人为地控制调节），使电动机转速发生变化，离开了原平衡状态。当干扰消失后，系统能恢复到原来的转速，就称该系统能稳定运行，否则就称为不稳定运行；显然，稳定运行是拖动系统所必须满足的条件，如图 1 - 46 所示。

为了使系统能稳定运行，电动机的机械特性和负载的转矩特性必须配合得当，这就是电力拖动系统稳定运行的条件；图 1 - 47 表示了电动机的两种不同的机械特性。

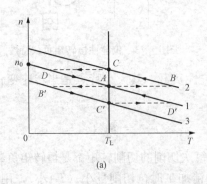

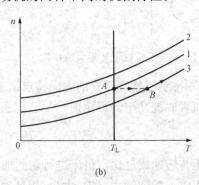

(a)　　　　　　　　　　　　　　　(b)

图 1 - 47　电力拖动系统稳定运行条件

(a) 稳定运行；(b) 不稳定运行

根据运动方程式，当电动机的电磁转矩 T 等于负载转矩 T_L 时，$dn/dt=0$，即 n 为一定值，说明系统运行于一个确定的转速（匀速），在图 1 - 47（a）的情况下，系统原来运行在电动机特性曲线和负载特性曲线的交点 A 处，A 点为运行工作点；当受外界干扰，如电网电压波动（设电压升高）使机械特性偏高，电动机的机械特性由曲线 1 转为曲线 2，扰动作用使原平衡状态受到破坏，但由于惯性作用，转速不能跃变，电动机的工作点瞬间从 A 点变到 B 点。这时 B 点的电磁转矩大于负载转矩，转速将沿机械特性曲线 2 由 B 点向 C 点上升。随着转速的升高，电动机电磁转矩也逐渐减小，最后在 C 点时，电磁转矩与负载转矩相等，达到新的平衡，电动机在一个较高的转速下稳定运行。当扰动消失后，机械特性由曲线 2 恢复到原机械特性曲线 1，这时电动机的特性由 C 点瞬间过渡到 D 点，由于 D 点电磁转矩小于负载转矩，故转速沿机械特性曲线 1 下降，最后恢复到原运行点 A 时，电磁转矩与负载转矩相等，重新达到平衡。

反之，如果电网电压波动使机械特性偏低，由曲线 1 转为曲线 3，则瞬间工作点将转到 B' 点，电磁转矩小于负载转矩，转速将由 B' 点降低至 C' 点，在 C' 点取得新的平衡；而当扰动消失后，工作点将又恢复到原工作点 A；这种情况被称为系统在 A 点能稳定运行。

图 1 - 47（b）是一种上翘的机械特性，当在 A 点运行时，若出现干扰，如电源电压向下波动，电压降低的瞬间，电动机的机械特性由曲线 1 突变为曲线 3，但这时转速不能跃变，电动机的工作点瞬间从 A 点变到 B 点，而 B 点的电磁转矩大于负载转矩，转速将沿机械特性曲线 3 上升，转速升高，直至损坏电动机为止。这是一种不稳定运行情况，图 1 - 47（b）中的 A 点不是稳定运行工作点。

由以上分析可知，电力拖动系统在电动机机械特性与负载机械特性的交点上，并不一定都能够稳定运行，也就是说，$T=T_L$ 仅仅是系统稳定运行的一个必要条件，而不是充分条件。要想稳定运行，还需要电动机与负载的两条特性在交点 $T=T_L$ 处配合很好。对于一个电力拖动系统，稳定运行的充分必要条件是：交点处 $T=T_L$，交点所对应的转速之上，$T < T_L$；交点所对应的转速之下，$T > T_L$。或者说

$$T = T_L \qquad 且 \frac{dT}{dn} < \frac{dT_L}{dn} \tag{1 - 56}$$

对恒转矩负载，$dT_L/dn=0$，则 $dT/dn<0$ 时，即电动机的机械特性曲线具有略向下倾斜的特性，系统稳定运行。

由于大多数负载转矩都是随转速的升高而增大或者保持恒值，因此只要电动机具有下降的机械特性，就能满足稳定运行的条件。式（1 - 56）稳定运行条件对交、直流电动机都适用，具有普遍意义。

图 1 - 48 所示为感应电动机的稳态运行特性和几条负载曲线。负载曲线 L_1 是通风机特性，系统的工作点 1 是稳定的。对于负载曲线 L_2，点 2 处的工作点是稳定的，但电动机会严重过载。对于恒转矩负载曲线 L_3，系统存在一个稳定工作点 3 和一个不稳定工作点 3'。

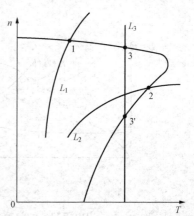

2. 直流电动机的起动

直流电动机接上电源后，转速从 0 达到某一稳定转速的

图 1 - 48 感应电动机与拖动负载

过程称为起动过程。对电动机起动的基本要求：①起动转矩 T_{st} 足够大，通常 $T_{st} \geqslant (1.1 \sim 1.2)T_L$；②起动电流 I_{st} 要小，一般 $I_{st} \leqslant (1.5 \sim 2.0)I_N$；③起动设备操作方便，起动时间短，运行可靠，成本低廉。

直流电动机的起动方法有直接起动、降压起动和电枢回路串电阻起动。其中直接起动的方法只能用于小容量的电机，降压起动则用于有专用电源的电动机—发电机组或晶闸管装置—电动机组，一般多用电阻器起动。

开始起动瞬间，由于机械惯性作用，$n=0$。电枢绕组感应电动势 $E_a = C_e\Phi n = 0$，由电动势平衡方程 $U = E_a + I_a R_a$ 可知，起动时电枢电流为

$$I_{st} = \frac{U_N}{R_a} \quad \text{或} \quad \frac{I_{st}}{I_N} = \frac{U_N}{I_N R_a} \tag{1-57}$$

式中　$I_N R_a$——电枢电流的额定电枢电压降。

一般 $I_N R_a = (2\% \sim 10\%)U_N$，因此起动时的电枢电流将为额定电流的 $10 \sim 50$ 倍，这样大的电流会损坏绕组，使换向器发生强烈火花，破坏电源电压的稳定，在轴上产生很大的加速转矩损害传动机构等。为了限制起动电流，可以采用电枢回路串联电阻或降低电枢电压的起动方法。

（1）电枢回路串电阻起动。起动前，须将励磁回路串联的电阻 R_f 调到最小，以产生最大的磁通易于起动；起动时，接通励磁电源，先建立磁场，同时必须将电枢回路串入全部起动电阻后方可接通电枢电源 U_a，此时电动机有最大起动电流 $I_{st} = U_N/(R_a + R_3)$，使电动机产生起动转矩 T_{st} 传给所带动的机械负载。如果这一起动转矩大于负载转矩，则电动机开始转动并加速。随着转速的增大，反电动势 $E_a = C_e\Phi n$ 也逐渐增大，电枢电流将逐渐减小，电动机的转矩 $T = C_T\Phi I_a$ 也随之降低，所以动态转矩和加速作用都将减少。这时必须将电阻 R_3 短接，使电流又增至最大值，转矩也随之增大，电动机再度加速。以后电流、转矩又逐渐减小，再将电阻 R_2 短接。按这样进行下去直到全部电阻都被短接为止，电动机即达到一定的稳定速度，完成电动机的起动过程。在起动过程中，电流、转矩及速度的变化如图 1-49 所示，这时的机械特性如图 1-50 所示。当起动开始时，接入全部电阻，电动机沿最下面一条机械特性 ab 运行，至 b 点时短接第一段电阻，则转到机械特性 cd 上，如此继续直至将全部电阻短接转到固有机械特性上。

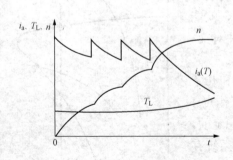

图 1-49　串电阻起动的起动过程

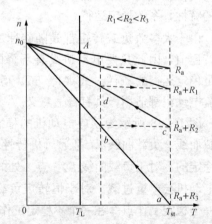

图 1-50　电枢回路串电阻起动机械特性

（2）降电压起动。降电压起动时，加在电动机电枢两端的电压很低，随着电机转速的升高，反电动势 E_a 升高，再逐渐提高电源电压，使电枢电流限制在一定范围之内，最后把电压升到额定电压 U_N，如图 1 - 51 所示。

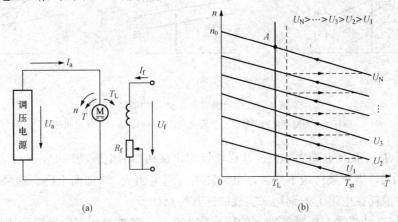

图 1 - 51   他励直流电动机降压起动的机械特性
（a）接线图；（b）机械特性

在调节电源电压时，不能升得太快，否则会引起过大的冲击。这种方法的优点是能量损耗小，起动平稳，便于实现自动化，但需要一套可调节的直流电源，增加了设备投资。较早采用发电机—电动机组实现电压调节，现已逐步被晶闸管可控整流电源所取代。

（3）直流电动机的正、反转。电动机的转向由通电的电枢绕组在磁场中的受力方向决定。由左手定则可知，电磁力方向由磁场方向和导线中电流的方向所决定。因此改变他励直流电动机转向可以有两种方法：一是改变磁场的方向，即改变励磁电流方向；二是改变电枢电流的方向，即改变电枢电源电压 U_a 的极性。

由于他励直流电动机的励磁绕组匝数多，电感大，励磁电流从正向额定值变到反向额定值的时间长，反向过程缓慢，而且在励磁绕组反接断开瞬间，绕组中将产生很大的自感电动势，可能造成绝缘击穿，所以通常采用改变电枢电压极性来实现电动机的反转。

3. 直流电动机的调速

电动机的调速是生产机械所要求的。由直流电动机拖动的某些机械如电车、金属切削机床等，需要有不同的行驶和切削速度，轧钢机在轧制不同品种和不同厚度的钢材时，要求有不同的工作速度。电动机调速就是在负载一定时，人为地改变电动机的电路参数，使电动机工作点由一条机械特性曲线转换到另一条机械特性曲线上的过程。

由式（1 - 38）直流电动机的机械特性方程可知，人为改变机械特性的调速方法有电枢回路串电阻调速、调压调速和弱磁调速三种，如图 1 - 52 所示。

（1）电枢回路串电阻调速。保持 U_a、Φ 不变，负载转矩 T_L 也不变时，则电磁转矩 T 和电枢电流 I_a 也不变。由调速后的机械特性方程

$$n = \frac{U_a}{C_e \Phi} - \frac{R_a + R_1}{C_e C_T \Phi^2} T \tag{1-58}$$

可知，串入电阻 R_1 后，转速 n 将下降。

当 U_a、I_a 不变时，从电源输入的总功率 $P_1 = U_a I_a$ 不变。而随串入电阻的增加，绕组的

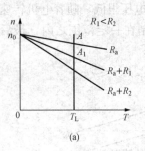 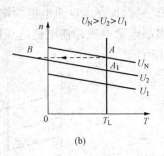 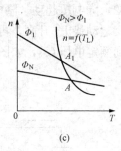

图 1-52　他励直流电动机的调速

(a) 电枢回路串电阻调速；(b) 降低电源电压调速；(c) 弱磁调速

铜耗 $P_{Cu}=I_a^2(R_a+R_1)$ 也随之增加，这样转换为机械功率的电磁功率 $P_M=(P_1-P_{Cu})$ 将减少，而 $P_M=T\Omega$，当负载转矩不变时，电机转速将随电阻 R_1 增加而下降。这种调速方法的本质是以改变消耗在电阻上的铜耗来实现的。其特点如下。

1）通常将电动机固有机械特性上的转速称为基速，这种调速方向只能是从基速往下调。

2）机械特性过理想空载转速点 n_0，串入的电阻越大，机械特性越软。在低速运行时，不大的负载变动就会引起较大的转速变化，即转速的稳定性较差；轻载时，调速效果不明显。

3）由于 I_a 较大，调速电阻的容量也较大、体积也较大，不易做到电阻值连续调节，因而电动机的转速也不能连续调节，属于有级调速。

4）电枢电流在流过调速所串的调速电阻时会产生很大的损耗 $I_a^2R_1$、$I_a^2R_2$ 等，转速越低，损耗越大，电动机的效率越低。

（2）改变电枢电源电压调速。保持 $R=R_a$，$\Phi=\Phi_N$ 不变，在额定电压以下调节电源电压为不同值，若负载转矩恒定不变时，则电磁转矩 T 和电枢电流 I_a 也不变。

在此条件下，当电枢电压 U_a 降低时，转速 n 降低。反之，转速升高。由直流电动机功率平衡方程式知：$T\Omega=UI_a-I_a^2R_a$，当 T、I_a 不变时，U_a 降低，输入功率降低，而损耗 $I_a^2R_a$ 不变，这样，转换成机械功率的电功率减小。因此，这种调速方法本质是当负载转矩恒定时，通过增加或减少输入功率来调速。其特点如下。

1）电源电压越低，转速也越低。一般只能在额定转速以下调节。

2）调速特性与固有特性相平行，电动机机械特性的硬度不变，转速稳定性高，调速范围较大。

3）当电源电压连续变化时，转速可以平滑无级调速。随着晶闸管直流调速、脉宽调速（PWM）等新技术迅速发展，调压调速在直流电力拖动系统中被广泛采用。

4）调速时，电动机转矩不变，属于恒转矩调速，适合于对恒转矩型负载进行调速。

5）可以靠调节电枢电压来起动电动机，而不再需要其他起动设备。

（3）弱磁调速。保持 U_a、$R=R_a$ 不变，在负载转矩较小时，调节磁通 Φ，可以通过调节励磁电压实现对磁通的连续调节，还可以通过调节励磁回路串接电阻来实现。由

$$n=\frac{U_a-I_aR_a}{C_e\Phi}, \quad T=C_T\Phi I_a, \quad P_M=T\Omega$$

可知，减少磁通，转速会增加。当励磁电流、励磁磁通下降时，磁通变为 Φ'，在其他条件

不变时, 有

$$P'_M = T'\Omega' = C_T\Phi'I_a\frac{U_a - I_aR_a}{C_e\Phi'}\frac{2\pi}{60} = U_aI_a - I_a^2R_a = P_M = T\Omega$$

可见, 改变励磁磁通调速的本质是转化为机械功率的电磁功率维持不变。那么, 为什么它能调速呢? 因为一般电动机的机械负载可分为两种基本类型: 一种是恒转矩负载, 当转速改变时, 负载转矩始终维持不变; 另一种是恒功率负载, 当转速上升时, 负载转矩将下降, 当转速下降时, 负载转矩上升, 维持功率不变。由此可见, 改变励磁磁通调速适合于恒功率负载。这种调速方法的特点如下。

1) 可以平滑无级调速, 但只能弱磁调速, 即在额定转速以上调节。

2) 调速特性较软, 且受电动机换向条件与机械强度的限制, 最高转速约为 $1.2n_N$, 特殊设计的调速电动机可达 $3n_N$ 或更高, 单独使用调速范围不大。

3) 当拖动恒转矩负载弱磁调速时, 因为 T_L 不变, 由 $T = T_L = C_T\Phi I_a$ 知, Φ 减小, 会造成 I_a 过大, 甚至导致电枢电流过载。当拖动恒功率负载弱磁调速时, 因为 $P_L = T_L\Omega$ 不变, 由电磁功率 $P_M = T\Omega = U_N I_a - I_a^2 R_a = T_L\Omega$ 知, Φ 减小, 使转速 n 升高, 但会使电磁转矩减小, 维持电枢电压和电枢电流不变, 使电枢电流不会过载, 所以弱磁调速适用于拖动恒功率负载。

4) 在实际应用中鉴于这样一种负载, 低速段需要恒转矩而高速段需要恒功率, 可采用调压调速和弱磁调速配合使用, 即在额定转速以下, 用降压调速, 在额定转速以上, 用弱磁调速, 如图 1-53 所示。

削弱磁通时应注意: 当磁通被过分削弱后, 如果负载转矩不变, 将使电动机电枢电流大幅度增加而严重过载 (即 $T = T_L = C_T\Phi I_a$)。另外, 当磁通为 0 时, 由式 (1-38) 直流电动机的机械特性方程知, 理论上说, 电动机转速趋于无穷大, 实际上励磁电流为 0 时, 电动机尚有剩磁, 这时转速虽不趋于无穷大, 但会升到机械强度不允许的数值, 通常称为"飞车"。因此, 直流他励电动机起动前必须先加励磁电流; 而在运行过程中, 绝不允许励磁电路断开或励磁电流为 0。为此, 直流他励电动机在使用中, 一般都设有"失磁"保护。

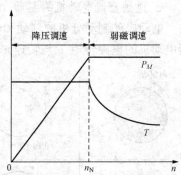

图 1-53 降压调速和弱磁调速
配合的机械特性

【例 1-2】 一台他励直流电动机的额定功率 $P_N = 75kW$, 额定电压 $U_N = 220V$, 额定电流 $I_{aN} = 385A$, 额定转速 $n_N = 1000r/min$, 电枢回路总电阻 $R_a = 0.018\,24\,\Omega$, 电动机带额定恒转矩负载运行。若要求转速调到 400r/min, 假定 T_0 不变。求: (1) 采用电枢串电阻调速时, 电枢回路需串入多大的电阻? 该转速下电动机的效率是多少? (2) 采用改变电枢电源电压调速时, 电源电压应调到多少伏? 电动机的效率是多少?

解 (1) 由 $E_{aN} = C_e\Phi n_N$ 和 $E_{aN} = U_N - I_{aN}R_a$, 得

$$C_e\Phi = \frac{E_N}{n_N} = \frac{U_N - I_{aN}R_a}{n_N} = \frac{220 - 385 \times 0.018\,24}{1000} = 0.213$$

$$E_a = C_e\Phi n = 0.213 \times 400 = 85.2(V)$$

由 $U_N = E_a + (R_a + R)I_{aN}$, 得

$$R = \frac{U_N - E_a}{I_{aN}} - R_a = \frac{220 - 85.2}{385} - 0.01824 = 0.332(\Omega)$$

$$P_1 = U_N I_{aN} = 220 \times 385 = 84.7(kW)$$

$$T_{2N} = 9.55 \times \frac{P_N}{n_N} = 9.55 \times \frac{75\,000}{1000} = 716.25(N \cdot m)$$

$$P_2 = T_2 \Omega = 716.25 \times \frac{2\pi \times 400}{60} = 30(kW)$$

$$\eta = \frac{P_2}{P_1} \times 100\% = \frac{30}{84.7} \times 100\% = 35.4\%$$

（2）
$$n_0 = \frac{U_N}{C_e \Phi} = \frac{220}{0.213} = 1032.9(r/min)$$

$$\Delta n = n_0 - n_N = 1032.9 - 1000 = 32.9(r/min)$$

$$n_0' = n + \Delta n = 400 + 32.9 = 432.9(r/min)$$

理想空载时

$$T_L = C_T \Phi I_a = 0$$

$$U = E_a + R_a I_a = E_a = C_e \Phi n_0' = 0.213 \times 432.9 = 92.2(V)$$

$$P_1 = U I_N = 92.2 \times 385 = 35.5(kW)$$

$$\eta = \frac{P_2}{P_1} \times 100\% = \frac{30}{35.5} \times 100\% = 84.5\%$$

4. 他励直流电动机的制动

电动机的制动分机械制动和电气制动两种，这里只讨论电气制动。所谓电气制动，就是指电动机的电磁转矩 T 与转速 n 的方向相反，T 起阻碍运动的作用，如图 1-54 所示。

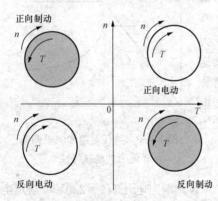

图 1-54　电动机的运行状态

电动机的制动有两种情况：一种是使系统迅速减速或停车。这时电动机的转速是变化的，属于过渡过程制动状态，电磁转矩 T 起着制动的作用，从而缩短停车时间，以提高生产效率。另一种是限制位能性负载的下降速度。这时电动机的转速不变，以保持重物的匀速下降，它属于稳定的制动状态。此时电动机的电磁转矩 T 起到与负载转矩相平衡的作用。例如，起重机下放重物时，若不采取措施，由于重力作用，重物下降速度将越来越快，直到超过允许的安全值。为此，通过制动的方法，使电动机的电磁转矩与重物产生的负载转矩相平衡，使重物得以安全下放。

他励直流电动机的制动方法有能耗制动、反接制动、倒拉反转制动和回馈制动等，下面分别讨论。

（1）能耗制动。电动机在电动运行状态时，保持励磁不变，若把外施电枢电压 U 突然降为 0，而将电枢串接一个附加电阻 R_H，电动机便进入能耗制动状态，图 1-55（a）所示。此时，电枢电源电压 $U=0$，由于机械惯性作用，制动初始瞬间转速 n 不能突变，仍保持原来的方向和大小，电枢感应电动势 E_a 也保持原来的大小和方向，而电枢电流 I_a 为

$$I_a = (U - E_a)/(R_a + R_H) = -E_a/(R_a + R_H)$$

可见，电流变为负值，说明其方向与原来电动运行时相反，因此电磁转矩 T 也变为负值，表明此时 T 的方向与转速 n 的方向相反，T 起制动作用，称为制动性转矩。

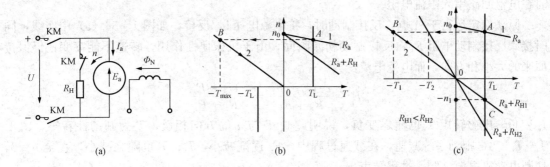

图 1 - 55　能耗制动原理图及机械特性

（a）原理图；（b）反抗性负载；（c）位能性负载

由于 $T-T_L<0$，拖动系统减速，在减速过程中，E_a 逐渐减小，I_a、T 随之变小，动态转矩 $T-T_L$ 仍小于 0，拖动系统继续减速，直至 $n=0$，此时 E_a、I_a、T 都为 0，如果电动机拖动的是反抗性恒转矩负载，系统就在 $n=0$ 时停车。

在这个过程中，电动机靠惯性旋转，电枢通过切割磁场将机械能转变成电能，再消耗在电枢回路电阻（R_a+R_H）上，因而称能耗制动。

能耗制动的机械特性方程为

$$n=-\frac{R_a+R_H}{C_eC_T\Phi^2}T \qquad (1-59)$$

可见，其机械特性与电枢回路串接电阻 R_H 时的人为机械特性相同。从式（1-59）可知，当 $T=0$ 时，$n=0$，说明能耗制动的机械特性是一条通过坐标原点，并与电枢回路串电阻 R_H 的人为机械特性平行的直线，如图 1 - 55（b）所示。

从图 1 - 55（b）可以看出，能耗制动开始，电动机的运行点从 A 点瞬间过渡到 B 点，此时电动机的转矩 T 为负值，是制动转矩。在制动转矩和负载转矩共同作用下，拖动系统迅速减速。电动机工作点沿机械特性曲线 2 转速下降，制动转矩也逐渐减小，如果电动机拖动的是反抗性负载，当 $n=0$ 时，电动机产生的制动转矩也下降为 0，制动作用自行结束。这种制动方式的优点之一就是拖动系统能可靠停车。

如果是位能性负载，如图 1 - 55（c）所示，则在制动到 $n=0$ 时，重物还将拖动电动机反转，使电动机向下降的方向加速，即电动机进入第 IV 象限的能耗制动状态，随着转速的升高，电动势 E_a 增加，电流和制动转矩也增加，系统的状态由能耗制动特性曲线 2 的坐标原点向 C 点移动，在 C 点，$T=T_L$，系统进入稳定运行状态。电动机以 $-n_1$ 转速使重物匀速下降。采用能耗制动下放重物的主要优点是能够可靠稳定地控制下降速度。

能耗制动通常应用于拖动系统需要迅速而准确地停车及卷扬机类负载恒速下放重物的场合。改变制动电阻 R_H 的大小，可得到不同斜率的特性，如图 1 - 55（c）所示。在一定负载转矩 T_L 作用下，不同大小的 R_H，便有不同的稳定转速；R_H 越小，制动特性越平，制动转矩越大，制动效果越强烈。但为避免电枢电流过大，R_H 的最小值应该使制动电流不超过电动机的允许值。

（2）反接制动。反接制动是把正向运行的他励直流电动机的电源电压 U_a 突然反接，同时在电枢回路串入限流电阻。

原来稳定运行于 A 点，反接制动时，将电源电压 U_a 反接，如图 1 - 56（a）中实线，同时接入反接制动电阻 R_F，反接制动初始瞬间，由于机械惯性作用，转速不能突变，仍保持原来的大小和方向，而电枢电流变为

$$I_a = \frac{-U_a - E_a}{R_a + R_F} = -\frac{U_a + E_a}{R_a + R_F} \tag{1 - 60}$$

I_a 变负，电磁转矩 T 也随之变负，说明此时 T 与 n 的方向相反，T 为制动性转矩。由于 $T - T_L < 0$，拖动系统减速，在减速过程中，E_a 逐渐减小，I_a、T 也随之减小，直至 $n = 0$，切断电动机电源，制动过程结束。

在制动过程中，电动机电枢电压反接，电枢电流反向，电源输入功率 $P_1 = U_N I_a > 0$，而电磁功率 $P = E_a I_a < 0$，表明机械功率被转换成电功率，从而电源输入的功率和机械转换的电功率都消耗在电枢回路电阻（$R_a + R_F$）上。

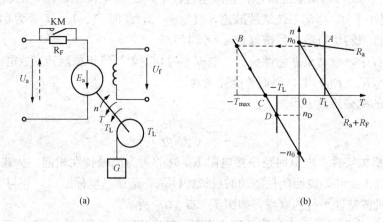

(a)   (b)

图 1 - 56   电源反接制动原理图及机械特性

(a) 原理图；(b) 机械特性

反接制动的机械特性方程式为

$$n = -\frac{U_a}{C_e \Phi_N} - \frac{R_a + R_F}{C_e C_T \Phi_N^2} T \tag{1 - 61}$$

可见，其机械特性是一条过（0，$-n_0$）点并与电枢回路串电阻 R_F 时的人为机械特性平行的直线，如图 1 - 56（b）所示。电动机的运行点从 $A \to B \to C$，BC 段为制动过程，机械特性曲线位于第 II 象限。

如果电动机拖动反抗性负载，反接制动到达 C 点时，$n = 0$，$T \neq 0$，此时，如果未及时切除电源，当 $|T| \leqslant |T_L|$ 时，系统停车；当 $|T| > |T_L|$ 时，在此电压作用下，电动机将反向起动，直到在 D 点稳定运行。

反接制动转矩大，制动速度快，适合于要求快速制动或频繁正、反转的场合。若只要求准确停车的系统，反接制动不如能耗制动方便。

【例 1 - 3】 一台他励直流电动机的额定功率 $P_N = 40\text{kW}$，额定电压 $U_N = 220\text{V}$，额定电

流 $I_N = 207.5A$，额定转速 $n_N = 1500r/min$，电枢回路总电阻 $R_a = 0.0422\Omega$，电动机拖动反抗性负载转矩运行于正向电动状态，$T_L = 0.85T_N$。求：

1）采用能耗制动停车，并要求制动开始时最大电磁转矩为 $1.9T_N$，电枢回路应串多大电阻？

2）采用反接制动停车，要求制动开始时最大电磁转矩不变，电枢回路应串多大电阻？

3）采用反接制动若转速接近于 0 时未及时切断电源，问电动机最后的运行结果如何？

解 正向电动运行时

$$C_e\Phi_N = \frac{E_N}{n_N} = \frac{U_N - I_{aN}R_a}{n_N} = \frac{220 - 207.5 \times 0.0422}{1500} = 0.140\,83$$

$$I_a = \frac{T_L}{C_T\Phi} = \frac{0.85T_N}{C_T\Phi} = 0.85I_N = 0.85 \times 207.5 = 176.38(A)$$

$$E_a = U_N - I_aR_a = 220 - 176.38 \times 0.0422 = 212.557(V)$$

$$n = \frac{E_a}{C_e\Phi_N} = \frac{212.557}{0.140\,83} = 1509.3(r/min)$$

1）能耗制动时

$$I_{amax} = \frac{T_{max}}{C_T\Phi_N} = \frac{1.9T_N}{C_T\Phi_N} = 1.9I_N = 1.9 \times 207.5 = 394.25(A)$$

应串入回路的电阻

$$R = \frac{E_a}{I_{amax}} - R_a = \frac{212.557}{394.25} - 0.0422 = 0.497(\Omega)$$

2）反接制动时

$$I_{amax} = \frac{T_{max}}{C_T\Phi_N} = \frac{1.9T_N}{C_T\Phi_N} = 1.9I_N = 1.9 \times 207.5 = 394.25(A)$$

应串入回路的电阻

$$R = \frac{U + E_a}{I_{amax}} - R_a = \frac{220 + 212.557}{394.25} - 0.0422 = 1.055(\Omega)$$

3）反接制动，未切断电源 $n = 0$ 时

$$E_a = C_e\Phi n = 0$$

$$I_a = \frac{-U_N}{R_a + R} = -\frac{220}{0.0422 + 1.055} = -200.5(A)$$

$$T = C_T\Phi I_a = 9.55C_e\Phi I_a = 9.55 \times 0.140\,83 \times (-200.5) = -269.66(N \cdot m)$$

$$T_L = -0.85T_N = -0.85C_T\Phi_N I_N$$

$$= -0.85 \times 9.55 \times 0.140\,83 \times 207.5 = -237.2(N \cdot m)$$

因为 $|T| > |T_L|$，所以电动机将反向起动，直到运行在稳定点上。

反向运行时

$$I_a = \frac{-T_L}{C_T\Phi_N} = \frac{-0.85T_N}{C_T\Phi_N} = -0.85I_N = -0.85 \times 207.5 = -176.38(A)$$

$$E_a = -U_N - I_a(R_a + R) = -220 + 176.38 \times (0.422 + 1.055) = -26.476(V)$$

$$n = \frac{E_a}{C_e\Phi_N} = \frac{-26.476}{0.140\,83} = -188(r/min)$$

（3）倒拉反转制动运行。他励直流电动机拖动位能性负载运行，若电枢回路串入电阻时，转速 n 下降。如果串入的电阻值足够大，就会使转速 $n < 0$，工作点位于第Ⅳ象限，此

时电磁转矩 $T > 0$，与转速 n 方向相反，电动机运行在制动状态，这是由于位能性负载转矩拖动电动机反转而形成的，所以称为倒拉反转制动运行。

进入倒拉反转制动时，转速 n 方向为负值，使感应电动势 E_a 也反向为负值，电枢电流为

$$I_a = \frac{U_a - (-E_a)}{R_a + R_F} = \frac{U_a + E_a}{R_a + R_F}$$

I_a 为正值，所以电磁转矩始终为正值（保持原方向）。

倒拉反接制动时，U_a、I_a 为正，电源输入功率 $P_1 = U_a I_a > 0$，而电磁功率 $P = E_a I_a < 0$，表明从电源输入的电功率和机械转换的电功率都消耗在电枢回路电阻（$R_a + R_F$）上，其功率关系与电源反转制动时相似。

倒拉反转制动的机械特性就是电枢回路串电阻 R_F 时的人为机械特性，如图 1 - 57 所示，即

$$n = \frac{U_a}{C_e \Phi_N} - \frac{R_a + R_F}{C_e C_T \Phi_N^2} T$$

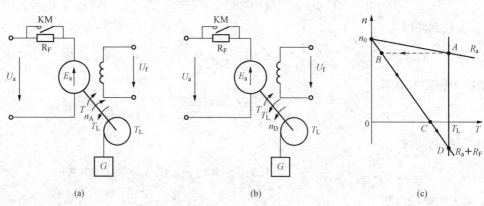

图 1 - 57　倒拉反转制动原理图及机械特性

（a）正向电动；（b）倒拉反接；（c）机械特性

在由提升重物转为下放重物时，电枢电路串接较大电阻 R_F，工作点从 A 点跳变到对应的人为机械特性 B 点，由于 $T < T_L$，电动机沿曲线下降减速至 C 点。在 C 点，$n = 0$，此时仍有 $T < T_L$，在负载重物的作用下，电动机被倒拉而反转起来，重物开始下放并稳定运行在 D 点，CD 段即为制动状态。下放重物的稳定运行速度可由制动电阻 R_F 来控制，R_F 越大，下放速度越快。

（4）回馈制动。电动运行时，由于外部条件的变化，使电动机的实际转速 n 超过理想空载转速 n_0，电动机运行于回馈制动状态。如电车走平路时，

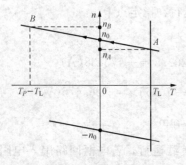

图 1 - 58　回馈制动机械特性

电动机工作在电动状态，电磁转矩 T 克服摩擦性负载转矩 T_L 并以 n_A 转速稳定运行于 A 点，如图 1 - 58 所示。当电车下坡时，电车位能负载 T_P 使电车加速，转速 n 增加，超越 n_0 继续加速，使 $n > n_0$，感应电动势 E_a 大于电源电压 U，故电枢电流 I_a 的方向便与电动状态相反，转矩 T 也相反，直到 $T_P = T + T_L$ 时，电动机以 n_B 的稳定转速控制电车下坡。实际上这时是电车的位能转矩带动电动机发电，把机械能转变成电能，回馈给电网，故称回馈制动。

回馈制动运行时电动机的机械特性与电动状态时完全一样，仍满足式（1-38）。所不同的是 T 改变了符号，即 T 为负值，这说明电动机正转时，回馈制动状态下的机械特性是第Ⅰ象限电动状态下的机械特性在第Ⅱ象限的延伸。

电动机电源电压降低也会出现回馈制动状态，如图 1-59 所示。原来电压为 U_1，稳定运行于 n_A，当电源电压突降为 U_2 时，对应的理想空载转速为 n_{02}，由于电动机的转速和由它所决定的感应电动势不能跃变，则电枢电流

$$I_a = \frac{U_1 - E_a}{R_a + R_1} \Rightarrow I'_a = \frac{U_2 - E_a}{R_a + R_1}$$

当 $n_{02} < n_A$，即 $U_2 < E_a$ 时，电流 I'_a 为负值并产生制动转矩，即电压 U_1 突降的瞬间，系统的状态在第Ⅱ象限的 B 点，从 B 点到 n_{02} 这段特性，电动机处于回馈制动状态，转速逐渐降低，转速降至 n_{02} 时，$E_a = U_2$，电动机的制动电流和由它建立的制动转矩下降为 0，回馈制动过程结束。此后，在负载转矩 T_L 的作用下，转速进一步降低，电磁转矩 T 又变为正值，电动机又重新运行于第Ⅰ象限的电动状态，直至到达 C 点时，$T = T_L$，电动机以 n_C 的转速在电动状态下稳定运行。

同样，电动机在弱磁状态用增加磁通 Φ 的方法来降速时，也能产生回馈制动过程，以实现迅速降速的目的，如图 1-60 所示。

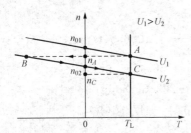

图 1-59 降压调速产生回馈制动

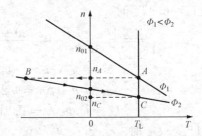

图 1-60 增磁调速产生回馈制动

回馈制动时，转速方向并未改变，而 $n > n_0$，使 $U < E_a$，电枢电流 $I_a = (U - E_a)/R_a < 0$ 反向，电磁转矩 $T < 0$ 也反向，为制动转矩。制动时 U 未改变方向，而 I_a 已反向为负值，电源输入功率 $P_1 = U_a I_a < 0$，而电磁功率 $P = E_a I_a < 0$，表明电动机处于发电状态，将电枢转动的机械能变为电能并回馈到电网，这种制动方式在晶闸管调速系统中被较多地采用。

【例 1-4】 一台他励直流电动机的额定功率 $P_N = 75\text{kW}$，额定电压 $U_N = 220\text{V}$，额定电流 $I_{aN} = 385\text{A}$，额定转速 $n_N = 1000\text{r/min}$，电枢回路总电阻 $R_a = 0.018\,242\Omega$，电动机拖动位能性负载 $T_L = 0.8T_N$ 运行。若要求电动机以转速 250r/min 下放负载。求：

1）采用能耗制动运行时，电枢回路应串入多大的电阻？该电阻上损耗的功率为多大？

2）采用倒拉反转运行时，电枢回路应串入多大的电阻？该电阻上损耗的功率为多少？

3）采用改变电枢电源电压的反向回馈制动运行时，电枢回路不串电阻，反向电枢电源电压应调到多少 V？若反向电枢电源电压调到额定电压，下放速度变为多少？

解 $C_e\Phi_N = \dfrac{E_N}{n_N} = \dfrac{U_N - I_{aN}R_a}{n_N} = \dfrac{220 - 385 \times 0.018\,24}{1000} = 0.213$

$E_a = C_e\Phi n = 0.213 \times (-250) = -53.25(\text{V})$

1）能耗制动时

$$I_a = \frac{T_L}{C_T\Phi_N} = \frac{0.8T_N}{C_T\Phi_N} = 0.8I_N = 0.8 \times 385 = 308(\text{A})$$

应串入回路的电阻

$$R = \frac{-E_a}{I_a} - R_a = \frac{53.25}{308} - 0.018\,24 = 0.154\,65(\Omega)$$

电阻上损耗的功率

$$P = I_a^2 R = 308^2 \times 0.154\,65 = 14.67(\text{kW})$$

2）倒拉反转时

应串入回路的电阻

$$R = \frac{U_N - E_a}{I_a} - R_a = \frac{220 + 53.25}{308} - 0.018\,24 = 0.8698(\Omega)$$

电阻上损耗的功率

$$P = I_a^2 R = 308^2 \times 0.8698 = 82.43(\text{kW})$$

3）电源电压反向的回馈制动，电枢回路不串电阻时

$$n_0 = \frac{U_N}{C_e\Phi_N} = \frac{220}{0.213} = 1032.9(\text{r/min})$$

当 $T_L = 0.8T_N$ 时

$$n = \frac{U_N - I_aR_a}{C_e\Phi} = \frac{220 - 308 \times 0.018\,24}{0.213} = 1006.5(\text{r/min})$$

$$\Delta n = n_0 - n = 1032.9 - 1006.5 = 26.4(\text{r/min})$$

$$n_0' = n + \Delta n = -250 + 26.4 = -223.6(\text{r/min})$$

$$U = C_e\Phi_N n_0' = 0.213 \times (-223.6) = -47.63(\text{V})$$

当 $U = -U_N$ 时

$$n_0 = \frac{-U_N}{C_e\Phi_N} = \frac{-220}{0.213} = -1032.9(\text{r/min})$$

$$n = -n_0 - \Delta n = -1032.9 - 26.4 = -1059.3(\text{r/min})$$

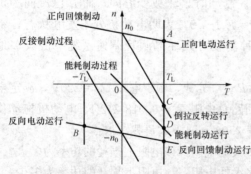

图 1-61　他励直流电机的四象限运行

（5）他励直流电动机的四象限运行。直流电动机的运行状态是指稳定的运行状态，即电动机机械特性与负载转矩交点所对应的工作点，如图 1-61 所示。在第Ⅰ、Ⅲ象限内，T 与 n 同方向，是电动运行或电动过程，在第Ⅱ、Ⅳ象限内，T 与 n 反方向，是制动运行或制动过程。一般地，生产机械的生产工艺要求电动机在两种以上的状态下运行。

1.5　直流电动机应用举例

他励直流电动机有硬的机械特性，又能方便地进行调速，适用于要求硬机械特性的负

载，如金属切削机床、轧钢机、锯木机、球磨机等设备。专门设计的调速他励电动机可以在较大的转速范围内平滑调速。

串励电动机具有软的机械特性，过载能力大，起动转矩大。适用于电力机车、无轨电车、起重机、卷扬机和电梯等设备。

图 1-62 所示为某钢厂热轧机主轧辊的直流电动机驱动系统。轧机的上、下工作辊由两台直流电动机分别驱动。根据工艺要求，轧机工作时，应使两台电动机的转速一致，以保证钢材质量。为使两台电动机转速一致，需采用转速闭环控制，通过调节电枢电压使两台电机转速同步。来自上位控制调节器的速度指令信号同时送给两个直流驱动系统的控制器，控制器根据转速偏差改变晶闸管整流装置（VT）的触发脉冲角度，以调节直流电动机的电枢电压，达到控制转速的目的。主回路中串入了平波电抗器 L，可以使电枢电流平滑。

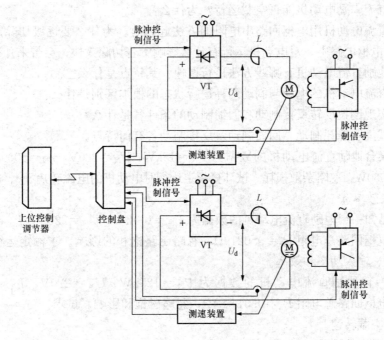

图 1-62　热轧机直流电动机驱动系统

思考题与习题

1-1　换向器在直流发电机和直流电动机中起什么作用？

1-2　为什么直流电机的转子铁芯要用表面有绝缘层的硅钢片叠压而成？

1-3　主磁极和电枢铁芯都是电机磁路的组成部分，但其冲片材料为什么一个用薄钢板，一个用硅钢片？

1-4　什么是直流电机的电枢反应？其结果是什么？

1-5　简述直流电动机的工作原理。

1-6　主磁通既连着电枢绕组又连着励磁绕组，却为什么只在电枢绕组里产生感应电动势？

1-7　一台他励直流电动机，如果励磁电流和被拖动的负载转矩不变，而仅仅提高电枢端电压，试问电枢电流、转速变化如何？

1-8　如何判别直流电机运行于发电机状态还是电动机状态？它们的 T、n、E_a、U_a、I_a 的方向有何不同？能量转换关系如何？

1-9　为什么直流电动机直接起动时起动电流很大？

1-10　他励直流电动机起动过程中有哪些要求？如何实现？

1-11　他励直流电动机起动时，为什么一定要先把励磁电流加上？若忘了先合励磁绕组的电源开关就把电枢电源接通，这时会产生什么现象（试从 $T_L=0$ 和 $T_L=T_N$ 两种情况加以分析）？当电动机运行在额定转速下，若突然将励磁绕组断开，此时又将出现什么情况？

1-12　直流串励电动机能否空载运行？为什么？

1-13　直流电动机用电枢回路串电阻的方法起动时，为什么要逐级切除起动电阻？若起动电阻留在电枢电路中，对电动机运行有什么影响？若切除太快，会带来什么后果？

1-14　他励直流电动机有哪些方法进行调速？其特点是什么？

1-15　直流电动机的电动与制动两种运行状态的根本区别是什么？

1-16　实现倒拉反转反接制动和回馈制动的条件各是什么？

1-17　试说明能耗制动、回馈制动及反接制动各有何特点。

1-18　某台他励直流电动机的数据为 $P_N=15\text{kW}$，$U_N=220\text{V}$，$n_N=1000\text{r/min}$，$p_{Cua}=1210\text{W}$，$P_0=950\text{W}$，忽略杂散损耗。试计算额定运行时电动机的电磁转矩 T_N、电磁功率 P_M、电枢电阻 R_a 及效率 η_N。

1-19　已知一台他励直流电动机的数据为 $P_N=100\text{kW}$，$U_N=220\text{V}$，$I_{aN}=510\text{A}$，$n_N=1000\text{r/min}$，电枢回路总电阻 $R_a=0.0219\Omega$，忽略磁路饱和的影响。求额定运行时的电磁转矩、输出转矩、输入功率和效率。

1-20　一台他励直流电动机的数据为 $P_N=125\text{kW}$，$U_N=220\text{V}$，$I_N=630\text{A}$，$n_N=1000\text{r/min}$，电枢回路总电阻 $R_a=0.01484\Omega$，忽略磁饱和影响。试求：

（1）理想空载转速。

（2）固有机械特性的斜率。

（3）额定转速降。

（4）若电动机拖动恒转矩负载 $T_L=0.84T_N$ 运行，则电动机的转速、电枢电流及电枢电动势为多大？

1-21　已知某台他励直流电动机的数据为 $P_N=160\text{kW}$，$U_N=440\text{V}$，$I_{aN}=399\text{A}$，$n_N=1500\text{r/min}$，电枢回路总电阻 $R_a=0.054\Omega$。试求：

（1）固有机械特性。

（2）当电枢回路串入 $R=0.5R_a$ 电阻时的人为特性。

（3）电枢电压降为 220V 时的人为特性。

（4）把这些特性画在同一坐标系。

1-22　已知他励直流电动机的数据为 $P_N=17\text{kW}$，$U_N=110\text{V}$，$I_{aN}=186\text{A}$，$n_N=1500\text{r/min}$，电枢回路总电阻 $R_a=0.029\Omega$，电动机在额定转速下拖动额定恒转矩负载运行，试求：

(1) 电枢电压调低到90V，但电动机转速还来不及变化的瞬间，电动机的电枢电流及电磁转矩各为多少？

(2) 电压调低后电动机稳定运行转速是多少？

(3) 若电枢电压保持额定不变，仅把磁通减少到 $0.8\Phi_N$，此时电动机运行转速是多少？电枢电流为多大？若电枢电流不允许超过额定值，电动机所允许拖动的负载转矩应为多大？

1-23 一台他励直流电动机的额定数据为 $P_N=75\text{kW}$，$U_N=220\text{V}$，$I_{aN}=385\text{A}$，$n_N=1000\text{r/min}$，电枢回路总电阻 $R_a=0.018\ 24\Omega$，电动机拖动反抗性负载转矩运行于正向电动状态时，$T_L=0.86T_N$，试求：

(1) 采用能耗制动停车，并要求制动开始时最大电磁转矩为 $2.2T_N$，电枢回路应串多大的电阻？

(2) 采用反接制动停车，要求制动开始时最大电磁转矩不变，电枢回路应串多大的电阻？

(3) 采用反接制动若转速接近于0时不及时切断电源，则电动机最后的运行结果如何？

1-24 一台他励直流电动机的额定数据为 $P_N=17\text{kW}$，$U_N=110\text{V}$，$I_{aN}=186\text{A}$，$n_N=1500\text{r/min}$，电枢回路总电阻 $R_a=0.029\Omega$，电动机拖动位能性负载 $T_L=0.84T_N$ 运行。若要求电动机以转速 375r/min 下放负载。求：

(1) 采用能耗制动时，电枢回路应串入多大的电阻？该电阻上损耗的功率为多大？

(2) 采用倒拉反转运行时，电枢回路应串入多大的电阻？该电阻上损耗的功率为多少？

(3) 采用改变电枢电源电压的反向回馈制动运行时，电枢回路不串电阻，反向电枢电源电压应调到多少伏？若反向电枢电源电压调到额定电压，下放速度变为多少？

第2章 三相异步电动机

采用交流电励磁的电机统称为交流电机。交流电机根据电机转速与所接电源频率之间关系的不同分为同步电机和异步电机两大类。同步电机的转速与电源频率之间存在严格不变的关系，异步电机的转速与电源频率之间不存在这种关系，其转速的大小随负载的变化而变化。本章将介绍异步电机。

异步电机可分为异步电动机和异步发电机。异步电动机是工农业生产及国民经济各部门中应用最广、需求量最大的一种电机。各国以电为动力的机械中，约有 90% 为异步电动机，其中小型异步电动机占 70% 以上。异步电动机的用电量占电力系统总负荷的 60% 以上。异步发电机由于发电性能较差，仅在电网尚未到达的地区，又找不到同步发电机的情况，或在风力发电等特殊场合有所应用。

异步电动机按定子相数可分为三相、两相和单相异步电动机。现代动力用电动机大多数为三相异步电动机，其功率一般较大，是拖动系统的主流动力设备。两相异步电动机属于控制电机，主要用于交流伺服系统中。200W 以下的电动机多做成单相异步电动机，常用于家用电器和小功率设备中。

异步电动机具有结构简单，坚固耐用，制造方便，运行可靠，效率高，价格低廉，维修方便等优点，容易按不同环境条件的要求，派生出各种系列产品。它具有接近恒速的负载特性，能满足大多数工农业生产机械拖动的要求。不足之处是调速性能相对较差，在要求有较宽广平滑调速范围的使用场合（如传动轧机、卷扬机、大型机床等）中，不如直流电动机经济、方便。此外，异步电动机运行时从电力系统吸取无功功率以励磁，这会导致电力系统的功率因数变坏，因此在大功率、低转速场合（如拖动球磨机、压缩机等）不如用同步电动机合理。

本章将介绍三相异步电动机的基本结构、工作原理、运行特性等。

2.1 三相异步电动机的结构及基本工作原理

2.1.1 基本结构

1. 外部结构

常见的异步电动机的外部结构如图 2-1 所示。转轴用于和其他机械或设备相连接，在特殊情况下可制成两端轴伸，以供安装测速发电机或同时拖动两台生产机械等用。吊环用于电机的吊运与安装。散热筋可以增大散热面积，其余部分主要起支撑和保护作用。

每台异步电动机机座上都钉有一张铭牌，如图 2-2 所示，上面印刻有关这台电机的技术数据。铭牌是电机的身份证，认识和了解铭牌中的各项技术数据的意义，是正确选择、使用和维护电动机的依据。通常铭牌上标注的主要内容有如下几种。

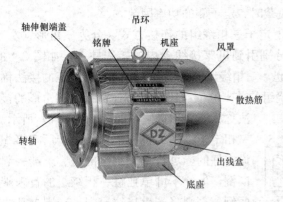

图 2-1　三相笼型异步电动机外形图　　　图 2-2　三相异步电动机的铭牌

（1）型号。型号表示电动机的机型及规格。由大写印刷体的汉语拼音字母和阿拉伯数字组成，分为产品代号和规格代号两部分。

产品代号表示电机的类型，由电机全名称中有代表意义的汉字的第一个拼音字母组成。我国异步电机产品代号为 Y。由于异步电动机生产量大，使用面广，要求其必须有繁多的品种、规格与各种机械配套，因此异步电动机的设计和生产形成了标准化、系列化和通用化。在各类系列产品中，以产量最大、使用最广的三相异步电动机系列为基本系列，此外还有若干派生系列（即在基本系列基础上做部分改变导出的系列，如高转差率三相异步电动机 YH，电磁式制动三相异步电动机 YEJ，齿轮减速三相异步电动机 YCJ 等）、专用系列（即为特殊需要设计的具有特殊结构的系列，如防爆型三相异步电动机 YB，增安型三相异步电动机 YA 等）等。

规格代号指机座中心高度（厘米），机座长度代号（S—短机座；M—中机座；L—长机座），铁芯长度代号（1—第一铁芯长度；2—第二铁芯长度），极数。其后还可标注特殊使用环境代号，如热带用（T），湿热带用（TH），干燥带用（TA），户外用（W），化工防腐用（F）等。

例如，Y 系列三相异步电动机表示如下：

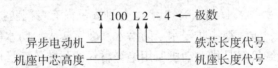

（2）额定值。额定值指铭牌上标注的一些数据，是电机制造厂对电机正常运行时的有关电量或机械量所规定的数据。电机按铭牌上所规定的条件运行时，可以保证电机工作可靠，性能优良，因此称为电机的额定运行状态。根据国家标准规定，异步电动机额定值主要如下：

额定功率 P_N，指电动机在额定状态运行时，轴端输出的机械功率，单位为 kW。

额定电压 U_N，指电动机在额定方式运行时定子绕组的线电压，单位为 V。

额定电流 I_N，指电动机在额定电压和额定功率状态下运行时，定子绕组中的线电流，单位为 A。

额定频率 f_N，我国规定标准工业用电频率为 50Hz。

额定转速 n_N，指电动机在额定状态下运行时的转子转速，单位为 r/min。

额定功率因数 $\cos\varphi_N$，指电动机在额定负载时，定子侧的功率因数。

（3）定子绕组接线方法。指在额定电压下定子三相绕组的连接方式。分为三角形（△）和星形（Y）两种接法。定子绕组的出线端分别引到机座接线盒内的接线柱上，如图 2 - 3（a）所示。将三相绕组的末端用铜片连在一起，三相绕组的首端分别通入三相电流的接法称为星形接法，如图 2 - 3（b）所示。将三相绕组的首末端依次用铜片相连，接成三角形的接

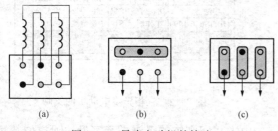

图 2 - 3 异步电动机的接法
（a）定子绕组出线端；（b）Y 接；（c）△接

法称为三角形接法，如图 2 - 3（c）所示。三相定子绕组的首、末端是生产厂家事先设定好的，可将三相绕组的首、末端一起颠倒，但绝不可单独将一相绕组的首末端颠倒，否则将产生接线错误，轻则电动机不能正常起动，长时间通电将造成起动电流过大，电动机发热严重，影响寿命，重则烧毁电动机绕组，或造成电源短路。

高压大、中型容量的异步电动机定子绕组通常只引出 3 根引出线，只要电源电压符合电动机铭牌电压值便可使用。对中、小容量低压异步电动机定子绕组的 6 根引线都引出来，根据额定电压和电源电压的配合情况确定接法，然后接到交流电源上。如当电动机铭牌上标明"电压 380/220V，接法 Y/△"时，如果电源电压（线电压）为 380V，则接成 Y 接；电源电压（线电压）为 220V 时，则接成△接。当电动机铭牌上标明"电压 380V，接法△"时，只有这一种△接法，但在电动机起动过程中，可以接成 Y 接，接在 380V 电源上，起动完毕，恢复△接法。

（4）防护等级。防护等级是指电机本身对于防止固体异物和液体进入壳内设备造成有害影响的外壳防护能力，用 IP 代码表示。IP 为标记字母，表示国际防护。IP 代码由两位标记数字组成，不要求规定标记数字时，该处由字母"X"代替。第一个标记数字表示电动机防护体等级标准，即防止固体异物入侵（包括人体触及）的保护等级。标记数字为 0、1、2、3、4、5、6，分别表示没有专门防护，能防直径大于 50mm、12.5mm、2.5mm、1.0mm 的固体异物，防尘，尘密。数字越大，防尘等级越高。第二个标记数字表示电动机防水等级标准。标记数字为 0、1、2、3、4、5、6、7、8，分别表示没有专门防护、防滴、15°防滴、防淋水、防溅水、防喷水、防海浪、防浸水、防潜水。数字越大，防水等级越高。

（5）绝缘等级。绝缘等级是指电动机所用绝缘材料的耐热等级。电动机中常用的绝缘材料有五种等级：

A 级绝缘，包括经过绝缘浸渍处理的棉纱、丝、纸等，普通漆包线的绝缘漆。最高允许温度为 105℃。

E 级绝缘，包括高强度漆包线的绝缘漆，环氧树脂，三醋酸纤维薄膜，聚酯薄膜及青壳纸，纤维填料塑料。最高允许温度为 120℃。

B 级绝缘，包括由云母、玻璃纤维、石棉等制成的材料，用有机材料黏合或浸渍；矿物填料塑料。最高允许温度为 130℃。

F 级绝缘，包括与 B 级绝缘相同的材料，但黏合剂及浸渍漆不同。最高允许温度为 155℃。

H 级绝缘，包括与 B 级绝缘相同的材料，但用耐高温 180℃的硅有机树脂黏合或浸渍，

硅有机橡胶，无机填料塑料。最高允许温度为 180℃。

　　绝缘材料耐热越高，在一定的输出功率下，可使电机的重量与体积大幅度降低，同时当电动机温度不超过绝缘材料的最高允许温度时，绝缘材料的寿命较长，一般在 15～20 年。反之，当电动机温度超过最高允许温度时，绝缘材料的寿命缩短，一般每超过 8℃，寿命减小一半，此时绝缘易老化，变脆，失去绝缘性，从而使电动机烧坏。

　　(6) 工作制。工作制指电动机允许工作的方式。工作制是对电动机承受各种负载情况的说明，包括起动、电动、制动、空载、断能停转以及这些阶段的持续时间和先后顺序。工作制分为 9 类，由代码 S1～S9 表示。

　　S1—连续工作制：在恒定负载下的运行时间足以达到热稳定。

　　S2—短时工作制，持续时间为 30min 和 60min。在恒定负载下按给定的时间运行，该时间不足以达到热稳定，随之即断能停转足够时间，使电动机再度冷却到与冷却介质温度之差在 2℃ 以内。

　　S3—断续周期工作制：按一系列相同的工作周期运行，每一周期包括一段恒定负载运行时间和一段断能停转时间。每一周期的起动电流不致对温升产生显著影响。

　　S4—包括起动的断续周期工作制：按一系列相同的工作周期运行，每一周期包括一段对温升有显著影响的起动时间、一段恒定负载运行时间和一段断能停转时间。

　　S5—包括电制动的断续周期工作制：按一系列相同的工作周期运行，每一周期包括一段起动时间、一段恒定负载运行时间、一段快速电制动时间和一段断能停转时间。

　　以上三种断续周期工作制，每一工作周期的时间为 10min。

　　S6—连续周期工作制：按一系列相同的工作周期运行，每一周期包括一段恒定负载运行时间和一段空载运行时间，但无断能停转时间。

　　S7—包括电制动的连续周期工作制：按一系列相同的工作周期运行，每一周期包括一段起动时间、一段恒定负载运行时间和一段快速电制动时间，但无断能停转时间。

　　S8—包括变速负载的连续周期工作制：按一系列相同的工作周期运行，每一周期包括一段在预定转速下恒定负载运行时间和一段或几段在不同转速下其他恒定负载的运行时间，但无断能停转时间。

　　S9—负载与转速非周期变化工作制：负载和转速在允许的范围内变化的非周期工作制。这种工作制包括经常过载，其值可远超过满载。

　　(7) 噪声值 L_W。噪声值 L_W 用于表示电动机的最高运行噪声。一般电动机功率越大、磁极对数越少、额定转速越高，噪声就越大。

　　除上述数据外，铭牌上有时还标明定子相数、额定运行时电动机的效率、温升，电动机重量等。对绕线转子异步电动机还标出转子额定电动势和额定电流等数据。电动机的详细规格，技术指标可查阅产品目录或电机工程手册。

　　【例 2-1】　已知一 Y180M-2 型三相异步电动机铭牌数据：$P_N=22kW$，$U_N=380V$，$I_N=42.2A$，$\cos\varphi_N=0.89$，$f_N=50Hz$，$n_N=2940r/min$，三角形联结。求额定状态下运行时的定子绕组的相电流、输入有功功率和效率。

　　解　定子三相绕组为三角形连接，则

$$I_{1N}=\frac{1}{\sqrt{3}}I_N=\frac{1}{\sqrt{3}}\times42.2=24.2(A)$$

输入有功功率为

$$P_{1N} = \sqrt{3}U_N I_N \cos\varphi_N = \sqrt{3} \times 380 \times 42.2 \times 0.89 = 24.7(\text{kW})$$

效率为

$$\eta_N = \frac{P_N}{P_{1N}} \times 100\% = \frac{22}{24.7} \times 100\% = 89\%$$

2. 内部结构

图 2 - 4 所示为三相异步电动机主要部件的拆分图。三相异步电动机由固定的定子和旋转的转子两个基本部分组成。定子绕组嵌入定子铁芯中，再固定在机座内，转子绕组嵌入转子铁芯中，套装在转轴上后，装在定子内腔里，借助轴承被支撑在两个端盖上。为了保证转子能在定子内自由转动，定子和转子之间必须有一个较小的间隙，称为气隙。图 2 - 5 所示为三相异步电动机的内部结构图。

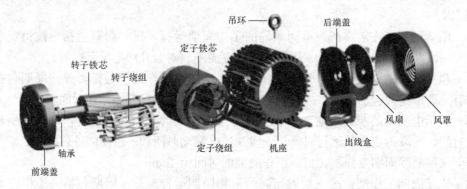

图 2 - 4　三相异步电动机主要部件的拆分图

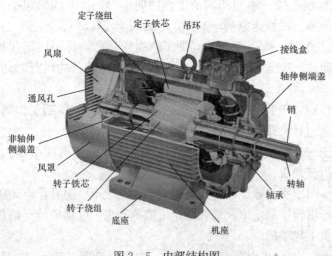

图 2 - 5　内部结构图

（1）定子。定子指电动机中静止不动的部分，由机座和装在机座中的定子铁芯和定子绕组等组成，主要用来产生磁场和起机械支撑作用。

机座是电动机的外壳部分，又称机壳，是电动机的主要支架，用于固定、支撑定子和转子，并支撑两个端盖，同时也承受整个电动机负载运行时产生的反作用力。中小型电动机的机座一般采用铸铁制成，并根据不同的冷却方式采用不同的机座形式。大中型电动机因机身较大，浇注不便，常用钢板焊接成型。机座外形尺寸有一定的标准，用机座号表示其外径。整个机座固定在一个底座上。

机座两端通过螺栓固定有两个端盖，它的材料加工方法与机座相同，一般为铸铁件。除了起防护作用外，在端盖上的轴承室内还装有轴承，用以支撑转子轴，以使定子和转子得到较好的同心度，保证转子能够灵活转动。

定子铁芯是异步电动机主磁通磁路的一部分，如图2-6所示，由互相绝缘的导磁性能较好的0.5mm厚且冲有一定槽形的圆形硅钢片（见图2-7）叠成，固定镶入在机座内。钢片两面涂有绝缘漆以减小铁芯的涡流损耗。中小型异步电动机定子铁芯一般采用整圆的冲片叠成，大型异步电机的定子铁芯一般采用扇型冲片拼成。在每个冲片内圆均匀地开槽，使叠装后的定子铁芯内圆均匀地形成许多形状相同的槽，用来嵌入定子绕组。槽的形状由电动机的容量、电压及绕组的形式而定。通常有半闭口槽、半开口槽和开口槽三种槽形，如图2-8所示。从提高电动机的效率和功率因数来看，半闭口槽最好，但绕组的绝缘和嵌线工艺比较复杂，所以这种槽形适用于小容量及中型的低压异步电动机。半开口槽可嵌入成型线圈，用于中型500V以下的异步电动机。开口槽用于大、中容量高压异步电动机，以保证绝缘的可靠和下线的方便。

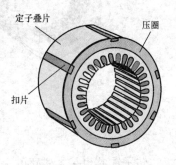

图2-6 定子铁芯

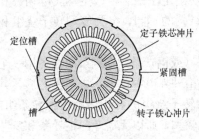

图2-7 铁芯冲片

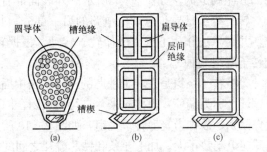

图2-8 异步电动机的定子槽形

(a) 半闭口槽；(b) 半开口槽；(c) 开口槽

定子绕组是异步电动机定子部分的电路，由绝缘铜（或铝）线按一定规律绕制而成。能分散嵌入半闭口槽的线圈由高强度漆包圆铜线或圆铝线绕成。放入半开口槽的成型线圈用高强度漆包扁铝线或扁铜线，或用玻璃丝包扁铜线绕成。开口槽也放入成型线圈，其绝缘带通常采用云母带，线圈放入槽内必须与槽壁之间隔有绝缘，以免电动机在运行时绕组与铁芯出现击穿或短路故障。绕组的嵌入过程在电机制造厂中称为下线。完成下线并进行浸漆处理后的铁芯与绕组成为一个整体一同固定在机座内。绕组的出线端分别引到机座接线盒内的接线柱上。根据定子绕组在槽内布置的情况，有单层绕组和双层绕组两种基本形式。小容量异步电动机常采用单层绕组。容量较大的异步电动机都采用双层绕组，如图2-9所示。双层绕组在每槽内的导线分上下两层放置，上下层线圈边之间需要用层间绝缘隔开。槽内导线用槽楔紧固。槽楔常用的材料是竹、胶布板或环氧玻璃布板等非磁性材料。

（2）转子。转子指电动机内部可以旋转的部分，由转子铁芯、转子绕组、转轴等组成。主要用来产生旋转力矩，拖动生产机械旋转。

转轴是整个转子部件的安装基础，又是力和机械功率的传输部件，整个转子靠轴和轴承被支撑在定子铁芯内腔中。转轴一般由中碳钢或合金钢制成。轴承可以连接转动部分与不动部分，采用滚动轴承以减小摩擦。轴承端盖用来保护轴承，使轴承内的润滑油不致溢出。风扇用来通风冷却。

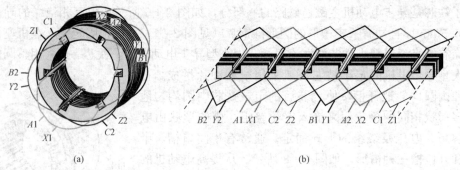

(a)　　　　　　　　　　　　　　(b)

图 2 - 9　三相双层绕组及其展开示意

(a) 三相双层绕组；(b) 双层绕组展开示意

转子铁芯也是主磁路的一部分，用 0.5mm 厚的相互绝缘的硅钢片叠压而成，外表面成圆柱形，固定在转轴或转子支架上。为节省材料，一般利用制造定子铁芯冲片时冲下来的中间部分冲制成的，如图 2 - 7 所示。外表面冲有均匀分布的槽，用于放置转子绕组。

转子绕组是异步电动机电路的另一部分，其作用为切割定子磁场，产生感应电动势和电流，并在磁场作用下受力而使转子转动。根据转子绕组结构的不同，分为笼型转子绕组和绕线转子绕组两种。

笼型转子绕组是在转子铁芯的每一个槽中插入一个铜（或铝）条，在铜条两端各用一个短路铜环（称为端环）焊接起来，自行构成闭合回路，不必由外界电源供电。去掉铁芯后，其形状像鼠笼，故称为笼型转子绕组，如图 2 - 10 所示。笼型转子绕组的各相均由单根导条组成，其感应电动势不大，加上导条和铁芯叠片之间的接触电阻较大，所以无需专门把导条和铁芯用绝缘材料分开。为了节约铜和提高生产效率，容量较小的异步电动机一般采用铸铝转子，即在铁芯槽中浇注铝液，连同端环、风扇叶片一次铸成一个整体，如图 2 - 11 所示。笼型转子结构简单，坚固，制造方便，运行可靠，经济耐用，因此笼型异步电动机应用也最为广泛。

绕线转子绕组的构成和定子绕组一样，通常采用对称的三相绕组，连接成星型，如图 2 - 12 所示。绕组一侧的 3 个出线端相连，另一侧的 3 个出线端分别接到彼此绝缘的 3 个铜制的集电环上。集电环固定在转轴上，与转轴绝缘，随转轴一起旋转。每个集电环与一个固定在端盖上的电刷构成滑动接触，通过电刷把转子绕组的 3 个出线端引到机座上的接线盒中，以便转子绕组能与外电路连接，用于改善电机的工作特性。有的绕线转子异步电动机还装有一种举刷短路装置，当电动机起动完毕而又不需要调节转速时，移动手柄使电刷被举起而与集电环脱离接触，同时使 3 只集电环彼此短接，这样可以减少电刷与集电环间的磨损和摩擦损耗，提高运行可靠性。绕线转子异步电动机结构复杂，制造成本高，需要经常维护，因此大多用在要求起动电流小、起动转矩大，或需要调节转速的场合，如大型立式车床，起重运输设备等。

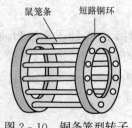

图 2 - 10　铜条笼型转子

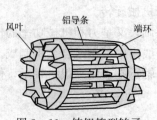

图 2 - 11　铸铝笼型转子

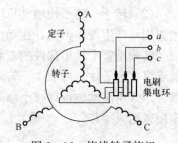

图 2 - 12　绕线转子绕组

（3）气隙。定、转子之间的空气间隙称为气隙。在中小型电机中，气隙一般为 0.2～2mm。气隙大小对电机性能有很大的影响。气隙大，磁阻越大，产生同样大小的旋转磁场就需要较大的励磁电流。励磁电流是无功电流，约为额定电流的 30%。该电流大会使电机功率因数变坏。但磁阻大可以减小气隙磁场中的谐波含量，从而减小附加损耗，且改善起动性能。气隙小会使装配困难和可能使定、转子在运行时发生摩擦或碰撞，运转不安全。如何决定气隙大小，应权衡利弊，全面考虑，由制造工艺以及运行安全可靠等因素来决定。一般异步电动机气隙较小为宜。

2.1.2 基本工作原理

异步电动机的工作原理也是建立在电磁力定律基础上的。磁场的建立是描述三相异步电动机工作原理时必须首先说明的问题。

1. 磁场的建立

三相异步电动机的磁场是由三相对称绕组通入三相对称电流产生的。图 2-13 所示为三相异步电动机结构简图，设三相绕组由 U—X、V—Y、W—Z 三个均匀分布在定子铁芯内圆的圆周上，彼此间隔 120°电角度的匝数相同的等效线圈构成，称为三相对称绕组。三相对称电流是指三个幅值相同，相位相差 120°的同频率交流电流。

设三相电流的瞬时表达式为

$$\begin{cases} i_U = I_m \cos\omega t \\ i_V = I_m \cos(\omega t - 120°) \\ i_W = I_m \cos(\omega t - 240°) \end{cases}$$

三相电流随时间的变化是连续的，且极为迅速。为了便于考察三相对称电流产生的合成磁效应，选择电流变化的几个特定瞬间进行分析，然后整个电流变化过程导致的磁场变化趋势就明了了。电流变化瞬间可以是任意选定的，这里选择为 $\omega t = 0°$，$\omega t = 120°$，$\omega t = 240°$，$\omega t = 360°$四个瞬间，并规定：电流为正时，从每相绕组首端（U、V、W）流出 ⊙，末端（X、Y、Z）流入 ⊗；电流为负时，方向相反。这 4 个特定瞬间的电流方向与磁力线分布情况，如图 2-13 所示。

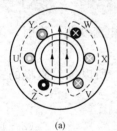 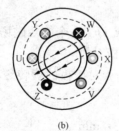 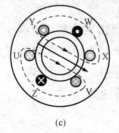 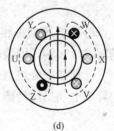

(a)   (b)   (c)   (d)

图 2-13 两极旋转磁场的产生

(a) $\omega t = 0°$；(b) $\omega t = 120°$；(c) $\omega t = 240°$；(d) $\omega t = 360°$

$\omega t = 0°$时，根据电流瞬时表达式，$I_U = I_m$，$I_V = I_V = -I_m/2$，则电流从 U 流出 ⊙，X 流入 ⊗；V、W 流入 ⊗；Y、Z 流出 ⊙；根据右手螺旋定则，可确定合成磁场磁力线的分布情况如图 2-13（a）所示，合成磁场轴线与 U 相绕组轴线重合，形成一对 N-S 磁极。

$\omega t = 120°$时，$I_V = I_m$，$I_U = I_W = -I_m/2$，则电流从 U、W 流入 ⊗，X、Z 流出 ⊙；V 流出 ⊙；Y 流入 ⊗，如图 2-13（b）所示，合成磁场轴线与 V 相绕组轴线重合。

$\omega t = 240°$时，$I_W = I_m$，$I_U = I_V = -I_m/2$，则电流从 U、V 流入⊗，X、Y 流出⊙；W 流出⊙；Z 流入⊗，如图 2-13（c）所示，合成磁场轴线与 W 相绕组轴线重合。

$\omega t = 360°$时，$I_U = I_m$，$I_V = I_W = -I_m/2$，则电流从 V、W 流入⊗，Y、Z 流出⊙；U 流出⊙；X 流入⊗，如图 2-13（d）所示，合成磁场轴线与 U 相绕组轴线重合。

可见，三相对称绕组通入三相对称电流后所建立的合成磁场不是静止不动的，也不是方向交变的，而是犹如一对磁极旋转产生的磁场，磁场的大小不变，称为圆形旋转磁场。当每相由一个线圈组成时，形成 $2p = 2$ 个磁极，又称两极旋转磁场。磁场的旋转方向由电流相序决定。当三相电流随时间变化一个周期时，旋转磁场在空间转过 $360°$，即电流变化一次，旋转磁场转过一转。因此电流每秒钟变化 f_1（即频率）次，则旋转磁场每秒钟转过 f_1 转。由此可知，当旋转磁场为一对极的情况时，其转速与交流电流频率的关系为

$$n_0 = f_1 \text{r/s} = 60 f_1 \quad \text{r/min}$$

用同样的方法分析三相绕组中每相有两个线圈时的磁场。绕组分布如图 2-14 所示，U、V、W 三相绕组分别由 2 个线圈，如 U—X，U'—X'，V—Y，V'—Y'，W—Z，W'—Z' 串联组成，每个线圈均匀分布在定子铁芯内圆圆周上，跨距为 1/4 圆周。三相绕组的首端之间互差 $60°$。可以得出三相电流所建立的合成磁场，仍是一个旋转磁场，但磁极对数为 2 即 4 个磁极。

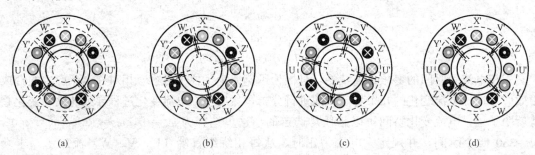

图 2-14　四极旋转磁场的产生

(a) $\omega t = 0°$；(b) $\omega t = 120°$；(c) $\omega t = 240°$；(d) $\omega t = 360°$

可见若定子每相绕组由两个线圈串联，形成 $2p = 4$ 个旋转磁场。电流变化一次时，磁场转过 1/2 转，即旋转磁场的转速取决于磁场的极对数。

同理如果绕组适当排列，可得到 3、4、…、p 对磁极的旋转磁场。所以 p 对磁极的三相异步电动机旋转磁场转速为

$$n_0 = \frac{60 f_1}{p} \quad \text{r/min} \tag{2-1}$$

由于旋转磁场的转速 n_0 与定子电流频率有同步性，称为同步转速。通过上面的分析可知，三相对称绕组通入三相对称电流产生一个幅值不变、转速为 n_0 的旋转磁场。

2. 三相异步电动机的工作原理

以三相笼型异步电动机为例说明电动机工作原理。如图 2-15 所示，当三相定子绕组通入三相对称电流时，定、转子之间的气隙内建立了转速为 n_0 的旋转磁场，设为逆时针方向。转子导条被这种旋转磁场切割，根据电磁感应定律，导条内会产生感应电动势。由于旋转磁场按逆时针方向旋转，转子相对于旋转磁场按顺时针旋转，根据右手定则，可判断出转子上

半部分导体中感应电动势的方向为⊗，下半部分为⊙。由于转子导条为闭合回路，转子导体中有电流流过。如不考虑导体中电流与电动势的相位差，电动势的瞬时方向就是电流瞬时方向。根据电磁力定律，导体会受到电磁力的作用，方向向左。转子上所有导条受到的电磁力会形成一个逆时针方向的电磁转矩，使电动机转子转动起来，转速为 n。如果在电动机轴上加一个机械负载，电动机便拖动机械负载运行。这时电磁转矩克服负载转矩做功，输出机械功率，把电动机输入的电能转换为机械能输出，实现了机电能量转换。这就是三相异步电动机的工作原理。图 2 - 15 也称为异步电动机工作原理的物理模型描述方式。

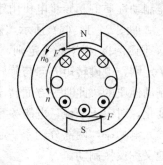

一般情况下，异步电动机的转速 n 不能达到同步转速 n_0。因为若旋转磁场与转子导条之间没有相对运动，就不可能有感应电动势，因此就不会产生电磁转矩来拖动机械负载，所以转子转速总是略小于同步转速，即与旋转磁场必定"异步"，异步电动机由此而命名。由于转子电流是通过电磁感应作用产生的，又称为感应电机。异步机不存在电枢反应。而直流电机转子电流通过接入直流电源利用传导方式产生的，因而存在电枢反应。

图 2 - 15 三相异步电动机的工作原理

2.2 三相异步电动机的数学描述

2.2.1 基本方程式及等值电路

1. 转差率

由于异步电动机的转子转速 n 总是略低于旋转磁场的同步转速 n_0。通常将同步转速与转子转速之差值称为转差，记为 $\Delta n = n_0 - n$，转差的存在是异步电动机运行的必要条件。转差与同步转速之比的百分值称为转差率，用"s"表示，记为

$$s = \frac{n_0 - n}{n_0} \times 100\% \qquad (2 - 2)$$

转差率 s 是一个没有单位的物理量，主要是用于简化与转速有关的公式。一般情况下，异步电动机的转差率变化不大，空载转差率小于 0.5%，满载转差率在 5% 以下。

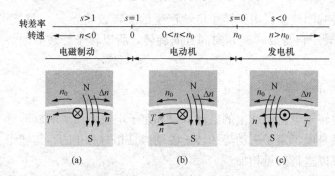

图 2 - 16 三相异步电动机的三种运行状态
(a) 制动状态；(b) 电动机状态；(c) 发电机状态

转差率可以反映异步电动机的各种运行情况，是表征异步电动机运行状态的一个重要的基本变量。图 2 - 16 所示为异步电动机的转速 n，转差率 s 与运行状态的关系及相应的机电能量转换情况。异步电动机的运行状态根据转差率的大小和正负进行判断。

如图 2 - 16 (b) 所示，当 $0 < n < n_0$，即转子转速低于同步转速，方向相同时，$0 < s < 1$。此时转子

感应电动势为⊗，感应电流方向与之相同。感应电流与气隙磁场作用，产生一个与转子转向相同的电磁转矩，即驱动性质的电磁转矩，此时电动机处于电动运行状态。

如图 2 - 16 (c) 所示，若转子由原动机驱动，使转子转速超过同步转速即 $n>n_0$，则 $s<0$。此时转子相对于旋转磁场逆时针运动，根据右手定则，感应电动势和电流方向为⊙，与电动机方向相反。根据左手定则，产生的电磁力和电磁转矩方向与转速相反。这时电磁转矩是制动性质的。异步电机由定子向电网输送电功率，电机处在发电机状态。

如图 2 - 16 (a) 所示，若由机械负载或其他外因使转子逆着旋转磁场方向旋转，即 $n<0$，则 $s>1$。根据右手定则，转子感应电动势和电流方向仍和电动状态一样，为⊗。根据左手定则，电磁转矩方向与旋转磁场方向一样，但电磁转矩方向与转速方向相反，电磁转矩是制动性质的。此时一方面转子吸收从外界输入的机械功率，一方面因转子导条中电流方向没变化，对定子来说，电磁关系与电动机一样。异步电动机同时从转子输入机械功率、从定子输入电功率，两部分功率一起变为电动机内部的损耗。此时电动机处于电磁制动状态，具体地又称反接制动。

2. 磁动势平衡方程

当三相异步电动机的定子绕组接到三相对称电源时，定子绕组中就通过三相对称交流电流，从而在气隙内形成以同步转速 n_0 旋转的磁动势 $\vec{F}_1$，建立起旋转的气隙主磁场。由于三相定子绕组采用了短矩的、分布的排列措施，磁场中的谐波成分很小，主磁场分布近乎正弦。这个旋转磁场切割定子、转子绕组，分别在定、转子绕组内感应出定子电动势和转子电动势。在转子电动势作用下转子回路中有对称电流流过。于是，在气隙磁场和转子电流的相互作用下，产生了电磁转矩，转子就顺着旋转磁场的方向转动。

电动机空载时，由于转子轴上没有负载，所产生的电磁转矩很小，仅用来克服摩擦、风阻的阻转矩，其转速接近同步转速，即 $n \approx n_0$，$s \approx 0$，使得转子与旋转磁场的相对转速接近于 0，可以认为转子不切割旋转磁场，因此其感应电动势 $\dot{E}_{2s} \approx 0$，转子电流接近为 0，转子中不产生磁动势。电动机从电源吸收空载功率，用于定子铜耗和定、转子铁芯铁耗和机械损耗。所以空载时，电动机的磁场由定子建立的磁场产生，定子上的基波合成磁动势建立起电动机的主磁场 $\vec{F}_{m0} = \vec{F}_{10}$。

电动机负载时，转子转速与旋转磁场转速存在转差。由于转子绕组属于对称绕组，绕组中流过对称电流后也会产生转子旋转磁动势 $\vec{F}_2$，其频率为转子电流的频率 f_2。所以电动机负载时，气隙磁场由定、转子磁动势共同建立。由于转子电流产生的旋转磁动势 $\vec{F}_2$ 相对于转子的速度为 $60f_2/p = sn_0$，又因为转子自身以转速 n 向同方向旋转，所以转子旋转磁动势的转速为

$$sn_0 + n = \frac{n_0 - n}{n_0}n_0 + n = n_0$$

可见，不论转子自身的转速如何，由转子电流所产生的磁动势总和定子电流所产生的旋转磁动势以相同的转向和转速旋转。也就是说，定子磁动势和转子磁动势是相对静止的，与转子转速无关。所以定、转子磁动势间可以进行矢量相加。

设磁动势 $\vec{F}_m$ 是定子磁动势 $\vec{F}_1$ 和转子磁动势 $\vec{F}_2$ 的合成磁动势，即为电动机的气隙磁动势

$$\vec{F}_m = \vec{F}_1 + \vec{F}_2 \tag{2 - 3}$$

其中

$$\vec{F}_1 = \frac{m_1}{2}\vec{F}_{\Phi 1} = \frac{m_1}{2}\frac{4}{\pi}\frac{1}{\sqrt{2}}\frac{N_1 k_{W1}}{p}\dot{I}_1$$

$$\vec{F}_2 = \frac{m_2}{2}\vec{F}_{\Phi 2} = \frac{m_2}{2}\frac{4}{\pi}\frac{1}{\sqrt{2}}\frac{N_2 k_{W2}}{p}\dot{I}_2$$

$$\vec{F}_m = \frac{m_1}{2}\vec{F}_{\Phi 0} = \frac{m_1}{2}\frac{4}{\pi}\frac{1}{\sqrt{2}}\frac{N_1 k_{W1}}{p}\dot{I}_m$$

式（2 - 3）为磁动势平衡方程式，是异步电动机的基本方程式之一。电动机中气隙磁动势 $\vec{F}_m$ 的大小主要取决于定子绕组的电压，所以无论电动机负载如何，气隙磁动势 $\vec{F}_m$ 应近似等于理想空载时定子磁动势 $\vec{F}_{10}$。由于理想空载时的气隙磁动势 $\vec{F}_{10}$ 较小，定子磁动势 $\vec{F}_1$ 和转子磁动势 $\vec{F}_2$ 在相位上几乎相反，所以说转子磁动势对定子磁动势有去磁作用。当负载增大时，转子的电流和磁动势随之增大，但主磁通和气隙磁动势是近乎不变的，定子绕组的电流和磁动势必相应增加，以抵消转子电流和磁动势的去磁作用，维持总气隙磁动势不变。

由式（2 - 3）得

$$\dot{I}_1 + \frac{m_2 N_2 k_{W2}}{m_1 N_1 k_{W1}}\dot{I}_2 = \dot{I}_m$$

令 $k_i = \dfrac{m_1 N_1 k_{W1}}{m_2 N_2 k_{W2}}$，称为异步电动机的电流比。代入上式，则

$$\dot{I}_1 + \frac{1}{k_i}\dot{I}_2 = \dot{I}_m \tag{2-4}$$

根据异步电动机的工作原理及式（2 - 3），可以得到电机负载运行时的电磁关系，如图 2 - 17 所示，也称为异步电动机工作原理的数学符号描述方式。图 2 - 17 中，U 表示电压；I 表示电流；r 表示一相电阻；E 表示感应电动势；Φ 表示磁通量；F 表示磁动势。大写字母上加"·"表示相量；加"→"表示矢量。下标 1 表示定子；下标 2 表示转子。s 表示转子电动势的频率与定子电动势的频率不同；m 表示"主"参数；σ 表示"漏"参数。

3. 感应电动势

设异步电动机气隙合成磁场的主磁通为 $\Phi = \Phi_1 \sin\omega t$，$\Phi_1$ 为主磁通最大值。旋转磁场会同时切割定、转子绕组的导体，从而在这些导体中感应电动势。电动势的方向按右手定则确定。

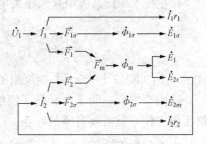

图 2 - 17　异步电动机负载运行时的电磁关系

设 N_1 为电动机一相定子绕组的有效匝数，e_1 表示一相定子绕组的感应电动势，则

$$e_1 = -N_1 \mathrm{d}\Phi/\mathrm{d}t = -\omega N_1 \Phi_1 \cos\omega t = \omega N_1 \Phi_1 \sin(\omega t - 90°) = 2\pi f_1 N_1 \Phi_1 \sin(\omega t - 90°)$$

感应电动势的有效值为

$$E_1 = \frac{1}{\sqrt{2}}2\pi f_1 N_1 \Phi_1 = 4.44 f_1 N_1 \Phi_1 \tag{2-5}$$

由式（2 - 5）可见，定子感应电动势随时间按正弦规律变化，其频率与电源频率相同。A 相电动势求出后，根据星型或三角形的连接，可得出三相对称绕组的线电动势。

式（2 - 5）不仅是异步电动机的相绕组感应电动势有效值的计算公式，而且是计算交流

绕组感应电动势有效值的普遍公式，是重要的基本公式之一。

同理，旋转磁场切割转子绕组产生的感应电动势为 $e_{2s} = 2\pi f_2 N_2 \Phi_1 \sin(\omega t - 90°)$，感应电动势有效值为 $E_{2s} = 4.44 f_2 N_2 \Phi_1$（下标 s 表示转子电动势的频率与定子电动势的频率不同）。

旋转磁场相对于定子的转速为 $n_0 - 0 = 60 f_1/p$，则定子绕组感应电动势的频率为 $f_1 = p(n_0 - 0)/60$；同理，旋转磁场相对于转子的转速为 $n_0 - n = sn_0$，则转子感应电动势频率

$$f_2 = p(n_0 - n)/60 = s f_1 \tag{2-6}$$

式中 f_2——转差频率。

转子绕组感应电动势也是时间的正弦函数，其频率为电源频率的 s 倍。当转子静止时，$s = 1$，$f_2 = f_1$，此时转子感应电动势有效值为 $E_2 = 4.44 f_1 N_2 \Phi_1$。

【例 2 - 2】 一台 50Hz 的三相异步电动机，$n_N = 730\text{r/min}$，空载转差率为 $s_0 = 0.267\%$。试求该电动机的极对数 p，同步转速 n_0，实际空载转速及额定负载时的转差率和转差频率。

解 $f = 50\text{Hz}$，同步转速 $n_0 = 60 f_1/p = 3000/p\text{r/min}$，则

$$p = 1, n_0 = 3000\text{r/min}$$
$$p = 2, n_0 = 1500\text{r/min}$$
$$p = 3, n_0 = 1000\text{r/min}$$
$$p = 4, n_0 = 750\text{r/min}$$
$$\vdots \qquad\qquad \vdots$$

已知 $n_N = 730\text{r/min}$，因 n_N 略小于 n_0，则 $n_0 = 750\text{r/min}$，$p = 4$；实际空载转速为 $n'_0 = n_0(1 - s_0) = 750(1 - 0.002\,67) = 748\text{r/min}$；$s_N = (n_0 - n_N)/n_0 = 2.67\%$，即异步电动机额定运行时的转差率一般较小；转差频率为 $f_2 = s_N f_1 = 1.335\text{Hz}$。

4. 电动势平衡方程

根据图 2 - 17，应用基尔霍夫电压定律可列出如下异步电动机的电动势平衡方程

$$\begin{cases} \dot{U}_1 = (-\dot{E}_1) + (-\dot{E}_{1\sigma}) + \dot{I}_1 r_1 \\ 0 = (-\dot{E}_{2s}) + (-\dot{E}_{2\sigma s}) + \dot{I}_2 r_2 \end{cases} \tag{2-7}$$

式中 $\dot{E}_{2s}$、$\dot{E}_{2\sigma s}$——转子一相绕组的感应电动势和转子漏电动势。

这两个方程表明了定、转子绕组自身的电动势平衡问题，互相之间没有电的联系。电动机要想工作，就需要有磁的联系。

由于分别产生 $\dot{E}_{1\sigma}$ 和 $\dot{E}_{2\sigma s}$ 的漏磁通仅与定子或转子相交链，其磁路路径为非铁磁性材料（空气、绝缘材料等）介质组成，其导磁系数是恒定的，与电流呈正比关系。所以漏磁链与产生漏磁通的电流呈正比关系。即 $\Phi_L = L_1 i_L$，其中比例系数 L_1 称为漏感系数，$i_L = \sqrt{2} I_1 \sin\omega t$，$I_1$ 为电流有效值。

根据电磁感应定律，有 $e_{1\sigma} = -\dfrac{\mathrm{d}\Phi}{\mathrm{d}t} = -L_1 \dfrac{\mathrm{d}i_L}{\mathrm{d}t} = \sqrt{2}\omega L_1 I_1 \sin(\omega t - 90°)$，其相量表示为

$$\dot{E}_{1\sigma} = -\mathrm{j}\omega L_1 \dot{I}_1 = -\mathrm{j}x_1 \dot{I}_1$$

其中 $x_1 = \omega L_1 = 2\pi f_1 L_1$，与漏磁通相对应的漏电抗，是常数，表征 $\Phi_{1\sigma}$ 对电路的电磁效应。

同理

$$\dot{E}_{2\sigma s} = -\mathrm{j}\omega L_2 \dot{I}_2 = -\mathrm{j}X_{2s} \dot{I}_2 = s\dot{E}_{2\sigma}$$

由主磁通产生的感应电动势的作用，也可以做相应处理，但是考虑到主磁通在铁芯中产生铁耗，所以不能只用电抗反应主磁通的作用，还存在着铁耗的等效电阻，则

$$\dot{E}_1 = -\dot{I}_m(r_m + jx_m) = -\dot{I}_m Z_m$$

所以描述异步电动机的基本方程式如式（2-8）所示，也称为异步电动机工作原理的数学表达式描述方式。

根据式（2-8）可以得出异步电动机的电路图，如图 2-18 所示，也称为异步电动机工作原理的电路描述方式。

$$\begin{cases} \dot{U}_1 = (-\dot{E}_1) + (-\dot{E}_{1\sigma}) + \dot{I}_1 r_1 = -\dot{E}_1 + \dot{I}_1 Z_1 \\ \dot{E}_{2s} = (-\dot{E}_{2\sigma s}) + \dot{I}_2 r_2 = j\dot{I}_2 Z_2 + \dot{I}_2 r_2 = \dot{I}_2 Z_2 \\ -\dot{E}_1 = \dot{I}_m Z_m = \dot{I}_m(r_m + jX_m) \\ \dot{I}_1 + \frac{1}{k_i'}\dot{I}_2 = \dot{I}_m \end{cases} \tag{2-8}$$

5. T 型等值电路

由于转子中物理量的频率与定子的不同，式（2-8）方程联立求解得出的结果没有意义，因此从解电路的角度看，需要对转子电路进行频率折算，使频率与定子一致。

（1）T 型等值电路的推导。所谓频率

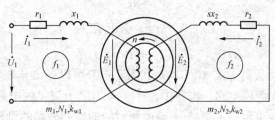

图 2-18　异步电动机的等效电路图

折算，就是寻求一个等效的静止转子回路来代替实际转动的转子回路，使它与定子回路有相同的频率。这种折算纯属解电路的需要，它不应改变定子电流的大小和相位以及输入功率、输出功率和各种损耗的大小。从磁动势平衡方程式可知，进行频率折算时，只要保持折算后的转子电流的大小和相位不变，也就保持了损耗和功率不变。

由转子回路电压平衡方程式，经数学恒等变换，可得

$$\dot{I}_2 = \frac{\dot{E}_{2s}}{r_2 + jx_{2s}} = \frac{s\dot{E}_2}{r_2 + jsx_2} = \frac{\dot{E}_2}{\frac{r_2}{s} + jx_2} = \frac{\dot{E}_2}{\left(r_2 + \frac{1-s}{s}r_2\right) + jx_2} \tag{2-9}$$

经数学恒等变换得到的 $\dot{I}_2$ 的大小和相位不变，符合频率折算对转子电流的要求。如果把式（2-9）理解成一个转子不动的电动机的转子回路电压方程，那么式（2-9）中的 $\dot{I}_2$ 及 $\dot{E}_2$ 的频率就完全符合频率折算对频率的要求。因此式（2-9）的电流可作为频率折算后的电流。

式中 $\frac{1-s}{s}r_2$ 是有物理意义的。在实际转子回路中无此电阻但有机械功率输出，在经频率折算后的转子回路中有此电阻但转子不动，因此没有机械功率输出。由于折算前后应保持传递到转子上的总功率不变，各种损耗也不变，因此根据能量守恒定律，从数量上来说，电阻上消耗的电功率 $I_2^2 \frac{1-s}{s}r_2$ 应等于实际转子轴上的机械功率，故称 $\frac{1-s}{s}r_2$ 为模拟电阻，它可以模拟机械功率。由于电路是按相画出的，故 $I_2^2 \frac{1-s}{s}r_2$ 是每相的机械功率值，将该值乘以

相数就是电动机总的机械功率。为将定、转子电路联系起来，得到异步电动机的等效电路，经频率折算后的转子参数，还应按各自的变比折算到定子方面，这就是所谓的绕组折算。折算方法是人为地用一个相数、每相串联匝数、绕组系数和定子绕组一样的绕组去代替经频率折算过的转子绕组。折算原则是保证折算前后转子对定子的电磁效应不变。转子的折算值加"′"表示。绕组参数的计算方法为"伏 k 欧方安倒数"，即折算后转子的各物理量如下：

$$I_2' = I_2/k_i, \quad E_2' = k_e E_2, \quad r_2' = k_e k_i r_2, \quad x_2' = k_e k_i x_2$$

其中，k_i 为电流比，k_e 为电动势比，$k_e = \dfrac{N_1 k_{w1}}{N_2 k_{w2}}$。

所以异步电动机折算后的基本方程式为

$$\begin{cases} \dot{U}_1 = (-\dot{E}_1) + (-\dot{E}_{1\sigma}) + \dot{I}_1 r_1 = -\dot{E}_1 + \dot{I}_1 Z_1 \\ \dot{E}_2' = \dot{I}_2' \dfrac{1-s}{s} r_2' + j \dot{I}_2' x_2' + \dot{I}_2' r_2' = \dot{I}_2' \dfrac{1-s}{s} r_2' + \dot{I}_2' Z_2' \\ \dot{E} = \dot{E}_2' \\ -\dot{E}_1 = \dot{I}_m Z_m = \dot{I}_m (r_m + j X_m) \\ \dot{I}_1 + \dot{I}_2' = \dot{I}_m \end{cases} \quad (2\text{-}10)$$

根据式（2-10）和图 2-18 可以画出异步电动机等效电路，如图 2-19 所示，称为 T 型等值电路。电路中，r_1、x_1 为定子绕组的电阻和电抗；r_m 为与定子铁芯损耗相对应的等效电阻；x_m 为与主磁通相对应的铁芯磁路的励磁电抗；r_2'、x_2' 为经归算后的转子电阻和转子电抗。

（2）T 型等值电路参数的计算。T 型等值电路中的各参数可以通过计算或试验得到，以方便研究、计算工作。下面介绍计算 T 型等值电路参数的工程方法，该方法属近似计算方法，其误差工程上允许。

已知三相异步电动机铭牌数据 P_N，U_{1N}，I_{1N}，n_N，$\cos\varphi_{1N}$，η_N，K_m，E_{2N}，I_{2N}，K_s，K_l，定子绕组接线方式等，则

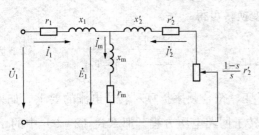

图 2-19 三相异步电动机的等效电路

1）绕线转子电机每相电阻。

$$r_2 \approx Z_2 = \frac{s_N E_{2N}}{\sqrt{3} I_{2N}} \quad (\Omega)$$

2）转子每相电阻折算值 r_2'。

绕线电机

$$r_2' = k_i k_e r_2 = \left(\frac{0.95 U_{1N}}{E_{2N}} \right)^2 r_2 \quad (\text{定子 Y 接})$$

$$r_2' = k_i k_e r_2 = \left(\frac{0.95 \sqrt{3} U_{1N}}{E_{2N}} \right)^2 r_2 \quad (\text{定子 △ 接})$$

0.95：取决于电网波动，幅度为电网波动最低时的系数。

笼型电动机

$$r_2' = 105 \frac{K_s T_N}{p K_l^2 I_{1N}^2} \quad (\Omega)$$

或

$$r_2' = s_m \sqrt{r_1^2 + (x_1 + x_2')^2} \quad (\text{笼型与绕线转子电动机均适用})$$

3) 定子绕组每相电阻 r_1。

$$r_1 = \frac{0.95 s_N U_{1N}}{\sqrt{3} I_{1N}} \quad (\text{定子 Y 接})$$

$$r_1 = \frac{0.95 \sqrt{3} s_N U_{1N}}{I_{1N}} \quad (\text{定子 △ 接})$$

4) 定子漏电抗 x_1 和转子漏电抗 x_2'。总电抗为

$$x_1 + x_2' = \sqrt{\left(\frac{p U_1^2}{210 K_m T_N} - r_1 \right) - r_1^2}$$

则

$$x_1 \approx x_2' = \frac{1}{2}(x_1 + x_2')$$

5) 空载电流 I_0。由图 2 - 20 可列出

$$\begin{cases} I_0 = I_{1N} \sin\varphi_1 - I_{2N}' \sin\varphi_2 \\ I_{1N} \cos\varphi_1 = I_{2N}' \cos\varphi_2 \end{cases}$$

联立求解，得

$$I_0 = I_{1N}(\sin\varphi_1 - \cos\varphi_1 \tan\varphi_2)$$

其中 $\varphi_1 = \varphi_{1N}$，$\varphi_2 = \varphi_{2N}$

$$\sin\varphi_{1N} = \sqrt{1 - \cos^2\varphi_{1N}}, \quad \tan\varphi_{2N} = \frac{x_1 + x_2'}{r_1 + r_2'/s_N}$$

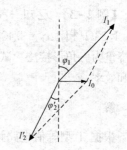

图 2 - 20 异步电动机的
电流相量图

6) 励磁电抗 x_m。

$$x_m = \frac{0.95 U_{1N}}{\sqrt{3} I_0} \quad (\text{定子 Y 接})$$

$$x_m = \frac{0.95 \sqrt{3} U_{1N}}{I_0} \quad (\text{定子 △ 接})$$

（3）T 型等值电路的用途。

1）T 型等值电路除了可以描述基本方程式外，对其模型化简后可得到一个阻抗网络，说明异步电动机对电网来说是感性负载，定子电压超前定子电流，异步电动机必须从电网吸收无功电流以建立气隙磁场。

2）T 型等值电路可以用来分析异步电动机的运行状态。当电动机空载运行时，$n \approx n_0$，$s \approx 0$，$(1-s)/s \to \infty$，转子开路，$\dot{I}_2' = 0$，$\dot{I}_1 = \dot{I}_{m0} \to \dot{\Phi}_{m0}$，气隙磁场全部由定子电流建立。$\dot{U}_1 = -\dot{E}_1 + \dot{I}_1 Z_1 = -\dot{E}_1 + \dot{I}_m Z_1$，定子电源电压超前定子电流近 90°，所以空载时电机的定子侧的功率因数 $\cos\varphi_1$ 很低，$\sin\varphi_1 \to 1$ 即电动机从电源吸收的无功功率很高。由于定子上的漏阻抗压降小（励磁电流小），使定子感应电动势较高。

当电动机额定负载运行时，$n = n_N < n_0$，$s_N \approx 5\%$，转子总电阻 r_2'/s_N 为转子电阻 r_2' 的近 20 倍左右，使转子电路基本上成电阻性的。转子功率因数 $\cos\varphi_2' = \frac{r_2'}{z_2}$ 提高，而定子电流由励磁电流和负载电流合成，$\dot{I}_1 + \dot{I}_2' = \dot{I}_m$，定子功率因数决定着这两部分电流的滞后程度，但负载电流 $\dot{I}_2' \gg \dot{I}_m$，所以 φ_2 越小，φ_1 越小，使 $\cos\varphi_1$ 可达 0.8～0.85。由于定子阻抗压降较小，特性较硬，$\dot{E}_1$ 和 $\dot{\Phi}_m$ 比空载时下降不多。

当电机起动时，$n=0$，$s=1$，代替机械负载的附加电阻 $(1-s)/s=0$，相当于异步电动机短路。起动电流很大。根据磁动势平衡，$\dot{I}_2'$ 很大，使 $\dot{I}_1$ 很大，定子电流产生的漏阻抗压降很大，所以起动时，$\dot{E}_1$ 和 $\dot{\Phi}_m$ 比正常运行时小得多。

当电机处于发电机运行（回馈制动）状态时，$n>n_0$，$s<0$，$(1-s)/s<0$，附加电阻为负电阻，表征相应的机械功率是负值，即输入机械功率。这时转子侧输入到转子的机械功率扣除转子本身的消耗外，传递到定子侧，回馈能量。

当电机处于电磁制动状态时，$n<0$，转子反向旋转，$s>1$，$(1-s)/s<0$，即代表机械负载的附加电阻还是负值。电机从电源侧吸收电功率，从负载侧吸收机械功率，消耗在转子铜耗上，起制动作用，称为电磁制动。

3）T 型等值电路可用于工程计算。

【例 2-3】 已知一台三相异步电动机有关数据：$P_N=10\text{kW}$，$U_N=380\text{V}$，$n_N=1452\text{r/min}$，$r_1=1.33\Omega/$相，$x_1=2.43\Omega/$相，$r_2'=1.12\Omega/$相，$x_2'=4.4\Omega/$相，$r_m=7\Omega/$相，$x_m=90\Omega/$相，定子绕组为三角形接法。试求额定运行时的定子电流、转子电流、励磁电流、功率因数、输入功率和效率。

解
$$s_N=\frac{n_0-n_N}{n_0}=\frac{1500-1452}{1500}=0.032$$

根据 T 型等值电路计算异步电动机的等效电阻 Z 为

$$Z=Z_1+\frac{(r_2'/s_N+\mathrm{j}x_2')Z_m}{(r_2'/s_N+\mathrm{j}x_2')+Z_m}=(r_1+\mathrm{j}x_1)+\frac{(r_2'/s_N+\mathrm{j}x_2')(r_m+\mathrm{j}x_m)}{(r_2'/s_N+\mathrm{j}x_2')+(r_m+\mathrm{j}x_m)}$$

$$=(1.33+\mathrm{j}2.43)+\frac{(1.12/0.032+\mathrm{j}4.4)(7+\mathrm{j}90)}{(1.12/0.032+\mathrm{j}4.4)+(7+\mathrm{j}90)}$$

$$=(1.33+\mathrm{j}2.43)+(27.6+\mathrm{j}13.89)=33.23\angle29.43°(\Omega)$$

①以电源电压相位为参考相位，则设 $\dot{U}_1=380\angle0°\text{V}$，定子电流

$$\dot{I}_1=\frac{\dot{U}_1}{Z}=\frac{380\angle0°}{33.23\angle29.43°}=11.42\angle-29.43°(\text{A})$$

定子线电流有效值为

$$\sqrt{3}\times11.42=19.8(\text{A})$$

②定子功率因数为

$$\cos\varphi_1=\cos(-29.43°)=0.87(\text{滞后})$$

③定子输入功率为

$$P_1=3U_1I_1\cos\varphi_1=3\times380\times11.42\times0.87=11\,326(\text{W})$$

④转子电流 $\dot{I}_2'$ 和励磁电流 $\dot{I}_m$

$$|\dot{I}_2'|=\left|\dot{I}_1\frac{Z_m}{(r_2'/s_N+\mathrm{j}x_2')+Z_m}\right|=11.42\times\frac{90.4}{103.5}=9.97(\text{A})$$

$$|\dot{I}_m|=\left|\dot{I}_1\frac{(r_2'/s_N+\mathrm{j}x_2')}{(r_2'/s_N+\mathrm{j}x_2')+Z_m}\right|=11.42\times\frac{35.4}{103.5}=3.91(\text{A})$$

⑤效率为

$$\eta=\frac{P_N}{P_1}\times100\%=\frac{10\,000}{11\,330}\times100\%=88.26\%$$

2.2.2 功率与转矩

下面应用 T 型等值电路来分析三相异步电动机中的能量转换关系及相应方程式。

1. 功率转换过程

根据异步电动机的电路模型的描述方式，当三相异步电动机接在电网上稳定运行时，从电网输入到异步电动机总的三相电功率 P_1 大小为

$$P_1 = m_1 U_1 I_1 \cos\varphi_1 \tag{2-11}$$

式中 m_1——定子相数；

U_1、I_1——定子相电压和相电流有效值；

$\cos\varphi_1$——功率因数。

输入的总功率 P_1 首先在定子电阻 r_1 上消耗一小部分，称为定子绕组铜耗，表示为 $p_{Cu1} = m_1 I_1^2 r_1$；在定子铁芯中消耗一小部分，称为铁耗，包括定子铁芯的磁滞损耗和涡流损耗，表示为等效电阻 r_m 上消耗的有功功率，记为 $p_{Fe} = m_1 I_m^2 r_m$。

其余大部分功率借助电磁感应作用通过气隙旋转磁场由定子传递到转子侧，这部分功率称为电磁功率 P_M，有 $P_M = P_1 - p_{Cu1} - p_{Fe}$。

由 T 型等效电路可知，传到转子上的电磁功率就是转子等效电路上的有功功率，则

$$P_M = m_1 E_2' I_2' \cos\varphi_2' = m_1 I_2'^2 r_2'/s \tag{2-12}$$

电磁功率传到转子后，也会在转子电阻上产生转子铜耗和转子铁耗。其中转子铜耗大小为 $p_{Cu2} = m_1 I_2'^2 r_2' = sP_M$，称 sP_M 为转差功率，转速越低，s 越大，转差功率越大，转子铜耗越大。所以从经济角度来看，异步电动机不宜长期低速运行。对于转子铁耗来说，由于气隙磁场与转子产生相对运动，气磁磁场切割转子铁芯，必然要产生转子铁芯的铁耗 p_{Fe2}，但由于正常运行时转差率很小，转子频率小，转子中磁通变化频率很低，通常为 $1\sim3$ r/s，转子的铁耗实际上很小，可以略去不计。当电机低速时，异步电动机的转差率较大，f_2 较大，这时就应该考虑转子铁耗了。

这样从定子传递到转子的电磁功率仅扣除转子铜耗，余下的是使转子产生旋转运动的总机械功率，其大小为

$$P_{mec} = P_M - p_{Cu2} = (1-s)P_M \tag{2-13}$$

轴上总机械功率并没有全部输出给机械负载，还需克服轴承摩擦、风阻等阻力转矩消耗的机械损耗 p_{mec} 和附加损耗 p_Δ。附加损耗是指定子及转子绕组中流过电流时，除产生基波磁通外，还产生高次谐波磁通及其他漏磁通，这些磁通穿过导线、定子及转子铁芯、机座、端盖等金属部件时，在其中感应电动势和电流并引起损耗。附加损耗的大小与气隙的大小和制造工艺等因素有关，一般在小电机满载时能占到额定功率的 $1\%\sim3\%$，在大型电机中所占比例小一些，通常在 0.5% 左右。

转子的机械功率 P_{mec} 减去机械损耗 p_{mec} 和附加损耗 p_Δ，才是轴上真正输出的机械功率 P_2：

$$P_2 = P_{mec} - p_{mec} - p_\Delta$$

铁耗，定、转子绕组铜耗都属于电磁损耗，这三项损耗主要与电机的电磁负荷有关，即与电机的磁场强度，绕组中电流的大小，铁芯和绕组的几何尺寸等有关。机械损耗主要与电机的转速、摩擦系数等因素有关。以上四项损耗属于电机的基本损耗，附加损耗的值很小，一般可以忽略不计。

上述能量传递过程可由图 2-21 进行描述。

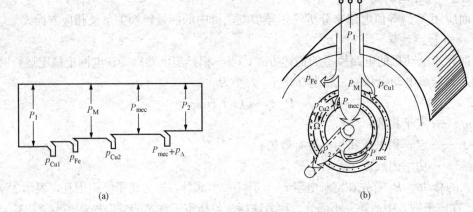

图 2 - 21 能量流程图

（a）功率流程图；（b）能量转换关系

2. 转矩方程

从动力学知道，作用在旋转体上的转矩等于旋转体的机械功率除以它的机械角速度。因此在电机稳态运行时，对机械功率方程式 $P_{mec} = P_2 + p_{mec} + p_\Delta$ 两边除以转子的机械角速度 Ω，可以得出相应的稳态转矩方程式

$$T = \frac{P_{mec}}{\Omega} = \frac{P_2}{\Omega} + \frac{P_{mec} + P_\Delta}{\Omega} = T_2 + T_0 \qquad (2 - 14)$$

式中 T——异步电动机产生的电磁转矩；

$\quad T_0$——三相异步电动机的空载转矩，等于机械损耗与杂散损耗之和除以转子机械角速度；

$\quad T_2$——三相异步电动机的输出转矩，等于输出功率除以转子机械角速度。

式（2 - 14）表明，电动机稳定运行时，电磁转矩减去空载转矩后，才是电动机转轴上的输出转矩。

又有 $P_{mec} = (1 - s)P_M = \frac{n}{n_0}P_M = \frac{\Omega}{\Omega_0}P_M$，则

$$T = \frac{P_{mec}}{\Omega} = \frac{P_M}{\Omega_0} \qquad (2 - 15)$$

说明总机械功率除以转子机械角速度与电磁功率除以旋转磁场的同步角速度相等，所以电磁转矩既可以用转子的总机械功率除以转子机械角速度来计算，也可以用电磁功率除以同步角速度来计算。

3. 电磁转矩

异步电动机的电磁转矩是指转子电流与主磁通相互作用产生电磁力形成的总转矩。根据式（2 - 15）及异步电动机的 T 型等值电路，得

$$T = \frac{P_M}{\Omega_0} = \frac{m_1 E_2' I_2' \cos\varphi_2'}{\Omega_0} = \frac{P}{2\pi f_1} m_1 E_2' I_2' \cos\varphi_2'$$

$$= \frac{P}{2\pi f_1} m_1 \sqrt{2} \pi f_1 N_1 k_{w1} \Phi_m I_2' \cos\varphi_2' = \left(\frac{Pm_1 N_1 k_{w1}}{\sqrt{2}}\right) \Phi_m I_2' \cos\varphi_2'$$

$$= C_{T1} \Phi_m I_2' \cos\varphi_2' \qquad (2 - 16)$$

式中 C_{T1}——转矩常数，对已制成的电动机是一个常数，$C_{T1} = \dfrac{P m_1 N_1 k_{w1}}{\sqrt{2}}$。

异步电动机转矩公式与直流电动机相似，只因转子电流在有功分量上才产生有功功率，所以异步电动机电磁转矩的大小是和每极磁通与归算过的转子电流有功分量的乘积成正比。

【例 2 - 4】 已知一台三相绕线转子异步电动机铭牌数据，$P_N = 10\text{kW}$，$U_N = 380\text{V}$，$n_N = 1450\text{r/min}$，$f_N = 50\text{Hz}$，在额定转速下运行时，$p_m = 580\text{W}$，忽略附加损耗。当电动机额定运行时，求电磁功率 P_M、转子铜耗 p_{Cu2}、电磁转矩 T、输出转矩 T_2 和空载转矩 T_0。

解   由额定转速 $n_N = 1450\text{r/min}$ 可知，该电动机同步转速为 $n_0 = 1500\text{r/min}$，所以该电动机的额定转差率为

$$s_N = \frac{n_0 - n_N}{n_0} = \frac{1500 - 1450}{1500} = 0.033$$

由 $P_M = p_{Cu2} + p_m + P_N$ 及 $p_{Cu2} = s P_M$，知 $(1 - s)P_M = p_m + P_N$，所以

$$P_M = \frac{P_m + P_N}{(1 - s_N)} = \frac{10 + 0.58}{1 - 0.033} = 10.94 \text{(kW)}$$

$$p_{Cu2} = s_N P_M = 0.033 \times 10.94 = 0.361 \text{(kW)}$$

额定电磁转矩

$$T_N = 9550 \frac{P_M}{n_0} = 9550 \times \frac{10.94}{1500} = 69.65 \text{(N} \cdot \text{m)}$$

额定输出转矩

$$T_{2N} = 9550 \frac{P_N}{n_N} = 9550 \times \frac{10}{1450} = 65.86 \text{(N} \cdot \text{m)}$$

空载转矩

$$T_0 = T_N - T_{2N} = 69.65 - 65.86 = 3.79 \text{(N} \cdot \text{m)}$$

2.3   三相异步电动机的外部特性

电动机在实际应用中，用户关心的是电动机转轴带动负载的工作情况，而不是电动机内部如何实现机电能量的转换，因此转轴的转速和转矩及其关系是研究电动机的重点部分。

2.3.1   机械特性方程

三相感应电动机的机械特性指当外接电源电压一定，频率一定，电动机稳态运行时转子转速与电磁转矩之间的关系，可由 $n = f(T)$ 曲线表示。机械特性是电动机机械性能的表现，它与运动方程式相联系，将决定拖动系统的运行及过渡过程的工作情况。

根据式（2 - 11）和式（2 - 14），异步电动机的 T 型等效电路，可得

$$T = \frac{m_1}{\Omega_0} \frac{U_1^2 \dfrac{r_2'}{s}}{\left(r_1 + \dfrac{r_2'}{s}\right)^2 + (x_1 + x_2')^2} \tag{2 - 17}$$

上式称为异步电动机机械特性方程的参数表达式，可用于分析电源参数及电动机参数的变化对电动机运行性能的影响。

式（2 - 17）中，除转差率 s 外，其他各物理量在电动机运行时都保持不变。当 $s = 0$ 时，$T = 0$，即此时转子转速与旋转磁场转速相同，无相对运动，因而不感应电动势；当 $0 \leqslant s \leqslant$

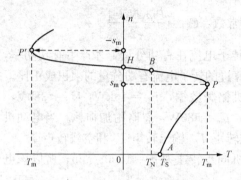

图 2-22　异步电动机的机械特性曲线

0.2时，由于 s 很小，r_2' 较大，于是转矩与 s 近似成正比，机械特性曲线在此区域近似成为直线。当 $0.2<s<1$ 范围内，s 相对较大，分母中电阻远小于电抗值，则电磁转矩与 s 近似成反比关系。由此得出异步电动机机械特性曲线，如图 2-22 所示。

因为式（2-17）为关于 s 的二次方程式，所以在某一转差率 s_m 时，转矩有一个最大值 T_m，该值称为异步电动机的最大转矩。令 $dT/ds=0$，则产生 T_m 时的转差率 s_m 为

$$s_m = \pm \frac{r_2'}{\sqrt{r_1^2+(x_1+x_2')^2}} \qquad (2-18)$$

式中　s_m——临界转差率。

将式（2-18）代入式（2-17）中，得最大转矩表达式为

$$T_m = \pm \frac{m_1}{\Omega_0} \frac{U_1^2}{2[\pm r_1+\sqrt{r_1^2+(x_1+x_2')^2}]^2} \qquad (2-19)$$

一旦负载转矩大于最大转矩，电动机转速急剧下降，将产生"闷车"现象，电流立即上升 6~7 倍，电动机严重过热，以致烧毁。从另一方面考虑，若在很短时间内过载，在电动机尚未过热就恢复达到正常状态，未损坏电机是允许的。因此，最大转矩是表示电动机短时过载能力和运行稳定性的一个重要参数。

最大转矩与额定转矩之比称为电动机过载倍数，用于表示电动机的过载能力，用 k_m 表示

$$k_m = \frac{T_m}{T_N} \qquad (2-20)$$

T_m 越大，电动机短时过载能力越强（k_m 反映电动机短时过载能力极限）。一般异步电动机的 k_m 为 1.8~3.0；起重、冶金机械用的电动机，k_m 可达 3.5。

式（2-18）和式（2-19）中，当取"+"时，$s_m>0$，则 $n_m<n_0$，$T_m>0$，n 与 T 同号，对应于 P 点，为电动工作状态；取"−"时，$s_m<0$，$n_m>n_0$，$T_m<0$，n 与 T 反向，对应于 P' 点，为发电工作状态，又称为回馈制动状态。可见，回馈制动时异步电动机过载能力大于电动状态时的过载能力。

由式（2-19）可以看出，异步电动机最大转矩对电网电压的波动很敏感。在设计选用 k_m 时，要考虑一个安全系数，一般允许的过载能力取 $0.85k_m$。这样电网波动使 T_m 上升，但其数值仍在电动机允许的范围之内，可确保电动机的安全。还要注意，电动机不能长期在 T_m 下拖动负载工作，一方面异步电动机不能稳定可靠地运行，另外会使电动机各部分温升都超过允许数值，时间长了有可能烧坏电动机。可见，过载倍数 k_m 是电动机短时过载的极限，是专门针对负载突然增大而设置的。

当 $n=0$，$s=1$ 时

$$T_s = \frac{m_1}{\Omega_0} \frac{U_1^2 r_2'}{(r_1+r_2')^2+(x_1+x_2')^2} \qquad (2-21)$$

称 T_s 为起动转矩。起动转矩决定了电动机的起动能力。对绕线电动机 $T_s \propto r_2'$，转子回路串电阻可以改善起动性能。对笼型电动机，由于笼型转子是一个闭合回路，不能通过串电阻改善起动性能。这时引入起动转矩倍数 k_s 这一概念，用于反映笼型异步电动机的起动能力。

$$k_s = \frac{T_s}{T_N} \tag{2-22}$$

k_s 一般取值 $1.0 \sim 2.0$。只有 k_s 大于 1，$T_s > T_L$ 电动机才能起动。对于某一型号的电动机，其数值可以在产品目录中查到。

机械特性方程参数表达式（2-17）对理论分析电磁转矩与电动机参数、电源参数间的关系十分方便，但用参数表达式绘制机械特性曲线或进行定量分析却十分不便。一方面在电机的产品目录中定、转子的参数查不到，另一方面即使知道参数表达式，其形式也很复杂，用它进行工程计算或绘制机械特性曲线非常烦琐，这里根据参数表达式推出机械特性实用表达式。

将式（2-17）与式（2-18）相比，并代入式（2-18），得

$$T = \frac{2T_m \left(1 + s_m \dfrac{r_1}{r_2}\right)}{\dfrac{s}{s_m} + \dfrac{s_m}{s} + 2s_m \dfrac{r_1}{r_2}}$$

一般情况下，$s_m = 0.1 \sim 0.2$，则 $2r_1 s_m / r_2 = 0.2 \sim 0.4 \ll 1$，可以忽略，则

$$T = \frac{2T_m}{\dfrac{s}{s_m} + \dfrac{s_m}{s}} \tag{2-23}$$

式（2-23）表达了电动机的电磁转矩与转差的关系，计算时所需参数不多，使用方便，因此称为异步电动机实用机械特性表达式。用于电力拖动中电动机机械特性的工程计算。

式（2-23）中的 T_m、s_m 可根据电动机产品目录中查得的数据计算求得。已知电动机 k_m、P_N、n_N，则

$$T_m = k_m T_N = k_m \times 9550 \times \frac{P_N}{n_N} \tag{2-24}$$

由式（2-23）可得 $s_m = s_N(k_m \pm \sqrt{k_m^2 - 1})$。取

$$s_m = s_N(k_m + \sqrt{k_m^2 - 1}) \tag{2-25}$$

这样在实用表达式中，按产品目录中求出的 T_m、s_m 后，只剩下 T 和 s 两个未知数了，给出一系列 s 值，可求出相应的 T 值，逐点描绘即可得机械特性曲线，如图 2-22 所示。

【例 2-5】 某笼型异步电动机，已知 $P_N = 10\text{kW}$，$U_N = 380\text{V}$，$I_N = 21.3\text{A}$，$n_N = 970\text{r}/\text{min}$，$k_m = 1.8$。试用实用表达式绘制该电动机的固有机械特性曲线。

解 由于异步电动机特性是一条曲线，除要求画曲线上的几个特殊点（空载点、额定点、临界点、起点）外，再找一个一般点，才能准确绘出曲线形状。

(1) 空载点 $H(0, 0)$：$T = 0$，$n = n_0$，$s = 0$。

(2) 额定点 $B(T_N, s_N)$：T_N，$n = n_N$，$s_N = \dfrac{n_0 - n_N}{n_0}$。

由 $f = 50\text{Hz}$，同步转速 $n_0 = 60f_1 / p = 3000/p \text{ r/min}$，得 $p = 1$ 时 $n_0 = 3000\text{r/min}$；$p = 2$ 时 $n_0 = 1500\text{r/min}$；$p = 3$ 时 $n_0 = 1000\text{r/min}$；已知 $n_N = 970\text{r/min}$，因 n_N 略小于 n_0，则 $n_0 =$

1000r/min，$p=3$。所以

$$s_N = \frac{1000-970}{1000} = 0.03, \quad T_N = 9550\frac{P_N}{n_N} = 98.45\text{N}\cdot\text{m}$$

（3）临界点 $P(T_m, s_m)$：

$$s_m = s_N(k_m + \sqrt{k_m^2 - 1}) = 0.1, \quad T_m = k_m T_N = 177.21\text{N}\cdot\text{m}$$

（4）起动点 $A(T_s, 1)$：

$$n_s = 0, \quad s = 1, \quad T_s = \frac{2T_m}{\dfrac{1}{s_m} + \dfrac{s_m}{1}} = 35.08\text{N}\cdot\text{m}$$

（5）一般点 D：由于 $s_m \sim 1$ 段为曲线段，需通过一般点确定曲线大致位置。取 $s=0.5$，则 $T = \dfrac{2T_m}{\dfrac{0.5}{s_m} + \dfrac{s_m}{0.5}} = 62.21\text{N}\cdot\text{m}$。最后可以画出机械特性曲线如图 2 - 23 所示。

2.3.2　固有机械特性

异步电动机工作在额定电压和额定频率下，按规定的接线方式接线（Y 或 △），定、转子外接电阻为 0 时，n 与 T 的关系称为异步电动机的固有机械特性，如图 2 - 22 所示。一台电动机只有一条固有特性曲线。

下面对异步电动机机械特性曲线上的几个特殊点进行分析和讨论。

A 点称为起动点，是指异步电动机刚投入电网但转子尚未转动时的工作点，坐标为 $(T_s, 0)$。它是衡量异步电动机工作性能的重要指标之一，直接关系到电动机能否起动以及起动过程是否合乎生产机械的要求（如起动加速度的大小，加速时间的长短等）。T_s 是电动机接到电源开始起动瞬间时的电磁转矩，它仅与电动机本身参数、电源有关，而与电动机所带的负载无关。

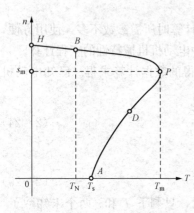

图 2 - 23　[例 2 - 5] 机械特性曲线

P 和 P' 点称为临界点或最大转矩点，坐标为 (T_m, s_m) 和 $(T'_m, -s_m)$。它也是衡量异步机工作性能的重要参数之一，标志着异步电动机的过载能力。T_m 越大，电动机短时过载能力越强。最大转矩点分为第 I 象限的电动状态最大转矩点 P 和第 II 象限的回馈制动最大转矩点 P'。由最大转矩公式知，$|T'_m| > |T_m|$，即在回馈制动时异步电动机的过载能力较电动状态时大，只有当忽略 r_1 时，两者才相等。

B 点称为额定运行点，坐标为 (T_N, s_N)。电动机在额定状态下运行处于最佳状态。s_N 与电动机容量和转子结构有关。同容量极对数的普通笼型电动机比绕线转子电动机的 s_N 小。

H 点称为理想空载点或同步运行点，坐标为 $(0, 0)$。$T=0$ 说明电动机此时没有产生电磁转矩，而转子以同步转速 n_0 转动，这是一种理想的情况。此时定子电流 I_1 仅作为励磁电流来建立气隙磁场，转子中无电流流过。实际运行中，在没有外加转矩时，异步电动机本身是不可能运行在这一点上的，只有给电动机施加外力克服其本身的摩擦阻转矩或空载转矩时，电动机才能运行在该点处。

【例 2 - 6】　某三相异步电动机 $P_N=45\text{kW}$，$n_N=2970\text{r/min}$，$k_m=2.2$，$k_s=2.0$。若

$T_L = 200\text{N} \cdot \text{m}$。试问以下情况中能否带此负载：（1）长期运行；（2）短期运行；（3）直接起动。

解 （1）额定转矩：$T_N = 9.55 \dfrac{P_N}{n_N} = 9.55 \dfrac{45 \times 10^3}{2970} = 145\text{N} \cdot \text{m}$，小于 T_L，故不能带此负载长期运行。

（2）最大转矩：$T_m = k_m T_N = 2.2 \times 145 = 319\text{N} \cdot \text{m}$，大于 T_L，故可以带此负载短时运行。

（3）起动转矩：$T_s = k_s T_N = 2.0 \times 145 = 290\text{N} \cdot \text{m}$，大于 T_L，故可以带此负载直接起动。

2.3.3 人为机械特性

电动机在实际运行时，通常需要人为地改变电动机参数或电源参数来满足负载的需要。这时得到的机械特性称为人为机械特性。由式（2-17）可见，异步电动机电磁转矩 T 的数值是由某一转速 n（或 s）下，电源参数（电压 U_1、频率 f_1）和电动机参数（极对数 p，定子及转子电路的电阻 R_1、R_2' 及电抗 X_1、X_2' 等）决定的。人为地改变这些参数，可得到不同的人为机械特性。下面介绍几种常见的人为特性。

1. 降低电源电压的机械特性

只降低定子电压，其他参数不变。当只降低电源电压参数 U_1 时，由式（2-1）知，n_0 与 U_1 无关，将保持不变，说明不同电源电压下的机械特性曲线都经过（n_0，0）点。由式（2-19）和式（2-21）可见，最大转矩 T_m 及起动转矩 T_s 与 U_1^2 将成比例下降，使异步电动机的过载能力和起动能力都降低。由式（2-18）知，s_m 与 U_1 无关，保持不变。据此得出当电源电压为 $0.5U_N$ 和 $0.8U_N$ 时的人为特性，如图 2-24 所示。

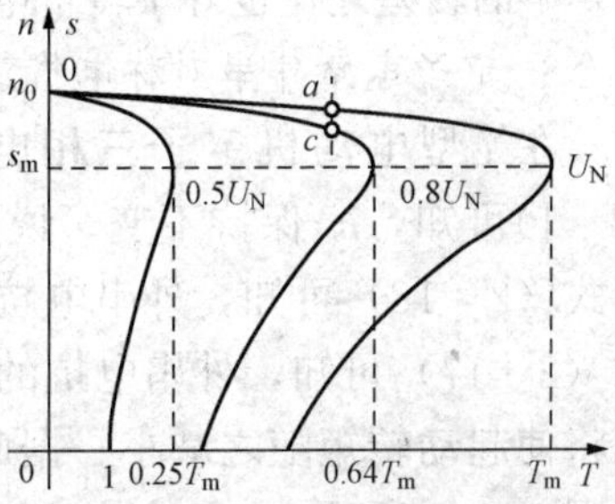

降低电网电压对电动机运行性能的影响很大。如图 2-24 所示，以电动机带额定负载在 a 点稳定运行时降低电压为例进行分析，降压 20% 后稳定运行点如图 2-24 中 c 点所示。降压后由于负载不变，两点的电磁转矩不变，$T_a = T_c$，其中

图 2-24 降低电压的人为特性

$$T_a = \frac{m_1}{\Omega_0} I_{2N}'^2 \frac{r_2'}{s_N}$$

$$T_c = \frac{m_1}{\Omega_0} I_{2c}'^2 \frac{r_2'}{s_c}$$

则

$$I_{2N}'^2 \frac{r_2'}{s_N} = I_{2c}'^2 \frac{r_2'}{s_c}$$

因为 $n_c < n_N$，$s_c > s_N$，所以 $I_{2c} > I_{2N}$，即在降低电源电压后，转子电流会超过额定电流。如果电动机长时连续运行，最终温升会超过允许值，导致电动机发热，减少电动机的寿命，甚至会烧坏电动机，所以在降低电源电压的人为特性上，电动机不能长期运行，短时可以。当然，如果电动机轻载运行时，降低电源电压可以使主磁通减小以降低电动机的铁耗，从节能角度看，是有好处的。

2. 转子电路串联三相对称电阻的机械特性

在绕线转子电动机三相电路分别串入同样大小的对称电阻，其他参数不变。由式（2-1）

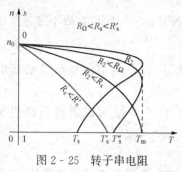

图 2-25　转子串电阻

可知，n_0 保持不变，说明转子串电阻的机械特性曲线都经过（n_0，0）点。由式（2-19）可知，T_m 与转子电阻R'_2无关，转子电路外串电阻时，最大转矩不变，则过载能力不变。由式（2-18）可知，$s_m \propto R'_2$，外串电阻的增大将使 s_m 成比例增大。由式（2-21）可知，当外串电阻较小时，起动转矩将随外串电阻的增大而增大，但当外串电阻进一步增大后，起动转矩开始减小。据此转子外串电阻时的人为特性如图 2-25 所示。

固有特性的临界转差率为 $s_m = \dfrac{R'_2}{\sqrt{R_1^2 + (X_1 + X'_2)^2}}$，转子串电阻的人为特性的临界转差率为 $s'_m = \dfrac{R'_2 + R'_\Omega}{\sqrt{R_1^2 + (X_1 + X'_2)^2}}$。所以 $\dfrac{s_m}{s'_m} = \dfrac{R'_2}{R'_2 + R'_\Omega}$，即临界转差率之比等于转子总电阻之比。对此关系进行推广，根据在机械特性曲线的直线段，有 $T = \dfrac{2T_m}{s_m} s$。在同一负载转矩下，有 $s_m \propto s$，则 $\dfrac{s_1}{s_m} = \dfrac{s_2}{s'_m}$，所以 $\dfrac{s_1}{s_2} = \dfrac{s_m}{s'_m} = \dfrac{R'_2}{R'_2 + R'_\Omega}$，即在机械特性曲线的直线段，对应于任何同一转矩下的转差之比也等于转子电阻之比。

3. 定子电路外串对称电抗或对称电阻的机械特性

在笼型电动机定子三相电路中分别外串对称电抗 X_s，其他参数保持不变。由式（2-1）可知，n_0 保持不变，说明定子串对称电抗时的机械特性曲线都经过（n_0，0）点。由式（2-18）可知，外串电抗的增大使 T_m 随之近似成反比地减小，过载能力降低。由式（2-17）可知，外串电抗的增大将使 s_m 成反比地减小。由式（2-20）可知，外串电抗将使起动转矩随之减小。据此在固有机械特性基础上画出定子外串电抗时的人为特性，如图 2-26 所示。

同理，可以分析定子电路外串对称电阻时的人为特性，如图 2-27 所示。

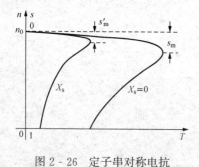

图 2-26　定子串对称电抗

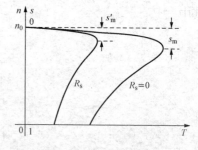

图 2-27　定子串对称电阻

2.4　三相异步电动机的使用

因为各种生产机械经常要进行起动、调速和停车，所以作为原动机的异步电动机，其起动、调速和制动等性能的好坏，对生产机械的运行有很大影响。本节将讨论三相异步电动机的起动、调速和制动三个方面的问题，即通常所说的电动机的四象限运行问题。

三相异步电动机有两大运行状态：电动运行状态和制动运行状态。

2.4.1 电动运行状态

异步电动机电动运行状态的特点是，转矩 T 与转速 n 同向，T 是拖动转矩，电动机从电网吸收电能并转换成机械能从轴上输出带动负载。其机械特性位于第 I 象限（正向电动状态）或第 III 象限（反向电动状态），如图 2-28 所示。

注意转差率在纵坐标轴上的方向。在纵坐标的正半轴，电动机转速为正，表示电动机处于正向运行状态，当 $n=n_0$ 时，$s_+=0$，且 s_+ 向坐标原点方向增大；在纵坐标的负半轴，电动机转速为负，表示电动机处于反向运行状态，当 $n=-n_0$ 时，$s_-=0$，且 s_- 向坐标原点方向增大，当 $n=0$ 时，$s_+=s_-=1$。可见不论电动机处于正向电动状态还是反向电动状态，其转差率区间都是 $0<s<1$。这是异步电动机处于电动状态下运行时的一个重要特征。

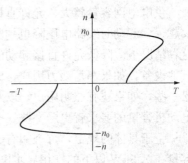

图 2-28 电动状态下的机械特性

下面介绍常见的电动运行状态。

1. 起动

电动机接入电源后，由静止状态一直加速到稳定运行时的状态，这一过程称为起动。

异步电动机拖动系统的起动性能，首先必须满足生产工艺的要求，同时还要使电动机本身能合理运行。因此，异步电动机作为拖动生产机械的电动机，对异步电动机起动性能的要求，主要有以下几点：

1）起动转矩要大，以保证生产机械能正常起动，同时加速起动过程，缩短起动时间。

2）起动电流要小，以减少对电网的冲击，防止烧毁电动机。

3）起动设备力求结构简单，操作方便，以降低制造难度，降低成本。

4）起动过程中能量损耗越小越好，以提高系统运行效率，减少运行费用。

一般总希望在起动电流较小时能获得较大的起动转矩。

下面介绍几种常用的异步电动机起动方法。

（1）直接起动。利用电磁开关设备把电动机的定子绕组直接接到额定电压的电网上，也称全压起动。异步电动机定子三相绕组与电源接通，旋转磁场瞬间产生，而转子还未开始转动的瞬间，由于旋转磁场与转子间的相对速度很大，转子电路中的感应电动势及电流都很大。转子电流的增大，引起定子电流的增大。因此一般异步电动机的起动电流较大，可达额定电流的 4~7 倍或更大一些。

起动电流过大，对电网而言，起动时过大的起动电流冲击，使线路压降增大，将引起电网电压的波动，造成电网压降的下降，影响接在同一电网上的其他电动机和电器设备的正常运行。有时甚至使这些设备无法正常工作或无法带动负载起动。对电动机本身而言，在频繁的起动条件下，过大的起动电流使电动机本身受到过大的电磁力冲击，使电动机绕组发生变形，造成短路而烧坏电动机。如果是经常起动，过大的起动电流使电动机本身发热，减小电动机寿命甚至烧坏电动机。尽管起动电流大，但由于转子侧功率因数很低，使转子电流的有功分量很小，同时磁场还未进入稳定状态，使起动转矩较小。当负载较重时，可能起动不了。即使负载较轻时，也会使起动时间加长，影响系统的生产效率。可见采用直接起动缺点是起动电流过大，起动转矩较小。因此异步电动机的起动问题就是如何减小起动电流，增加起动转矩，以缩短起动时间。

异步电动机在设计时就已经考虑到直接起动的问题了。从其本身来说是允许直接起动的，因此是否允许电动机直接起动首要条件是看电动机对电网的冲击是否在允许的范围内，这不仅取决于电动机本身的容量大小，而且还与供电电网容量、供电线路长短、起动次数及其他用户的要求有关。

供电电网容量越大，允许直接起动的电动机容量也越大。电动机与供电变压器之间的距离越远，起动时线路电压降也越大，则电动机的端电压就越低，有可能使电动机转不起来，这种情况下应降低允许直接起动的电动机容量。频繁起动的电动机，由同一台变压器供电的其他设备，如果都是动力用户，即都是电动机，则对允许直接起动的电动机容量的要求就放松一些，如果还有照明用户，以及其他对电源电压波动很敏感的用户，则对允许直接起动的电动机容量的要求就更严一些。

至于具体的规定，可查阅有关书籍或电工手册。通常以下两种情况可以采用直接起动：容量在 7.5kW 以下的三相异步电动机；电动机在起动瞬间造成的电网电压降不大于电压正常量的 10%，对于不经常起动的电动机可放宽到 15%。

直接起动的优点也很明显，即利用电磁开关设备接通电动机与电网，起动设备简单，操作方便，因此在对起动过程要求不高的场合应优先考虑采用直接起动。目前，随电网容量的不断增加，直接起动方法的应用范围日益扩大。

如果不满足上述要求，则必须采取限制起动电流的方法进行起动。

（2）笼型电动机的降压起动。当电网容量不够大而不能采用直接起动时，可以通过降低电源电压的方法限制起动电流，从而使电动机能够安全起动，简称为降压起动。但在降低电源电压以降低起动电流的同时，起动转矩也成平方地降低，所以只适用于起动转矩要求不高的场合，即适合于轻载或空载起动的生产机械上，限制了笼型电动机的应用范围。

降压起动的起动过程是先通过起动设备使定子绕组承受的电压小于额定电压，待电动机转速达到某一数值时，再使定子绕组承受额定电压，最终使电动机在额定电压下稳定工作。

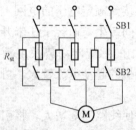

图 2 - 29　串电阻降压起动原理图

1）定子串电阻或电抗降压起动。图 2 - 29 所示为定子电路串电阻（或电抗）降压起动原理图。起动时，把开关 SB2 向下投掷，即将电阻或电抗串入定子绕组，然后闭合 SB1，接通主电源，电机起动并开始旋转，待转速接近稳定时，再把开关 SB2 向上投掷，切除电阻或电抗，电源电压直接接在定子绕组上，电动机起动结束，电动机全压运行。熔断器的作用是防止误操作而烧毁电动机。

这种方法的特点是起动平稳、运行可靠、设备简单，但起动转矩严重减小。串电阻降压起动电能损耗较多，只适用于对起动转矩要求不高的场合，即一般用在轻载或空载起动的生产机械。

定子串电阻和串电抗器效果一样，都能降低起动电流，但串电阻起动能耗大，只在电动机容量不大时应用，大型异步电动机多用串电抗器起动。

2）自耦变压器降压起动。自耦变压器降压起动也称起动补偿器起动，这种起动方法是利用自耦变压器来降低起动时加在定子三相绕组上的电压，其原理线路如图 2 - 30 所示，它由三相自耦变压器和控制开关等组成。

起动时，把开关 SB2 向上投掷，这时自耦变压器一次绕组加全压，且一次绕组三相接成 Y 形，二次侧接在电动机定子绕组上，即定子电压仅为抽头部分的电压。这时电动机降压起动，待转速接近稳定值时，把开关 SB1 向上投掷，SB2 自动断开，这样自耦变压器从电网中切除，电动机全压运行。起动时采用自耦变压器使得定子电压降低，从而限制了起动电流。

这种方法的特点是自耦变压器有电压抽头，可供不同负载起动时选用。在同一电网电压下，采用自耦变压器起动时的转矩比用定子串电阻或电抗时大一些。不足之处是线路比较复杂；自耦变压器体积大，质量大，价格高，须维护检修，不允许频繁起动。适用于电动机容量较大，电网容量较小的场合，即大容量低压电动机和不允许起动频繁的电动机。

3）星—三角形降压起动。星—三角降压起动是指在额定电压下正常运行时为三角形接法的电动机，在起动时采用星形接法，使三相定子绕组所承受的每相相电压降低为额定电压，如图 2 - 31 所示。

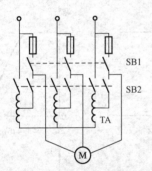

图 2 - 30　自耦变压器起动原理图

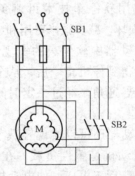

图 2 - 31　Y—△起动原理图

起动时，将 SB2 向下投掷，三相绕组接成 Y 型。闭合 SB1，电动机开始起动。待转速接近于稳定时，将 SB2 向上投掷，定子绕组换成△接，电动机在额定电压下正常运行，起动过程结束。电动机停转时，可直接断开电源开关 SB1，并应随即断开开关 SB2，放在中间位置，否则下次起动时将造成直接起动，这是不允许的。

这种方法的特点是运行设备简单，除切换设备外没有添加任何其他的起动设备，这是其突出的优点，值得推广，同时体积小，质量小，成本低，运行可靠，维修方便。不足之处是起动电压只能降到 $U_N/\sqrt{3}$，不能根据不同负载选择不同的起动电压；起动转矩减小。

4）软起动。前面介绍的降压起动方式属于传统的有级降压起动，存在明显缺点，即起动过程会出现二次冲击电流，易对设备造成很大的伤害，而且影响同一线路上设备的正常使用。

软起动器是一种用来控制笼型异步电动机的新型设备，集电动机软起动、软停车、轻载节能和多种保护功能于一体的新型电动机控制装置。它的主要构成是串接于电源与被控电动机之间的三相反并联晶闸管及其电子控制电路，如图 2 - 32 所示。在电动机起动过程中，运用不同的方法，控制三相反并联晶闸管 SCR 的导通角，使电动机的输入电压从 0 以预设函

数关系（见图 2-33）逐渐上升，电动机平滑加速，当电动机达到正常转速后，旁路接触器

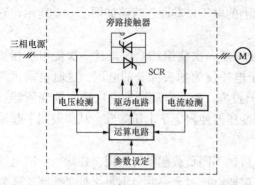

图 2-32 软起动器结构

接通，赋予电动机全压，电动机起动完毕进入正常运行状态。这种方法减少了电动机起动时对电网、电动机本身和相连设备的电气及机械冲击。大多数软起动器在晶闸管两侧有旁路接触器触头，其优点如下：使软起动器具有了两种起动方式（直接起动和软起动）；软起动结束，旁路接触器闭合，使软起动器退出运行，直至停车时，再次投入。这样既延长了软起动器的寿命，又使电网避免了谐波污染，还可减少软起动器中的晶闸管发热损耗。

软起动器还可以实现电动机的软停车。电动机停机时，传统的控制方式都是通过瞬间停电完成的。但有许多应用场合，不允许电动机瞬间关机。例如，高层建筑、大楼的水泵系统，如果瞬间停机，会产生巨大的"水锤"效应，使管道，甚至水泵遭到损坏。为了减少和防止"水锤"效应，需要电动机逐渐停机，即软停车，采用软起动器能满足这一要求。在泵站中，应用软停车技术可避免泵站的"拍门"损坏，减少维修费用和维修工作量。软起动器中软停车的实现方法是，晶闸管在得到停机指令后，从全导通逐渐地减小导通角，经过一定时间过渡到全关闭。

软起动器还可以实现轻载节能。笼型异步电动机是感性负载，在运行中，定子电流滞后于电压。如电动机工作电压不变，处于轻载时，功率因数低，处于重载时，功率因数高。软起动器能实现在轻载时，通过降低电动机端电压，提高功率因数，减少电动机的铜耗、铁耗，达到轻载节能的目的；负载重时，提高电动机端电压，确保电动机正常运行。

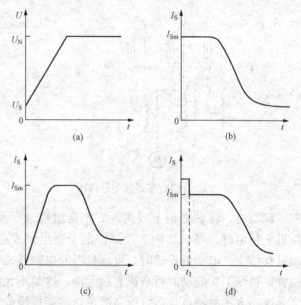

图 2-33 软起动器主要起动方式
(a) 斜坡电压软起动；(b) 恒流软起动；(c) 斜坡恒流软起动；
(d) 脉冲恒流软起动

软起动器应用范围原则上是，凡是有电动机的各种场合都可适用。软起动器本质上是个调压器。起动时，输出只改变电压而没有改变频率，即不改变电动机运行曲线上的同步转速点，只是加大该曲线的陡度，使电动机特性变软。当 n_0 不变时，电动机的各个转矩（额定转矩、最大转矩、堵转转矩）均正比于其端电压的平方，因此用软起动大幅度降低电动机的起动转矩，所以软起动特别适用于各种泵类或风机类负载需要软起动与软停车的场合。当重载或满负荷运转时，起动转矩大于额定转矩 60% 的拖动系统，起动电流大，软起动器容量大，成本高。

　　通过上述分析可知，当小容量电动机重载起动时，起动的主要问题是起动转矩不足。针对这种情况，解决的办法有两个：①按起动要求，选择容量更大的笼型电动机；②选用起动转矩较高的具有特殊转子结构形式的笼型电动机，如双笼型异步电动机（转子结构见图 2-34），深槽型异步电动机（转子结构见图 2-35），高转差率异步电动机等。此类电动机在直接起动时利用集肤效应使起动电流小，起动转矩大，但结构复杂，成本高，功率因数稍低。

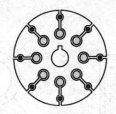
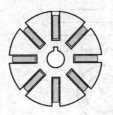

　　　　　图 2-34　双笼型异步电动机　　　　　　　图 2-35　深槽异步电动机
　　　　　　　　　转子结构　　　　　　　　　　　　　　　转子铁芯结构

　　（3）绕线转子电动机的起动。从笼型电动机的起动方法来看，无论采用哪种方法来减小起动电流，相应起动转矩也减小了。而对于需重载起动的生产机械来说，如吊车，不仅需要减小起动电流，更需要有足够大的起动转矩。这时可以先选用上述特殊形式的笼型电动机。如果采用笼型电动机不能满足要求，就需采用起动性能好的绕线转子电动机了。

　　绕线转子电动机从结构上创造了改善起动性能的条件，即转子电路可串入起动设备，因此起动性能优于笼型电动机，在某些要求重载起动的生产机械上，绕线转子电动机被广泛采用。当然投入的设备要多一些，成本高。另外，对于频繁起动、制动的电动机来说，即使容量不大，但起动、制动的时间占整个电动机工作时间的比例较大，大电流持续时间长，发热严重。如果选用笼型电动机，哪怕只是空载，每小时来回起动、制动次数过多也会过热。这时也应采用绕线转子电动机，利用转子外接电阻来控制起动、制动，起动时大部分热量产生在电动机的外面，电动机本身的发热也就小多了。

　　绕线转子电动机通常不采用直接起动，以防止起动电流过大，可能烧坏电动机。通常采用的起动方法为转子串电阻，转子串接频敏变阻器。

　　1）转子串电阻起动。如图 2-36 所示，定子绕组接在交流电网上，转子绕组经集电环和电刷接到起动电阻上。起动时，如果电刷在举起位置，首先把电刷放下，接通转子绕组与外电路，变阻器应调到最大值。然后将定子接通电源，电动机开始起动。起动结束后，提起电刷，与集电环脱离接触，以防止电刷磨损，同时使 3 只集电环彼此短接，使转子仍为一个闭合回路，电动机正常工作。集电环的作用与直流机中的换向器相同，对电刷提起放下是为了减少其磨损及摩擦损耗。当电动机切断电源而停转，此时应将电刷放下，并将集电环开路，变阻器调到最大位置，为下次起动做准备。

　　这种起动方法的特点是既可限制起动电流又增大起动转矩，所以绕线转子电动机比笼型电动机有较好的起动性能，适用于功率较大的重载起动。不足之处是电阻逐渐变化，转矩变化较大，对机械冲击较大，调速不平滑；控制设备大，转子绕组对外引线需经集电环和电刷，维护比笼型电动机麻烦，制造绕线转子电动机也比制造笼型电动机麻烦，因而成本高，价格约贵一倍，操作维修不便。

　　2）转子串接频敏变阻器起动。频敏变阻器结构如图 2-37（a）所示。其外形很像一个无二次侧的三相变压器。主要区别是铁芯不用硅钢片，而用比普通变压器厚约 100 倍的钢板或铁板制成，以增大铁芯损耗。一般做成三柱式。每柱绕一相绕组。三相接成 Y 型。然后接到绕线转子电动机的转子出线端上。因为铁芯较厚，铁芯内涡流较大，损耗与频率的平方成正比，其等效电阻是转子频率的函数，等效电阻 $R_m = f(f_2^2)$，而等效电抗 $X_m = f(f_2)$。由于磁阻自动按转子频率变化，故称频敏变阻器。

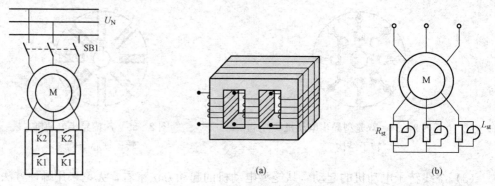

图 2 - 36　转子串电阻起动　　　　　图 2 - 37　转子串接频敏变阻器起动

（a）频敏变阻器的结构；（b）频敏变阻器起动电路

起动时，转子频率较大，导致转子电抗远大于等效电阻，可认为转子电流只流过等效电阻，限制了起动电流，增大了起动转矩。随转速上升，转子频率逐渐下降，等效电抗逐渐减小，使转子电抗远小于等效电阻，则转子电流只流过等效电抗，使电动机起动平滑。起动结束后，把集电环短接，切除频敏变阻器，从而限制了起动电流。

如频敏变阻器参数选择适当，可以使起动特性接近恒转矩性质。特点是起动电流降低，增大起动转矩；可达到无极调速的目的，即起动平稳；结构简单，价格便宜，制造容易，运行可靠，维修方便，是大量使用的一种方法。不足之处是与转子串电阻起动相比，功率因数降低，起动转矩小。所以重载时，为提高功率因数以增大起动转矩，在线圈外套一个铝套，相当于一个二次感应圈，增加有功损耗，改善一次侧的功率因数，从而增大了起动转矩。

2. 正反转运行

异步电动机实现正向运行的方法简单，只要将三相电源顺序接入电动机三相定子绕组的出线端即可。

异步电动机实现反转的方法也较简单，由于交流异步电动机的转子旋转方向与旋转磁场方向相同，而旋转磁场转向对一台已制造好的电动机而言，完全取决于通入定子绕组中的电流相序。由此可见，只要将接在定子绕组上的三相电源中的任意两相对调，即改变了绕组的通电相序，电动机就能反转。

但需要注意，如果不采取任何措施就直接将正在稳定运行中的异步电动机从正转切换到反转，对负载、电动机本身和电源都将产生很强的冲击作用。原因是通过电磁开关设备改变电源相序的瞬间，电动机由于机械惯性的影响转速方向不变，而旋转磁场瞬时反向，此时转差率接近 2，比起动时刻的转差率还要大很多，使转子回路电流瞬时增大，进而使定子电流和电磁转矩迅速增大而产生强冲击作用。因此要想电动机实现反转，一种方法是等电机停转或转速较低时切换电源相序；另一种方法是在反转开始时采取限流措施，如串电阻等。

3. 电气调速

三相异步电动机在正常运行时转差率变化很小，一般 $s=0.02\sim0.05$，可以看成恒速电机。由于生产工艺、过程的需要，提出了调节电动机转速的要求，以获得更好的工艺质量和生产效率。

在某一确定负载下，人为地改变电动机转速称为速度调节，简称调速。过去在调速性能上异步电动机不如直流电动机，而且异步电动机的调速方法也比较复杂。人们曾提出许多调速方法，如改变电动机参数、改变电动机结构、用多电动机拖动、特殊交流电动机拖动等，但都因为调速性能不好，应用受到限制，特别是在深调速和快速的可逆电动机拖动系统中，异步电动机拖动很难与直流电动机拖动相比。

但是异步电动机具有结构简单，运行可靠，维护方便，转速高等优点，同时由于现在电能生产及传输多为交流电，因此在当前工农业各个领域中，都希望尽可能采用交流拖动系统来取代直流拖动系统。采用交流拖动的关键是速度调节。

近年来，一方面半导体技术和数控技术的发展，出现了大功率晶体管、可关断晶闸管等电力电子器件，另一方面微型计算机的发展，使得某些交流调速方案简化和提高。这样扩大了交流调速的应用范围，使交流调速的发展有着广泛的前景。异步电动机的调速性能甚至可以做到优于直流电动机。剩余的问题是降低成本、实际应用。

由异步电动机的转速公式 $n=n_0(1-s)$ 可知，异步电动机的调速方法有两大类：一类是同步转速恒定的情况下调节转差率；另一类是调节旋转磁场的同步转速。

第一类方法在增大转差率的同时将直接增大电动机中转子的损耗，属于耗能的低效调速方法，具体方法有转子串接电阻调速、定子调压调速、滑差离合器调速等。从节能的观点来看，这类方法是不经济的。但是其调速方法比较简单，设备价格比较便宜，因此还是广泛应用于一些调速范围不大、低速运行时间不长、电动机容量较小的场合。

串级调速比较特殊，由于电动机旋转磁场的转速不变，所以它本质上也是一种调转差的调速方法，似应属于低效调速的范畴。但是由于串级调速系统中把转差功率加以回收利用而没有白白消耗掉，使系统的实际损耗减小了，于是它就由原来的低效调速方法转变成了高效调速方法。

第二类方法是通过改变旋转磁场同步转速进行调速，在一定转矩下 s 基本不变，则随着 n_0 的降低，电动机的电磁功率和输出转矩成比例地下降，损耗没有增加，属于高效率的调速方法，具体方法有变极调速和变频调速。变极调速方法比较简单，投资较小，但是它是有级调速，一般只有二级，最多也只有三四级，只适用于二三种固定运行工况的场合，同时也只限定在笼型异步电动机中应用。异步电动机高效调速方法的典范是变频调速。异步电动机采用变频调速时不但能无级变速，而且可根据负载特性的不同，通过适当调节电压与频率之间的关系，使电动机始终运行在高效区，并保证良好的运行特性。异步电动机采用变频起动更能显著地改善起动性能，大幅度降低电动机的起动电流，增加起动转矩，所以变频调速是异步电动机理想的调速方法。但是变频调速需要一个能满足电动机运行要求的变频电源，设备投资较大，成为异步电动机变频调速技术推广应用中的主要障碍。不过，随着电力电子器件的发展和变频技术的成熟，这一局面正在逐步得到改善。现在已有的 10kW 以下的变频电源性能已经相当可靠。

有关异步电动机的具体调速方法及其实现方法将在后续章节中做专门介绍。

2.4.2　制动运行状态

制动的特点是 T 与 n 反向，T 属于制动转矩，电动机从轴上吸收机械能并转换成电能，该电能或消耗在电动机内部，或反馈回电网，其机械特性位于第Ⅱ或第Ⅳ象限。制动的目的是保证生产机械工作的准确性和提高生产效率，使电力拖动系统快速停车或者使拖动系统尽快减速，对于位能性负载，制动运行可获得稳定的下降速度。通常除采用一些机械制动方法外，经常还需要电动机本身实行电气制动。下面介绍常用的 3 种电气制动方法。

1. 回馈制动

当异步电动机由于某种原因使其转速超过旋转磁场的速度时，异步电动机把轴上的机械能或系统存储的动能变成电能回馈到电网，对拖动系统而言产生制动作用，即回馈制动。如在采用变频器对异步电动机进行调速时，降低变频器输出频率使电动机处在减速过程中，旋转磁场的转速可能低于电动机的实际转速，异步电动机便成为异步发电机，将机械负载和电动机所具有的机械能量反馈给变频器，并在电动机中产生制动转矩。另外，多速电动机从高速调到低速的过程，起重机快速下放重物时，也会出现这种情况。回馈制动的特点是电动机转速高于同步速度。

下面以起重机下放重物为例分析回馈制动过程。改变电源电压相序，使电动机反向起动，使电动机的转矩与重物下降的方向一致，则电动机工作在反向电动状态，相应特性在第Ⅲ象限，如图 2 - 38 （a） 所示，起动转矩为 $-T_s$，电动机在（$-T_s-T_L$）作用下反向加速，转速一直反向上升，直到 $n=-n_0$ 时，电动机转矩为 0。停止电能向机械能转换。此时 T 与 n 同向，帮助重物下放。但 $T<T_L$，电动机仍反向加速，使 $|n|>|-n_0|$，则 $T>0$，$n<0$，电磁转矩方向改变，阻止重物下放。随 T 增大，只要 $T<T_L$，转速一直反向增大，直到 B 点，$T=T_L$，稳定运行，重物在 B 点保持匀速下降，使重物不至于按自由落体下降，这时 $T>0$，$n<0$，处于制动状态。当转子回路外串电阻时可得到不同的人为特性，不同的外串电阻得到不同的稳定的下放速度，如 C 点、D 点。串电阻越大，下放速度越快。工程上为避免电动机运行速度太高造成事故，在回馈制动下放重物时，转子回路不串或串小电阻。

给系统施加外加力矩也可实现回馈制动，如图 2 - 38 （b） 所示。制动运行时主要特点是 $|n|>|-n_0|$，$s<0$，那么在 T 型等值电路中与输出功率等效的附加电阻小于 0，则电动机轴上输出机械功率小于 0，说明是输入机械功率，能量来自负载下降释放出的位能。此时，电动机的电磁功率也小于 0，说明功率不是由定子传到转子，而是由转子传递到定子最后送回电网，电动机完成机械能向电能的转换。这时电动机称为一台与电网并联的发电机，同时又工作在制动状态下，称为回馈制动。

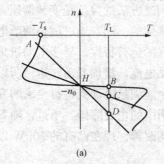
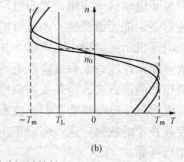

(a)　　　　　　　　　　　　　　(b)

图 2 - 38　回馈制动机械特性

(a) 下放重物过程；(b) 外施力矩制动

在回馈制动时，$s<0$，$T<0$。除此之外，电动机机械特性方程式的形式和其他参数与电动时相同，属于电动状态下的机械特性向第 Ⅱ 象限或第 Ⅳ 象限的延伸。

既然向电网回馈电能，异步电动机能否脱离电网而自行发电呢？为了深刻理解这种制动状态的物理本质，分析一下转子电流。因为 $|n|>|-n_0|$，所以 $s<0$，$sE_2'<0$，则

转子电流有功分量

$$I_2'\cos\varphi_2' = \frac{E_2'}{\sqrt{\left(\dfrac{R_2'}{s}\right)^2 + X_2'^2}} \frac{\dfrac{R_2'}{s}}{\sqrt{\left(\dfrac{R_2'}{s}\right)^2 + X_2'^2}} = \frac{E_2'\dfrac{R_2'}{s}}{\left(\dfrac{R_2'}{s}\right)^2 + X_2'^2} < 0$$

转子电流的无功分量

$$I_2'\sin\varphi_2' = \frac{E_2'}{\sqrt{\left(\dfrac{R_2'}{s}\right)^2 + X_2'^2}} \frac{X_2'}{\sqrt{\left(\dfrac{R_2'}{s}\right)^2 + X_2'^2}} = \frac{E_2'X_2'}{\left(\dfrac{R_2'}{s}\right)^2 + X_2'^2} > 0$$

可见，当 s 变负后，转子电流的有功分量改变了方向，无功分量的方向不变与反向电动状态一样，说明它向电网输送有功功率（回馈电网），但仍要从电网吸收无功功率以建立耦合磁场，从而实现机电能量转换。上述分析表明异步电动机不能脱离电网自行发电，还需吸收无功功率建立磁场。

回馈制动的优点是电能向电网回馈，经济。不足之处是在 $n<n_0$ 时实现不了。主要用于位能负载在 $n>n_0$ 时下放重物，也可用于变频、变极调速。

2. 反接制动状态

反接制动状态的特点是电动机转子转速和旋转磁场方向相反，$s>1$。与直流电动机相似，有两种反接制动：转速反向的反接制动和定子两相倒相的反接制动。

定子两相倒相的反接制动如图 2-39 所示，定子三相绕组中将任意两相反接（如原设电动机三相与电源接线相序为 A—B—C，定子任两相反接就是将其中两相对调，如 AB 或 BC 或 AC 对调，同时绕线转子电动机串入三相对称电阻 R_f，笼型电动机不能在转子回路串电阻。

如图 2-39（b）所示，设异步电动机带动负载在电动状态下运行，对应 A 点，此时 $T>0$，$n>0$。为迅速停车和反转，将定子任意两相对换，同时绕线转子电动机

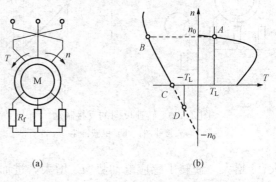

图 2-39　定子两相倒相的反接制动
(a) 接线图；(b) 机械特性

回路串电阻。由于定子相序改变了，旋转磁场转速 n_0 与原转速方向相反，相应转子电动势和电流方向也改变了，电磁转矩方向也改变了，而转速由于惯性作用不能突变，$n>0$，所以进入制动状态，对应于 B 点。此时转差率 $s_B = \dfrac{-n_0-n}{-n_0} > 1$，$T_B < T_L$，$dn/dt < 0$，系统在 T 和 T_L 共同作用下转速降到 C 点。BC 段称为反接制动段。达到 C 点后，$n=0$，断开电源，实现停车。如不断开电源，对反抗性负载，将在 D 点稳定运行，实现电动机的反转。对位能性负载，进入第 Ⅳ 象限的回馈制动状态，最后稳定运行。

定子两相反接主要使旋转磁场转速 n_0 反向，磁场方向发生变化。注意采用定子两相反接时，由于相序反向，使定子磁场反向，$s>1$，所以转子中感应电动势 sE_2 比起动时还高，使转子电流很大，产生很大的冲击电流和冲击转矩，可使吊重物用的钢丝绳崩断，并发热。因此为限制转子电流并提高制动转矩的制动过程，一般绕线转子电动机必须串入附加电阻 R_f。

定子两相反接的反接制动时，转差率 $s>1$，电动机轴上输出机械功率为负值，即从轴上输入功率；电动机的电磁功率仍为正，与电动状态相同，电能从定子到转子。这两部分能量都将被消耗掉。绕线转子电动机通过外串的电阻将这部分能量大部分消耗掉，电动机不会发热。对笼型电动机因转子不能串电阻这些热能都散失在电动机内，使电动机温度迅速升高，因此反接制动时间不能太长，反接次数不能太多。实际工作时，笼型电动机下放重物时多使用电磁抱闸控制重物下放。

反接制动效果强烈，可以迅速使转速降为 0。不足之处是能量损耗大，制动准确度低，要停车时需准确切断电源。可以用于迅速停车或反转，也可用于稳定下放重物。

转速反向的反接制动（又称倒拉反接制动）如图 2 - 40 所示，转子回路每相外串电阻 R_f'，且阻值较大，带动位能负载。

如图 2 - 40（b）所示，设电动机原来在电动状态下运行，对应固有机械特性上的 A 点，电动机以 n_A 速度提升重物，此时 T 与 n 方向一致，T 帮助提升重物。

为了下放重物，在转子电路中串入附加电阻 R_f'，且阻值较大。这时拖动系统要过渡到

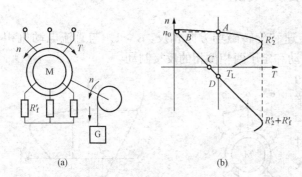

图 2 - 40　转速反向的反接制动
(a) 接线图；(b) 机械特性

串电阻后的人为特性上运行。由于机械惯性的影响，转速来不及突变，由 A 点过渡到 B 点。$T_B<T_L$，$\mathrm{d}n/\mathrm{d}t<0$，转速下降，但 n 仍大于 0，电动机仍提升重物，只是提升重物的速度下降减慢，直到 C 点，$n=0$ 为止，电动机停止提升重物。此时如果 $T_C<T_L$，则在重力的作用下迫使电动机反转，$n<0$，此时电磁转矩起阻碍重物下降的作用。这时转子旋转方向和定子磁场旋转方向相反，且反向加速，则 $s>1$。随着转速继续反向增大，s 增大，使转子感应电动势 sE_2 增大，进而转子电流增大，使电磁转矩 T 也增大，直到 D 点，$T=T_L$ 为止，电动机以 n_D 速度稳速下放，防止重物按自由落体运动下降。此时 $T>0$，$n<0$，所以进入制动状态，T 起制动作用。

因为制动过程的转差率 $s>1$，电动机轴上输出机械功率为负值，电动机的电磁功率仍为正，与电动状态相同。所以，转速反向的反接制动，从两个方向上吸收能量：从电网上吸收电磁功率，从轴上吸收机械功率（这个机械功率就是重物储存的位能释放出来的）。这两部分功率合起来消耗在转子总电阻上，能量损耗极大。

倒拉反接制动用于稳定下放位能性负载，下放速度较稳（$n=0$ 时仍存在制动转矩）。改变转子所串电阻可获得不同的下放速度。所串电阻越大，下放越快。

3. 能耗制动状态

定子绕组从三相电源上切除，立即给定子两相接入直流电源，以便在定子绕组内产生一个在空间固定不动的恒定磁场。而转子直接短接或串电阻短接，由于机械惯性，此时转子仍按原来方向转动，转子导条切割此恒定磁场，在转子回路内产生与原来方向相反的感应电动势和电流。转子电流与磁场相互作用，产生一个与转子转向相反的电磁转矩，使电动机很快停下来。当电动机停转后，转子内感应电动势和电流也随之消失。这种制动方法是利用消耗转子的动能来实现制动的，所以称为能耗制动。

图 2 - 41 所示为能耗制动线路图，由开关 SB1、SB2 实现制动的转换。

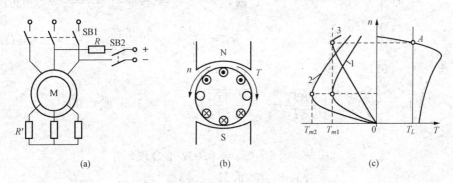

图 2 - 41 能耗制动
(a) 接线图；(b) 等效原理图；(c) 机械特性

设电机最初工作在电动状态，即 SB1 闭合，SB2 断开。这时定子接通三相交流电，产生旋转磁场，带动负载工作，对应图 2 - 41 (c) 中的 A 点。为实现迅速停车，SB2 闭合，SB1 断开，电机脱离交流电网，同时定子两相绕组内通入直流电流。定子中通入的直流电将产生直流磁动势，使定子所建立的气隙磁场不再是旋转磁场，而是一个位置固定、大小不变的恒定磁场——固定磁场。将上述电路等效成如图 2 - 41 (b) 所示，用一对磁极代替定子产生的恒定磁场。此时，虽然电机脱离交流电网，但转子由于惯性依然旋转，其导体即切割此固定磁场，在转子中产生感应电动势及转子电流，根据左手定则，可以确定出转矩的方向与电动机的转速方向相反，电动机产生的转矩为制动转矩，转速迅速下降。当 $n=0$ 时，转子与定子磁场间无相对运动，因而转子感应电动势和电流均下降为 0，电动机不产生电磁转矩，系统停止运动。所以能耗制动适用于要求准确停车的场合。

当电机停转后，断开开关 SB2，切断直流电源，图 2 - 41 (a) 中的电阻 R 用于调整制动时电流的大小。这种制动方法消耗能量小，制动效果好，但需直流电源。

能耗制动时，电机把输入转子的机械能转换为电能，即在转子中感应电动势和电流，相当于发电机，其负载是转子回路的电阻。对笼型电机，转子绕组本身电阻发出的电能都变成转子铜耗；对绕线电机，为降低转子绕组温度，在转子回路中串入电阻，一方面改善异步电动机的机械制动特性，另一方面减少散发在转子内的铜耗。

【例 2 - 7】 某绕线转子异步电动机的铭牌数据如下：$P_N=75\text{kW}$，$I_{1N}=144\text{A}$，$U_{1N}=380\text{V}$，$E_{2N}=399\text{V}$，$I_{2N}=166\text{A}$，$n_N=1460\text{r/min}$，$k_m=6.8$。

(1) 当负载转矩 $T_z=0.8T_N$，要求转速 $n_B=500\text{r/min}$ 时，转子每相应串入多大的电阻（图 2 - 42 中 B 点）？

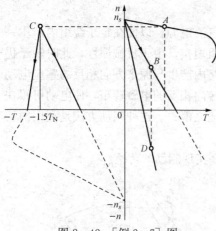

图 2 - 42　[例 2 - 7] 图

（2）从电动状态（图 2 - 42 中 A 点）$n_A = n_N$ 时换接到反接制动状态，如果要求开始的制动转矩等于 $1.5T_N$（图 2 - 42 中 C 点），则转子每相应该串接多大的电阻？

（3）若该电动机带位能负载，负载转矩 $T_L = 0.8T_N$，要求稳定下放转速 $n_D = -300\text{r/min}$，求转子每相的串接电阻值。

解 $s_N = \dfrac{n_0 - n_N}{n_0} = \dfrac{1500 - 1460}{1500} = 0.0267$

$$R_2 = \frac{s_N U_{2N}}{\sqrt{3} I_{2N}} = \frac{0.0267 \times 399}{\sqrt{3} \times 116} = 0.053(\Omega)$$

（1）

$$s_m' = 0.666 \left[\frac{2.8T_N}{0.8T_N} \pm \sqrt{\left(\frac{2.8T_N}{0.8T_N} \right)^2 - 1} \right] = 4.56 \ \text{或} \ 0.097$$

取

$$s_m' = 4.56 \quad (s_m' = 0.097 \ \text{不合理})$$

$$R_{fB} = \left(\frac{s_m'}{s_m} - 1 \right) R_2 = \left(\frac{4.56}{0.1445} - 1 \right) 0.053 = 1.62(\Omega)$$

考虑异步电动机的机械特性为直线，对于固有特性

$$s_m = 2k_m s_N = 2 \times 2.8 \times 0.0267 = 0.15$$

对于人为特性

$$s_x = s_B = 0.666$$

$$T_x = T_B = 0.8T_N$$

$$s_m' = \frac{2 \times 2.8T_N}{0.8T_N} \times 0.666 = 4.66$$

$$R_{fB} = \left(\frac{4.66}{0.149} - 1 \right) \times 0.053 = 1.60(\Omega)$$

（2）

$$s_A = \frac{-n_0 - n_N}{-n_0} = \frac{1500 + 1460}{1500} = 1.973$$

$$s_m' = 1.973 \left[\frac{-2.8T_N}{-1.5T_N} \pm \sqrt{\left(\frac{-2.8T_N}{-1.5T_N} \right)^2 - 1} \right] = 6.8 \ \text{或} \ 0.57$$

取

$$s_m' = 6.8, R_{fA} = \left(\frac{6.8}{0.1445} - 1 \right) \times 0.053 = 2.44(\Omega)$$

取

$$s_m' = 0.57, \quad R_{fA} = \left(\frac{0.57}{0.1445} - 1 \right) \times 0.053 = 0.16(\Omega)$$

考虑机械特性为直线

$$s_m = 0.149, \quad s_m' = \frac{-2 \times 2.8T_N}{-1.5T_N} \times 1.973 = 7.37$$

$$R_{fC} = \left(\frac{7.37}{0.149} - 1 \right) \times 0.053 = 2.57(\Omega)$$

(3)

$$s_D = \frac{n_0 - n_D}{n_0} = \frac{1500 - (-300)}{1500} = 1.2$$

$$T_D = 0.8 T_N$$

$$s'_m = 1.2 \left[\frac{2.8 T_N}{0.8 T_N} \pm \sqrt{\left(\frac{2.8 T_N}{0.8 T_N} \right)^2 - 1} \right] = 8.225 \text{ 或 } 0.175$$

取

$$s'_m = 8.225 \quad (s'_m = 0.175 \text{ 时不能稳定运转})$$

$$R_{fD} = \left(\frac{8.225}{0.1445} - 1 \right) \times 0.053 = 2.96(\Omega)$$

考虑机械特性为直线

$$s_m = 0.149$$

$$s'_m = \frac{2 \times 2.8 T_N}{0.8 T_N} \times 1.2 = 8.4$$

所以

$$R_{fD} = \left(\frac{8.4}{0.149} - 1 \right) \times 0.053 = 2.94(\Omega)$$

2.5 单相异步电动机

单相异步电动机是利用单相交流电源供电，其转速随负载变化略有变化的一种小容量异步电动机。这种电动机只适合于有单相交流电流的地方，具有结构简单、成本低廉、运行可靠、维修方便等优点，在办公场所、家用电器（电扇、洗衣机、电冰箱、空调器等）、医疗器械、小型机床和仪器设备及轻工业装置上得到了广泛应用。

当然与同容量的三相异步电动机相比，单相异步电动机的体积较大，运行性能较差，效率较低，最大转矩小，过载能力低。因此单相异步电动机只能做成小容量的，容量小时这些缺点不突出，一般从几瓦到几百瓦。通常所说的单相异步电动机是指驱动用电动机。

单相异步电动机的工作原理是建立在三相异步电动机基础上的，但在结构和性能上差别很大，有其自己的特殊性。

2.5.1 单相异步电动机的结构

单相异步电动机中，专用电动机占有很大的比例，它们的结构各有特点，形式繁多。但就其共性而言，基本结构与其他异步电动机相似，也是由定子和转子组成。转子是普通的笼型转子结构。定子铁芯由硅钢片叠压而成，嵌有定子绕组（包括工作绕组和起动绕组）。定子铁芯有隐极式和凸极式两种结构。隐极式定子绕组分布在定子铁芯槽内，与三相异步电动机定子绕组相似，如图 2-43（a）所示。凸极式定子绕组集中放置在定子铁芯的磁极上，定子铁芯做成凸极式，如图 2-43（b）所示。

定子绕组多采用高强度聚酯漆包线绕制，常做成两相。单相异步电动机在正常工作时，一般只需单相绕组即可，但单相绕组通以单相交流电时产生的磁场是脉振磁场，单相运行的

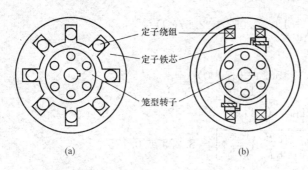

图 2 - 43　单相异步电动机结构

（a）隐极式；（b）凸极式

电动机是没有起动转矩的。为了使电动机能自行起动和改善运行性能，单相异步电动机定子铁芯上除了有电动机正常运行时不可缺少的工作绕组外，还常装有起动绕组。工作绕组用以产生主磁场和从电源吸收电功率输入给电动机，起动绕组用来起动电动机。两种绕组的中轴线错开一定的电角度。单相异步电动机起动时加入起动绕组，正常运行时切除。

单相异步电动机的机座结构随电动机冷却方式、防护形式、安装方式和用途而异。按其材料分类，有铸铁、铸铝和钢板结构等几种。铸铁机座带有散热筋。机座与端盖连接，用螺栓紧固。铸铝机座一般不带有散热筋。钢板结构机座，是由厚为 1.5～2.5mm 的薄钢板卷制焊接而成，再焊上钢板冲压件的底脚。有的专用电动机的机座相当特殊，如电冰箱的电动机，它通常与压缩机一起装在一个密封的罐子里。而洗衣机的电动机，包括甩干机的电动机，均无机座，端盖直接固定在定子铁芯上。相应于不同的机座材料，作为支撑部分的端盖也有铸铁件、铸铝件和钢板冲压件。端盖内部装有轴承，轴承分为滚珠轴承和含油轴承。

机座上也钉有铭牌。铭牌包括电动机名称、型号、标准编号、制造厂名、出厂编号、额定电压、额定功率、额定电流、额定转速、绕组接法、绝缘等级等。

为了改善单相异步电动机的起动性能，在电动机中还装有辅助起动设备。常见的有安装在轴伸端盖内侧的离心开关、起动继电器、PTC 热敏电阻起动器等。

2.5.2　单相异步电动机工作原理

首先以隐极式单相异步电动机为例，分析单相异步电动机定子绕组通入单相交流电时产生的磁场情况。与三相异步电动机磁场分析方法相似，单相定子绕组中通入单相交流电后，当电流为正时形成的磁场合成方向为向上，如图 2 - 44（a）所示。当电流为负时形成的磁场合成方向为向下，如图 2 - 44（b）所示。电流随时间正弦变化时，其产生的磁场大小也按正弦规律变化，但磁场的轴线始终沿纵轴方向固定不动，即所产生的磁场不再是一个旋转磁场，而是脉振磁场。

当转子静止不动时，$n=0$，磁场空间位置不变，大小、极性随电流变化。设某一瞬间的电流为正且增大，如图 2 - 44（a）所示，则脉振磁动势增强，所以只在交轴（定子磁动势轴线称为直轴 d，与定子磁势轴线垂直的轴称为交轴 q）导条中感应电动势，用右手螺旋定则判定其正方向如图 2 - 44（a）所示，直轴导条由于不与脉振磁动势交链，无感应电动势和电流。作用在交轴上的电磁力相互抵消，不形成电磁转矩，电动机不能起动。因此单相异步电动机如果不采取一定的措施，不能自行起动。

当用外力使转子逆时针方向转动一下，d 轴线圈切割脉振磁势，并在其中感应运动电动势和电流。可见外力的作用使电动机内部电磁情况发生变化，除由定子电流变化引起的脉振磁动势外，还产生由于转子的运动电动势产生的脉振磁动势，这两个脉振磁动势在空间和时间上均相差 $90°$。它们的合成磁动势为正弦分布的幅值变动的非恒速旋转的椭圆形旋转磁动势。随着转子转速的上升，转子中的 d 轴感应电动势和电流增大，使 d 轴脉振磁动势也增大，则合成磁动势接近圆形旋转磁动势。即单相异步电动机在 $n=0$ 时产生脉振磁动势，开始转动后产生椭圆形旋转磁动势，随转速的继续升高，又变为圆形磁动势。所以单相异步电动机和三相异步电动机一样能产生电磁转矩，使转子能沿该方向继续转动下去。

若外力拖动电动机为顺时针转动，电磁情况和逆时针一样，只不过是正反转磁动势的大小和方向换一下，所以单相异步电动机的旋转方向是任意的，由外力决定。

图 2 - 45 所示为单相异步电动机的机械特性曲线。其机械特性具有下列特点：当转速 $n=0$ 时，电磁转矩 $T=0$，即无起动转矩，单相异步电动机不能自行起动；若转速 $n>0$，转矩 $T>0$，电动机工作在第 Ⅰ 象限，电动机正转；若 $n<0$，$T<0$，电动机工作在第Ⅲ象限，此时电动机反转。单相异步电动机的同步转速略低于三相异步电动机的同步转速。只要外力把转子向任一方向驱动，转子就将沿着该方向继续旋转，直到接近同步转速。因此单相异步电动机没有固定的转向，在两个方向都可以旋转，运行时的旋转方向由起动时的转动方向而定。

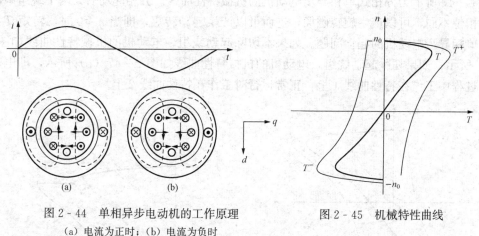

图 2 - 44　单相异步电动机的工作原理　　　　　图 2 - 45　机械特性曲线
（a）电流为正时；（b）电流为负时

2.5.3　单相异步电动机的分类和起动方法

单相异步电动机的关键问题是起动问题。要想解决起动，应设法使电动机在起动时在气隙中再建立一个脉振磁动势，其相位和大小与原来存在的脉振磁动势不同，合成磁动势为旋转磁动势，使电动机能起动起来。

根据起动方法或运行方法的不同，单相异步电动机可分为分相式单相异步电动机、罩极式单相异步电动机两大类。下面介绍这两种单相异步电动机的起动方法。

1. 分相式单相异步电动机

这种单相异步电动机的定子铁芯和三相异步电动机一样，定子上设置了两个绕组，一个是工作绕组，另一个是起动绕组，两个绕组并联接入同一单相电源。两个绕组在空间相隔 $90°$ 放置，并使通入两个绕组中的电流在相位上近似相差 $90°$，故称为分相，如图 2 - 46（a）所示，通常在起动绕组中串入适当的电容元件或电阻元件实现分相。图 2 - 46（b）所示为分相式单相异步电动机示意。

起动绕组一般按短时运行状态设计，只在起动时接入。所以电动机起动后，为了避免起动绕组过热，当转速达到一定值时，由离心开关或继电器触点将起动绕组从电源切断，这种利用起动绕组使电动机形成两相电动机的起动方法，称为分相电动机。

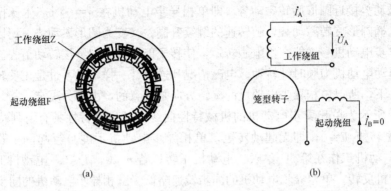

图 2 - 46` 分相式电动机定子示意

(a) 分相；(b) 示意图

图 2 - 47 所示为分相式单相异步电动机的机械特性曲线。分相起动后，两个绕组中流过的电流相位不同，可以产生旋转磁场，进而可以产生起动转矩，即当 $n=0$ 时，转矩 $T \neq 0$，解决了单相异步电动机的起动问题。如果不切除起动绕组，电动机的机械特性曲线如图 2 - 47（a）所示；如果切除起动绕组，电动机的机械特性曲线如图 2 - 47（b）所示，即电动机在起动过程中工作在特性曲线 1 上，正常运行时工作在特性曲线 2 上。

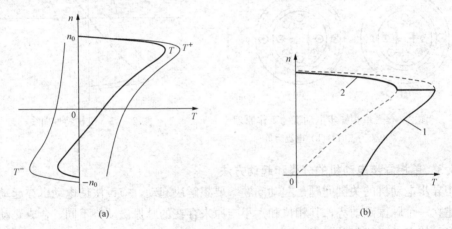

图 2 - 47　分相式单相异步电动机的机械特性曲线

(a) 不切除起动绕组时；(b) 切除起动绕组时

下面介绍几种分相起动单相异步电动机。

（1）电阻分相式单相异步电动机。单相异步电动机电阻分相起动就是在起动绕组 F 中串接电阻 R，如图 2 - 48（a）所示，或增大起动绕组本身的电阻，再通过一个起动开关 SB 和工作绕组 Z 并联在同一个单相电源上。

这种电动机的特点是工作绕组 Z 的导线直径较粗，匝数较多，则感抗远大于绕组中的直流电阻，即电感量大，电阻小，可近似看作流过绕组中的电流 i_Z 滞后电源电压约 $90°$ 电角度。起动绕组 F 的导线直径较细，匝数少，又与起动电阻串联，则该支路总电阻大而电感量小，可近似看作流过绕组中的电流 i_F 与电源电压同相位。因此两绕组中的电流相位差接近于 $90°$，形成两相电流，如图 2 - 48（b）所示。由这两相电流建立的磁场的分析方法与三

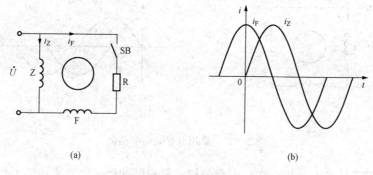

(a)　　　　　　　　　　　　　(b)

图 2 - 48　单相电阻起动电动机

(a) 接线图；(b) 绕组中流过的电流

相异步电动机相类似，如图 2 - 49 所示，可见形成的也是旋转磁场。

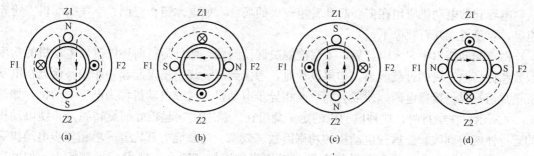

(a)　　　　　　(b)　　　　　　(c)　　　　　　(d)

图 2 - 49　两相绕组的旋转磁场

(a) $\omega t=0°$；(b) $\omega t=90°$；(c) $\omega t=180°$；(d) $\omega t=270°$

　　由于两个绕组中的阻抗都是感性的，两相电流的相位差不可能达到 90° 电角度，而其值也不大，因此在电动机气隙中只能建立起椭圆度较大的旋转磁场。这样单相异步电动机接通电源后，旋转磁场就会切割转子绕组，在转子绕组中产生感应电动势和电流，转子电流和磁场相互作用产生电磁力和电磁转矩，就能使电动机转动起来。当电动机转速接近额定转速时，用离心开关 SB 将起动绕组 F 从电源切除，以减小起动绕组及外串电阻的损耗，使电动机正常工作时只有工作绕组 Z，电动机进入单相异步电动机运行状态。

　　由于电动机运行时仅留一次绕组 Z 单独工作，不能实现对称运行，即气隙磁场中总会含有负序分量，因而电动机的力能指标不好，即起动转矩较小，起动电流较大，运行时噪声和振动也较大。因此这种电动机宜于空载起动。为使电动机具有较好的性能，工作、起动绕组都设计成正弦绕组，即不等匝的同心式绕组。由于起动绕组仅在起动时工作，其导线线径可以较小一些，其匝数和所占槽数也可以较少些。这类电动机的运行性能决定于工作绕组，而起动性能则主要决定于起动绕组的设计。

　　电阻分相单相异步电动机结构简单，价格低廉，使用方便，起动转矩中等，适合于低惯量、不常起动、转速基本不变的场合，如小型机床、鼓风机、医疗器械、电冰箱压缩机等。

　　(2) 电容分相式异步电动机。电容器分相起动的接线就是在电动机起动绕组中串联一个电容器 C 和一个起动开关，如图 2 - 50 (a) 所示。如果电容器 C 的电容值选择适当，可以使起动绕组中的电流超前于一次绕组中的电流接近 90° 电角度，如图 2 - 50 (b) 所示。

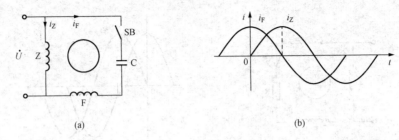

图 2 - 50　单相电容起动电动机

同电阻分相式异步电动机一样，电容分相式异步电动机产生的磁动势也是沿定子内圆旋转的旋转磁动势，并建立一个椭圆度较小的旋转磁场，从而获得较大的电磁转矩，而起动电流并不大。电动机起动后，为避免起动绕组过热，转速达到同步转速的 $70\%\sim80\%$ 时，用离心开关 SB 将起动绕组从电源切除。

电容起动电动机应用在需要起动转矩较大的场合，如电冰箱、空调、空气压缩机、粉碎机等，容量常在几百瓦以下。

由于起动绕组中串入电容后，不仅能解决起动问题，而且运行时还能改善电动机的功率因数和提高电动机的过载能力。如果设计时，考虑到起动绕组不仅起起动作用，而且在电动机正常运行时仍接通电源，便成为一台两相异步电动机。这种电动机称为电容电动机，如图 2 - 51 所示。在运行时，这种电动机的定子绕组在气隙中建立起较好的旋转磁场，使电动机的运行性能得到改善。这种电动机的功率因数、效率、过载能力都比普通单相异步电动机高一些，但起动转矩小。电容电动机直接与工作机构连接，适合于要求低噪声场合，如电风扇、洗衣机、通风机、水泵等。

为了使电动机在起动时和在运转时都能得到较好的性能，在起动绕组 F 上采用两个并联的电容器，一个 C（金属膜介质电容）用于运转时长期使用，一个 C_S（电解电容）与一个起动开关 SB 串联后与 C 并联，在电动机起动时用。起动时，串联在起动绕组 F 回路中的总电容（$C+C_S$）比较大，可以使电动机气隙中产生接近圆形的旋转磁场。当电动机的转速转到比同步转速稍低时，起动开关动作，将起动电容器 C_S 从起动绕组 F 回路中切除，这样使电动机运行时气隙中的磁通也接近圆形。这种电动机称为单相电容起动与运转电动机，如图 2 - 52 所示。

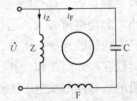

图 2 - 51　单相电容运行电动机

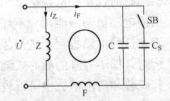

图 2 - 52　单相电容起动与运转电动机

这种电动机与电容起动电动机相比，起动转矩和最大转矩有所增加，功率因数和效率有所提高，电动机噪声较小，是单相异步电动机中最理想的一种。适用于带负载起动和使用时速度高的场合，如泵、机床、食品机械、木工机械、农业机械等。

有时需要将三相异步电动机运行于单相电源下，可将一相从中点解开，串联电容作为起动用的起动绕组，另外两相反向串联做一次绕组使用，使三相异步电动机成为一台电容分相电动机，如图 2-53 所示。这两个绕组通入的是同一个电流，电动机内旋转磁场变成了脉动磁场。在这种情况下，如果电动机负载不变，势必造成定子电流的剧增，长时间单相运行将烧毁绕组。

上述电动机的起动开关，常用的是离心开关，它由离心器和开关两部分组成。离心器装在转轴上，开关装在端盖上。电动机静止时，开关触点处于动断状态。电动机起动后离心器跟随转子旋转达到一定转速时，离心器上的离心块由离心力来克服弹簧力，并通过动件打开开关的动断触点，将回路断开。

除了离心开关外，还有电流、电压起动继电器，增温度系数热敏元件和电子起动装置等可作为起动开关。如单相潜水电泵、电冰箱压缩机等都采用这几种起动开关。

（3）分相式异步电动机改变转向。分相式异步电动机结构简单，使用维护方便。要想改变其旋转方向，只需将起动绕组

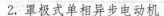

图 2-53 三相作单相运行

连接到电源的两端对调一下，即通过改变电流 i_Z 和 i_F 的相位关系，就可改变旋转磁场的转向，从而改变了电动机转子的转向，实现电动机反转。

2. 罩极式单相异步电动机

对于容量比较小的单相异步电动机，如电扇、吹风机、录音机、电唱机、电动模型等，由于其要求的起动转矩较小（小于 $0.5T_N$），为简化结构和制造工艺，当其在空载起动或轻载起动的条件下，可以采用罩极起动。罩极起动电动机简称罩极电动机。

罩极式异步电动机的定子铁芯制成凸极式，且磁极分成两部分，在每个磁极上绕制集中式一次绕组，即为工作绕组，各工作绕组串联后接到单相电源上。在每个磁极的极靴上的一侧开有一个小槽，再放入一个匝数很少的闭合绕组或一个短路铜环（又称罩极绕组），罩住部分磁极，如图 2-54（a）所示，故称之为罩极式异步电动机。转子为笼型结构。

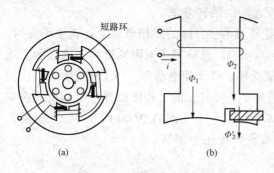

(a)　　　　(b)

图 2-54 罩极式电动机

当单相交流电通过工作绕组时，定子磁极中产生脉振磁场，一部分磁通 Φ_1 穿过磁极未罩部分，另一部分磁通 Φ_2 穿过短路环进入罩极部分。由于脉振磁场穿过罩极线圈，将短路环中产生感应电动势和感应电流，这个感应电流所产生的磁通为 Φ_k。这样通过短路环的总磁通是 Φ_k 与 Φ_2 的相量和，即 Φ_2'，如图 2-54（b）所示。由 Φ_2' 与 Φ_1 在相位上相差一个 φ 角，因此罩极式电动机中也是一个旋转

磁场。当交流电的相位改变时，Φ_1 的相位永远超前 Φ_2' 的相位，使转子旋转的方向总是从超前绕组轴线转向滞后绕组的轴线，即电动机的转向总是从磁极的未罩部分转向被罩部分。显然罩极式异步电动机一旦被制成后是不能改变其旋转方向的。

这种电动机起动转矩较小，效率也较低，但结构简单，制造方便，成本低，适用于起动转矩小，工作时间短的场合。

思考题与习题

2-1　已知三相异步电动机的极对数 p，根据同步转速 n_0、转速 n、定子频率 f_1、转子频率 f_2、转差率 s 及转子旋转磁动势 F_2 相对于转子的转速 n_2 之间的关系，请在表 2-1 空格中填入相应结果。

表 2-1　　　　　　　　　　题 2-1 表

p	n_0(r/min)	n(r/min)	f_1(Hz)	f_2(Hz)	s	n_2(r/min)
1			50		0.03	
2		1000	50			
	1800		60	3		
5	600	−500				
3	1000				−0.2	
4			50		1	

2-2　一台三相异步电动机，$P_N=4.5$kW，Y/△接线，380/220V，$\cos\varphi_N=0.8$，$\eta_N=0.8$，$n_N=1450$r/min，试求：

（1）接成 Y 形或△形时的定子额定电流。

（2）同步转速 n_0 及定子磁极对数 p。

（3）带额定负载时转差率 s_N。

2-3　一台八极异步电动机，电源频率 $f_N=50$Hz，额定转差率 $s_N=0.04$，试求：

（1）额定转速 n_N。

（2）在额定工作时，将电源相序改变，求反接瞬时的转差率。

2-4　一台三相四线绕线转子异步电动机定子接在 50Hz 的三相电源上，转子不转时，每相感应电动势 $E_2=220$V，$R_2=0.08\Omega$，$X_{2\sigma}=0.45\Omega$，忽略定子漏阻抗影响，求在额定运行转速 $n_N=1470$r/min 时的下列各量：转子电流频率、转子相电动势、转子相电流。

2-5　设有一台额定容量 $P_N=5.5$kW，频率 $f_N=50$Hz 的三相四极异步电动机，在额定负载运行情况下，由电源输入的功率为 6.32kW，定子铜耗为 314W，转子铜耗为 237.5W，铁损耗为 167.5W，机械损耗为 45W，附加损耗为 29W。

（1）作出功率流程图，标明各功率及损耗。

（2）在额定运行时，求电动机的效率、转差率、转速、电磁转矩、转轴上的输出转矩。

2-6　已知一台三相四极异步电动机的额定数据为 $P_N=10$kW，$E_{1N}=380$V，$I_N=16$A，定子绕组为 Y 接线，额定运行时的定子铜耗为 $p_{Cu1}=557$W，转子铜耗为 $p_{Cu2}=314$W，铁耗 $p_{Fe}=276$W，机械损耗 $p_m=77$W，附加损耗 $p_\triangle=200$W。计算该电动机的额定负载时的额定转速、空载转矩、转轴上的输出转矩和电磁转矩。

2-7　一台三相绕线转子异步电动机数据为额定容量为 $P_N=75$kW，定子额定电流为 $I_N=148$A，额定转速为 $n_N=720$r/min，额定效率为 $\eta_N=90.5\%$，额定功率因数为 $\cos\varphi_{1N}=$

0.85，过载倍数 $\lambda=2.4$，转子额定电动势 $E_{2N}=213V$（转子不转，转子绕组开路电动势），转子额定电流 $I_{2N}=220A$。求额定转矩、最大转矩和临界转差率，并用实用表达式绘制电动机的固有机械特性。

2-8 填写表 2-2 中的空格。

表 2-2   题 2-8 表

电源	$n(\text{r/min})$	转差率	$n_0(\text{r/min})$	运行状态	极数	P_1	p_m
正序	1450		1500			+	+
正序	1150				6		
正序		1.8	750				
	500			反接制动过程	10		
负序		0.05	500				
		−0.05		反向回馈制动运行	4		

2-9 某三相笼型异步电动机，$P_N=300kW$，定子 Y 接，$U_N=380V$，$n_N=1475\ \text{r/min}$，$I_N=527A$，$K_I=6.7$，$K_T=1.5$，$\lambda=2.5$。车间变电站允许最大冲击电流为 1800A，生产机械要求起动转矩不小于 $1000N\cdot m$，试选择适当的起动方法。

2-10 某绕线转子三相异步电动机技术数据为 $P_N=60kW$，$n_N=960\text{r/min}$，$E_{2N}=200V$，$I_{2N}=195A$，$k_m=2.5$。该电动机拖动起动机主钩，当提升重物时电动机负载转矩 $T_L=530N\cdot m$。

（1）求电动机工作在固有特性上提升重物时，电动机的转速。

（2）不考虑提升机构传动损耗，如果改变电源相序，下放该重物，下放速度是多少？

（3）若使下放速度为 $n=-280\text{r/min}$，不改变电源相序，转子回路应串入多大电阻？

（4）若在电动机不断电的条件下，欲使重物停在空中，应如何处理？并做定量计算。

（5）如果改变电源相序在反向回馈制动状态下放同一重物，转子回路每相应串接电阻为 0.06Ω，求下放重物时电动机的转速。

2-11 单相绕组通入直流电、单相绕组通入交流电以及两相对称绕组通入两相对称交流电各形成什么磁场？它们的气隙磁通密度的基波在空间如何分布？在时间上又如何变化？

2-12 单相异步电动机为什么没有起动转矩？它有哪几种起动方法？

2-13 罩极式单相异步电动机的转向如何确定？该种电动机的主要缺点是什么？

第3章 三相同步电动机

3.1 概 述

如果三相交流电机的转子转速 n 与定子电流的频率 f 满足方程式

$$n = \frac{60f}{p} \tag{3-1}$$

的关系。这种电机就称为同步电机。同步电动机的负载改变时，只要电源频率不变，转速就不变。

我国电力系统的频率 f 规定为 50Hz，电动机的极对数 p 又应为整数，这样一来，同步电动机的转速 n 与极对数 p 之间有着严格的对应关系，如 $p=1$，2，3，4，…；$n=3000$，1500，1000，750r/min，…。

同步电机主要用作发电机，但用作电动机的也不少。不过比起三相异步电动机来，同步电动机用得并不广泛。

随着工业的迅速发展，一些生产机械要求的功率越来越大，如空气压缩机、送风机、球磨机、电动发电机组等，它们的功率达数百乃至数千千瓦，采用同步电动机拖动更合适。这是因为大功率同步电动机与同容量的异步电动机相比，有明显的优点。首先，同步电动机的功率因数较高，在运行时，不仅不使电网的功率因数降低，相反地，还能够改善电网的功率因数，这点是异步电动机做不到的，其次，对大功率低转速的电动机，同步电动机的体积比异步电动机的要小些。近年来。小功率永磁转子同步电动机已有研制。

现代生产的同步电动机，它的励磁电源有两种：一种是由励磁机供电；另一种是由交流电源经整流（可控的）而得到的。所以每台同步电动机应配备一台励磁机或整流励磁装置，可以很方便地调节它的励磁电流。

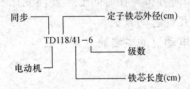

图 3-1 同步电动机的型号

1. 型号

国产同步电动机的型号如 TD118/41-6，其含义为极数为 6（同步转速为 1000r/min），铁芯外径为 118cm，铁芯长度为 41cm 的同步电动机，如图 3-1 所示。

常用同步电动机系列有 TD、TDL 等。TD 表示同步电动机，后面的字母指出其主要用途。如 TD 系列同步电动机一般配直流励磁机或晶闸管励磁装置，可拖动通风机、水泵、电动发电机组。TDG 表示高速同步电动机，配直流发电机励磁或晶闸管整流励磁，用于化工、冶金或电力部门拖动空压机、水泵及其他设备。TDL 表示立式同步电动机，配单独励磁机，用于拖动立式轴流泵或离心式水泵。TDK 表示开启式同步电动机，配晶闸管整流励磁装置，用于拖动压缩机、磨煤机等。TDZ 表示轧钢用同步电动机，配直流发电机励磁或晶闸管整流励磁装置，用于拖动各种类型的轧钢设备。

2. 额定值

同步电动机的额定数据如下：

(1) 额定容量 P_N：是指轴上输出的有功功率，单位为 kW。

(2) 额定电压 U_N：指加在定子绕组上的线电压，单位为 V 或 kV。

(3) 额定电流 I_N：电动机额定运行时，流过定子绕组的线电流，单位为 A。

(4) 额定功率因数 $\cos\varphi_N$：电动机额定运行时的功率因数。

(5) 额定转速 n_N：单位为 r/min。

(6) 额定效率 η_N：为电动机额定运行时的效率。

此外同步电动机铭牌上还给出额定频率 f_N，单位为 Hz；额定励磁电压 U_{fN}，单位为 V；额定励磁电流 I_{fN}，单位为 A。

3.2 同步电动机的结构及特点

与异步电动机一样，同步电动机也分定子和转子两大基本部分。定子由铁芯、定子绕组（又叫电枢绕组，通常是三相对称绕组，并通有对称三相交流电流）、机座以及端盖等主要部件组成。转子包括主磁极、装在主磁极上的直流励磁绕组、特别设置的笼型启动绕组、电刷以及集电环等主要部件。

同步电动机按转子主磁极的形状分为隐极式和凸极式两种，它们的结构如图 3-2 所示。凸极式转子呈圆柱形，转子有可见的磁极，如图 3-2 (a) 所示，气隙不均匀，但制造较简单，适用于低速运行（转速低于 1000r/min）；隐极式转子的优点是转子周围的气隙比较均匀，如图 3-2 (b) 所示，适用于高速电动机。

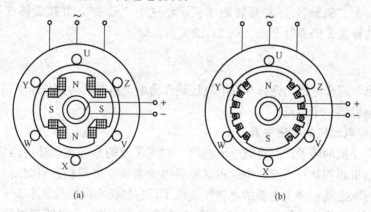

(a)   (b)

图 3-2 同步电动机基本结构
(a) 凸极式；(b) 隐极式

由于同步电动机中作为旋转部分的转子只通以较小的直流励磁功率，故同步电动机特别适用于大功率高电压的场合。

定子绕组通以对称三相交流电流后，气隙中便产生一电枢旋转磁场，其旋转速度为同步转速

$$n_0 = \frac{60f}{p}$$

在转子励磁绕组中通以直流电流后，同一空气隙中，又出现一个大小和极性固定、极对数与

电枢旋转磁场相同的直流励磁磁场。这两个磁场的相互作用，使转子被定子旋转磁场拖着以同步转速一起旋转，即 $n=n_0$，"同步"电动机也由此而得名。

3.3 同步电机的基本原理

3.3.1 工作原理

同步电机既可用作发电机又可用作电动机。

同步电机作为发电机时，其运行原理如下。在定子铁芯上开槽，槽内放置导线，转子上装有磁极和励磁绕组，当励磁绕组通以直流电流后，电机内就会产生磁场。转动转子，则磁场与定子导线之间有相对运动，就会在定子导线中感应出交流电动势。如把这些导线按一定规律联成绕组（一般为三相绕组），则可从绕组（出线端）引出交流电动势，这个交流电动势的频率 f 决定于电机的极对数 p 和转子转速 n，就是频率等于极对数乘上每秒的转数，即

$$f = \frac{pn}{60} \tag{3-2}$$

其中，n 的单位是 r/min。

由式（3-2）可以看出，当电机的极对数和转数一定时，则发出的交流电动势频率也是一定的。在我国的电力系统中，规定交流电的频率为 50Hz，因此，如电机为一对极时，额定转速为 3000r/min；有二对极时，额定转速为 1500r/min；依次类推。

如作为同步电动机运转时，则需要在定子绕组上加以交流电（一般均为三相），此三相交流电流通过定子绕组时，就会在电机内产生一个旋转磁场。当励磁绕组已加上励磁电流，则转子好像是一个"磁铁"，于是旋转磁场就带动这个"磁铁"，并按旋转磁场的转速来旋转。这时转子的转速 n 仍要符合式（3-2）的关系，即

$$n = \frac{60f}{p} \tag{3-3}$$

从这里看出，同步电机无论作为发电机还是作为电动机，其转速与频率间有着严格的关系，这是同步电机的一个特点。

3.3.2 同步电动机的电磁关系

由于异步电动机的转子没有直流电流励磁，它所需要的全部磁动势均由定子电流产生，所以，异步电动机必须从三相交流电源吸取滞后电流来建立电动机运行时所需的旋转磁场。异步电动机运行状态就相当于电源的电感性负载了，它的功率因数总是小于 1 的。

同步电动机与异步电动机则不同，如图 3-3 所示。同步电动机所需的磁动势是由定子与转子共同产生的。同步电动机转子励磁电流 I_f 产生磁动势 F_f，而定子电流 I_1 产生磁动势 F_a（忽略漏磁动势 F_σ 且大容量的同步电动机，电枢电阻 R_a 很小），总的磁动势 F_Σ 为两者的合成。当外加三相电源的电压 U_1 为一定时，总的磁动势 F_Σ 也应该为一定，这一点是和感应电动机的情况相似的。因此，当改变同步电动机转子的直流励磁电流 I_f 使 F_f 改变时，如果要保持总磁动势 F_Σ 不变，那么 F_a 就要改变，故产生 F_a 的定子电流 I_1 必然随之改变。当负载转

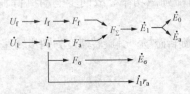

图 3-3　同步电动机的电磁关系

矩 T_L 不变时，同步电动机输出的功率 $P_2 = Tn/9550$ 也是恒定的，若略去电动机的内部损耗，则输入功率 $P_1 = 3UI\cos\varphi$ 也是不变的。所以改变 I_f 会使 I_1 改变，功率因数 $\cos\varphi$ 也是随之改变的。因此，可以利用调节励磁电流 I_f 使 $\cos\varphi$ 刚好等于 1，这时，电动机的全部磁动势都是由直流产生的，交流方面不用供给励磁电流，在这种情况下，定子电流 I_1 与外加电压 U_1 同相，这时的励磁状态称为正常励磁。当直流励磁电流 I_f 小于正常励磁电流时，称为欠励，直流励磁的磁动势不足，定子电流将要增加一个励磁分量，即交流电源需要供给电动机一部分励磁电流，以保证总磁通不变。当定子电流出现励磁分量时，定子电路便成为电感性电路了，输入电流 I_1 滞后于电压 U_1，$\cos\varphi$ 小于 1，定子电流比正常励磁电流要增大一些。

另外，若使直流励磁电流 I_f 大于正常励磁电流时，称为过励，直流励磁过剩，在交流方面不仅不用电源供给励磁电流，而且还向电网发出电感性电流与电感性无功功率，正好补偿了电网附近电感性负载的需要，使整个网络的功率因数提高。过励的同步电动机与电容器有类似的作用，这时，同步电动机相当于从电源吸取电容性电流与电容性无功功率，成为电源的电容性负载，输入电流 I_1 超前于电压 U_1，$\cos\varphi$ 也小于 1，定子电流也要增大。

在电机实际运行时，可以通过调节直流励磁电流 I_f 的大小，得到 U_1 与 I_1 之间不同的相位关系，从而可以使同步电动机在拖动负载做功的同时，对电网又呈电容性，这样可以达到改善电网功率因数的目的，这是同步电动机最突出的优点。

同步补偿机就是同步电动机在过励下空载运行，电动机仅用以补偿电网滞后的功率因数，这种专用的同步电动机称为同步补偿机。

3.4　同步电动机的特性

3.4.1　同步电动机的机械特性

同步电动机转子的转速和电枢旋转磁场的转速大小相等，方向相同，故称同步电动机。由于电枢旋转磁场的转速取决于电源的频率 f 和电机转子的磁极对数 p，因而其转速为一恒定值。所以同步电动机转子的转速也是恒定值，不随负载的大小而变化，称这种转速特性为绝对硬特性，如图 3-4 所示。

3.4.2　同步电动机的功率和转矩

同步电动机从电源吸收的有功功率 $P_1 = 3UI\cos\varphi$，除去消耗于定子绕组的铜损耗 $p_{Cu} = 3I^2R_1$ 后，就转变为电磁功率 P_M，即

图 3-4　同步电动机机械特性

$$P_1 - p_{Cu} = P_M$$

电磁功率 P_M 扣除铁损耗 p_{Fe} 和机械摩擦损耗 p_m 后，转变为机械功率 P_2 输出给负载，即

$$P_M - p_{Fe} - p_m = P_2 \tag{3-4}$$

其中，铁损耗 p_{Fe} 与机械摩擦损耗 p_m 之和称为空载损耗 p_0，即 $P_0 = p_{Fe} + p_m$。当知道了电磁功率 P_M 后，能很容易地算出它的电磁转矩 T

$$T = \frac{P_M}{\Omega} \tag{3-5}$$

式中　Ω——电动机的同步角速度，$\Omega = \dfrac{2\pi n}{60}$。

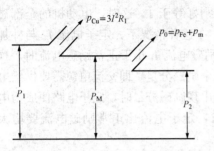

图 3-5　同步电动机的功率流程图

将式（3-4）两边同除以 Ω，得转矩平衡方程式

$$\frac{P_2}{\Omega} = \frac{P_M}{\Omega} - \frac{p_0}{\Omega}$$

$$T_2 = T - T_0$$

式中　T_0——空载转矩。

同步电动机的功率流程如图 3-5 所示。

【例 3-1】 已知一台三相六极同步电动机的数据为额定容量 $P_N = 250\text{kW}$，额定电压 $U_N = 380\text{V}$，额定功率因数 $\cos\varphi_N = 0.8$，额定效率 $\eta_N = 88\%$，定子每相电阻 $R_1 = 0.03\Omega$，定子绕组为 Y 接。求额定运行时：（1）定子的输入功率 P_1；（2）额定电流 I_N；（3）电磁功率 P_M；（4）额定电磁转矩 T_N。

解　额定运行时定子的输入功率

$$P_1 = \frac{P_N}{\eta_N} = \frac{250}{0.88} = 284(\text{kW})$$

额定电流

$$I_N = \frac{P_1}{\sqrt{3}U_N\cos\varphi_N} = \frac{284 \times 10^3}{\sqrt{3} \times 380 \times 0.8} = 539.4(\text{A})$$

额定电磁功率

$$P_M = P_1 - 3I_N^2 R_1 = 284 - 3 \times 539.4^2 \times 0.03 \times 10^{-3} = 257.8(\text{kW})$$

额定电磁转矩

$$T_N = \frac{P_M}{\Omega} = \frac{P_M}{\dfrac{2\pi n}{60}} = \frac{257.8 \times 10^3}{\dfrac{2\pi \times 1000}{60}} = 2462(\text{N} \cdot \text{m})$$

3.5　同步电动机的起动

同步电动机虽具有功率因数可以调节的优点，但却没有像异步电动机那样得到广泛的应用，这不仅是由于它结构复杂、价格昂贵，而且它的起动困难。

如图 3-6 所示，同步电动机刚起动时，转子尚未旋转，转子绕组加入直流励磁以后，在气隙中产生静止的励磁磁场 N-S。而在定子对称三相绕组中通入对称的三相交流电后，在气隙中则产生以同步转速 n_0 旋转的旋转磁场。在图 3-6（a）所示的情况下，两者相吸，定子旋转磁场欲吸着转子旋转，但由于转子的惯性，它还没有来得及转动时旋转磁场已经转到图 3-6（b）所示位置，两者又相斥，转矩方向也改变了。这样，起动时定、转子磁场之间存在相对运动，旋转磁场与转子磁极之间的吸引和排斥频繁交替，转子上的平均转矩为 0，不可能产生稳定的磁拉力使转子以同步转速 n_0 旋转。因此同步电动机不采取措施不能自行起动。

同步电动机的起动必须采用其他方法。常用的同步电动机起动方法有异步起动法，这是目前采用最广泛的一种起动方法。为此，在转子磁极的极掌上，即转子励磁磁极表面装有与

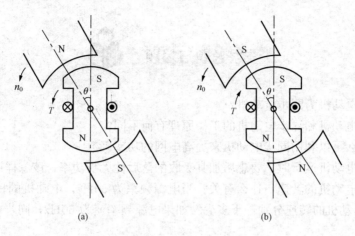

图 3-6 同步电动机无起动转矩机理

笼型绕组相似的笼型导条短路绕组，称为起动绕组，如图 3-7 所示。

起动时先不加入直流磁场，只在定子上加上三相对称电压以产生旋转磁场，笼型绕组内感应产生了电动势和电流，从而使转子转动起来，等转速接近同步转速时，再在励磁绕组中通入直流励磁电流，产生固定极性的磁场，在定子旋转磁场与转子励磁磁场的相互作用下，便可把转子牵入同步。即起动过程分为两个阶段，异步起动和牵入同步阶段，异步起动时线路如图 3-8 所示。转子达到同步转速后，起动绕组与旋转磁场同步旋转，即无相对运动。这时，起动绕组中便不产生电动势与电流。

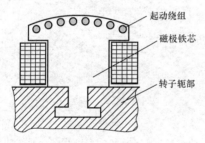

图 3-7 带起动绕组的转子结构

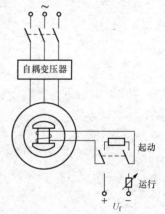

图 3-8 异步起动接线

综上所述，同步电动机是双重励磁和异步起动，因此结构复杂，同时需要直流电源，起动和控制设备也较昂贵，一次性投资要比异步电动机高得多。然而，同步电动机具有运行速度恒定、功率因数可调、运行效率高等特点，因此，在低速和大功率的应用场合，都是采用同步电动机来传动的。

近年来，大型同步电动机采用变频起动方法的日渐增多。所谓变频起动是在开始起动时，转子先加上励磁电流，定子边通入频率极低的三相交流电流，由于电枢磁通势转速极低，转子便开始旋转。定子边电源频率逐渐升高，转子转速也随之升高。定子边频率达额定值后，转子也达额定转速，起动完毕。

显然定子边的电源是一个可调频率的变频电源，一般是采用晶闸管变频装置。

思考题与习题

3-1　何种电动机为同步电动机？

3-2　同步电动机和异步电动机的工作原理有何不同？

3-3　为什么可以利用同步电动机来提高电网的功率因数？

3-4　同步电动机运行时，要想增加其吸收的落后性无功功率，该怎样调节？

3-5　同步电动机的转速与什么有关？当电源频率为 50Hz，电动机的极对数分别为 2、4、6 时，同步电动机的转速分别等于多少？如果电源频率变为 60Hz，同步电动机的转速又分别等于多少？

3-6　一台八极同步电动机，定子绕组 Y 接，额定容量 $P_N = 500kW$，额定电压 $U_N = 6000V$，额定效率 $\eta_N = 0.92$，额定功率因数 $\cos\varphi_N = 0.8$，定子每相电阻 $R_1 = 1.38\Omega$。求电动机额定运行时的输入功率 P_1、额定电流 I_N、电磁功率 P_M 和额定电磁转矩 T_N。

第Ⅱ篇　执行元件——控制电机

　　电机作为机电系统的一种元件，通常可以认为分两类：一类是用来完成机电能量转换的拖动电机，如将机械能转换为电能的发电机或将电能转换为机械能的电动机；另一类是传递信息的控制电机，如在自动控制系统和计算装置中作为执行元件、检测元件和解算元件的电机。根据使用要求的不同，这两类电机所要求的主要性能指标差异很大。拖动电机作为动力来使用，其主要任务是进行能量转换，关键是如何提高能量转换的效率；控制电机主要用来传递信息，应能迅速、可靠而准确地转换或传递信号，而能量转换是次要的，因此要求它有高可靠性、高精度和快速响应的特性。控制电机功率一般都在几百瓦以下，外形尺寸也较小，机壳外径一般不大于 160mm。

　　控制电机的种类很多，如图Ⅱ-1所示，根据在自动控制系统中的作用可分为以下几种：

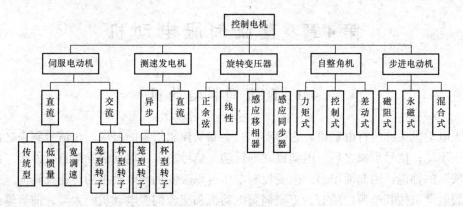

图Ⅱ-1　控制电机分类

1. 执行元件

　　这些电机的任务是将电信号转换成轴上的角位移或角速度以及线位移或线速度，以带动控制对象运动。

　　交、直流伺服电动机的堵转转矩与控制电压成正比，传送电信号拖动机械负载。步进电动机的转速与每秒电脉冲数成比例，可在开环系统中作数/模转换之用；力矩电动机则可长期在堵转状态下运行，低速时能产生足够大的转矩直接拖动负载；直线电动机直接实现直线运动，消除了旋转电机所必需的由旋转到直线运动的中间机构，使结构简化、精度提高；有限转角力矩电动机在有限的角度范围内围绕轴心做往复摆动。图Ⅱ-2所示为伺服系统框图。

2. 测量元件

　　它们能将机械转角、转角差和转速等机械信号转换为电信号。

　　旋转变压器的输出电压与转子转角的正弦、余弦函数或其他函数成比例，可用作解算和检测元件。

　　自整角机可使两个或数个机械上不相联系的轴同时发生偏转以传送信号，在位置控制的伺服系统中作检测元件。

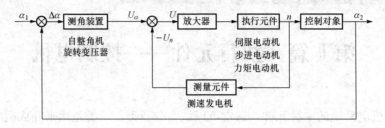

图Ⅱ-2 伺服系统框图

交、直流测速发电机的输出电压与其转速成正比，在自动控制系统中检测速度，或作速度反馈，以及作为微分或积分元件。

感应同步器中两个平面印制绕组的互感能随位置变化而得到不同值，它是一种高精度的转角和线位移测量元件。

以上测量元件将在第Ⅲ篇中加以介绍。

第4章 直流伺服电动机

4.1 直流伺服电动机

伺服电动机又称执行电动机，它的动作完全服从控制信号的要求。在信号到来之前，电动机静止不动；信号到来之后，电动机立即转动；信号消失，电动机立即自行停转。由于这种"伺服"的性能，因此而得名。改变控制电压可以改变伺服电动机的转速及转向。

伺服电动机按其电源性质分为直流伺服电动机和交流伺服电动机两大类。前者输出功率较大，通常可达几百瓦；后者输出功率较小，一般为几十瓦。直流伺服电动机是伺服系统应用最早、最广泛的执行元件，目前广泛应用于机床进给驱动、工业机器人、计算机外围设备和高精度伺服系统中。伺服系统对直流伺服电动机的基本要求如下：

（1）调速范围广。随控制电压的改变，转速在宽广范围内连续调节。

（2）机械特性和调节特性为线性。伺服电动机的机械特性指控制电压一定时，转速随转矩的变化关系；调节特性是指在一定的负载转矩下，电动机稳态转速随控制电压变化的关系。线性的机械特性和调节特性有利于提高控制系统的精度。

（3）无自转现象。控制电压降到0时，伺服电动机能立即停转。

（4）响应速度快。伺服电动机的机电时间常数要小，转动惯量要小，灵敏度要高。电动机的转速随控制电压的改变能迅速变化。

此外，还要求伺服电动机的控制功率小、重量轻、体积小等。

4.1.1 结构和分类

直流伺服电动机按结构可分为有刷和无刷两大类，有刷直流伺服电动机分为传统型、低惯量型、大惯量型。而无刷电动机是采用电子器件换向，它取消了传统直流电动机上的电刷和换向器，故称为无刷直流电动机。

1. 传统型直流伺服电动机

　　最先制造的传统型直流伺服电动机的结构、工作原理和基本特性与普通直流电动机（也称动力用电机）区别不大，电枢铁芯同样具有齿槽结构，槽中嵌入电枢绕组，但容量和体积要小得多，电枢铁芯做得细长，如图 4 - 1（a）所示，转动惯量降为普通电动机的 1/3～1/2，且气隙较小；由于其功率不大，定子励磁方式可以分为电磁式和永磁式两种。永磁式的定子上装有永久磁钢制成的磁极，经充磁后产生气隙磁场；电磁式的定子铁芯通常由硅钢片叠压而成，定子冲片的形状如图 4 - 1（b）所示，在磁极铁芯上装有励磁绕组。

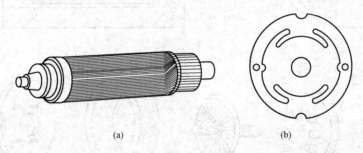

图 4 - 1　电磁式直流伺服电动机
(a) 电枢铁芯；(b) 定子冲片

　　工作时由定子励磁磁通和由电刷、换向器引入的电枢电流相互作用产生电磁转矩并驱动电枢旋转。通过控制电枢电流的大小和方向来控制电动机的转速和转向。当电枢电流为 0 时，伺服电动机立即停止转动。

2. 低惯量型直流伺服电动机

　　这类电动机的特点是转子轻，转动惯量小，响应速度快。其结构与传统型直流伺服电动机差别较大，转子铁芯更细长或转动部分无铁芯或铁芯无齿槽结构，如图 4 - 2 所示。

　　（1）无槽电枢直流伺服电动机。这种电动机的电枢铁芯上不开槽，电枢绕组直接均匀排列在光滑的圆柱形铁芯表面上，用耐热环氧树脂把它和电枢铁芯固化成一个整体，定子分永磁式和电磁式结构。它不存在齿部磁通饱和问题，因此可提高磁通密度达到普通电动机的 1.5 倍左右，堵转转矩大。电枢长度与外径之比在 5 倍以上，细长电枢不受嵌线限制。但定、转子间气隙大，约为普通电动机的 10 倍，转动惯量和电枢电感都比空心杯型和圆盘型两种无铁芯转子大，因而动态性能比它们差，其机电时间常数为 5～10ms。它的输出功率为几十瓦～几千瓦，多用于要求快速起动、功率较大的系统中。

　　（2）盘型电枢直流伺服电动机。它的定子由铝镍铁钴合金的永久磁钢和前、后盘状磁轭组成，轭铁兼作前、后端盖，多极的磁钢胶合在轭铁一侧，产生轴向磁场，转子呈薄圆盘状，厚度为 2～10mm，电枢绕组可以是绕线转子绕组或印制绕组。印制绕组是采用制造印制电路板相类似的工艺，在圆形绝缘薄板上印制裸露的绕组，它可以是单片双面的，也可以是多片重叠的，电枢导体兼作换向片，电刷直接在导体上滑动；绕线转子绕组则是先绕制成单个线圈，然后将绕好的全都线圈沿径向圆周均匀排列，再用环氧树脂浇注成圆盘形，电动机的气隙就位于圆盘的两边。盘形电枢绕组电流是沿径向流过圆盘表面，并与轴向磁通相互作用产生转矩。因此，绕组的径向段为有效部分。

　　这种电动机结构简单，成本低；由于转子无铁芯和专用换向器，因此电枢转动惯量小、

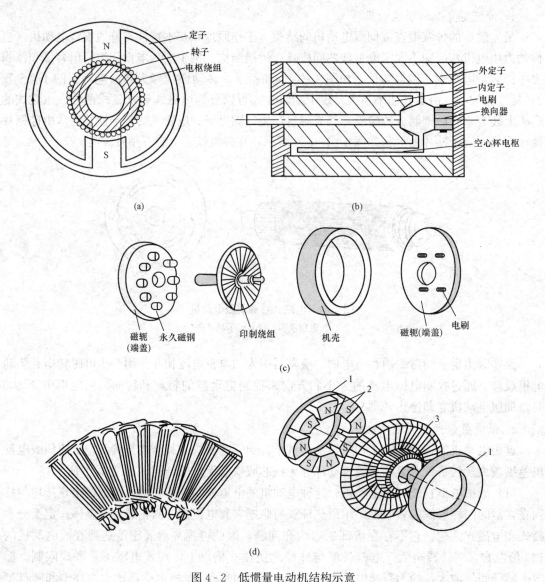

图 4 - 2　低惯量电动机结构示意
(a) 无槽电枢电动机；(b) 空心杯电枢电动机；(c) 印制绕组盘型电枢电动机；(d) 绕线转子盘型电枢电动机
1—磁钢；2—盘型电枢；3—铁芯

反应快、机电时间常数一般为 10～15ms，换向性能好。电枢绕组全部在气隙中，散热良好，可承受的电流密度比普通直流电动机高 10 倍以上，故有较大的起动转矩。因为没有齿槽效应，力矩波动小，低速运行平稳。这种电动机适用于低速和起动频繁的系统，它的输出功率在几瓦至 1 千瓦之间，功率较大的电动机多用于数控机床、雷达天线驱动和其他伺服系统中。

（3）空心杯电枢直流伺服电动机。无槽电动机由于存在电枢铁芯，而盘形电动机的转子直径又较大，在实现快速动作时，转动惯量不能满足要求。空心杯电动机是综合上述两种电动机而发展起来的高性能电动机。

空心杯电动机的定子分为外定子和内定子。外磁式电动机的外定子是永久磁体，内定子采用软磁材料，它的机电时间常数是各种电动机中最小的，可达 0.1ms；内磁式电动机的外定子采用软磁材料，内定子是永久磁体，可获得较大的转矩常数和中等惯量。电枢用非磁性材料（如塑料）制成的空心杯形圆筒，电枢表面有印制绕组，也可以先绕成单个成型线圈，再将它们沿圆周轴向排成薄壁圆筒状后用环氧树脂固化成型，圆筒形电枢与电枢支架粘结在一起呈杯形。空心电枢在内、外定子的间隙中转动并直接装在电机轴上。电压通过电刷和换向器加到电枢绕组上。

由于转子无铁芯，转子比较轻巧、转动惯量小、快速性好，可完成每秒 250 个起停循环，由于没有槽，磁阻均匀、转矩平稳、噪声小。但因该电动机的气隙较大，励磁电流和损耗也大，因此功率因数、转矩和效率较低，需要较大的控制功率。此外，这种杯形转子的结构只有一端受支撑，机械强度较差，限制了输出功率，目前输出功率为零点几瓦到 5kW。这种电动机多用于高精度的控制系统和装置测量中，如磁带机、录音机、电视摄像机、机床控制系统等。

3. 宽调速直流伺服电动机

宽调速直流伺服电动机具有较大的转动惯量，又称大惯量直流伺服电动机，它是在小惯量电动机和力矩电动机的基础上发展起来的电动机。采用大惯量的目的是便于直接与机床大惯量负载匹配。而前述的小惯量直流伺服电动机，为了实现与机床惯量的匹配，通常需要齿轮减速机构。宽调速直流伺服电动机的内部多数装有测速发电机，在速度闭环控制系统中使用很方便。

宽调速直流伺服电动机分电磁式和永磁式两类。电磁式要有励磁绕组和供电电源，励磁的损耗占电动机总损耗的 10%～35%，为了提高电动机的效率，节省电能消耗，降低电动机的温升，永磁式应用较多。目前采用的永磁材料主要有铝镍钴磁钢和恒磁铁氧体两种，后者原材料丰富，价格低廉。永磁式定子磁路结构分隐极式、凸极式及混合式三种形式，如图 4-3 所示。

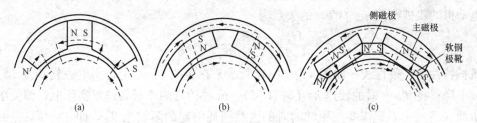

图 4-3　电动机定子磁路结构
(a) 隐极式；(b) 凸极式；(c) 混合式

隐极式磁极由铁氧体组成，永磁材料置于两个磁极之间，一个磁极的磁通由两侧磁钢并联产生，并经过气隙、电枢铁芯而闭合。磁通不经过外壳，所以外壳应采用非导磁材料如铝合金等，以减轻电动机的重量。凸极式磁极由永磁材料或永磁材料和铁氧体组成，磁通路径要经过外壳，机座必须采用导磁材料。混合式是将上述两种形式结合起来，把凸极式的磁钢叫主磁极，而隐极式的磁钢叫侧磁极，极靴由铁氧体材料构成，气隙磁通由主磁极和两个侧磁极的并联产生，侧磁极的磁体高度约为主磁极的两倍，这种结构可有效提高铁氧体材料的气隙磁密。此外，还有一个磁钢外伸的方法，即磁钢的轴向长度比电枢铁芯长一些，尽量多用铁氧体获得较大的磁通量，减少电枢的铁和铜的用量，并有利于换向性能的改善，这种磁路结构通过极靴使磁通汇集，提高了气隙磁密。

考虑电动机低速时运行平稳，转矩波动小，调速范围宽，定子采用较多的磁极对数（以四极最多，六极次之），转子的齿槽数和电动机的换向片数也相应增加。

宽调速直流伺服电动机具有如下特点：

（1）转矩大，调速范围宽，低速性能好。采用高磁通密度材料（铝镍钴磁钢或恒磁铁氧体），其性能优良，常用于数控机床的伺服系统中，使系统实现了精度高、反应快、调速宽、转矩大等特点，其调速范围可达 1∶2000～1∶10 000 以上；也可用于其他闭环控制系统中作执行元件，可以和机床进给丝杠直接连接，省去了齿轮传动机构，减小了传动误差。

（2）转子惯量较大。可以使电动机的惯量比负载的折算惯量大得多，易于和机床匹配，且使负载的影响变小。

（3）过载能力强。这种电动机热容量大，耐热性能好，允许过载转矩达（5～10）倍。

4.1.2 运行特性

直流伺服电动机稳态运行特性包括机械特性和调节特性。直流伺服电动机就是微型他励直流电动机，其结构、原理以及内部电磁关系与普通的直流电动机相同，前面所讨论的直流电动机的感应电动势、电磁转矩和功率关系等对直流伺服电动机完全适用。它的电枢绕组和励磁绕组分别由各自电源供电，如用永久磁铁作磁极，则不需要励磁电源。

改变电源电压可以控制电动机的转速和转向。改变电枢电压 U_a 的大小和方向的控制方式，称为电枢控制；改变励磁电压 U_f 的大小和方向的控制方式，称为磁场控制。后者性能不如前者，很少采用。在此只介绍电枢控制。

1. 机械特性

电枢控制时，励磁电压 U_f 为常数，电枢绕组就是控制绕组，其电压为控制电压 U_a。直流伺服电动机的磁路一般不饱和，电枢反应的去磁作用可略去；不考虑磁化曲线的非线性，认为理想线性。此时，电枢绕组中的电流与励磁磁通相互作用产生转矩，使电枢旋转。直流伺服电动机的机械特性 $n=f(T)$ 的关系为

$$n = \frac{U_a}{C_e \Phi} - \frac{R_a}{C_e C_T \Phi^2} T = n_0 - \beta T \tag{4-1}$$

可见机械特性为一条直线，如图 4-4（a）所示。它表明 U_a 一定，当电磁转矩 T 增加时，转速 n 下降；将 $T=0$ 时的转速 $n=U_a/(C_e\Phi)=n_0$ 称为理想空载转速，实际上，即使电动机不带负载（$T_L=0$），也需要克服转动时的空载损耗引起的阻转矩 T_0，即 $T=0$ 只是一种理想情况，电动机的实际转速根本达不到 n_0；将转速 $n=0$ 时的转矩，称为堵转转矩 $T_d = C_T\Phi U_a/R_a$，它代表电动机所获得的起动转矩，控制电压越高，所获得的起动转矩越大；$\beta = R_a/(C_e C_T \Phi^2)$ 为机械特性的斜率，它表示电动机机械特性的硬度，即电动机的转速随转矩 T 的改变而变化的程度。

当 U_a 不同时，随着 U_a 的增大，空载转速 n_0 与堵转转矩 T_d 同时增大，但直线的斜率未变，机械特性为一组平行的直线，对于一定的负载，U_a 越大，直线的位置越高，转速越快。

机械特性斜率 β 的大小只与电枢电阻 R_a 成正比而与 U_a 无关。电枢电阻越大，斜率越大，机械特性就越软；反之，电枢电阻越小，机械特性越硬。在实际应用中，电动机的电枢电压 U_a 通常由系统中的放大器提供，所以还要考虑放大器的内阻，此时式（4-1）中的 R_a 应为电动机电枢电阻与放大器内阻之和。

电磁式直流伺服电动机采用电枢控制时，必须先接通励磁电源，然后才能加电枢电压。这是因为起动瞬间，电枢感应电动势为 0，使电枢起动电流较大，过大的起动电流可能烧坏电动机。另外，在运行过程中，要避免励磁绕组烧断线，以免电枢电流过大和造成电动机"飞车"事故。

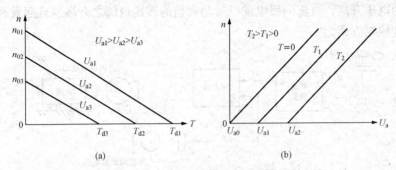

图 4-4　直流伺服电动机的特性

(a) 机械特性；(b) 调节特性

2. 调节特性

调节特性是指电磁转矩 T 恒定时，电动机的转速 n 与控制电压 U_a 的关系，即 $n = f(U_a)$。由式（4-1）可知，n 与 U_a 之间的关系是一条直线，直线的斜率为 $1/(C_e\Phi)$，不同 T 时的调节特性是一组平行线，如图 4-4（b）所示。

从调节特性可见，T 一定时（如 $T=0$），控制电压 U_a 高时，转速 n 也高，二者之间成正比关系。此外，令 $n=0$ 时，得 $U_a = U_{a0} = R_a T/(C_e\Phi)$ 称为始动电压，它是调节特性曲线与横轴的交点，当控制电压 $U_a < U_{a0}$ 时电动机不转，只有当 $U_a > U_{a0}$ 时电动机才会转动，称 $0 \sim U_{a0}$ 区间为死区或失灵区。T 不同，始动电压 U_{a0} 也不同，T 大的始动电压也大，U_{a1}、U_{a2} 分别对应 T_1、T_2 的死区电压。$T=0$，即电动机理想空载时，只要有信号电压 U_a，电动机就转动。

电枢控制时直流伺服电动机的机械特性和调节特性均为线性，特性曲线均为一组平行线，这是直流伺服电动机很可贵的优点，也是两相交流伺服电动机所不及的。

4.1.3　直流伺服电动机的应用举例

直流伺服电动机在自动控制系统中作为执行元件，广泛应用于随动系统、遥测和遥感系统及增量运动控制系统中，可以对位置、速度及温度等进行控制。增量系统是一种既做间断的步进跃变，又能连续运转的数字控制系统，它的输入信号使输出量以步进的形式变化。通常的增量运动系统是位置的控制，即从一个位置以步进的形式运动到另一个位置，可以是步长改变或运动速度发生变化，如磁盘存储器的磁头、计算机和打印机的纸带、机器人关节的驱动以及数控机床的进给等。

火炮跟踪系统可以视为混合控制系统，它包括位置和速度两种控制方式，如图 4-5 所示。此控制系统的任务是使火炮的转角 α_2 与由手轮（或控制器）所给出的指令角 α_1 相等。当 $\alpha_1 \neq \alpha_2$ 时，测角装置就输出一个与角差 $\alpha = \alpha_1 - \alpha_2$ 近似成正比的电压 U_α，此电压经放大器放大后，驱动直流伺服电动机，带动炮身向着减小角差的方向移动。直到角差为 $\alpha = 0$，此时 $U_a = 0$，直流伺服电动机停止转动，火炮对准射击目标，这就是位置控制系统。为了减小随动过程中可能出现的速度变化，可以与电动机同轴连接一个测量电动机转速的直流测速发电机，它输出的电压与转子转速成正比，这个电压加到电位器 R 上，从电位器上取出一部分电压 U_n 反馈到放大器的输入端，其极性应与 U_α 相反（负反馈）。若某种原因使电动机转速降低，则直流测速发电机的输出电压降低，反馈电压 U_n 减小，并与 U_α 比较后，使输入到放大器的电压升高，直流伺服电动机带动火炮的转速也随之升高，且起着稳速作用。显然，这是速度控制方式。

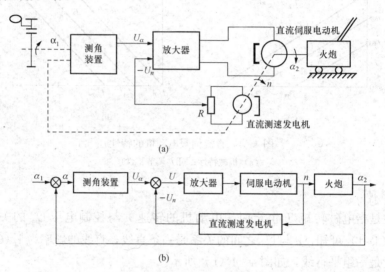

图 4-5　火炮跟踪系统框图

(a) 系统原理图；(b) 方框图

电子电位差计是用伺服电动机作为执行元件的闭环自动测温系统，用于工业加热炉温度的测量，如图 4-6 所示。测温系统工作时，金属热电偶处于炉膛中，并产生与温度对应的热电动势，经补偿和放大后得到与温度成正比的热电动势 E_t，然后与工作电压 U_g 经变阻器的分压 U_R 进行比较，得到误差电压 ΔU，$\Delta U = E_t - U_R$，若 ΔU 为正，则经放大后加在伺服电动机上的控制电压 U_c 为正，伺服电动机正转，经变速机构带动变阻器和温度指示器指针顺时针方向偏转，一方面指示温度值升高，另一方面变阻器的分压 U_R 升高，使误差电压 ΔU 减小，当伺服电动机旋转至使 $E_t = U_R$ 时，误差电压 ΔU 变为 0，伺服电动机的控制电压也为 0，电动机停止转动，则温度指示器指针也就停止在某一对应位置上，指示出相应的炉温。若误差电压 ΔU 为负，则伺服电动机的控制电压也为负，电动机将反转，带动变阻器及温度指示器指针逆时针方向偏转，U_R 减小，直至 ΔU 为 0，电动机才停止转动，指示炉温较低。

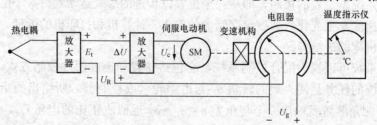

图 4-6　电子电位差计的基本原理图

　　烘烤炉温度控制系统如图 4-7 所示。该控制系统的目的是保持炉温 T 恒定。而炉温既受工件（例如面包）数量以及环境温度影响，又受混合器输出煤气流量的控制。调整煤气流量可控制炉温。整个控制过程如下。

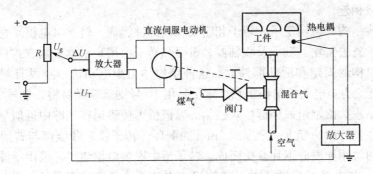

图 4-7　烘烤炉温度控制系统框图

　　如果炉温恰好等于给定值，经事先整定使测量元件（热电耦——将炉温转变为相应电压的器件）输出的电压 U_T 等于给定电压 U_g，差值电压 $\Delta U = U_g - U_T = 0$，直流伺服电动机不转，调节阀门也静止不动，煤气流量一定，烘炉处于规定的恒温状态。如果增加工件，烘炉的负荷加大，而煤气流量一时没变，则炉温下降，并导致测量元件的输出电压 U_T 减小，$\Delta U > 0$，电动机将阀门开大，增加煤气供给量，使炉温回升到重新等于给定值（即 $U_g = U_T$）为止。在负荷加大的情况下，仍然可保持规定的温度。如果负荷减小或煤气压力突然加大，则炉温升高，使 $U_T > U_g$，$\Delta U < 0$，电动机反转，关小阀门，减小煤气量，使炉温降低，直到炉温等于给定值为止。

4.2　直流力矩电动机

　　在某些自动控制系统中，被控对象的转速相对伺服电动机的转速低得多。例如，某种雷达天线的最高旋转速度为 $90°/s$，这相当于转速 15r/min。一般直流伺服电动机的额定转速为 1500r/min 或 3000r/min，甚至更高，这时就需要用齿轮减速后再去拖动天线旋转。由于采用了减速机构，使系统装置变得复杂，同时使闭环控制系统产生自激振荡，影响了系统性能。因此希望有一种低转速、大转矩的伺服电动机。

　　直流力矩电动机是一种不需要减速齿轮而直接驱动负载的直流伺服电动机。它可以在很低的转速下运行，能产生较大的转矩，在位置控制方式的伺服系统中，它可以工作在堵转（停顿）状态；在速度控制方式的伺服系统中，又可以工作在低转速状态，且输出较大的转矩。目前直流力矩电动机的转矩已能达到几百公斤力·米，空载转速为 10r/min 左右。

4.2.1　直流力矩电动机的结构和特性

1. 直流力矩电动机的结构

　　直流力矩电动机在结构和外形尺寸的比例上与普通直流伺服电动机完全不同。一般直流伺服电动机为了减少其转动惯量，大部分做成细长圆柱形，而直流力矩电动机为了能在相同体积和电枢电压的前提下，产生比较大的转矩及较低的转速，一般做成扁平型，电枢的长度与直径之比约为 0.2，如图 4-8 所示。从结构合理性来考虑，通常做成永磁多极的。为了减少转矩和转速的脉动，选取较多的槽数、换向片数和串联导体数。

直流力矩电动机从总体结构上分以下两种：

（1）内装式结构。与一般电动机相同，出厂时机壳、转子和轴已装配好。安装时定子固定，转轴与负载相连。

（2）分装式结构。包括定子、转子和刷架三大部件组成，转子（电枢）直接套装在负载轴上而无外壳，省去齿轮、轴承及联轴器。机壳和转子由用户根据安装方式自行选配，分别安装在所驱动机构的固定和活动部件上。这种结构的力矩电动机本身没有端盖和轴承。图4-9为永磁式直流力矩电动机结构示意，定子是用10号钢（软磁材料）制成的带槽的圆环，槽中嵌入铝镍钴永久磁钢组成环形桥式磁路。磁极桥可使磁通在气隙中近似呈正弦分布。为了固定磁钢，在其外圆又套上一个厚约2mm的铜环。转子铁芯和绕组与普通直流电动机类似，转子铁芯通常用导磁硅钢片叠压而成，转子槽中嵌装电枢绕组，采用单波绕组，使并联支路对数 $a=1$，与电动机极数无关，使绕组中电流最大，电刷数最少。为减小轴向尺寸，常把槽楔和换向片做成一体，铜制导电槽楔的两端略长于电枢铁芯，槽楔一端接电枢导线，另一端作换向片用。转子的全部结构用高温环氧树脂浇铸成整体。环形刷架安装在定子上，电刷安装在刷架上，电刷位置可按要求进行调节。

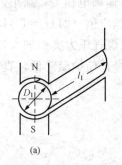
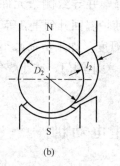

图4-8　直流伺服电动机示意

（a）普通直流伺服电动机；（b）直流力矩电动机

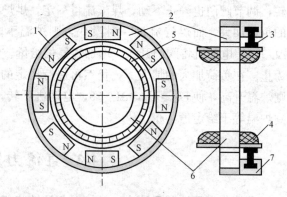

图4-9　永磁直流力矩电动机结构示意

1—铜环；2—定子；3—电刷装置；4—电枢绕组；
5—槽楔兼换向器；6—转子铁芯；7—刷架环

2. 直流力矩电动机的特性

直流力矩电动机是一种扁平型多极永磁直流电动机，其特点如下：

（1）传动精度高。电动机与负载直接相连而不用齿轮减速，消除了使用减速器产生的系统误差，缩短了传动链，提高了传动精度。

（2）加速能力强。它的扁平型结构使其具有较高的转矩惯量比，使系统的加速能力得以提高。

（3）响应速度快，动态特性好。它是多极永磁直流电动机，其电枢铁芯高度饱和，电感很小，使其具有快速响应的特性，其电磁时间常数很小，$\tau_e = L_a/R_a$ 约几毫秒以内。另外，直流力矩电动机的机械特性也较硬，总的机电时间常数也只有十几毫秒至几十毫秒。

（4）其输出力矩与输入电流成正比，与转子的速度和位置无关。

（5）转矩波动小，低速下能稳定运行。结构上采用扁平型电枢，可增多电枢槽数、相应的元件数和换向片数多，使它不仅能在低速下稳定运行，转速可达每分钟几转至几十转，而且转矩的波动只有 5％（其他电机约为 20％）；它可以在长期的堵转状态下运行，产生足够大的转矩而不损坏，连续堵转转矩是指在长期堵转时，稳定温升不超过允许值时所能输出的最大堵转转矩。

（6）机械特性和调节特性的线性度好，硬度大。由于其电枢铁芯高度饱和，使电枢反应的去磁作用影响显著减小，即非线性减小。

3. 力矩电动机的分类

力矩电动机包括直流力矩电动机、交流力矩电动机和无刷直流力矩电动机等几大类。

交流力矩电动机可分为异步和同步两种。目前常用的笼型异步力矩电动机，为了产生低转速和大转矩，常做成径向尺寸大、轴向尺寸小的多级扁平形，其结构简单、工作可靠，在纺织、造纸等工业生产中实现恒张力传动，驱动卷绕织物的卷筒等，其工作原理和结构与单相异步电动机相同，只是转子电阻更大，机械特性更软一些。

直流力矩电动机按励磁方式分电磁式和永磁式，从结构上又可分为有刷和无刷两类。直流力矩电动机具有良好的低速平稳性和线性的机械特性及调节特性，在生产中应用最广泛。

4.2.2 直流力矩电动机的运行性能分析

1. 转矩大

从直流电动机基本工作原理可知，设直流电动机每个磁极下磁感应强度平均值为 B，电枢绕组导体上的电流为 I_a，导体的有效长度（即电枢铁芯厚度）为 L，则每根导体所受的电磁力为

$$F = BI_aL$$

电磁转矩为

$$T = NF\frac{D}{2} = NBI_aL\frac{D}{2} = \frac{BI_aNL}{2}D \tag{4-2}$$

式中　N——电枢绕组总的导体数；

　　　D——电枢铁芯直径。

式（4-2）表明了电磁转矩与电动机结构参数 L、D 的关系。电枢体积大小，在一定程度上反应了整个电动机的体积。因此，在电枢体积 $\frac{\pi D^2 L}{4}$ 保持不变的情况下，当 D 增大时，铁芯长度 L 就应减小；其次，在相同电枢电流 I_a 和相同用铜量 LN 保持不变的情况下，电枢绕组的导线粗细不变，则总导体数 N 应随 L 的减少而增加。满足上面的条件，则式（4-2）中的 $\frac{BI_aNL}{2}$ 近似为常数，故转矩 T 与直径 D 近似成正比关系。

2. 转速低

导体在磁场中运动切割磁力线所产生的感应电动势为

$$e_a = BLv$$

式中　v——导体运动的线速度，$v = \frac{\pi Dn}{60}$。

如果总导体数为 N，设一对电刷之间的并联支路数为 2，则一对电刷间，$\frac{N}{2}$ 根导体串联后总的感应电动势为

$$E_a = BLv \times \frac{N}{2} = BL \times \frac{\pi Dn}{60} \times \frac{N}{2}$$

在理想空载条件下，外加电压 U_a 与电枢感应电动势 E_a 相等，所以

$$U_a = E_a = BL \times \frac{\pi D n_0}{60} \times \frac{N}{2}$$

即

$$n_0 = \frac{120}{\pi} \times \frac{U_a}{BLN} \times \frac{1}{D} \tag{4-3}$$

式（4-3）表明，在保持 LN 不变的情况下，理想空载转速 n_0 和电枢铁芯直径 D 成反比，电枢直径越大，电动机理想空载转速就越低。

由此可知，在电枢电压、气隙磁密及电枢体积相同的条件下，增大电动机直径，减少轴向长度，可使力矩电动机具有大转矩、低空载转速的特性，故力矩电动机的电枢都设计成扁平形。

直流力矩电动机的工作原理与普通直流伺服电动机相同。

4.2.3　有限转角直流力矩电动机

有限转角直流力矩电动机就是没有换向器和电刷的直流电动机。根据直流电动机的工作原理，在给定电压下它只能在限定的转角范围内做往复转动。当外加电压方向不断变化时，它将在这个有限转角范围内围绕中心线往复摆动，它是根据激光和红外线技术、计算机技术及工业自动控制技术的需要而开发的一种新型电动机，国外在 20 世纪 70 年代才有此产品。

图 4-10（a）所示为一个两极有限转角无刷直流力矩电动机的典型结构示意。由于不用电刷和换向器，所以将结构简单的永磁体做成的磁极放在转子上，将复杂的绕组放在定子上，这种放置与无刷直流电动机相同。定子是一个导磁的圆环，圆环上精密地缠绕着两个对称分布的环形电枢绕组，两者反向串联。环形电枢没有齿槽效应，因而电动机运行平稳。图 4-10（b）所示为这种电动机在不同输入电压时的理想力矩特性，在最大力矩附近力矩是常数。

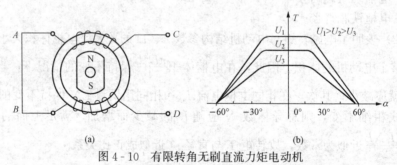

(a)　　　　　　　　　　　　　　　(b)

图 4-10　有限转角无刷直流力矩电动机

（a）结构示意；（b）力矩特性

有限转角无刷直流力矩电动机同时具有直流电动机、无刷电动机、平滑电枢和力矩电动机的优点。在有限转角范围内，电动机的机械特性和调节特性的线性度好。这种电动机消除了电刷与换向器之间的滑动摩擦、换向火花干扰和转矩的脉动，结构紧凑坚固，维护简单，效率高，寿命长，能在低速和长期堵转下正常工作，转矩和功率之比很高，响应速度快，频带宽。它的传递函数与直流电动机相同。

我国研制的 45L×J02 及 55L×J01 型有限转角直流力矩电动机与国外 20 世纪 80 年代同产品水平相当，其转子部分采用钕铁硼磁钢。这种稀土磁钢的应用，缩小了有限转角直流力矩电动机的外形尺寸，提高了输出力矩及转矩的灵敏度。产品已用于某种武器系统的红外跟

踪器和红外位标器光机扫描装置。45L×J02 电机技术指标为电压 15V；电流≤0.8A；连续堵转力矩≥30N·m。55L×J01 电机技术指标为电压 27V；电流≤1.3A；连续堵转力矩≥98.1N·m。它们的转动范围分别为±5°和±25°。

　　有限转角电动机主要用于某些高精度控制系统中，如陀螺仪稳定平台、红外成像、军事瞄准、工业自动化仪表中指针和记录笔的驱动等。

4.2.4　力矩电动机的应用

1. 张力控制

　　在纺织、造纸、橡胶、塑料、金属线材等工业领域，需要将产品卷绕在卷筒上。当一种线材或带材卷绕在卷筒上时，随着卷绕物的加厚，卷筒的卷绕直径逐渐加大。在该过程中，要求任何时间卷绕物的张力保持恒定。否则张力太大，会将线材的线径拉细甚至拉断，或造成产品的厚薄不均匀，而张力过小则可造成卷绕松弛。

　　卷绕所需的负载功率为

$$P_L = Fv = 常数$$

即

$$T_L n = 常数$$

式中　F——张力；

　　　v——线速度；

　　T_L——转矩；

　　　n——转速。

这样的负载特性称为卷绕特性曲线，它是一组双曲线。

　　为使卷绕过程中张力保持恒定，由 $v = \dfrac{\pi D n}{60}$ 知，随着直径的增大，转速就必须减小以维持恒定的线速度，而转矩也须随直径的增大而成正比地增大。力矩电动机的机械特性恰好能满足这一要求。

　　松卷又称放线，用于将卷绕成型的线材或带材松开进行加工。为防止松卷过程中时紧时松而影响材料的质量，要求电动机处于制动状态，即其电磁转矩方向与放线物的运动方向相反，使放线物始终保持一个恒定的张力。

2. 无级调速

　　力矩电动机的机械特性可以在伺服驱动装置控制下实现较高的刚度，因此可以代替原来机械传动装置实现直接驱动。以力矩电动机为核心动力元件的数控回转工作台和数控摆角铣头等产品，由于其没有传动间隙、没有磨损、传动精度高和效率高等优势，已经开始在精密装备上推广使用。

3. 堵转

　　直流力矩电动机可以在短时间或较长时间内堵转运行，这可以满足某些生产机械在静止状态下，仍需一定的转矩的要求。例如，电缆收卷机起始阶段、卷扬机悬吊重物以及大型锻压机的锻件夹紧装置等。

4. 位置和速度伺服系统中作为执行元件

　　应用于雷达天线、人造地球卫星、潜艇定向仪、陀螺框架及天文望远镜等的驱动，光电跟踪等高精度传动系统，以及一般仪器仪表驱动装置上。

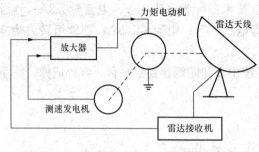

图 4-11　雷达天线控制原理图

雷达天线系统中由直流力矩电动机组成的主传动系统，是一个位置控制方式的随动系统，其原理图如图 4-11 所示。当雷达开始搜索目标时，力矩电动机接在直流电源上，它带动雷达天线不停地旋转。同时，雷达发射机发出无线电波四处搜索。当发现目标时，雷达收到反射回来的无线电波，力矩电动机立即自动脱离电源，转由雷达接收机控制，雷达接收机检测出目标的位置，发出信号，该信号经过放大后就作为力矩电动机的控制信号，并使力矩电动机驱动雷达天线跟踪目标。

5. 其他应用

力矩电动机可以根据其多种特点灵活使用，如本身具有直流串励电动机特性，可部分代替直流电动机使用；又如根据其转子具有高电阻特性，起动转矩大，故可应用在启闭闸（阀）门以及阻力矩大的拖动系统中；也可利用其起动转矩大，起动电流小，实心转子的机械强度高的特点，使用于频繁正、反转的装置或其他类似动作的各种机械上。

4.3　无刷直流电动机

直流电动机一般都有换向器和电刷，其间形成滑动接触并容易产生火花，引起无线电干扰，过大的火花甚至影响电机的正常运行。此外，因存在着滑动接触，又使维护麻烦，噪声大，影响到电机工作的可靠性。无刷直流电动机又称电子换向式直流电动机，它的发展在很大程度上取决于电力电子技术的进步。它用电子开关线路和位置传感器代替电刷和换向器，取消了电刷。该电动机既具有直流伺服电动机的机械特性和调节特性，又具有交流电动机的维护方便、运行可靠等优点，它的转速不再受机械换向的限制，若采用高速轴承，可获得每分钟几十万转的高转速，目前广泛用于化纤、造纸、印刷、轧钢、低噪声摄像机、计算机外围设备以及宇宙飞船、人造卫星等国防设备中。缺点是控制装置比较复杂。

4.3.1　无刷直流电动机的结构及工作原理

无刷直流电动机是由电动机本体、转子位置传感器和晶体管开关电路三部分组成，图 4-12 为结构框图。直流电源通过电子开关电路向电动机定子绕组供电，由位置传感器检测电动机转子位置，并发出电信号控制电子开关的轮流导通，使电动机转动。

1. 电动机本体

普通永磁直流电动机的电枢在转子上，永久磁极在定子上；无刷直流电动机恰好与普通直流电动机相反，而与同步电动机相似。为了去掉电

图 4-12　无刷直流电动机结构框图

刷，将电枢放到定子上，转子制成永磁体，它是反装式普通直流电动机，如图 4-13 所示。这样放置使转动部分结构简单，转动惯量低。定子也有铁芯和绕组，定子铁芯上无齿槽，电枢绕组直接黏结在铁芯表面，这样可减小齿槽效应产生的附加力矩和噪声，甚至在高速时铁耗也很小。绕组是多相，常用的是三相对称绕组。绕组可以是分布式或集中式，可接成 Y

形或△形，各相绕组分别与电子开关中的相应晶体管连接。转子由永磁磁极和软磁磁轭组成，不带笼型绕组等任何起动绕组。无刷直流电机可分为伺服电机和力矩电机两类，伺服电机电枢为细长形，以减小转动惯量，用于速度控制系统中。力矩电机电枢为扁平形，以便增大力矩，多用于位置控制系统中。

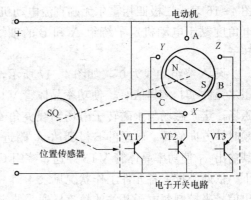

图 4-13　无刷直流电动机结构示意

2. 电子开关线路

电子开关线路是独立的一个部件，又称为伺服放大器，分为桥式和非桥式两类，图 4-14 为常用电枢绕组连接方式，图（a）、（b）是非桥式开关电路，其他是桥式开关电路。其中以三相 Y 形桥式应用最多。

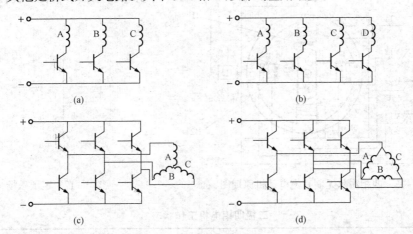

图 4-14　电枢绕组连接方式

（a）Y 形三相三状态；（b）Y 形四相四状态；（c）Y 形三相六状态；

（d）△形三相六状态

3. 转子位置传感器

无刷直流电动机的磁极是旋转的，而电枢是静止的，位置传感器用来检测转子磁场相对于定子绕组的位置，以决定功率电子开关器件的导通顺序。常见的转子位置传感器有霍尔元件传感器、电磁式传感器、光电式传感器、接近开关式传感器和旋转编码器等。

（1）霍尔元件传感器。霍尔元件传感器是一种半导体器件，它是利用霍尔效应制成的。将半导体薄片置于磁感应强度为 B 的磁场中，磁场方向垂直于薄片，当有电流 I 流过薄片时，在垂直于电流和磁场的方向上将产生电动势 E_H，这种现象称为霍尔效应，如图 4-15 所示。E_H 称为霍尔电动势，霍尔电动势很小，实际的霍尔元件传感器是将霍尔元件与放大电路结合起来制成霍尔集成放大电路，输出 5V 和 0.3V 的高、低电平。

采用霍尔元件作为位置传感器的电机又称霍尔电机，霍尔元件属于磁敏式传感器。无刷直流电动机的转子是永磁的，可以利用霍尔元件的"霍尔效应"检测转子的位置。

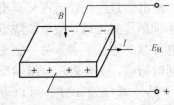

图 4-15　霍尔效应原理图

图 4-16 表示二极四相霍尔无刷直流电动机原理图。图中两个霍尔元件 H1 和 H2 以间隔 90°电角度黏于电动机定子绕组 A 和 B 的轴线上，并通入控制电流，电动机转子是二极永磁转子。

设 A 绕组轴线为 0°，如图 4-17 所示，在 0°附近（±45°电角度）转子的 S 极磁场通过霍尔元件 H1，其输出 x_1 使功率晶体管 VT4 导通，绕组 B 通电，定子产生水平向左方向的磁场，定子磁场与永磁转子磁场轴线夹角 θ（电角度），二者相互作用产生转矩，使转子按顺时针方向旋转。转子的 S 极到达 90°附近（90°±45°），转子的 S 极磁场通过霍尔元件 H2，其输出 y_1 使功率晶体管 VT3 导通，绕组 C 通电，定子磁场又顺时针旋转 90°，S 极垂直向下。依此类推，各元件工作状况见表 4-1。电动机通电后，霍尔元件根据转子的实际位置发出信号来控制各电子开关的轮流导通，使定子绕组轮流通电，定子绕组产生一个步进式旋转磁场，步进角为 90°电角度，由此产生一个脉动转矩，带动转子旋转。

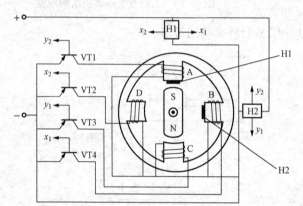

图 4-16　四相霍尔无刷直流电动机原理图

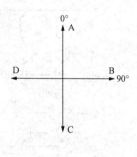

图 4-17　定子磁场

表 4-1　　　　　　　　　二极四相电机工作状态

转子位置（电角）	−45°	0°	90°	180°	270°	315°
霍尔元件		H1	H2	H1	H2	
导通管		VT4	VT3	VT2	VT1	
通电绕组		B	C	D	A	
定子磁场轴线		90°	180°	270°	360°	
θ		90°±45°	90°±45°	90°±45°	90°±45°	

若转子仍是二极永磁转子，定子绕组为三相，而功率晶体管接成桥式开关电路，即构成二极 Y 形三相六状态电路，如图 4-18 所示。

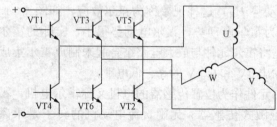

图 4-18　三相桥式开关电路

3 个霍尔元件仍位于三相绕组的轴线上。霍尔元件输出信号经处理后可分辨出转子的 6 个不同的位置区域，使电枢绕组具有 6 个通电状态，见表 4-2，每一状态有两相绕组同时通电，负号表示绕组通反向电流，每个晶体管导通 120°。可以看出，电枢磁场是由通电的两相磁场所合成的，若每相磁场在空间是正弦分布，用相量法可得，相邻的磁动势相量夹角为 60°，如图 4-19 所示。例如，在 30°附近（0°～60°）的转子，经霍尔元件检测到后，霍尔元件的输出信号使 VT1、VT6 管导通，绕组 U、V 通电，U−V 合成磁场与永磁转子磁场相互作用，使转子顺时针转过 60°，在 60°附近的转子又被另一霍尔元件检测到后，其输出信号使 VT1、VT2 管导通，绕组 U、W 通电……依此类推，绕组的合成磁场与转子磁场在空间始终保持近 90°的关系，为产生最大电磁转矩创造了条件，即合成磁场总是在转子磁场的前方，二者相互作用产生转矩，带动转子不断向前转动。

表 4-2   二极三相桥式电机六种工作状态

转子位置（电角）	0°	60°	120°	180°	240°	300°	360°
通电绕组		U		V		W	
	−V		−W		−U		−V
VT1	←— 导通 —→						
VT2		←— 导通 —→					
VT3			←— 导通 —→				
VT4				←— 导通 —→			
VT5					←— 导通 —→		
VT6	←— 导通 —→						←— 导通 —→
定子合成磁场	120°	180°	240°	300°	0°	60°	
θ	90°±30°	90°±30°	90°±30°	90°±30°	90°±30°	90°±30°	

霍尔无刷直流电动机结构简单，体积小，对温度较敏感，正反转控制方便，但精度低。

（2）光电式传感器。光电式位置检测器利用光电效应进行工作。它由发光二极管、光敏接收元件、遮光板组成，如图 4-20（a）所示。其中，若干个发光二极管和光敏接收元件分别安装在遮光板的两侧，均匀放置，固定不动；遮光板安装在转子上，随转子转动。

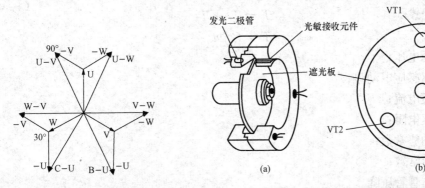

图 4-19 电枢磁动势相量   图 4-20 光电式位置检测器原理图

遮光板上开有 120°的扇形开口，如图 4-20（b）所示，扇形开口的数目等于无刷直流电动机转子磁极的极对数。当遮光板上的扇形开口对着某个光敏接收元件时，该光敏元件因接收到对面的发光二极管发出的光而产生光电流输出；而其他光敏接收元件由于被遮光板挡住光而接收不到光信号，所以没有输出。这样，随着转子的转动，遮光板使光敏接收元件轮流接收光信号，对应不同的输出信号反映了电动机转子的位置，经放大后控制功率晶体管，使相应的定子绕组切换电流。

光电式位置传感器产生的电信号一般都较弱，需要经过放大才能控制功率晶体管。它输出的是直流电信号，不必进行整流，这是它的一个优点。

（3）电磁式位置传感器。电磁式位置传感器是根据电磁感应原理实现位置检测的。

图 4-21 所示为由开口变压器构成的电磁式位置传感器，它由定子和转子两部分组成。

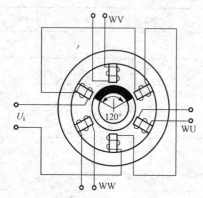

定子磁心由高频导磁材料制成，图示有 6 个极，等间距分布，每个极上都绕有线圈，相互间隔的 3 个极为同一绕组，接高频电源，作为励磁极；另外 3 个极都有自己独立的绕组，作为感应极，是传感器的输出端。定子磁心固定在电动机定子上，转子磁心与电动机转子同轴连接，转子是一个非导磁材料制成的圆盘，其上镶嵌有扇形的高频导磁材料，如图 4-21 中阴影部分。定子磁心上的励磁线圈通高频交流电（约几千赫兹），通电的励磁线圈产生高频交变磁场。随着转子的旋转，转子磁心先后与不同的定子齿耦合，在输出绕组中依次感应出宽度为 120°电角度的交变信号，将这些信号整流即得转子磁极的位置信号。

图 4-21 电磁式位置传感器结构图

电磁式位置传感器输出信号强，无需放大，并且抗冲击能力强，可靠性好，但其结构复杂、体积大，需要有整流装置。

4.3.2 无刷直流电动机的工作特性

1. 机械特性和调节特性

无刷直流电动机稳态运行时，满足下面 4 个基本关系式

$$
\left.
\begin{aligned}
\text{电枢电压平衡方程式} \quad & U_a = E_a + 2I_a R_a + 2\Delta U_T \\
\text{感应电动势公式} \quad & E_a = C_e \Phi n \\
\text{转矩平衡方程式} \quad & T = T_0 + T_2 \\
\text{电磁转矩公式} \quad & T = C_T \Phi I_a
\end{aligned}
\right\}
\tag{4-4}
$$

式中　U_a——电源电压；

E_a——电枢感应电动势；

I_a——电枢电流；

R_a——电枢电阻；

C_e——电动势常数；

C_T——转矩常数；

ΔU_T——晶体管管压降。

由式（4-4）可以看出，无刷直流电动机基本公式与普通直流电动机基本关系式在形式上完全一样，只是电源电压 U_a 变成了 $U_a - 2\Delta U_T$，根据式（4-4）可求出机械特性表达式为

$$n = \frac{E_{\mathrm{a}}}{C_{\mathrm{e}}\varPhi} = \frac{U_{\mathrm{a}} - 2\Delta U_{\mathrm{T}} - 2I_{\mathrm{a}}R_{\mathrm{a}}}{C_{\mathrm{e}}\varPhi} = \frac{U_{\mathrm{a}} - 2\Delta U_{\mathrm{T}}}{C_{\mathrm{e}}\varPhi} - \frac{2R_{\mathrm{a}}}{C_{\mathrm{e}}\varPhi}I_{\mathrm{a}}$$

$$n = \frac{U_{\mathrm{a}} - 2\Delta U_{\mathrm{T}}}{C_{\mathrm{e}}\varPhi} - \frac{2R_{\mathrm{a}}}{C_{\mathrm{e}}C_{\mathrm{T}}\varPhi^2}T \tag{4-5}$$

因此无刷直流电动机的机械特性和调节特性形状应与一般直流电动机相同，如图 4-22 和图 4-23 所示。

图 4-22 所示的机械特性曲线产生弯曲现象是由于当转矩较大、转速较低时，流过晶体管和电枢绕组的电流很大，这时，晶体管管压降 ΔU_{T} 随着电流增大而增加较快，使加在电枢绕组上的电压不恒定而有所减小，因而特性曲线偏离直线变化，向下弯曲。图 4-22 中 n_0、T_{d} 可分别由式（4-6）求得。

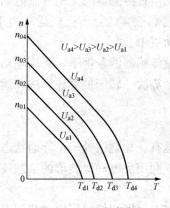

图 4-22　机械特性

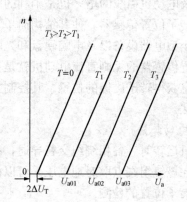

图 4-23　调节特性

令 $T=0$，得理想空载转速

$$n_0 = \frac{U_{\mathrm{a}} - 2\Delta U_{\mathrm{T}}}{C_{\mathrm{e}}\varPhi} \tag{4-6}$$

令 $n=0$，得起动转矩

$$T_{\mathrm{d}} = C_{\mathrm{T}}\varPhi\frac{U - 2\Delta U_{\mathrm{T}}}{2R_{\mathrm{a}}} \tag{4-7}$$

调节特性中的始动电压 $U_{\mathrm{a}0}$ 和斜率 K 表达式分别为

$$U_{\mathrm{a}0} = \frac{2R_{\mathrm{a}}T}{C_{\mathrm{T}}\varPhi} + 2\Delta U_{\mathrm{T}} \tag{4-8}$$

$$K = \frac{1}{C_{\mathrm{e}}\varPhi} \tag{4-9}$$

可见，在转矩为 0 时，电动机的始动电压 $U_{\mathrm{a}0}$ 并不为 0，而应是晶体管管压降的两倍。

从机械特性和调节特性可见，无刷直流电动机与一般直流电动机一样具有良好的伺服控制性能，可以通过改变电源电压实现无级调速。

2. 单向运行与正、反转运行

对于普通直流电动机，只要改变励磁磁场的极性或电枢电流的方向，电动机就可反转，因为机械换向的导电方向是可逆的。对于无刷直流电动机，实现电动机的反转，就不能简单地靠改变电源电压的极性来完成，因为电子开关电路中所用的功率晶体管元件是单向导电性的，所以，完成正、反转运行时，电路要复杂一些。

无刷直流电动机旋转方向是由电枢绕组的通电顺序决定的，通电顺序是由位置传感器的输出信号决定的。采用霍尔集成放大电路的无刷电动机，正、反转的信号逻辑处理电路是不同的。单向转动的无刷电动机，往往只要求功率放大电路提供单方向电流，此时只需要前面介绍的一套位置传感器。而正、反转的无刷电动机一般要求功率放大电路能提供两个方向的电流，这就必须有两套位置传感器。

4.3.3 无位置传感器的无刷直流电动机

转子位置传感器是整个驱动系统中最为薄弱的部件，它的存在会增大电动机体积，难以实现电动机的小型化；传感器输出信号一般为弱电信号，容易受到干扰；温度、湿度、振动等外界因素的变化会降低传感器工作的可靠性，不能应用于恶劣场合；传感器对安装位置精度的要求及电动机引线的增多也是不利的因素。对于无位置传感器的无刷直流电动机，由于无需安装转子位置传感器，使其结构简单、体积小、可靠性高，目前已广泛应用于收录机、录像机等小型电器设备以及电脑硬盘和光驱的驱动电动机中。

无位置传感器的无刷直流电动机就是在不采用机械传感器的条件下，利用电动机的电压和电流信息获得转子磁极的位置。其控制方法有反电动势法、转子位置计算法和续流二极管电流检测法。

1. 反电动势法

电动机运转时，各相绕组交替导通，在任意时刻总有一相绕组处于不导通状态，其反电动势波形在该绕组端点取对地电压是可以检测出来的，利用反电动势波形的某些特殊点，就可以实现转子位置的检测。

对于三相无刷直流电动机，定子绕组反电动势过零点（即相绕组反电动势与三相中性点电位的交点）就是一个特殊点，相对于转子磁极的空间位置是固定的，不随电动机的转速而改变，通过检测过零点就可以确定转子磁极位置，以此来控制电动机的换相。当检测到未导通相绕组反电动势过零点后，再延时一段时间（如 30°电角度），就是下一个状态的换向时刻。

反电动势检测法的优点是线路简单、技术成熟、成本低、实现起来相对容易。不足之处是当电动机停止或转速较低时，反电动势没有或很小而无法检出，必须采用其他起动方式。目前，最常用的方法是使电动机按他控式同步电动机的运行方式从静止开始加速，直至转速升高到能够保证可靠检测到反电动势时，再切换到自同步运行状态，完成电动机的起动过程。这种起动方式产生的起动转矩比较低，一般只适用于空载或轻载工况下起动。

2. 转子位置计算法

这种方法是利用电动机各相瞬态电压和电流方程，实时计算电动机由静止到正常运转任一时刻转子的位置，以此控制电动机的运行。这种方法不需要其他的起动方式，可实现转子位置信息的全程检测，但对电动机本体的数学模型依赖大，当电动机参数因温度变化发生漂移时，会使控制精度受到影响。另一方面由于利用在线实时计算，计算过程复杂，当电动机转速较高时，必须采用数字信号处理器 DSP 以及高速 A/D 转换器，增加了系统的成本。其具体实现方法主要有电流注入法、卡尔曼滤波法、状态观测法等。

3. 续流二极管电流检测法

这种方法是通过检测逆变器不导通相功率管上反并联的续流二极管的导通状态，间接检测反电动势过零点，以获得转子位置信息。

以上几种转子位置检测方法中，反电动势过零法使用最广泛，技术最成熟。

目前，无刷直流电动机的研究主要集中在以下方面：

（1）无机械式转子位置传感器控制。现有的几种方法都存在各自的局限性，仍在不断完善之中。

（2）转矩脉动控制。存在转矩脉动是无刷直流电动机的固有缺点，特别是随着转速升高，换相导致转矩脉动加剧，并使平均转矩显著下降。减小转矩脉动是提高无刷直流电动机性能的重要方面。

（3）智能控制。随着信息技术和控制理论的发展，在运动控制领域中，一个新的发展方向就是先进控制理论，尤其是智能控制理论的应用。目前，专家系统、模糊逻辑控制和神经网络控制是 3 个最主要的理论和方法。其中，模糊控制是把一些具有模糊性的成熟经验和规则有机地融入到传动控制策略中，现已成功地应用到许多方面。随着无刷直流电动机应用范围的扩大，智能控制技术将受到更广泛的重视。

4.3.4　无刷直流电动机的应用举例

CJ-1C 型地震磁带记录仪采用直流电源供电，驱动磁带的稳速电动机要求寿命长、可靠、无火花，不产生无线电干扰。因此，选用无刷直流电动机驱动。电动机稳定转速为 500r/min，经两级皮带减速后驱动直径为 $\phi2$ 的卷轴主轴，以拖动磁带稳速运行，其负载转矩不大。电动机轴上带一个永磁式测速发电机，其输出电压经整流、放大、滤波后与标准电压进行比较，由差值电压控制串联在换向电路中的调整管，从而实现稳速，如图 4-24 所示。

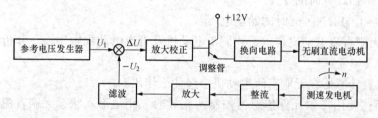

图 4-24　地震磁带记录仪电路示意

无刷电动机可用于代替直流伺服电动机作为数千瓦以下的较小容量伺服电动机，特别是在需要发挥"无电刷"这一特点的场合应用越来越多。①计算机终端设备中，噪声是个致命问题，软盘驱动器（FDD）和 VTR 驱动器就需要无电刷电动机驱动。②数控机床、机器人、组合机床等，免维修是个重要要求。例如，机器人通常都要求要有 5000～6000 小时的寿命。另外，机床要求要有 1000r/min 程度的额定速度及 1∶3000 程度的加速变速范围，机器人要求的额定速度和加速范围为 3000r/min 和 1∶1000 左右；由于稀土永磁材料的矫顽力高、剩磁大，可产生很大的气隙磁通，这样可以大大缩小转子半径，减小转子的转动惯量，因而在要求有良好的静态特性和高动态响应的伺服驱动系统中，如数控机床、机器人等应用中，无刷直流电动机比交流伺服电动机和直流伺服电动机显示了更大的优越性。③食品加工和半导体制造装置中对清洁度要求很高，电刷粉尘是个问题。半导体制造装置除了要求清洁之外，还要求高速性、组合型及昼夜运转等，适合于采用无刷电动机，容量方面多为 50～200W。

思考题与习题

4-1 简述伺服系统的基本组成，以及数控机床对伺服系统的要求。

4-2 什么是小惯量电机？什么是大惯量电机？它们各有何特点？

4-3 当直流伺服电动机的电枢电压、励磁电压不变时，如果将负载转矩减小，试问此时电动机的电枢电流、电磁转矩、转速将如何变化，并说明由原来的稳态到达新的稳态的物理过程。

4-4 直流伺服电动机在不带负载时，其调节特性有无死区？调节特性死区的大小与哪些因素有关？

4-5 一台直流伺服电动机带动一个恒转矩负载，测得始动电压为 4V，当电枢电压 $U_a = 50V$ 时，其转速为 1500r/min。若要求转速达到 3000r/min，试问要加多大的电枢电压？

4-6 一台永磁式直流伺服电动机驱动恒定负载，如果提高电枢电压 U_a，电枢电流、转速是否变化？为什么？

4-7 相对于普通直流电动机，直流力矩电动机在结构和特性上有何特点？

4-8 一台永磁式直流伺服电动机的额定数据为 $U_N = 24V$，$I_N = 0.55A$，$T_N = 0.167N \cdot m$，$n_N = 3000r/min$，$T_0 = 0.003N \cdot m$。试计算：

(1) 当 $U_a = 19.2V$ 时的 T_d；

(2) 当 $T = 0.0147N \cdot m$ 时的始动电压 U_{a0}。

4-9 将无刷直流电动机与永磁式同步电动机及直流电动机做比较，分析它们之间的异同点。

4-10 位置传感器在无刷直流电动机中起什么作用？

4-11 简述使用霍尔元件传感器控制两相导通三相星形六状态无刷直流电动机的工作原理。

4-12 如果电动机转子是多极对数时，如何设计位置传感器的结构？

4-13 无刷直流电动机能否使用交流电供电？

4-14 无刷直流电动机能否采用一个电枢绕组，为什么？

4-15 如何实现无刷直流电动机的调速、制动和反转？

4-16 请用电压平衡方程式解释，当转矩较大时，永磁无刷直流电动机的机械特性为什么会向下弯曲；为什么放大器的内阻越大，机械特性就越软。

4-17 试分析"反电动势法"无位置传感器无刷直流电动机控制原理。

第 5 章 交流伺服电动机

5.1 交流异步伺服电动机

交流伺服电动机通常都是两相异步电动机，区别只在于转子绕组电阻的大小。其功率一般从几瓦到几十瓦，在小功率自动控制系统中用作执行元件，将交流电信号转换为轴上的角位移或角速度。

当控制电压的相位改变180°时，两相异步电动机的转子就会反转，它不像三相异步电动机那样，如果要改变转子的旋转方向，就必须调换定子绕组的接线。此外，当控制电压的大小或相位改变时，电动机的转速也会跟着变化，这正是对伺服电动机的基本要求。对交流伺服电动机的其他要求也和直流伺服电动机一样，即调速范围大，机械特性和调节特性的线性度好，无自转现象，快速响应好等。交流伺服电动机也有不足，在相同功率时它的体积比直流电动机大，效率也比直流电动机低。

5.1.1 交流两相伺服电动机的结构

交流两相伺服电动机按结构分为定子和转子两大部分。

1. 定子

交流两相伺服电动机的定子与三相异步电动机的定子相似，区别在于交流伺服电动机的定子铁芯中放置着空间互差 90°电角度的两相定子绕组，如图 5-1 所示，其中一相称为励磁绕组 F，另一相称为控制绕组 C。通常两个相绕组绕法相同，但匝数、导线直径及长度均不相同。运行时，励磁绕组 F 接到固定的交流电源上，由定值交流电压励磁；而控制绕组 C 接到同一频率但幅值和相位可变的控制电压上，常由伺服放大器供电进行控制，如图 5-2 所示。

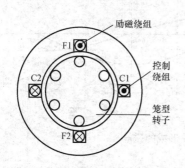

图 5-1 两相伺服电动机绕组分布

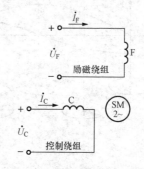

图 5-2 两相伺服电动机示意

2. 转子

转子按结构分为笼型和杯型两种。

笼型转子的结构与普通三相笼型异步电动机的转子相同，但转子做得细长，笼型转子的导条与转子铁芯槽数相等，嵌放在转子铁芯槽内，铜（或铝）条的端面部分分别焊接在两个

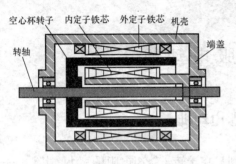

图 5-3 杯型转子结构

铜端环上，这样组成了转子绕组，且保证临界转差率 $s_m \geqslant 1$。这类电动机结构紧凑，励磁电流小，性能优良，因此用得较多。其缺点是转子惯量较大。

杯型转子伺服电动机的结构如图 5-3 所示。它的外定子与笼型电动机完全一样。内定子由硅钢片叠压在一个端盖上，其上不放绕组，只是代替笼型转子的铁芯，作为电动机磁路的一部分，以减小磁阻。在内、外定子之间套有安装在转轴上的薄壁杯，称为杯型转子。空心杯由非磁性材料铝或铜制

成，壁厚一般在 0.3mm 左右，使之轻而薄，因而具有较大的转子电阻和很小的转动惯量，快速性好。杯型转子可以在内、外定子间的气隙中自由转动，而内、外定子是不动的。在旋转磁场的作用下，杯型转子中就会感应出电动势和形成涡流，从而产生转矩，这和笼型转子导条、集电环的作用相同。这种电动机的转子无齿槽，所以运转平稳、噪声低。但由于其气隙大（空心杯转子与内、外定子间形成两部分气隙，且杯子本身不导磁），所以励磁电流大，效率低，体积大，但空心杯转子很轻，转动惯量小，在要求运转比较平稳的场合得到广泛应用。

5.1.2 交流两相伺服电动机的磁场

1. 椭圆形旋转磁场的形成

在两相绕组中通入两相正弦交流电流，相位差 90°，如图 5-4 所示，两相电流的瞬时值表达式为

$$i_C = I_{Cm}\sin(\omega t - 90°) = \alpha I_{Fm}\sin(\omega t - 90°)$$

$$i_F = I_{Fm}\sin\omega t \tag{5-1}$$

其中，$\alpha = I_{Cm}/I_{Fm}$ 为控制绕组与励磁绕组电流幅值的比值，称为有效信号系数。为使讨论简化，假设两相伺服电动机为一对极（$p = 1$）。

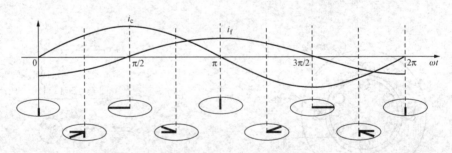

图 5-4 两相电流波形及形成的磁场

以笼型两相伺服电动机为例，分析两相伺服电动机定子绕组通入两相正弦交流电时产生磁场的情况。与单相异步电动机磁场分析方法相似，励磁绕组 F 中通入单相交流电后，当电流为正时形成的磁场方向为向左（$0 < \omega t \leqslant \pi$），当电流为负时形成的磁场方向为向右（$\pi < \omega t \leqslant 2\pi$）。电流随时间按正弦规律变化时，其产生的磁场大小也按正弦规律变化，但磁场的轴线始终沿横轴方向固定不变，即产生一个横向脉振磁场。

当控制绕组 C 中通入单相交流电后，由于两相绕组空间位置上互差 90°电角度，通电时间

上互差 90°相位角，所以绕组 C 中电流为负时形成的磁场方向为向下（$0<\omega t\leqslant\pi/2$，$3\pi/2<\omega t\leqslant 2\pi$）；电流为正时形成的磁场方向为向上（$\pi/2<\omega t\leqslant 3\pi/2$）。电流随时间按正弦规律变化时，其产生的磁场大小也按正弦规律变化，但磁场的轴线始终沿纵轴方向固定不变，即产生一个纵向脉振磁场。

任一时刻，横向脉振磁场与纵向脉振磁场的叠加即为两相正弦交流电产生的合成磁场。电流变化一个周期，磁场在空间旋转了 360°电角度，平均转速是 $60f/p$（r/min）。在幅值控制时，如图 5-5 (a) 所示，通常 $0<\alpha<1$（即 $I_{Cm}\neq I_{Fm}$ 且 $I_{Cm}\neq 0$），α 小，控制电流小，控制绕组的磁通势也就小，即图中短（纵）轴 F_{Cm} 也就小，两相合成磁场的轨迹是一个椭圆，即气隙内产生一个椭圆形旋转磁场。磁场的转向由两相的相序决定，相序由超前相至滞后相，α 决定磁场椭圆的程度。特殊地，当 $\alpha=1$ 时，通入的电流 $I_{Cm}=I_{Fm}$，则 $F_{Cm}=F_{Fm}$，合成磁场是一个圆形旋转磁场；当 $\alpha=0$ 时，控制绕组电流 $I_{Cm}=0$，合成磁场是一个单向脉振磁场，它们是椭圆磁场的两种特例，如图 5-5 (b)、(c) 所示。可见，α 的大小表征了伺服电动机所施加控制信号的大小，所以称为有效信号系数。

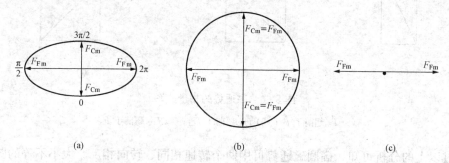

图 5-5 椭圆形旋转磁场及其特例

(a) $0<\alpha<1$；(b) $\alpha=1$；(c) $\alpha=0$

2. 椭圆形旋转磁场的分解

当交流伺服电动机两相绕组中的电流相位差 90°，且幅值不相等时，气隙中会产生一个椭圆形旋转磁场。这时两相磁通势的波形均为正弦波，磁通势的瞬时值表达式为

$$f_C = \alpha F_{Fm}\sin(\omega t - 90°)$$
$$f_F = F_{Fm}\sin\omega t \tag{5-2}$$

于是，可将 f_F 和 f_C 进行如下分解

$$f_F = \left(\frac{1+\alpha+1-\alpha}{2}\right)F_{Fm}\sin\omega t$$
$$= \left(\frac{1+\alpha}{2}\right)F_{Fm}\sin\omega t + \left(\frac{1-\alpha}{2}\right)F_{Fm}\sin\omega t$$
$$= f_{F1} + f_{F2} \tag{5-3}$$
$$f_C = \frac{1+\alpha-(1-\alpha)}{2}F_{Fm}\sin(\omega t - 90°)$$
$$= \left(\frac{1+\alpha}{2}\right)F_{Fm}\sin(\omega t - 90°) + \left(\frac{1-\alpha}{2}\right)F_{Fm}\sin(\omega t + 90°)$$
$$= f_{C1} + f_{C2} \tag{5-4}$$

将 f_F 和 f_C 共同作用下的磁通势进行重新组合，f_{F1} 和 f_{C1} 幅值相等，相位差 90°，相序与

原来相同，其合成磁通势 F^+ 产生一个正向圆形旋转磁场，转向与原来椭圆旋转磁场相同，F^+ 对应时域展开是一个正弦波，其有效值为 $(1+\alpha)F_{\text{Fm}}/2$；$f_{\text{F2}}$ 和 f_{C2} 幅值相等，相位差 $90°$，相序与原来相反，其合成磁通势 F^- 产生一个反向圆形旋转磁场，转向与原来椭圆旋转磁场相反，F^- 对应时域展开也是一个正弦波，其有效值为 $(1-\alpha)F_{\text{Fm}}/2$，如图 5-6 所示。

$$f_{\text{F1}} + f_{\text{C1}} = \left(\frac{1+\alpha}{2}\right)F_{\text{Fm}}[\sin\omega t + \sin(\omega t - 90°)]$$

$$= \frac{1+\alpha}{2}\sqrt{2}F_{\text{Fm}}\sin(\omega t - 45°) \tag{5-5}$$

$$f_{\text{F2}} + f_{\text{C2}} = \left(\frac{1-\alpha}{2}\right)F_{\text{Fm}}[\sin\omega t + \sin(\omega t + 90°)]$$

$$= \frac{1-\alpha}{2}\sqrt{2}F_{\text{Fm}}\sin(\omega t + 45°) \tag{5-6}$$

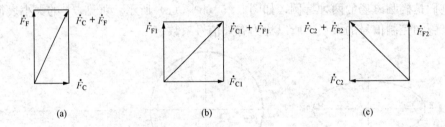

(a) 　　　　　　　　　　　(b) 　　　　　　　　　　　(c)

图 5-6 磁通势的相量关系

(a) $\dot{F}_{\text{F}}$ 超前于 $\dot{F}_{\text{C}}$；(b) $\dot{F}_{\text{F1}}$ 超前于 $\dot{F}_{\text{C1}}$；(c) $\dot{F}_{\text{C2}}$ 超前于 $\dot{F}_{\text{F2}}$

通过以上的分析可知，椭圆磁通势可用两个转速相同、转向相反、大小不等的圆形旋转磁通势来代替。它们对应产生两个圆形旋转磁场。其中一个转向与原来椭圆旋转磁场转向相同，称为正向圆形旋转磁场，其大小为 $(1+\alpha)F_{\text{Fm}}/2$；另一个则相反，称为反向圆形旋转磁场，其大小为 $(1-\alpha)F_{\text{Fm}}/2$，如图 5-7 所示。

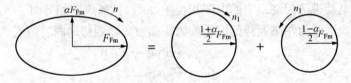

图 5-7 椭圆形旋转磁场的分解

5.1.3 交流两相伺服电动机的机械特性

1. 单相脉振磁场作用下的机械特性

异步电动机只有一相绕组通交流电的工作状态称为单相运行状态，两相伺服电动机的控制绕组电压 $U_{\text{C}}=0$ 时，就是单相运行，此时定子绕组产生脉振磁场，脉振磁场可分解成两个转速相等、转向相反的旋转磁场。这两个旋转磁场都将在转子中感应电动势和电流，并产生电磁转矩。T^+ 和 T^- 分别表示正、反向旋转磁场与转子作用产生的正、反向转矩。其中 $T^+ > 0$，$T^- < 0$，T^+ 和 T^- 关于坐标原点 $(T=0，n=0，s=1)$ 对称。总的电磁转矩 $T = T^+ + T^-$，此时转矩 T 具有如下特点。

（1）$n=0$，$s=1$ 时 $T=0$，曲线过原点，电动机没有启动转矩，不能自行起动。

（2）对于两相伺服电动机，转子电阻大，单相运行时总的电磁转矩如图 5-8 所示，机械特性分布在 Ⅱ、Ⅳ 象限。电磁转矩总是与转向相反，是制动转矩。可见两相伺服电动机运行时，一旦控制信号消失，电动机立即停转，即无自转。转子电阻越大，机械特性越接近直线。为了保证无自转，转子电阻采用电阻率高的材料，如黄铜或青铜，一般使其临界转差率 $s_m \geqslant 1$，通常取 3 或 4 即可。而图 5-9 所示为单相驱动电动机机械特性。

图 5-10 为不同转子电阻所对应的机械特性。转子电阻增大时最大转矩 T_m 不变，临界转差率 s_m 增大。只要转子电阻足够大，s_m 就可大于 1。对于驱动电动机，为了提高效率，转子电阻小，s_m 小，起动转矩低而稳定运行的转速范围小，如图 5-10 中曲线 1 所示。对于两相伺服电动机，为了保证单相无自转，要求第 Ⅰ 象限的机械特性全是下垂的（对应恒转矩负载），转子电阻大，起动转矩大，稳定运行转速范围变宽，而且还使机械特性有较好的线性。曲线 2 是两相伺服电动机的机械特性；转子电阻大，电动机效率低，发热严重，所以两相伺服电动机的功率都小。

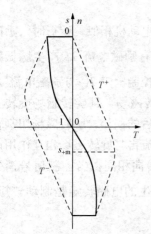

图 5-8 单相伺服电动机
机械特性（$\alpha = 0$）

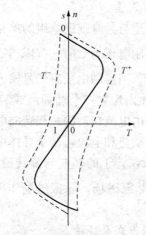

图 5-9 单相驱动电动
机机械特性

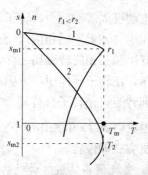

图 5-10 不同转子电阻机械特性
1—驱动电机机械特性；
2—伺服电机机械特性

2. 椭圆磁场作用下的机械特性

一个椭圆旋转磁场可分解为转速相等、转向相反、幅值不等的两个圆形旋转磁场。所以它的转矩可由这两个圆形旋转磁场的转矩叠加而成，如图 5-11 所示。图中 T^+ 和 T^- 分别表示正、反向圆磁场的机械特性，T 为椭圆磁场的机械特性。由于正向磁场磁通势大于反向磁场磁通势，当 $n=0$，$s=1$ 时，$T = T_d = T^+ + T^- > 0$。

在系统中，控制信号是随时改变的，图 5-12（a）为两相电动机在不同有效信号系数 α 时的特性曲线。椭圆磁场时的理想空载转速 n_0 低于磁场（同步）转速 n_1。当负载转矩 T_L 不变时，控制电压越大，α 越大，转速越高；相同转速时，α 越大，转矩越大。根据机械特性曲线可绘出椭圆磁场时的调节特性，如图 5-12（b）所示。

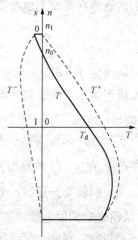

图 5-11 椭圆磁场作用
下的机械特性

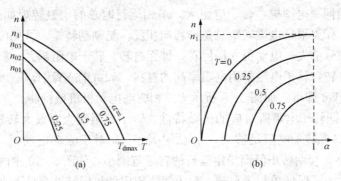

图 5 - 12　机械特性与调节特性

（a）机械特性；（b）调节特性

5.1.4　交流两相伺服电动机的工作原理

1. 交流两相伺服电动机的工作原理

交流两相伺服电动机的工作原理与具有辅助绕组的单相异步电动机相似，运行时，励磁绕组接单相交流电固定不变，当控制电压为 0 时，气隙内磁场仅有励磁电流 i_F 产生脉振磁场，电动机无起动能力，转子不转；当控制电压有信号输入时，控制电流 i_C 与励磁电流 i_F 共同作用（二者不同相位），在气隙内建立一个椭圆形或圆形旋转磁场，且旋转磁场旋转方向的规律和三相旋转磁场一样，即由电流超前的一相转向电流滞后的一相，旋转磁场切割转子导体，在转子导体中产生感应电动势和电流，转子导体中的电流再与旋转磁场相互作用产生力和转矩，使转子自行转动起来，转子的转向与旋转磁场的转向相同；当控制信号消失后，励磁电流 i_F 单独作用下产生脉振磁场，脉振磁场作用下产生的电磁转矩是制动转矩，电动机会立即停转。

2. 交流两相伺服电动机的控制方式及特性

伺服电动机不仅需具有起动和停止的伺服性，还需具有转速的大小和方向的可控性。

如果将交流伺服电动机的控制电流 i_C 的相位改变 180°，则控制电流 i_C 以及由 i_C 所建立的磁通势在相位上也改变 180°，与式（5-1）比较，有

$$i_C = \alpha I_{Fm}\sin(\omega t + 90°)$$

$$i_F = I_{Fm}\sin\omega t \tag{5-7}$$

而励磁电流 i_F 未变，可见 i_C 变为超前于 i_F，由旋转磁场理论知，旋转磁场的旋转方向是由电流超前相的绕组转向滞后相的绕组，于是电动机的旋转方向就改变了，因此控制电流 i_C 的相位改变 180°，可以改变交流伺服电动机的旋转方向。

实际上，两相绕组电流相位差大于 0°小于 90°，都将产生一个椭圆形旋转磁场。所以，只要改变 i_C 与 i_F 的超前滞后相位关系，就可以改变电动机的转向。

当负载转矩一定时，如果控制电压 $\dot{U}_C$ 的相位不变而幅值改变了，将改变旋转磁场的椭圆度，从而改变伺服电动机的转速。所以改变控制电压 $\dot{U}_C$ 的大小和相位，就可以控制电动机的转速和转向。据此，交流伺服电动机的控制方式有以下三种：

（1）幅值控制。保持控制电压 $\dot{U}_C$ 的相位不变，仅改变其幅值来控制转速。

接线如图 5 - 13（a）所示，控制电压 $\dot{U}_C$ 与励磁电压 $\dot{U}_F$ 的相位差始终保持 90°电角度，调节控制电压的大小来改变气隙旋转磁场的椭圆度，进而改变电动机转速。$\dot{U}_C$ 大小不同，可以得到图 5 - 14 所示不同的机械特性和调节特性。由机械特性可知，负载转矩一定时，控制电压越高，电动机的转速就越高。

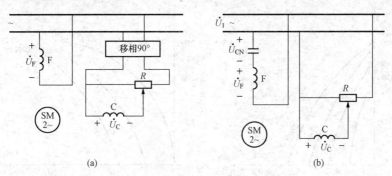

图 5 - 13　交流伺服电动机控制方法接线
（a）幅值或相位控制；（b）幅 - 相位控制

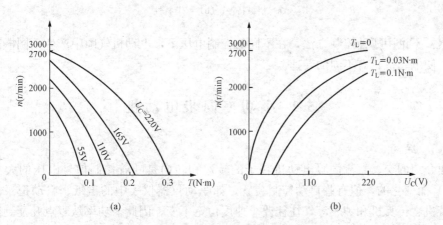

图 5 - 14　幅值控制的机械特性和调节特性
（a）机械特性；（b）调节特性

（2）相位控制。保持控制电压 $\dot{U}_C$ 的幅值不变，仅仅改变其相位来控制转速。

相位控制通过移相器给控制绕组供电，移相角度可以调节。控制电压的相位不同，旋转磁场的椭圆度也不同，进而改变电动机转速，当改变控制绕组与励磁绕组超前滞后相位关系时，电动机即反转。当控制绕组与励磁绕组同相位时，电动机停转。相位控制比其他控制方式所对应机械特性和调节特性的线性度都好。但由于此方式线路复杂，一般用得较少。

（3）幅 - 相控制。同时调节控制电压 $\dot{U}_C$ 的幅值和相位来控制转速。

幅 - 相控制（又称电容控制），接线如图 5 - 13（b）所示，励磁绕组串联移相电容器 C 后接到单相电源上，则励磁绕组上电压 $\dot{U}_F = \dot{U}_1 - \dot{U}_{CN}$，控制绕组通过电压调节器（如交流放大器或分压电阻器）接在同一交流电源上，控制电压 $\dot{U}_C$ 与电源电压 $\dot{U}_1$ 同相位，当 $\dot{U}_C$ 的幅值随控制信号变化时，由于转子绕组磁耦合作用，励磁绕组中的励磁电流 $\dot{I}_F$ 也变化，使

$\dot{U}_{CN}$ 大小、相位改变，相应地 $\dot{U}_F$ 大小、相位改变，使 $\dot{U}_F$ 与 $\dot{U}_C$ 的相位差也改变，进而影响到气隙旋转磁场的椭圆度及电动机的转速。可见，这是一种幅值和相位复合的控制方式，电容 C 起到分相作用，而不再需要复杂的移相器，由于设备简单、成本低，是应用最多的方式。其机械特性和调节特性如图 5-15 所示。

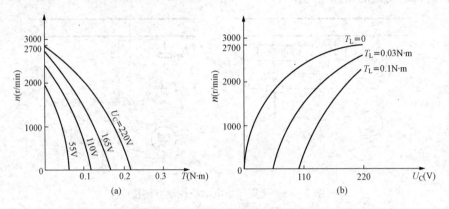

图 5-15　幅-相控制机械特性和调节特性

（a）机械特性；（b）调节特性

显然，不论用哪种控制方法，在不同的控制电压下，电动机气隙中产生不同椭圆度的旋转磁场，使电动机具有不同的转速。

5.2　小功率同步电动机

5.2.1　结构

前面介绍的交、直流伺服电动机转子的转速和转向是随着控制信号电压的大小和极性（或相位）而变化的，但有些自动控制装置，如驱动仪器仪表中的走纸、自动记录仪、录音录像磁带机、传真机和钟表等，往往要求速度恒定不变，因此，功率从零点几瓦到数百瓦的小功率同步电动机在这些装置中得到了广泛应用。

小功率同步电动机结构比较简单，转速恒定，能自行起动，起动电流小，噪声低。在电源电压或负载发生波动时，能维持严格的恒定转速。

小功率同步电动机由定子和转子两部分组成，定子铁芯通常由带有齿和槽的冲片叠成，在槽中嵌入三相或两相绕组。当三相电流通入三相绕组或两相电流（包括单相电源经过电容移相）通入两相绕组时，定子气隙中就会产生旋转磁场，旋转磁场的转速即为同步转速，即

$$n_0 = \frac{60f}{p} \qquad \text{r/min} \tag{5-8}$$

式中　f——电源频率；

　　　p——电动机极对数。

还有一些微小容量的单相交流电动机，定子结构采用罩极形式，称为罩极式电动机。定子铁芯为凸极式，由硅钢片叠压而成，可以做成两极或多极的，两极凸极式罩极电动机的结构如图 5-16 所示。在每个极上绕有工作绕组 A，运行时接交流电源，在每个磁极极靴的一侧套有一个匝数很少的闭合绕组或铜制的导电短路环 K，称为罩极绕组。罩极绕组的作用是

保证单相绕组通入单相交流电后产生旋转磁场。

5.2.2 罩极式电动机工作原理

工作绕组 A 通入单相交流电后，将产生脉振磁场，其中的磁通 $\dot{\Phi}$ 穿过没被罩极绕组包围的极面，另一部分磁通 $\dot{\Phi}'$ 穿过被罩极绕组包围的极面。由于脉振磁通穿过罩极线圈，罩极线圈中将产生感应电动势 $\dot{E}_k$ 和电流 $\dot{I}_k$，$\dot{I}_k$ 产生的磁通势又产生磁通 $\dot{\Phi}_k$。穿过罩极绕组的总磁通为 $\dot{\Phi}'$ 和 $\dot{\Phi}_k$ 的合成磁通 $\dot{\Phi}''$，即 $\dot{\Phi}'' = \dot{\Phi}' + \dot{\Phi}_k$。已知罩极绕组中的感应电动势 $\dot{E}_k$ 在相位上滞后 $\dot{\Phi}''90°$，感性负载中 $\dot{I}_k$ 滞后 $\dot{E}_k$ 一个 φ 角度。相量图如图 5-17 所示，由图知磁通 $\dot{\Phi}$ 超前 $\dot{\Phi}'$。

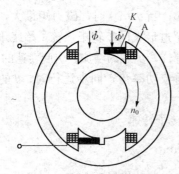
图 5-16 罩极式电动机的定子

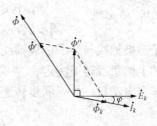
图 5-17 罩极式电动机相量图

从图 5-17 相量图可知，两个磁通 $\dot{\Phi}$ 与 $\dot{\Phi}''$ 的幅值不同，相位也不同。因此，$\dot{\Phi}$ 与 $\dot{\Phi}'$ 的合成磁场为一个椭圆形旋转磁场，根据旋转磁场理论可知，转向由磁通超前的 $\dot{\Phi}$ 转向磁通滞后的 $\dot{\Phi}'$，即由未罩极部分转向罩极部分。在该磁场作用下，电动机获得起动转矩转动起来。

罩极式电动机的罩极位置不变，所产生的旋转磁场的转向（即电动机的转向）也固定不变，因此，罩极式电动机的转向是不可逆的。要改变其转向，只有将定子铁芯从机座中取出，反向以后重新装入。

5.2.3 小功率同步电动机的分类

小功率同步电动机的定子结构基本相同，其作用都是产生一个旋转磁场。但是，转子结构和材料却有很大的差别，其运行原理也完全不同。根据转子形式的不同，小功率同步电动机主要有三种类型，即永磁式、磁阻式（或称反应式）和磁滞式。这些电动机的转子上都没有绕组，也不需要电刷和集电环，因而具有结构简单、运行可靠、维护方便等优点。

5.3 永磁式同步电动机

前面讨论的拖动用同步电动机其转子磁场是靠转子励磁绕组通入直流励磁电流产生的。如果转子用永久磁钢代替电励磁，省去励磁绕组、励磁电源、集电环和电刷，而定子基本不变，仍输入三相对称正弦交流电，则该电动机就称为永磁式同步电动机。永磁式同步电动机由于没有励磁损耗，其效率较高。

5.3.1 工作原理

永磁式同步电动机的转子用永久磁钢做磁极，可以是两极的或多极的。

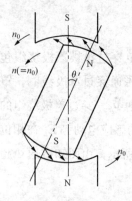

图 5-18 永磁式同步
电动机工作原理

图 5-18 为两极永磁转子。定子绕组通电后产生一个两极的圆形旋转磁场，图中用外面的一对旋转磁极表示。中间的转子是一个两极永久磁钢。当定子磁场以同步转速 n 沿图示方向旋转时，根据磁极间同性相斥、异性相吸原理，定子旋转磁极就要吸引转子，使转子以相同的转速 n 旋转，即定、转子保持同步旋转。当加在转子上的负载转矩增大时，定子磁极轴线与转子磁极轴线的夹角 θ 就会增大，反之就会减小。两磁极间的磁力线如同弹性的橡皮筋一样被拉长、拉短，但总是力图把自己收缩到最短，并力图把异性磁极拉到一起。当 $\theta=0°$ 时，转子磁极正位于定子异性磁极下方，两磁极轴线重合，转子受到的磁力矩为 0；当 $\theta=90°$ 时，磁力矩最大，称为最大同步转矩。只要负载转矩不超过最大同步转矩，转子始终跟着定子同步旋转。而不像异步电动机那样，负载的增加会引起转速的下降。

定子磁极轴线与转子磁极轴线的夹角 θ 称为失调角或功率角，同步运行时，θ 的大小由电动机轴上的负载转矩决定。

与异步电动机一样，同步转速为式（5-9），即为转子转速

$$n = n_0 = \frac{60f}{p} \qquad \text{r/min} \qquad (5-9)$$

由式（5-9）中可知，转子转速取决于电源频率 f 和电动机极对数 p。如果电动机轴上的负载转矩超过最大同步转矩，转子就不再为同步转速，转速降低甚至停止转动，这就是同步电动机的"失步"现象。因此使用同步电动机时，负载转矩不得超过最大同步转矩。

5.3.2 起动方法

单纯的永磁式同步电动机起动困难。因为刚合上电源瞬间，电动机气隙中产生了旋转磁场，转子受到转矩 T 的作用，方向与磁场转速 n_0 相同，如图 5-19（a）所示。但原来静止的转子具有惯性作用，所以一开始时转子转速极低，而定子电流所产生的旋转磁场一开始就是同步转速 n_0。当旋转磁场已转过 180° 时，转子还没有明显转动，即到了图 5-19（b）的情况，这时转子受到的转矩与原来方向相反，转子应该向相反方向转动。当旋转磁场转动 360° 时，转子几乎还在原位，又回到了图 5-19（a）的情况，T 又与 n_0 方向相同。因此，在起动过程中，转子受到的转矩时正时负，平均转矩为 0，电动机无法自行起动。

可见，影响永磁式同步电动机自行起动的因素主要有两个方面：①转子本身存在惯性；②定子、转子磁场之间转速相差过大，即转差率过大。

为了使永磁式同步电动机能顺利起动，在转子上一般都装有起动绕组。永磁式同步电动机典型结构如图 5-20 所示。它的定子与异步电动机的定子完全相同，转子主要由两部分组成：一部分是两块圆形的永久磁钢，它可以是两极的，也可以是多极的，装在转子的两端；另一部分是笼型的起动绕组，位于转子的中间，起动绕组的结构与一般笼型伺服电动机相似，是短时

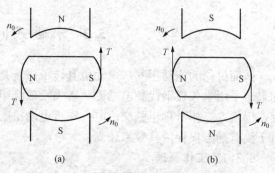

(a)　　　　　　　　　(b)

图 5-19 永磁式同步电动机的起动

工作方式。这样，电动机通电后像异步电动机一样以异步方式起动，笼型转子在旋转磁场中产生感应电动势和感应电流，感应电流再与磁场相互作用，使转子产生电磁转矩，电磁转矩将转子由静止状态逐渐加速到接近同步转速（$n > 95\% n_0$）后，再由定子旋转磁场和转子永久磁钢相互作用，把转子拉入同步转速 n_0。而按异步电动机运行时，转子转速永远达不到 n_0。

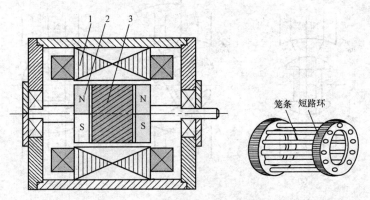

图 5-20　永磁式同步电动机的结构
1—定子；2—永久磁钢；3—笼型起动绕组

　　一些转动惯量小或转速低的永磁式同步电动机，可以不另装起动绕组也能自行起动。

　　永磁式同步电动机结构简单，但功率因数较低，容量也不大。常用于需要固定转速的电动机发电机组中。

5.4　磁阻式同步电动机

5.4.1　工作原理

　　磁阻式同步电动机又称为反应式电动机。它的定子与驱动用同步电动机或异步电动机相同，转子结构形式如图 5-21 所示。图（a）为四极凸极式；图（b）为两极非凸极式，其铁芯内部有槽；图（c）为两极转子，转子铁芯用导磁率不同的铝和电工钢制成。转子不论做成哪种结构形式，其共同点是沿整个圆周的磁阻大小不同。

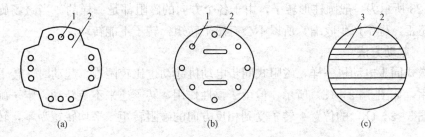

图 5-21　磁阻式同步电动机的转子结构
（a）凸极式；（b）非凸极式；（c）不同导磁材料制成
1—笼型绕组；2—电工钢；3—铝

　　磁阻式同步电动机与永磁式同步电动机的转子完全不同，它的转子本身没有磁性，也不产生磁性。图 5 - 22 表示两极磁阻式同步电动机的工作原理。图中外边的磁极表示定子绕组所产生的旋转磁场，中间是一个两极的凸极转子，由导磁材料制成。顺着凸极的方向称为直轴，与直轴垂直的方向称为交轴。显然，直轴方向磁阻最小，交轴方向磁阻最大，其他方向的磁阻介于两者之间。

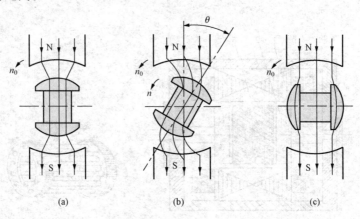

图 5 - 22 磁阻式同步电动机

(a) $\theta=0°$；(b) $0°<\theta<90°$；(c) $\theta=90°$

设 θ 为旋转磁场的轴线与转子直轴方向夹角，即功率角。当 $\theta=0°$ 时，旋转磁场的磁力线通过磁阻最小的路径而闭合，转子虽然被磁化，但磁力线并不扭歪。此时转子只承受径向磁拉力，所以转子不产生磁阻转矩，即 $T=0$，转子处于稳定平衡状态。当 $0°<\theta<90°$ 时，磁力线力图通过磁阻最小的路径，因而磁力线被扭歪了。磁力线类似于弹簧或橡皮筋，有尽量把自己收缩到最短的趋势，使所经过的路径为磁阻最小。因此磁力线收缩将力图使转子恢复到 $\theta=0°$ 的位置，使磁阻最小，转子受到了磁阻转矩 T 的作用，迫使转子跟着旋转磁场以同步转速转动。当 $\theta=90°$ 时，磁阻最大，但磁力线并不扭歪，磁力线产生的转矩为 0。显然，当 $\theta=45°$ 时，T 取得最大值，此值为反应式同步电动机的最大同步转矩。

加在转子轴上的负载转矩越大，θ 角就越大，磁通被扭曲的程度就大，因而产生出更大的转矩与负载转矩相平衡。但转子轴上的负载转矩超过了电动机的最大同步转矩时，电动机就会失步，甚至停转。

图 5 - 23 所示为一般圆柱形转子，由于各个方向的磁阻都是一样的，当磁场旋转时，磁通不发生扭曲，也不产生收缩，所以不会有磁阻转矩，转子不能转动。

5.4.2 起动方法

与永磁式同步电动机一样，磁阻式同步电动机起动也比较困难。起动时，转子受到磁阻转矩的作用，如图 5 - 24 (a) 所示，但由于惯性作用，转子还来不及转动，定子旋转磁场很快就转到图 5 - 24 (b) 的位置。转子受到相反方向的磁阻转矩，平均转矩为零，转子不能自行起动。

三相磁阻式电动机可以利用异步起动的方法自行起动，在其转子上加装笼型起动绕组，如图 5 - 21 (a) 和图 5 - 21 (b) 所示，或转子加金属部件作为起动绕组，如图 5 - 21 (c) 所示。单相的磁阻式电动机和单相异步电动机相同，可以利用电容分相式或罩极式起动，起动后近于同步转速时，借助磁阻转矩将转子拉入同步转速。

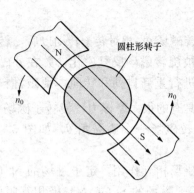

图 5 - 23 圆柱形转子无磁阻转矩

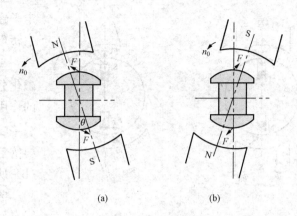

图 5 - 24 磁阻式同步电动机不能自行起动

5.5 磁滞式同步电动机

5.5.1 结构

磁滞式同步电动机的定子与一般同步电动机相同，功率较小时也可采用罩极结构。在转子结构上可做成内转子式或外转子式，简单的磁滞电动机转子是无齿槽的光滑圆柱体，用磁滞回线较宽的硬磁材料（如铁钴钒合金、铁钴钼合金等）制成。硬磁材料的磁滞现象非常显著，其磁滞回线宽，剩磁密 B_r 及矫顽磁力 H_c 都比较大，如图 5 - 25 所示。磁材料被磁化时，磁分子会做有规则的运动，硬磁材料中，阻碍这种运动的摩擦力会很大。为了节约贵重的硬磁材料，转子用不同的材料制成，如图 5 - 26 所示。硬磁材料有效环由整块硬磁材料铸成或由硬磁材料冲片叠压而成。衬套筒可用磁性或非磁性材料制成。

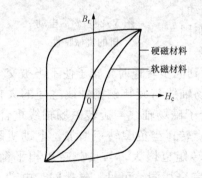

图 5 - 25 不同材料的磁滞回线

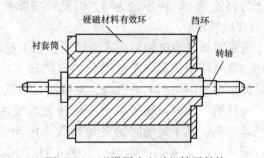

图 5 - 26 磁滞同步电动机转子结构

5.5.2 工作原理

定子通电后，所产生的旋转磁场用一对 N、S 磁极来表示，其磁通为 $\dot{\Phi}_S$，当旋转磁场以同步转速 n_0 相对于转子旋转时，转子的每一部分都被反复磁化。所有的磁化分子都将跟随着旋转磁场的方向进行排列。

定子通电开始瞬间，转子磁化分子排列的方向与旋转磁场轴线方向一致，即定、转子磁通 $\dot{\Phi}_S$ 与 $\dot{\Phi}_R$ 轴线重合，如图 5 - 27（a）所示。为了清楚起见，图中只画出两个磁分子，此时

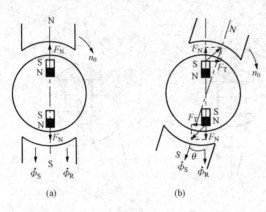

图 5-27 磁滞同步电动机工作原理

定子磁场与转子之间只有径向磁力 F_N，不产生转矩。

当旋转磁场 $\dot{\Phi}_S$ 相对转子转动以后，转子磁化分子被旋转磁场反复磁化，并在外磁场的作用下进行重新排列和转向，硬磁材料磁分子间所具有的很大摩擦力，使转子磁场 $\dot{\Phi}_R$ 要落后旋转磁场一个磁滞角 θ，如图 5-27(b) 所示。

两个磁场相互作用，定子磁场的 N（或 S）极与转子磁场的 S（或 N）极相互吸引，使转子上受到一个力 F 的作用。这个力可以分解为一个径向力 F_N 和一个切向力 F_T，其中切向力 F_T 产生磁滞转矩 T_Z，在 T_Z 的作用下，转子就跟随着定子旋转磁场转动起来。

磁滞角的大小只与硬磁材料的性质有关，而与旋转磁场相对于转子的转速无关。因此，当转子在低于旋转磁场同步转速 n_0 旋转时，即处于异步运行状态时，无论转子转速多高，在旋转磁场交变磁化下，磁滞角都是相同的，则所产生的磁滞转矩 T_Z 也都是相同的，而与转速无关，在 $[0 \sim n_0]$ 范围内，磁滞转矩为常数，其机械特性为一条垂直于横轴的直线，如图 5-28 中实线所示。

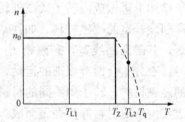

图 5-28 磁滞电动机的机械特性

硬磁材料既导磁又导电，且导电材料的电阻值比较大，当转子在异步状态下运行时，旋转磁场在交变磁化材料的同时，还会产生涡流。这时，磁滞环相当于高阻值的笼型异步电动机的转子，旋转磁场与转子的涡流共同作用，产生转矩。当转速 $n = n_0$ 时，旋转磁场与转子间无相对运动，转子的涡流为 0，转矩也为 0。因此，实际机械特性如图 5-28 虚线所示。

磁滞同步电动机如果在磁滞转矩作用下起动，并达到同步转速时，转子便不再被交变磁化，这时转子类似一个被磁化的永磁转子，转子磁场轴线与旋转磁场轴线之间的夹角不是固定不变的。当电动机理想空载时，被磁化了的转子磁场轴线与旋转磁场轴线重合，不产生转矩，此时，转子被定子旋转磁场吸住了同步旋转；当负载转矩增加，电动机瞬时减速，定、转子磁场间的夹角增大，电动机产生的转矩也增大，与负载转矩相平衡，仍以同步转速 n_0 旋转。这时与永磁式同步电动机运行完全相同。可见，磁滞同步电动机既可在同步状态下运行，又可在异步状态下运行，当负载转矩小于磁滞转矩时，即 $T_{L1} < T_Z$，电动机处于同步状态运行；当负载转矩大于磁滞转矩时，即 $T_{L2} > T_Z$，电动机处于异步状态下运行，但磁滞同步电动机在异步状态运行的情况极少，这是因为在异步状态运动时，转子铁芯被交变磁化，会产生很大的磁滞损耗（由硬磁材料分子之间的摩擦力引起的）和涡流损耗，这些损耗随转差率增大而增大，只有当转子转速等于同步转速时，才等于 0，而在起动时为最大。所以磁滞同步电动机在异步状态运行，尤其在低速运行是很不经济的。

5.5.3 起动

磁滞同步电动机最可贵的特性是具有很大的起动转矩，如图 5 - 28 虚线所示，当 $n=0$ 时，其获得的起动转矩就是最大转矩，而无需附加任何起动绕组就能自己起动，这是它最大的优点。

在陀螺仪中常采用磁滞同步电动机作为陀螺马达，它可以高速运转以保持其旋转轴线在空间位置的稳定性，其转速往往高达 10 000 r/min 以上。另外，电动舵机和时钟机构中常采用此类电动机作为执行元件。由于硬磁材料价格高，所以妨碍了其广泛应用。

5.6 电磁式减速同步电动机

在许多自动控制系统中，需要低转速、大转矩的驱动电动机，例如需要转速为每分钟几转到几十转。但一般的同步电动机由于极数不便做得太多，通常制成 10 个磁极左右，因此电动机的转速就比较高，如果通过齿轮等减速机构，将使系统变得复杂，效率降低，增加噪声、振动，甚至不能平稳运行。为了克服上述缺点，目前广泛应用各种类型的低速电动机，这类电动机不需用齿轮减速，当频率为 50Hz 时，电动机可以在低速甚至堵转下运行而不损坏。

低速电动机种类很多，有异步，也有同步。下面着重介绍目前常用的一种类型，即电磁式低速同步电动机。

5.6.1 磁阻式电磁减速同步电动机

这种电动机的定子和转子铁芯由电工钢冲片叠压而成。定子做成圆环形，外表面有均匀分布的齿槽，转子做成圆盘形，外表面也有齿槽，一般转子齿数大于定子齿数，如图 5 - 29 所示。定子槽中放有两相绕组、三相绕组或者单相罩极线圈（图中未画），转子没有绕组。定子绕组接交流电产生旋转磁场。

设该电动机是一台两极机（$p=1$），定子齿数 $Z_S=16$，转子齿数 $Z_r=18$，当某一瞬间，定子绕组产生的两极旋转磁场轴线（图 5 - 29 中用轴线 A 表示）正好和定子齿 1 和齿 9 的中心线重合时，由于磁力线总是力图要使自己经过磁路的磁阻为最小，即电磁转矩力图使转子朝着磁阻最小的方向转动，所以这时转子齿 1 和 10 将被吸引到与定子齿 1 和 9 相对齐的位置。此时定子齿 2 和转子齿 2 的夹角为 α。当旋转磁场转过一个定子齿距后，到了图中轴线 B 所表示位置时，由于磁力线要继续保持自己磁路磁阻为最小，因而转子齿 2 和 11 将被吸引到与定子齿 2 和 10 相对齐的位置。可见，当旋转磁场转过 $\theta_S=2\pi/Z_S$ 角度时，转子只转过 $\alpha=(1/Z_S-1/Z_r)2\pi$ 角度。定子旋转磁场转速与转子转速的比称为电动机的电磁减速比，用 K_r 表示，即

$$K_r = \frac{\theta_S}{\alpha} = \frac{\dfrac{2\pi}{Z_S}}{\dfrac{2\pi}{Z_S} - \dfrac{2\pi}{Z_r}} = \frac{Z_r}{Z_r - Z_S} \tag{5 - 10}$$

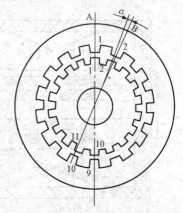

图 5 - 29 磁阻式减速同步电动机

由于旋转磁场的同步转速为 $n_0 = 60f/p$，因而电动机转速为

$$n = \frac{n_0}{K_r} = \frac{60f(Z_r - Z_s)}{pZ_r} \tag{5-11}$$

由式（5-11）可知，转子齿数 Z_r 越多，Z_r 与 Z_s 越接近，则转子的转速就越低。这种电动机的转子齿数做成很多。当每个极距下，定、转子齿数差 1 时，则有

$$\frac{Z_r}{2p} - \frac{Z_s}{2p} = 1$$

即

$$Z_r - Z_s = 2p \tag{5-12}$$

将式（5-12）代入式（5-11），可得转子转速为

$$n = \frac{120f}{Z_r} \qquad \text{r/min} \tag{5-13}$$

由此可见，当电源频率一定时，电动机的转速随着转子齿数增多而降低。为了得到低速，这种电动机的齿数较多。

5.6.2　永磁式电磁减速同步电动机

永磁式电磁减速同步电动机的结构示意如图 5-30 所示。它的定子结构与磁阻式完全相同，有定子铁芯和定子绕组。转子可分为永磁式和直流励磁式两种，小容量电动机大多采用永久磁体励磁式。即在转子上装有轴向充磁的环形永久磁体，一般使用铝镍钴合金制成，磁体两端各套有一段转子磁轭，磁轭呈杯形，杯口相对，在磁轭表面沿圆周方向铣有许多槽。槽的特点是，左右两侧转子铁芯的齿或槽必须正确地错开半个转子齿距。

图 5-31 表示左右两侧转子铁芯与定子铁芯相对位置的变化关系。为了简单起见，假设定子齿数 $Z_s = 6$，转子齿数 $Z_r = 8$，定子极对数 $p = 2$。

从图 5-30 中转子永久磁体产生的磁力线所经过的磁路（虚线所示）可知，左端（$A-A$ 端面）转子极靴上各齿具有同一极性（N 极），右端（$B-B$ 端面）转子极靴上各齿具有另一极性（S 极）。现以 $A-A$ 端面为例说明其工作原理。在图 5-31（a）所示的瞬间，定子旋转磁场的 S 极轴线分别与定子齿 1、4 轴线重合，定子旋转磁场的 N 极轴线分别与定子齿 2、3 和 5、6 之间的槽轴线重合。根据定、转子磁场同性相斥、异性相吸的原理，转子力图处于其齿 1、5 分别与定子齿 1、4 相对齐的位置。若定子旋转磁场顺时针方向转过一个定子齿距 $\theta_s = 2\pi/Z_s$，即转到图 5-31（b）所示的位置时，这时定、转子磁场相互作用，力图使转子转到其齿 2、6 分别与定子齿 2、5 相对齐的位置。这样，当定子旋转磁场在空间转过 $\theta_s = 2\pi/Z_s$ 弧度时，转子仅在空间转过 $\alpha = (1/Z_s - 1/Z_r)2\pi$ 弧度。则定子旋转磁场的转速 n_1 和转子的转速 n 之比，即电磁减速比 K_r 为

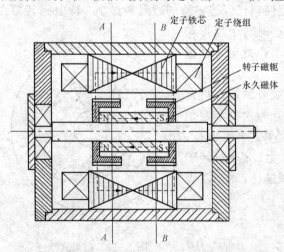

图 5-30　永磁式减速同步电动机结构简图

$$K_r = \frac{\theta_S}{\alpha} = \frac{2\pi/Z_S}{\frac{2\pi}{Z_S} - \frac{2\pi}{Z_r}} = \frac{Z_r}{Z_r - Z_S} \qquad (5-14)$$

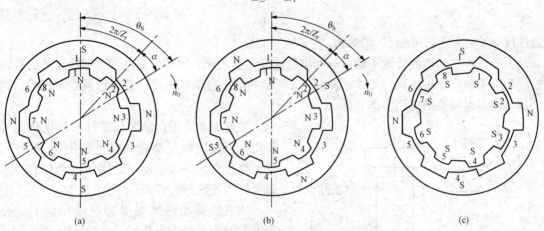

图 5-31 永磁式减速同步电动机的工作原理

(a) A−A 截面；(b) A−A 截面；(c) B−B 截面

式（5-14）表明，转子齿数 Z_r 越多，Z_r 与 Z_S 越接近，则转子的转速就越低。

用类似的方法分析图 5-31（c）B−B 端面中磁场相互作用，可以得到同样的结果。可以看出，由于左右两段转子铁芯在径向相互错开了半个转子齿距，所以它们产生的转矩及转速的方向是一致的。

由图 5-31（a）可见，当定子 S 极的轴线与转子齿中心线对齐时，定子 N 极轴线应对准转子槽中心，所以定、转子齿数应满足

$$Z_r - Z_S = p \qquad (5-15)$$

这样转子转速为

$$n = \frac{n_0}{K_r} = \frac{60f(Z_r - Z_S)}{pZ_r} = \frac{60f}{Z_r}$$

可见，在同样转子齿数时，励磁式转速比磁阻式转速减小一半。

5.7 应用举例

交流伺服电动机广泛用于自动控制系统、自动检测系统和自动计算系统中，它主要作执行元件。

图 5-32 所示为交流伺服电动机进行倒数计数的装置，U_1 为线性电位器的输入信号，U_1' 为线性电位器的输出信号，θ 为电位器的转角，三者满足关系式 $U_1' = U_1\theta$，电动机的转轴与电位器的指针转轴刚性相连，U_2 为一个幅值为 1 的恒值给定信号。

当电位器输入端加电压 U_1 时，其输出电压为 $U_1' = U_1\theta$，则差值电压 $\Delta U = U_1' - U_2 = U_1\theta - 1$，经放大后，加到伺服电动机的控制绕组上，使电动机转动并带动线

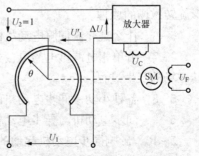

图 5-32 倒数计数装置

性电位器随之转动，则 θ 改变，使 U_1' 也随之改变，当 $\Delta U = U_1\theta - 1 = 0$ 时，电动机停止转动。此时

$$\theta = \frac{1}{U_1} \qquad\qquad (5-16)$$

通过读取 θ 的大小，可知 U_1 的数值。

　　由于同步电动机的转速不随负载和电压的变化而变化，因此，它在需要恒速运转的自动控制系统中被广泛用作执行元件。图 5-33 所示的电子自动电位差计驱动记录走带机构，为小功率同步电动机的应用实例。

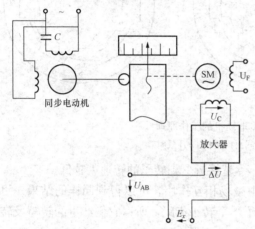

图 5-33　电子自动电位差计
指示和记录机构

　　工业上，电子自动电位差计与热电偶配套使用，可实现温度测量。它主要由测量电路、放大器、交流伺服电动机、同步电动机和指示记录机构等部分组成。

　　热电偶将检测的温度转换成相应的电压 E_x，与给定的标准电压 U_{AB} 进行比较，当 $E_x = U_{AB}$ 时，$\Delta U = U_{AB} - E_x = 0$，交流伺服电动机的控制电压 $U_C = 0$，记录指针不偏转；当 $E_x \neq U_{AB}$ 时，作为执行元件的交流伺服电动机根据放大器输入的信号而动作，它带动指针架以指示和记录被测量的数值。交流同步电动机驱动纸带机构，带动记录纸带以恒定的速度移动，以记录时间坐标。

思考题与习题

　　5-1　伺服电动机的"伺服"是什么含义？

　　5-2　交流伺服电动机的转子电阻为什么应设计成较大的电阻值？

　　5-3　交流伺服电动机有哪几种控制方式？哪一种较好？为什么？试比较它们的机械特性和调节特性与直流伺服电动机有何不同？

　　5-4　交流伺服电动机转速改变，依据的原理是什么？

　　5-5　说明交流伺服电动机，在两相绕组对称，而外加两相电压不对称时，将产生椭圆形旋转磁场的原理。

　　5-6　什么是交流伺服电动机的自转现象？应如何消除？

　　5-7　由单相电源供电的罩极式同步电动机，定子为什么能产生旋转磁场？作图说明旋转磁场的产生过程。

　　5-8　各种小功率同步电动机的转子结构有何特点？说明各自的工作原理。

　　5-9　同步电动机与异步电动机在结构上有哪些异同点？

　　5-10　影响同步电动机起动的因素主要有哪些？磁滞电动机为什么能自行起动？

　　5-11　磁阻式同步电动机的笼型绕组起什么作用？为什么异步运行时笼型绕组产生转

矩，永磁体不产生转矩，而同步运行时永磁体产生转矩，笼型绕组不产生转矩？

5-12 试分析磁阻式同步电动机不能自行起动的原因。

5-13 为什么磁滞转矩在异步状态时是不变的，但在同步状态时却是可变的？

5-14 磁滞式同步电动机的磁滞转矩为什么在起动过程中始终为一个常数？

5-15 涡流转矩和磁滞转矩在直流电动机中是否存在，它起什么作用？在交流电动机中又起什么作用？

5-16 各种小功率同步电动机的转速与负载大小有关吗？

5-17 电磁减速同步电动机的定、转子齿数应符合怎样的关系？

第6章 步进电动机

6.1 概　　述

步进电动机是一种用电脉冲进行控制，将电脉冲信号转换成相应角位移（或直线位移）的控制电动机。它可以看作是一种特殊运行方式的同步电动机。它的输入信号一般为脉冲电流，每输入一个脉冲，步进电动机就前进一步，它的运行方式是步进式的，所以称为步进电动机。又由于它输入的是脉冲信号，所以也叫脉冲电动机。

步进电动机是一种把电脉冲信号变换成角位移的执行元件，其角位移与输入脉冲数成正比，转速与脉冲频率成正比。如果在一定频率连续脉冲供电时，便可得到恒定转速。在电动机的负载能力范围内，其运行关系不受电压波动、负载变化和温度等外界因素的影响，所以步进电动机大多用于开环控制系统中，省去了反馈装置。

目前步进电动机已广泛应用于数字控制系统中，如数控机床、数控切割机、计算机软盘驱动、打印机的进纸、绘图仪的 $X-Y$ 轴驱动、机器人控制和石英钟表以及导弹和飞机的导航等。随着电子技术和计算机技术的发展，步进电动机的应用和研制领域会得到进一步发展。

步进电动机的基本特点如下。

（1）位移与输入脉冲信号数相对应，步距误差不长期积累，大多组成结构简单且具有一定精度的开环控制系统，也可以在需要更高精度时组成闭环控制系统。

（2）易于起动、停止、正反转及变速，快速响应性好。

（3）速度可以在相当宽的范围内平滑调节。可以用一台驱动器控制几台步进电动机同步运行。

（4）具有自锁能力。当控制脉冲停止输入且让最后一个脉冲控制的绕组继续通电时，电动机可以保持在固定的位置上，即停在最后一个控制脉冲所控制的角位移的终点位置上。所以步进电动机具有带电自锁能力。

（5）步距角选择范围大，可在几十角分至180°范围内选择。在小步距角情况下，通常可以在超低速下高转矩稳定运行，可以不经减速器直接驱动负载。

（6）步进电动机按应用可分为伺服式和功率式。功率步进电动机输出转矩大，可以不通过力矩放大装置直接带动机床等负载运动，简化了传动系统的结构，并具有一定的精度。

（7）电动机本体没有电刷，转子上没有绕组，也不需位置传感器，可靠性高。

（8）步进电动机需要配有专用驱动器，不能直接与普通的交、直流电源相连。增加了控制成本。

（9）步进电动机带惯性负载的能力差。

（10）存在失步、共振、振荡等现象，需合理选用步进电动机及其驱动器，同时对于内阻尼较小的磁阻式步进电动机，有时需要加机械阻尼机构。

步进电动机的种类很多，结构各异，按转子结构的不同可分为磁阻式（也称反应式）、永磁式和混合式（也称永磁感应式）三大类。其中磁阻式步进电动机用得比较普遍，结构较简单，作为本章的重点加以介绍。

6.2　磁阻式步进电动机的工作原理

6.2.1　结构特点

磁阻式步进电动机又称为反应式步进电动机，其典型结构如图 6-1 所示。这是一台四相磁阻式步进电动机，它在结构上也分为定子和转子两大部分。定子由铁芯、绕组、机座、端盖等部分组成。定子铁芯由硅钢片叠压而成，定子铁芯内圆上分布着若干个大齿，每个大齿称为一个磁极（图示有 8 个磁极）。外形凸出的磁极称为凸极式结构，每个磁极上又有许多小齿。定子的每两个相对磁极上绕有一相绕组，定子的 m 相绕组即称为控制绕组。m 可取 2、3、4、5、6 等；m=3 时，为 A、B、C 三相绕组；四相电动机共有四相绕组。电动机相数越多，相应的电源就越复杂，造价也越高。所以步进电动机一般最多做到六相，只有个别电动机才做成更多相数。可见，定子的磁极对数应为相数，即 p=m。转子铁芯也是由软磁叠片构成的，沿外圆周有很多小齿，转子上没有绕组。

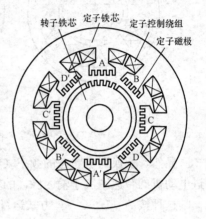

图 6-1　四相磁阻式步进电动机典型结构

根据工作要求，定子磁极上小齿的齿距和转子上小齿的齿距必须相等，齿距是相邻两齿轴线的夹角，又称为齿距角，则

$$\theta_t = \frac{360°}{Z_r} \qquad (6-1)$$

式中　θ_t——齿距角；

　　Z_r——转子齿数。

一般转子的齿数有一定的限制。图 6-1 中转子齿数 $Z_r = 50$ 个，所以，它的齿距角 $\theta_t = 7.2°$。而定子每个磁极上的小齿数为 5 个。

6.2.2　工作原理

磁阻式步进电动机的工作原理与磁阻式同步电动机一样，也是利用凸极转子所受到的磁阻转矩而转动的。图 6-2 所示为一台三相磁阻式步进电动机，定子有 6 个极，不带小齿，每两个相对的极上绕有一相控制绕组，转子只有 4 个齿，齿宽等于定子的极靴宽。

当只有 A 相控制绕组通电，B 相和 C 相都不通电时，转子齿 1 和 3 的轴线与定子 A 相磁极轴线对齐。磁阻转矩 T=0，转子转速 n=0。当断开 A 相接通 B 相时，磁场的轴线转动，由于磁力线力图通过磁阻最小的途径，转子将受到磁阻转矩 T 的作用，使转子逆时针方向转动 30°，此时转子齿 2 和 4 的轴线与定子 B 相磁极轴线对齐。当断开 B 相，接通 C 相时，则转子再转过 30°，使转子齿 1 和 3 的轴线与 C 相的磁极轴线对齐。所以按 A—B—C—A 顺序接通控制绕组，气隙中的磁场轴线步进式旋转，转子就会一步一步地按逆时针方向转动，二者转速相同。如果控制绕组通电顺序相反，即按 A—C—B—A 顺序，则电动机就反转。一种通电状态换到另一种通电状态，叫做一"拍"，每一拍转子转过一个固定的角度，

这个角度叫做步距角 θ_b，即

$$\theta_b = \frac{\theta_t}{N} = \frac{360°}{Z_r N} \tag{6-2}$$

式中　Z_r——转子齿数；

　　　N——运行拍数，即一个循环周期的通电状态数，一般 $N=m$ 或 $2m$（m 为相数）。

图 6 - 2　三相单三拍运行

(a) A 相接通；(b) B 相接通；(c) C 相接通

　　显然，变换通电状态的频率（即输入脉冲的频率）越高，转子就转得越快。换言之，步进电动机的转速取决于输入脉冲的频率；步进电动机的转向取决于通电的顺序。

　　这种按 A—B—C—A 方式运行的称为三相单三拍运行。"三相"指三相定子绕组；"单"指每次通电只有一相；"三拍"指三次通电为一个循环，第四次通电重复第一次的情况。三相步进电动机的通电方式除"单三拍"外，还有"双三拍"和"三相六拍"等。

　　"双三拍"是按 AB—BC—CA—AB 顺序通电，即每次有两相通电。可以看出，通电后所建立的磁场轴线与未通电的一相磁场轴线重合，因而转子磁极轴线与未通电一相的磁场轴线对齐。例如，A、B 两相通电，与 C—C 磁极轴线对应，按此方式运行与"单三拍"相同，步距角 $\theta_b=30°$ 不变，如图 6 - 3（b）、（d）所示。

　　"三相六拍"是按 A—AB—B—BC—C—CA—A 顺序通电，每一循环通电 6 次，总共有 6 种通电状态，这 6 种通电状态中有时只有一相绕组通电（如 A 相），有时两相绕组同时通电（如 A 相和 B 相），它相当于前述两种通电方式的综合。步距角 θ_b 为"三拍"方式的一半。图 6 - 3 为三相六拍通电时，转子位置和磁通的分布情况。

　　首先单独接通 A 相，这时与单三拍的情况相同，转子齿 1 和 3 的轴线与定子 A 相磁极轴线对齐，如图 6 - 3（a）所示。当 A、B 两相同时通电时，转子的位置应兼顾到使 A、B 两对磁极所形成的两路磁通在气隙中所遇到的磁阻同样程度地达到最小，这时，相邻两个 A、B 磁极与转子齿相作用的磁拉力大小相等且方向相反，使转子处于平衡。按照这样的原则，当 A 相通电后转到 A、B 两相同时通电时，转子只能按逆时针方向转过 15°，如图 6 - 3（b）所示。这时，转子齿既不与 A 相磁极轴线重合，也不与 B 相磁极轴线重合，但 A 相磁极与 B 相磁极对转子齿所产生的磁拉力却互相平衡。当断开 A 相使 B 相单独接通时，在磁拉力作用下转子继续按逆时针方向转动，直到转子齿 2 和 4 的轴线与定子 B 相磁极轴线对齐为止，如图 6 - 3（c）所示，这时，转子又转过 15°。依此类推，如果下面继续按照 BC—C—CA—A 的顺序使绕组换接，那么步进电动机就不断地按逆时针方向旋转，当接通顺序改为 A—AC—C—CB—B—BA—A 时，步进电动机就反方向旋转。可见，"六拍"运行时的

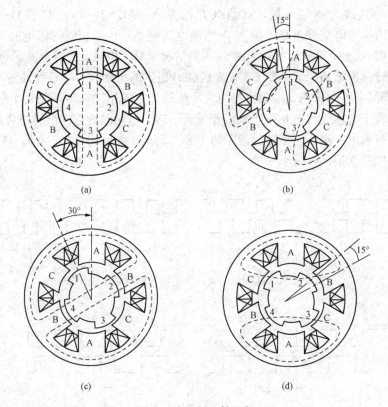

图 6 - 3　三相六拍运行

（a）A 相接通；（b）AB 相接通；（c）B 相接通；（d）BC 相接通

步距角 $\theta_b = 15°$，为"三拍"时的一半。

　　上述步进电动机每走一步所转过的角度，即步距角太大（15°或 30°），不适合于一般的用途。图 6 - 1 所示为磁阻式步进电动机的典型结构，转子齿数很多，定子磁极上带有小齿，其步距角可以做得很小。根据工作要求，定、转子的齿宽和齿距必须相等，但齿数的配合有一定的要求：在一对极下，定、转子齿对齐时，下一相绕组的定、转子齿要错开齿距的 $1/m$；再下一相的定、转子齿则错开齿距的 $2/m$。这种磁阻式步进电动机可制成必须的齿数，所以步距角可达 1°以下，这是永磁式和混合式步进电动机无法做到的。

　　设图 6 - 1 所示步进电动机为四相单四拍运行，通电方式为 A—B—C—D—A，当 A 相绕组通电时，产生了沿 A—A′磁极轴线方向的磁通，磁阻式电动机的转子齿要力图取得磁阻最小的位置，使转子齿轴线与定子磁极 A 和 A′的齿轴线对齐。转子有 50 个齿，齿距角 $\theta_t = 7.2°$，定子一个极距所占的转子齿数为

$$\frac{Z_r}{2m} = \frac{50}{2 \times 4} = 6\frac{1}{4}$$

结果不是整数。因此当 A、A′极下的定、转子齿轴线对齐时，相邻两对磁极 B、B′，D、D′极下的齿必然错开齿距的 1/4，即 1.8°，这时，各相磁极的定子齿与转子齿相对位置如图 6 - 4 所示。如果断开 A 相，接通 B 相，则磁通沿 B、B′磁极轴线方向，在磁阻转矩的作用下，转子按顺时针方向应转过 1.8°，即步距角 $\theta_b = 1.8°$，使转子齿轴线和定子磁极 B 和 B′下的齿轴线对齐。而 A、A′和 C、C′极下的齿与转子齿又错开 1.8°，依此类推。

　　如果运行方式改为四相八拍，其通电方式为 A—AB—B—BC—C—CD—D—DA—A，即单相通电和两相通电交替出现，则当 A 相通电转到 A、B 两相同时通电时，定、转子齿的相对位置由图 6-4 所示的位置变为图 6-5 的情况（只画出 A、B 两个极下的齿），转子按顺时针方向只转过齿距的 1/8，即 0.9°，A 极和 B 极下的齿轴线与转子齿轴线都错开齿距的 1/8，转子受到两个极的作用，磁阻力矩的大小相等，方向相反，转子仍处于平衡。当 B 相一相通电时，转子齿轴线与 B 极下齿轴线相重合，转子按顺时针方向又转过齿距的 1/8。这样继续下去，每通电一次，转子转过齿距的 1/8，即步距角 $\theta_b = 0.9°$。可见，四相八拍运行时的步距角比四相四拍运行时小一半。

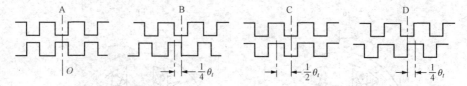

图 6-4　A 相通电时定、转子齿的相对位置展开图

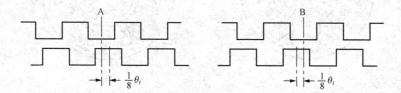

图 6-5　AB 两相通电时定、转子齿的相对位置展开图

　　说明如下：

　　(1) 为了提高工作精度，要求步距角很小。由式（6-2）可知，要减小步距角可以增加拍数，相数增加相当于拍数增加，但相数越多，电源及电动机的结构越复杂。磁阻式步进电动机一般做到六相，个别的也有八相或更多。同一相数既可采用单拍制（$N=m$），又可采用双拍制（$N=2m$），双拍制时步距角减小一半，因此一台步进电动机可有两个步距角，国内常见的如 1.8°/0.9°、1.5°/0.75°、1.2°/0.6°、2°/1°、3°/1.5°、4.5°/2.25° 等。增加转子齿数 Z_r，也可减小步距角，磁阻式步进电动机的转子齿数一般很多，步距角可达零点几度到几度。

　　(2) 如果输入脉冲的频率很高，步进电动机不是一步一步地转动，而是像普通同步电动机一样连续地转动。它的转速与脉冲频率成正比。由式（6-2）可知，每输入一个脉冲，转子转过的角度是整个圆周角的 $1/(Z_r N)$，也就是转过 $1/(Z_r N)$ 转，因此每分钟输入 $60f$ 个脉冲时，转子所转过的圆周数即转速为

$$n = \frac{60f}{Z_r N} \tag{6-3}$$

式中　f——控制脉冲的频率，即每秒钟输入的脉冲数，r/min。

　　由式（6-3）可见，磁阻式步进电动机转速取决于脉冲频率、转子齿数和拍数，而与电压、负载、温度等因素无关。当转子齿数一定时，转子旋转速度与输入脉冲频率成正比，或者说其转速和脉冲频率同步。改变脉冲频率可以改变转速，故可进行无级调速，调速范围

很宽。

（3）步进电动机的转速还可用步距角来表示，因为将式（6-3）进行变换，可得

$$n = \frac{60f}{Z_r N} = \frac{60f \times 360°}{360° Z_r N} = \frac{f}{6°}\theta_b \qquad (6-4)$$

可见，当脉冲频率一定时，步距角 θ_b 越小，电动机转速越低，因而输出功率越小。从提高加工精度上要求，应选用小的步距角，但从提高输出功率上要求，步距角又不能取得太小。一般步距角应根据系统中应用的具体情况进行选取。

（4）步进电动机具有自锁能力。当控制电脉冲停止输入，仅给某相绕组通以恒定电流，这时转子将保持在某一固定位置上不动，并且即使有一个小的扰动，使转子偏离此稳定位置，磁拉力也能把转子拉回来。步进电动机能可靠地锁定在稳定位置的功能称为"自锁"。所以步进电动机可以通过绕组通直流电，实现停车时转子定位。

（5）步进电动机需要由专门的驱动电源供电，用以提供足够的功率和一定频率的脉冲信号，驱动电源与步进电动机是一个有机整体，步进电动机的运行性能是电动机及其驱动电源配合所反映的综合效果。

驱动电源由变频信号源、脉冲分配器和功率放大器三个部分组成，如图 6-6 所示。变频信号源是一个脉冲信号发生器，脉冲的频率可以由几赫兹到几万赫兹连续变化，常见的信号发生器有多谐振荡器和单结晶体管组成的张弛振荡器两种。

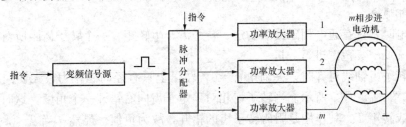

图 6-6 驱动电源组成框图

脉冲分配器（也称环形分配器）是由门电路和双稳态触发器组成的逻辑电路，也可由可编程逻辑器件或专用集成电路组成。脉冲分配器接收一个单相的脉冲信号，根据运行指令把脉冲信号按一定的逻辑关系分配到每一相功率放大器上，使步进电动机按指定的运行方式工作。

功率放大器将环形分配器输出的各路微弱脉冲信号进行放大后，送入步进电动机的各相绕组，使步进电动机一步步转动。功率放大器可由不同的放大电路组成，常见的有功率晶体管、场效应功率管、晶体管与场效应管组成的复合管等，不同的放大电路对电动机性能影响不同，所以驱动电源往往以功率放大器的形式进行分类，按放大器输出脉冲的极性可分为单极性脉冲和双极性脉冲，后者能提供正、负脉冲，使控制绕组通正向电流或反向电流。功率放大器输出端直接与步进电动机各相绕组连接，步进电动机的每一相绕组都有独立的功率放大电路供电。

6.3 磁阻式步进电动机的运行特性

磁阻式步进电动机有静止、单步运行和连续运行三种运行状态，分别对应不同的运行特

性，下面分别加以讨论。

6.3.1　静态特性

当控制脉冲停止送入，仅给某相绕组通以恒定电流而转子静止时的状态称为静态。步进电动机在静态时所具有的特性称为静态特性。静态特性主要指转矩与转角的关系 $T=f(\theta_e)$，即矩角特性。转角 θ_e 就是通电相的定、转子齿中心线间用电角度表示的夹角，也叫失调角。

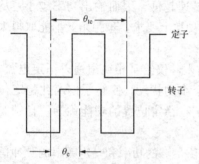

图 6-7 表示定子小齿与转子一个齿的相对位置。为了讨论方便，在步进电动机中定义电角度 θ_e 等于转子齿数 Z_r 乘以机械角 θ，即

$$\theta_e = Z_r\theta \tag{6-5}$$

因此一个齿距角 θ_t 对应的电角度为

$$\theta_{te} = 2\pi \qquad \text{rad} \tag{6-6}$$

图 6-7　定、转子齿的相对位置

而用电角度表示的步距角 θ_{be} 为

$$\theta_{be} = \frac{\theta_{te}}{N} = \frac{360°}{N} = \frac{2\pi}{N} \qquad \text{rad} \tag{6-7}$$

可见，以电角度表示的齿距角 θ_{te} 和步距角 θ_{be} 与转子齿数 Z_r 无关。

静态时，定子绕组可以是一相通电，也可以是几相同时通电，下面分别进行讨论。

一、单相通电

单相通电时，只有通电相磁极下的定、转子齿产生转矩。一个转子齿距所对应的电角度为 2π，以 $-\pi < \theta < \pi$ 范围进行分析。

当定、转子齿轴线对齐时，失调角 $\theta_e=0$，转子上只有径向磁拉力，无切向磁拉力，转矩 $T=0$，如图 6-8（a）所示。当转子齿相对于定子齿向右错开一个角度，这时产生了切向磁拉力，形成转矩 T，其作用是阻碍转子齿的错开，故为负值。显然，当 $\theta_e < \pi/2$ 时，θ_e 越大，T 就越大，如图 6-8（b）所示。当 $\theta_e > \pi/2$ 时，由于气隙段磁路的加长，磁阻显著增加，进入转子齿顶的磁通量大为减少，切向磁拉力以及相应的转矩 T 将减小。直到 $\theta_e = \pi$ 时，转子齿处于两个定子齿的正中间，两个定子齿对转子齿的磁拉力互相抵消，转矩 $T=0$，如图 6-8（c）所示。如果 θ_e 继续增大，即 $\theta_e > \pi$，则转子齿将受到另外一个定子齿磁拉力的作用，出现与 $\theta_e < \pi$ 时相反的转矩，即为正值，如图 6-8（d）所示。

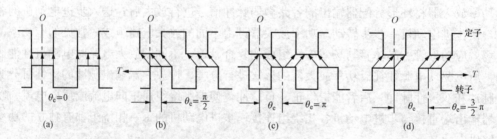

图 6-8　转矩与转角的关系

(a) $\theta_e=0$ 转矩为 0；(b) $\theta_e < \frac{\pi}{2}$ 转矩增加；(c) $\theta_e=\pi$ 转矩又为 0；(d) $\theta_e > \pi$ 转矩反向

由此可见，转矩 T 随失调角 θ_e 做周期性变化，变化周期是一个齿距，即 $2\pi(\text{rad})$。严格

来说，矩角特性曲线的 $T = f(\theta_e)$ 的形状比较复杂，它与气隙的长度，定、转子冲片齿的形状以及磁路饱和程度有关，其形态近似为正弦曲线，如图 6-9 所示。相应的表达式为

$$T = -T_m \sin\theta_e \qquad\qquad (6-8)$$

式中　T_m——最大静转矩，是电动机不转时，供给控制绕组直流电所能产生的最大转矩。

绕组电流越大，最大静转矩也越大，T_m 大小还与同时通电的相数有关，它表示步进电动机承受负载的能力，是步进电动机最主要的性能指标之一，负号表明步进电动机的电磁转矩总是与转子移动的方向相反，即电磁转矩总是力图使转子失调角为 0。

电动机空载（$T_L = 0$），在静态稳定运行时，转子必然有一个稳定平衡位置。从前面分析可知，这个稳定平衡位置在 $\theta_e = 0$ 处，即通电相定、转子齿对齐的位置。因为，当转子处于这个位置时，若有外力使转子齿偏离这个位置，只要偏离的角度在 $-\pi \sim +\pi$ 范围内，外力消失后，转子能自动重新回到原来的位置。当 $\theta_e = \pm\pi$ 时，虽然电磁转矩也等于 0，但如果有外力干扰使转子偏离该位置，当干扰消失后，转子将不能再回到 $\theta_e = \pm\pi$ 的位置，而是在电磁转矩的作用下，稳定于 $\theta_e = 0$ 或 $\theta_e = 2\pi$ 的位置。因此，$\theta_e = \pm\pi$ 不是稳定平衡点。两个不稳定点之间的区域构成静态稳定区，如图 6-9 所示。

二、多相通电

按照叠加原理，多相通电时的矩角特性可以近似地由各相单独通电时的矩角特性叠加而求得。下面推导三相步进电动机在两相通电时的矩角特性。

设 A、B 两相通电，以 A 相定子齿的中心轴线为基准，转子失调角为 θ_e。当 A 相单独通电时，电磁转矩为

$$T_A = -T_m \sin\theta_e \qquad\qquad (6-9)$$

B 相单独通电时，由于 $\theta_e = 0$ 时的 B 相定子齿轴线与转子齿轴线错开一个单拍制的步距角，即 $2\pi/3$ 电角度，因此 B 相的电磁转矩为

$$T_B = -T_m \sin\left(\theta_e - \frac{2\pi}{3}\right) \qquad\qquad (6-10)$$

则 A、B 两相同时通电时，总的电磁转矩等于各相单独通电时的电磁转矩之和，即

$$T_{AB} = T_A + T_B = -T_m \sin\left(\theta_e - \frac{\pi}{3}\right) \qquad\qquad (6-11)$$

可见，总的矩角特性是一条幅值、周期与 A 相单独通电时相同，但相位上滞后于 A 相 $\pi/3$ 电角度的正弦曲线。相应的矩角特性曲线如图 6-10 所示。

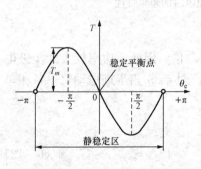

图 6-9　步进电动机矩角特性

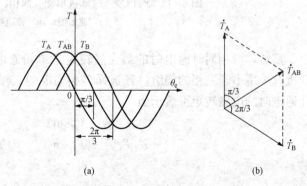

(a)　　　　　　　　　　(b)

图 6-10　两相通电时的矩角特性

(a) 波形图；(b) 转矩相量图

　　对于三相步进电动机，两相通电时的最大静转矩与单相通电时的最大静转矩相等，也就是说，三相步进电动机不能依靠增加通电相数来提高负载能力，这是它的一个固有缺陷。

　　对于 $m>3$ 的步进电动机，多相同时通电都可以提高最大静转矩。图 6-11 为四相步进电动机单相、两相、三相通电时的矩角特性。则各相绕组单独通电时所对应的电磁转矩分别为

$$T_A = -T_m \sin\theta_e$$

$$T_B = -T_m \sin(\theta_e - \theta_{be}) = -T_m \sin\left(\theta_e - \frac{\pi}{2}\right)$$

$$T_C = -T_m \sin[\theta_e - (3-1)\theta_{be}] = -T_m \sin(\theta_e - \pi)$$

$$T_D = -T_m \sin[\theta_e - (4-1)\theta_{be}] = -T_m \sin\left(\theta_e - \frac{3\pi}{2}\right)$$

则 A、B 两相同时通电时，电磁转矩为

$$T_{AB} = T_A + T_B = -\sqrt{2}T_m \sin\left(\theta_e - \frac{\pi}{4}\right)$$

$$T_{BC} = T_B + T_C = -\sqrt{2}T_m \sin\left(\theta_e - \frac{3\pi}{4}\right)$$

A、B、C 三相同时通电时，电磁转矩为

$$T_{ABC} = T_A + T_B + T_C = -T_m \sin\left(\theta_e - \frac{\pi}{2}\right)$$

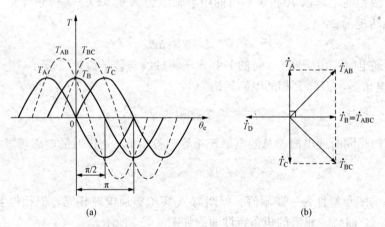

图 6-11　四相步进电动机单相、两相、三相通电时的矩角特性

(a) 波形图；(b) 转矩相量图

　　显然，两相同时通电时的最大静转矩是单相通电时的 $\sqrt{2}$ 倍，因此，功率较大的步进电动机都采用多于三相的绕组，且选择多相通电的工作方式。对于 m 相步进电动机，各相单独通电时的电磁转矩可表示为

$$\left.\begin{aligned} T_1 &= -T_m \sin\theta_e \\ T_2 &= -T_m \sin(\theta_e - \theta_{be}) \\ &\vdots \\ T_i &= -T_m \sin[\theta_e - (i-1)\theta_{be}] \end{aligned}\right\} \tag{6-12}$$

根据式（6-12）可画出各相分别单独通电时的矩角特性曲线，它们是几条依次滞后一个步

距角 θ_{be} 的正弦曲线。在某一通电方式下，总的电磁转矩为若干单独通电相的叠加。当 n 相 $(n<m)$ 同时通电时，电磁转矩为

$$T_\Sigma = T_1 + T_2 + \cdots + T_n$$
$$= - T_m\{\sin\theta_e + \sin(\theta_e - \theta_{be}) + \cdots + \sin[\theta_e - (n-1)\theta_{be}]\}$$
$$= - T_m \frac{\sin\frac{n\theta_{be}}{2}}{\sin\frac{\theta_{be}}{2}}\sin\left(\theta_e - \frac{n-1}{2}\theta_{be}\right) \quad (6-13)$$

式中 T_m——单相通电时的最大静转矩；

θ_{be}——单拍制的步距角、电角度。

因为单拍制运行时 $\theta_{be} = \frac{2\pi}{N} = \frac{2\pi}{m}$ （电角度），式(6-13)可改写为

$$T_\Sigma = - T_m \frac{\sin\frac{n\pi}{m}}{\sin\frac{\pi}{m}}\sin\left(\theta_e - \frac{n-1}{m}\pi\right) = - T_{m\Sigma}\sin\left(\theta_e - \frac{n-1}{m}\pi\right)$$

因此，m 相电动机单拍制运行时，n 相同时通电的最大静转矩与单相通电的最大静转矩之比为

$$\frac{T_{m\Sigma}}{T_m} = \frac{\sin\frac{n\pi}{m}}{\sin\frac{\pi}{m}} \quad (6-14)$$

表6-1列出了常见步进电动机在几相同时通电时，最大静转矩与单相通电时的最大静转矩的比值。表中可见，电动机相数越多、采用多相通电，可使步进电动机获得较大的最大静转矩，从而提高带负载能力。

表6-1　　　　　　　　　　n 相同时通电与单相通电最大静转矩的比值

电机相数 m / 同时通电相数 n	2	3	4	5	6
2	—	1	1.41	1.62	1.73
3	—	—	1	1.62	2
4	—	—	—	1	1.73
5	—	—	—	—	1

6.3.2 动态特性

1. 单步运行状态

单步运行状态指控制脉冲频率很低，在下一个脉冲到来之前，上一步动作已经完成，电动机逐步完成步进运动的情况。

(1) 最大负载能力。以三相单三拍通电方式为例，设电动机带有恒定负载转矩 T_L，当 A 相通电时，电动机的稳定平衡位置对应于图6-12中曲线 A 上的 a 点，此时电磁转矩 T_a 与负载转矩 T_L 相平衡，对应的转子失调角为 θ_{ea}。当 A 相断电，B 相通电时，电动机应工作在 B 相矩角特性曲线上，但在改变通电状态的瞬间，由于惯性作用，转子位置还来不及变

动，所以电动机工作在 b' 点，由图 6-12 可知，b' 点的电磁转矩大于负载转矩，转子在此转

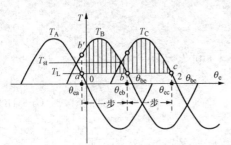

图 6-12　负载时步进电动
机的单步运行

矩作用下前进一步到达 b 点，此时 $T_b = T_L$，达到稳定平衡。转子从 a 点运动到 b 点，正好是一个步距角 θ_{be}。这样，当绕组不断换接时，步进电动机不断做步进运动，步距角均为 θ_{be}，对应的转子失调角分别为 θ_{eb}、θ_{ec}。

如果负载转矩过大，达到 T'_L，如图 6-13 所示。起始稳定平衡点是曲线 A 上的 a'' 点，当 A 相断电，B 相通电时，惯性作用使电动机工作在 b'' 点，由图 6-13 可知，b'' 点的电磁转矩小于负载转矩 T'_L，转子不能带动负载向前转动。由此可知，要保证电动机的步进运动，必须满足

$$T_L < T_{st} \tag{6-15}$$

式中　T_{st}——相邻两相矩角特性曲线交点所对应的电磁转矩，又称起动转矩，这是步进电动机做单步运行时，所能带动的极限负载。

由图 6-11 可见，采用不同的通电方式，步距角不同，所对应的起动转矩也不同。尤其对于多相电动机，拍数越多，起动转矩 T_{st} 越接近最大静转矩 T_m，带负载能力越强。

两相步进电动机由于步距角 $\theta_{be} = \dfrac{2\pi}{N} = \dfrac{2\pi}{m} = \pi$（电角度），A、B 两相矩角特性曲线交点位于横坐标轴上，如图 6-14 所示，所对应的起动转矩 $T_{st} = 0$，即两相电动机没有起动转矩，不采取特殊措施，将无法运行。

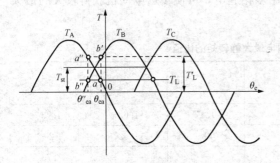

图 6-13　最大负载能力的确定

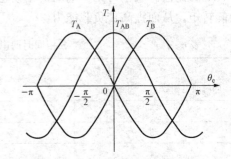

图 6-14　两相步进电动机的矩角特性

由于实际负载可能发生变化，最大静转矩 T_m 的计算也不严密，选用电动机时应留有足够的裕量。

（2）振荡现象。步进电动机的单步运行过程中，转子在由一个稳定平衡点 a 到达另一个新的稳定平衡点 b 的过程中，所积累的动能和惯性会使转子冲过新的平衡位置而出现超调，此时的电磁转矩 T 小于负载转矩 T_L，如图 6-12 所示，这又使电动机减速，进而反向运行。由于能量消耗和阻尼的结果，转子将在新的平衡位置附近做衰减振荡。

振荡现象对步进电动机的正常运行是不利的，它影响了系统的精度，并产生一定的振动和噪声，严重时甚至可能使转子失步，所以应设法增大阻尼以削弱振荡。

2. 连续运行状态

随着外加脉冲频率的增加，步进电动机进入连续运行状态。实际上，步进电动机经常处于连续运行状态，这就要求步进电动机的步数与脉冲频率数严格相等，既不失步，也不越步。失步是指转子前进的步数少于脉冲数；越步是指转子前进的步数多于脉冲数。

（1）起动频率和起动特性。起动频率是指转子由静止不失步起动的最大脉冲频率，起动频率越高越好，它反映了步进电动机的连续工作能力，它与负载转矩 T_L 的大小、转轴上电机和负载的总惯量 J 以及步距角 θ_{be} 有关。负载转矩越大，电动机加速能力越弱，电动机越不容易起动，即起动频率越低，起动频率 f_{st} 随负载转矩 T_L 下降的关系称为起动矩频特性，如图 6-15 所示。另外，起动时，转子是由静止状态开始加速，起动时电动机的负担比连续运转时重，惯量越大，越不易起动，即起动频率越低，起动频率 f_{st} 随转动惯量 J 下降的关系称为起动惯频特性，如图 6-16 所示。

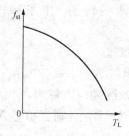

图 6-15　起动矩频特性

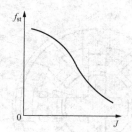

图 6-16　起动惯频特性

（2）运行频率和矩频特性。运行频率是指起动后运行时，当控制脉冲频率连续上升，在不失步状态下运行所能接受的最高控制脉冲频率。运行频率越高，转速越快。其影响因素与起动频率相同。步进电动机的运行频率比起动频率高得多。

步进电动机连续运行时所产生的转矩称为动态电磁转矩，动态电磁转矩 T 与电源脉冲频率 f 之间的关系，称为矩频特性。

图 6-17 所示为磁阻式步进电动机的矩频特性曲线，该特性表明脉冲频率越高，电动机转速越大，则输出转矩下降，带负载能力下降。这是由于定子绕组是一个电感线圈，具有一定的时间常数 $\tau = L/R$，电感线圈使绕组中电流呈指数规律上升或下降，如图 6-18 所示。脉冲频率越高，则绕组通、断电周期越短，电流还来不及增长，即电流峰值随脉冲频率的增大而减小，使励磁磁通也随之减小，由 $T = C_T \Phi I_a$ 可知，输出转矩就要下降。

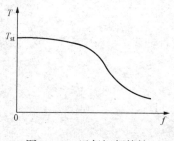

图 6-17　运行矩频特性

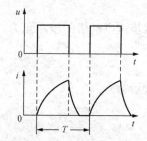

图 6-18　绕组的电压与电流

此外，当频率增加时，电动机铁芯中的涡流损耗随之增大，使输出功率和转矩下降，当输入脉冲频率增加到一定值时，步进电动机已无法带动任何负载，而且只要受到很小的振动，就会振荡、失步甚至停转。

提高步进电动机连续运行频率，可以采用提高电磁转矩的基本方法，还可以增加电动机运行的拍数，减小电动机的时间常数、减小转动惯量、采用机械阻尼装置等措施。

6.4 其他形式的步进电动机

6.4.1 永磁式步进电动机

1. 结构

定子上有两相或多相绕组，图 6-19 所示定子为两相集中绕组（AO，BO），每相为两对极。转子上安装有永久磁铁制成的磁极，转子的极数与定子每相的极数相同，因此转子也是两对极的永磁转子。定子和转子上都没有小齿。

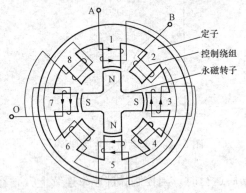

图 6-19 永磁式步进电动机

2. 工作原理

定子绕组按 A—B—（—A）—（—B）—A 的顺序轮流输入脉冲时，称为两相单四拍运行方式。（—A）、（—B）分别表示对 A、B 相绕组反向通电。

由图 6-19 可知，若 A 相绕组输入正脉冲信号，脉冲电流由 A 进 O 出时，定子 1、3、5、7 分别呈现 S、N、S、N 极性，定、转子磁场相互作用，产生电磁转矩，使转子转到定、转子磁极吸引力最大的位置（图 6-19 的位置）。当 A 相绕组断开正脉冲信号，B 相绕组输入正脉冲信号时，脉冲电流由 B 进 O 出，此时，磁极 2、4、6、8 分别呈现 S、N、S、N 极性，即定子磁场轴线沿顺时针方向在空间转过 45°，电磁转矩使转子也顺时针方向转动 45°。若 B 相绕组断开正脉冲，A 相输入负脉冲时，脉冲电流由 O 进 A 出，定子 1、3、5、7 分别呈现 N、S、N、S 极性，定子磁场轴线又沿顺时针方向在空间转动 45°，转子也同样转动 45°，依此类推。这样，定子绕组按 A—B—（—A）—（—B）—A 的顺序输入和断开脉冲信号，转子即按顺时针方向做步进运动。其步进的速度取决于输入脉冲的频率。旋转方向取决于轮流通电的顺序。

永磁式步进电动机的步距角为

$$\theta_\mathrm{b} = \frac{360^\circ}{pN}$$

用电角度表示为

$$\theta_\mathrm{be} = \frac{2\pi}{N} \qquad \mathrm{rad}$$

式中 p——转子极对数；

       N——运行拍数。

对于上述通电方式，$N=4$，$p=2$，则 $\theta_\mathrm{b}=\pi/4$。

此外，还可以按 AB—B(—A)—(—A)(—B)—(—B)A—AB 方式供电，称为两相双四拍运行方式。其步距角与单拍时相同。

与磁阻式步进电动机不同，永磁式步进电动机要求电源供给正、负脉冲，否则不能连续运转，这就使电源的线路复杂化了。目前，一般采用在同一相的极上绕两套绕向相反的绕组，电源只供给正脉冲的供电方式。这样做虽增加了用铜量和电动机的尺寸，却简化了对电源的要求。

永磁式步进电动机由于转子用永磁材料构成，所以在断电情况下有一定的定位力矩。由于转子的磁极对数不能多，通常 $p=4\sim6$，控制绕组的相数 $m=2\sim4$，更多的极对数受转子直径的限制，更多的相数又会使转换装置复杂化，所以步距角 θ_b 比较大，例如 $\frac{\pi}{12}$、$\frac{\pi}{8}$、$\frac{\pi}{6}$、$\frac{\pi}{4}$、$\frac{\pi}{2}$ 等。起动和运行频率低，通常 $f_{st}=$ 几十～几百赫兹（但转速不一定低）。由于用永磁转子，功率损耗小，有较强的内阻尼力矩。主要用于新型自动化仪表中。

6.4.2 混合式步进电动机

1. 结构

混合式步进电动机也称为感应子式步进电动机。如图 6-20 所示，它的定子铁芯与磁阻式步进电动机相同，即分成若干大极，每个极上有小齿及控制绕组；定子控制绕组与永磁式步进电动机相同，也是两相集中绕组，每相为两对极，按 A—B—(—A)—(—B)—A 的顺序轮流通以正、负脉冲（也可在同一相的极上绕上两套绕向相反的绕组，通以正脉冲）；转子沿轴向分成三段。中间一段是环形的轴向磁化的永磁体，两端是软磁铁芯，铁芯外表面有小齿，这与磁阻式步进电动机相似，但转子两端小齿的位置错开半个齿距角，且转子的齿距角与定子小齿的齿距角相等。

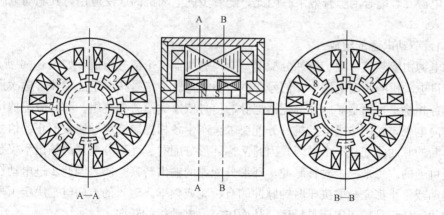

图 6-20 混合式步进电动机

转子磁钢充磁后，转子轴向两端是固定的异性磁极。如 A 端为 N 极，则 A 端转子铁芯的整个圆周上都呈 N 极，B 端呈 S 极性。定子磁极极性由绕组通电方向决定，定子一个磁极轴向两端是同性磁极，相邻磁极是异性磁极。

2. 工作原理

当定子 U 相通电时，定子 1、3、5、7 极上的极性为 N、S、N、S，这时转子的稳定平衡位置是：定子磁极 1 和 5 上的齿在 B 端与转子的齿对齐，在 A 端则与转子槽对齐，定子磁极 3 和 7 上的齿与 A 端上的转子齿及 B 端上的转子槽对齐，而 B 相 4 个极（2、4、6、8 极）上的齿与转子齿都错开 1/4 齿距。

由于定子同一个极的两端极性相同，转子两端极性相反，且错开半个齿距，所以当转子偏离平衡位置时，两端作用转矩的方向是一致的。当定子各相绕组按顺序通以直流脉冲时，转子每次将转过一个步距角，其值为

$$\theta_b = \frac{360^\circ}{NZ_r}$$

用电角度表示为

$$\theta_{be} = \frac{2\pi}{N} \quad \text{rad}$$

对于图 6-20 所示的电动机，$N=4$，则 $\theta_b = \theta_t/4$。

混合式步进电动机可以像磁阻式步进电动机那样做成小步距角，并有较高的起动频率，同时它又具有控制功率小的优点。当然，由于采用永磁体，转子铁芯必须分成两段，结构和工艺都比磁阻式复杂。

6.5　步进电动机的驱动电源

步进电动机是在专用电源驱动下运行的。驱动电源（又称驱动器）不仅仅按一定要求向步进电动机提供功率脉冲信号，而且与步进电动机的运行性能密切相关。可以说，评价一台步进电动机运行性能的好坏，一方面要看电动机本身的设计、制造水平，另一方面要看驱动电源的水平。驱动电源和步进电动机是一个有机的整体，一台步进电动机的运行性能是电动机和驱动电源二者配合的综合效果。因此，随着步进电动机的广泛应用，其驱动电源的研究也更加深入。

6.5.1　驱动电源的组成

驱动电源由变频信号源、脉冲分配器、功率放大器三个部分组成，如图 6-6 所示。

在步进电动机的驱动电源中，信号源本身不能把脉冲信号按一定的规律，顺次加给步进电动机的各相绕组，而是靠脉冲分配器把脉冲信号依次送给各相绕组。脉冲分配器接收时钟信号和方向电平，并按步进电动机的分配要求，产生各相控制绕组导通或截止的信号。由于各相通、断的脉冲分配是一个循环，因此又称环形分配器。环形分配器的输出不仅是周期性的，又是可逆的。每来一个时钟脉冲，环形分配器的输出转换一次，因此步进电动机转速的高低、起动或停止都完全取决于时钟脉冲的有、无或频率。输入的方向电平决定了环形分配器输出的状态转换是按正序还是反序，从而决定了电动机的转向。

脉冲分配器可以由各种门电路和触发器构成，还可以选用专用集成器件，如三相反应式步进电动机的专用脉冲分配器 CH250 集成器件，或由微机软件完成脉冲分配器功能等。

功率放大器，实际上是功率开关电路，它的作用是把来自脉冲分配器的电信号进行电流及功率放大，以供给步进电动机绕组足够的电流和功率。

步进电动机的功率放大器直接与步进电动机各相绕组连接，它接受来自推动级的信号，控制着步进电动机各相绕组的导通或截止，同时也控制着绕组的最高电压和最大电流。步进电动机的每一相绕组都要使用一个单独的功放电流为其供电。步进电动机的驱动电源按所用

功率元件的不同，可分为晶体管驱动电源（单管、多管）、高频晶闸管驱动电源、可关断晶闸管驱动电源等。

6.5.2　脉冲分配器

随着微电子学和微型计算机的飞速发展，实现脉冲分配器功能的器件和方法越来越多，而且电路结构越来越简便、多样。下面介绍几种常用的实现脉冲分配器功能的方法。

1. 用门电路和触发器组成脉冲分配器

用与门、或门、与或非门等各种门电路和双稳态触发器构成脉冲分配器的电路形式比较多，也比较成熟。一般情况下，给几相步进电动机供电，脉冲分配器即由几个双稳态触发器构成。当然，也有组成脉冲分配器的双稳态触发器个数少于步进电动机相数的情况。

用门电路和三个JK触发器组成的具有正—反转控制的三相六拍脉冲分配器如图6-21所示。当正反转控制端DIR＝"1"时，每来一个CP时钟脉冲，步进电动机正转一步；当DIR＝"0"时，每来一个CP时钟脉冲，步进电动机反转一步。A、B、C端为JK触发器输出端，输出脉冲信号经功率放大器电路驱动步进电动机。

脉冲分配器的初始状态，视步进电动机的通电方式而定。如在三相单三拍通电方式时，分配器有一相输出，在三相双三拍通电方式时，分配器有二相输出。图6-21所示三相六拍通电方式，其对应的脉冲分配波形如图6-22所示。脉冲分配器的输入、输出信号一般均为TTL电平，输出信号A、B、C信号变为高电平则表示相应的绕组通电，低电平表示相应的绕组失电。

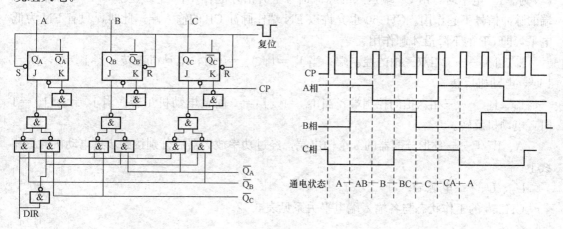

图6-21　三相六拍正反转脉冲分配器原理图　　　　图6-22　三相六拍正转脉冲波形图

用双稳态触发器搭接而成的环形脉冲分配器，可以搭接成任意相任意通电顺序，但硬件电路一旦完成就不易修改。

2. 采用专用脉冲分配器件

随着微电子技术的发展，集成度较高、抗干扰能力更强、使用方便的PMOS和CMOS专用集成脉冲分配器在国内已有定型产品。其中，国产CH250就是一种三相步进电动机专用脉冲分配器。它是可以按三相双三拍、三相六拍分配方式输出脉冲信号的CMOS集成电路，适当控制有关引脚的电平还可以控制电动机的起—停及正—反转。CH250的输出电流不到1mA，因此其输出端必须接功率放大器才能驱动步进电动机。其工作频率为0.5～2MHz。图6-23（a）所示为CH250的管脚图，图6-23（b）所示为三相六拍接线图。

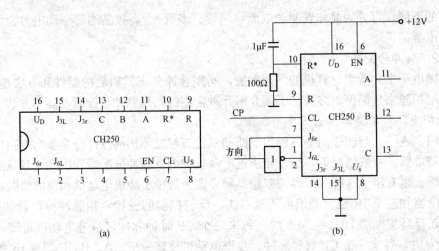

图 6-23　CH250 脉冲分配器

(a) 管脚图；(b) 三相六拍接线图

各引出端功能介绍如下：

R、R* ——确定初始励磁相；若为"10"，则为 A 相；若为"01"，则为 A、B 相。

CL ——时钟脉冲输入端，EN 是时钟脉冲允许端，用以控制时钟脉冲的允许与否。当 EN 为"1"电平时，由 CP 端送入的脉冲信号上升沿才起作用；当 EN 为"0"电平时，CP 端的脉冲信号不起作用。CH250 也允许以 EN 端作脉冲 CP 的输入端，此时，只有 EN 为低电平，即 CP 的下降沿才起作用。

J_{3r}、J_{3L} ——三相双三拍的控制端；当 $J_{3r}=1$，$J_{3L}=0$ 时，电动机正转；当 $J_{3r}=0$，$J_{3L}=1$ 时，电动机反转。

J_{6r}、J_{6L} ——三相六拍的控制端；当 $J_{6r}=1$，$J_{6L}=0$ 时，电动机正转；当 $J_{6r}=0$，$J_{6L}=1$ 时，电动机反转。

A、B、C ——环形分配器的 3 个输出端，经过功率放大器后分别接到步进电动机的三相线上。

U_D、U_S ——电源端。

CH250 的工作状态与各输入端电平关系见表 6-2。

表 6-2　　　　　　　　　　　　　　CH250 真 值 表

CP	EN	J_{3r}	J_{3L}	J_{6r}	J_{6L}	功　能
⌐	1	1	0	0	0	双三拍正转
⌐	1	0	1	0	0	双三拍反转
⌐	1	0	0	1	0	单、双六拍正转
⌐	1	0	0	0	1	单、双六拍反转
0	⌐	1	0	0	0	双三拍正转
0	⌐	0	1	0	0	双三拍反转
0	⌐	0	0	1	0	单、双六拍正转
0	⌐	0	0	0	1	单、双六拍反转

CP	EN	J_{3r}	J_{3L}	J_{6r}	J_{6L}	功　能
⌐_	1	×	×	×	×	不变
×	0	×	×	×	×	不变
0	⌐_	×	×	×	×	不变
1	×	×	×	×	×	不变

与用门电路与触发器构成的脉冲分配器相比，该脉冲分配器具有集成度高、电路简单、控制方便、可靠性好、耗电低等优点。

目前市场上有许多专用的集成电路环形分配器出售，有的还有可编程功能。如国产的 PM 系列步进电动机专用集成电路有 PM03、PM04、PM05 和 PM06，分别用于三相、四相、五相和六相步进电动机的控制。进口的步进电动机专用集成芯片 PM8713、PM8714 可分别用于四相（或三相）、五相步进电动机的控制。而 PPM101B 则是可编程的专用步进电动机控制芯片，通过编程可用于三相、四相、五相步进电动机的控制。

6.5.3　功率放大器

由于脉冲分配器输出端的输出电流很小，如 CH250 脉冲分配器的输出电流为 200～400μA，而步进电动机的驱动电流较大，如 75BF001 型步进电动机每相静态电流为 3A，为了满足驱动要求，脉冲分配器输出的脉冲需经脉冲放大器（即功率放大器）放大后才能驱动步进电动机。

1. 单电压型功放电路

图 6-24 为单电压型电源的一相功放输出级电路原理图，m 相电动机就有 m 个这样的功放电路。来自分配器的脉冲信号电压 u_c 经电流放大器 G 放大后，加到功放管 VT 的基极上，控制 VT 的导通与截止。VT 是功放电路的输出级，它的集电极串接步进电动机一相绕组，当三极管 VT 饱和导通时，电源电压 U_a 几乎全部加到步进电动机的该相绕组上，从而控制该相绕组通电。

绕组电感对电流的变化有阻碍的特性。当控制脉冲要求某一相绕组通电时，虽然三极管 VT 已经导通，绕组已加上电压，但绕组中的电流不会立即上升到规定的数值，而是按指数规律上升。同样，当控制脉冲使 VT 截止，要求该相绕组断电时，绕组中的电流不会立即下降到 0，而是通过放电回路按指数规律下降。因此，绕组中电流上升的速率缓慢，致使步进电动机的动态转矩减小，动态特性变坏。为了提高动态转矩，应减小电流上升的时间常数 τ_A，由 $\tau_A = L/R$ 可知，就要在设计电动机时尽量减小绕组的电感 L，在设计功放电路时加大串联电阻 R_1。但在增大 R_1 后，为了保持稳态工作电流 $I_A = U_A/(R_1 + R_2)$ 不变，就要相应提高电源电压 U_A。但 R_1 大，损耗也大。一般选 $R_1 = 5 \sim 10\Omega$。在电阻 R_1 两端并联电容 C，由于电容两端电压不能突变，所以当三极管 VT 开始导通瞬间，电容 C 相当于将电阻 R_1 短接，电源电压全部加在电动机控制绕组上，强迫电流迅速上升，使电流

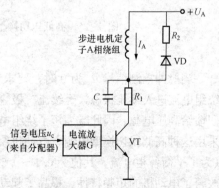

图 6-24　单电压功放电路

波形前沿更陡。当三极管 VT 由导通变为截止时，绕组将产生很高的自感电动势，和电源电压叠加在一起，使 VT 击穿，为此，在绕组两端并联续流二极管 VD，使绕组在断电时通过二极管释放感应电流，以减慢断电的速度，从而减小自感电动势，保护三极管。电阻 R_2 用以减小续流回路的时间常数。

　　单一电压型功放电路的优点是线路简单、功放元件少、成本低。它的主要缺点是电流流过串联电阻 R 后要消耗电能，损耗大、效率低。因此，这种功放电路只适用于驱动小功率的步进电动机或性能指标要求不高的场合。

　　2. 高低压切换型电源电路

　　高低压切换型电源即在通电瞬时提高供电电压，当电压上升到稳定值正常工作时再转入低电压，其原理图如图 6 - 25 所示。此电路使电动机一相绕组串接两只功放管 VT1 及 VT2，当分配器输出端出现脉冲信号电压 u_c 供绕组通电时，三极管 VT1 和 VT2 的基极都有信号电压输入，使 VT1 和 VT2 导通，于是在高压电源 U_1 作用下，绕组电流迅速上升，其电流按指数规律趋于稳定值 U_1/R_c（R_c 为控制绕组总电阻），此时，二极管 VD1 承受反向电压，处于截止状态，因此，低压电源对绕组不起作用。当绕组电流未上升到稳定值时，例如到达 a 点，利用定时电路或电流检测等措施使 VT1 基极上的信号电压消失，VT1 截止，但此时 VT2 仍然导通，因此绕组电流立即转而由低电压源 U_2 经过二极管 VD1 供电。此时，控制绕组中电流 i_c 的波形如图 6 - 26 中 ab 段所示。正常工作电流为 $U_2/(R_c+R)$。

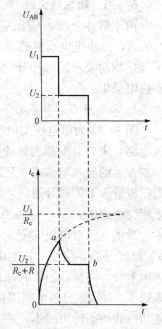

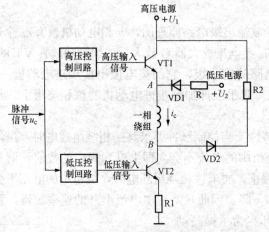

图 6 - 25　高低压切换型电源电路

图 6 - 26　高低压电源的
电压和电流波形

　　当脉冲控制信号 u_c 为 0 时，要求绕组断电，VT2 截止，绕组中产生很高的自感电动势，绕组电流进入续流状态，经续流二极管 VD2 和电阻 R2 向高压电源 U_1 释放电流，磁场能量将回馈给高压电源。因此既缩短了绕组电流下降时间，又节约了电能，同时保护了三极管 VT2。采用这种高低压切换型电源，电动机绕组上不需要串联电阻或只需要串联一个很小的电阻 R1（为了平衡各相电流，其值为 0.1～0.5Ω），所以电源功率损耗小。其绕组电流波形前沿很陡，改善了电动机的矩频特性，提高了起动频率。因此该电路目前在实际中应用较多。

　　高压电源的供电时间长短可由电动机绕组的电感决定 $\tau = L/R_c$，一般为 $100\mu s \sim$ 1.2ms。高压供电的定时控制可以利用单稳电路延时、与非门集成电路、脉冲变压器或微机软件来实现。但是这种电路在低频时绕组电流有较大的上冲，因此低频时电动机振动噪声较大，低频共振现象仍然存在。此外，在 VT2 导通期间由于电动机电感作用，电流波形有下陷而使电流平均值下降、电磁转矩减小。采用斩波恒定电流驱动电路可以解决这个问题。

　　3. 细分功放电路

　　一般步进电动机受制造工艺的限制，其步距角是有限的。而实际中的某些系统往往要求步进电动机的步距角必须很小，以完成加工工艺要求，提高加工精度。为此，常采用细分电路，将步进电动机的步距角细分成若干步，使步进电动机做小步距运行，转动近似于匀速运动，并能停步在任何位置上。

　　前面介绍的各种步进电动机功放电路，当输入脉冲进行切换时，或使绕组完全导通至额定电流值，或使绕组完全截止。步进电动机的步距角只有两种，单三拍（或双三拍）的步距角和单双六拍的步距角。细分功放电路的特点是：在每次输入脉冲进行切换时，并不是将绕组额定电流全部加入或完全切除，而每次改变的电流数值只是额定电流数值的一部分。这样绕组中的电流是台阶式的逐渐增加至额定值，切除电流时也是从额定值开始台阶式的逐渐切除。电流波形不是方波，而是阶梯波。对应每一个小台阶，转子就转过一个相应的小步距角。如果细分的步数为 n，则把输入的脉冲经分配器分成 n 路，每一路的细分脉冲经功放电路放大后，综合起来向每相绕组供电，小步距角为 θ_{be}/n，正好缩短了 $1/n$，因而使电动机运行均匀平滑，消除了电动机在低频段运行时产生的振动，如图 6-27 所示。

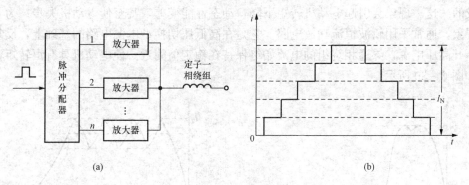

(a)　　　　　　　　　　　　　　　　　(b)

图 6-27　细分电路及电流波形

(a) 细分电路；(b) 阶梯电流波形

　　以三相磁阻式步进电动机为例，对应于单双六拍，分配方式为 A—AB—B—BC—C—CA—A…，如果将每一步细分成 4 步走完，可将电动机每相绕组的电流分 4 个台阶投入或切除。

　　如图 6-28 所示，画出了四细分时各相电流的变化情况，横坐标上标出的数字为切换输入 CP 脉冲的序号，同时也表示细分后的状态号。初始状态零为 A 相通额定电流 I_N，即 $I_A = I_N$。当第一个 CP 脉冲到来时，B 相不是马上通额定电流，而只是通额定电流的 $1/4$，即 $i_B = I_N/4$。此时，电动机的合成磁动势由 A 相中 I_N 与 B 相中 $I_N/4$ 共同产生。状态 2 时

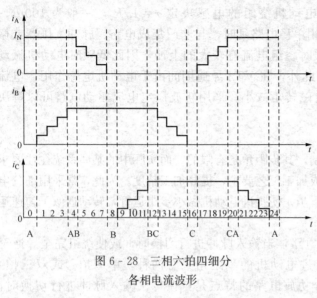

图 6 - 28　三相六拍四细分
各相电流波形

A 相电流未变，而 B 相电流增加到 $i_B=I_N/2$。状态 3 时 $i_A=I_N$，而 $i_B=3I_N/4$。状态 4 时 $i_A=I_N$，而 $i_B=I_N$。未加细分时，从 A 到 AB 状态只需一步，而在四细分时经 4 步才由 A 到 AB，这 4 步的步距角分别为 θ_1、θ_2、θ_3 和 θ_4，且 $\theta_1+\theta_2+\theta_3+\theta_4=\theta_{be}$。

不细分时，步进电动机每步的步距角理论上是相等的，但细分后每一小步的步距角不一定相等。如上述四细分时，步距角（电角度）有 $13.9°$ 和 $16.1°$ 两个数值。步距角不均匀容易引起电动机的振动和失步。如果要使细分后步距角仍然一致，则通电流的台阶就不应是均匀的。

综上所述，采用细分功放电路步进可以使步进电动机获得更小的步距角（角分级）、更高的分辨率、更小的脉冲当量（一个脉冲对应的位移），也可以明显减小电动机的振动、噪声，改善步进电动机的低频性能。

4. 斩波恒流功放电路

步进电动机在运行过程中，经常会出现相绕组电流波顶下凹的现象，如图 6 - 29 所示。这主要是由于电动机在转动时，磁导的变化在绕组中产生感应电动势以及各相间的互感等原因造成的。这一现象会引起电动机转矩下降，动态性能变差，甚至使电动机失步。为了消除这一现象，通常采用斩波恒流功放电路。它是在高低压切换型电源电路的基础上，反复地接通和断开高压电源，导通相绕组的电流始终保持在额定值附近。使电动机具有恒转矩输出特性，如图 6 - 30 所示。

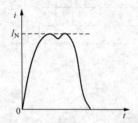

图 6 - 29　电流波顶下凹的现象

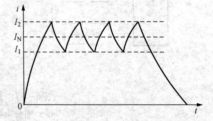

图 6 - 30　斩波恒流相绕组电流波形

斩波恒流功放电路原理图如图 6 - 31 所示。主回路由高压晶体管 VTH、低压晶体管 VTL 和电动机绕组串联而成。低压晶体管 VTL 的发射极串联一个小阻值电阻 R 并接地，电阻两端的电压与电动机绕组的电流成正比，这个电阻称为取样电阻。斩波恒流的设计思想是，当电流不大时，VTH 和 VTL 同时受控于脉冲信号，当电流超过恒流给定的数值时，VTH 被封锁，电源 U_N 被切除。由于电动机绕组具有较大电感，此时靠二极管 VD1 续流，维持绕组电流，电动机靠消耗电感中的磁场能量产生转矩。此时电流将按指数曲线衰减，同样电流采样值将减小。当电流小于恒流给定的数值时，VTH 导通，电源再次接通。如此反复，电动机绕组电流就稳定在由给定电平所决定的数值上，避免了电流波顶下凹现象的发生。

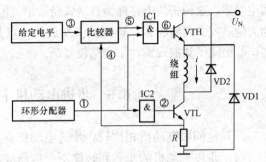

图 6 - 31　斩波恒流功放电路原理图

IC1、IC2 是两个控制门，控制 VTH 和 VTL 两个晶体管的导通和截止。图 6 - 31 中各点电压波形如图 6 - 32 所示。环形分配器的输出点（图 6 - 31 中①）的信号波形如图 6 - 32 (a) 所示，它就是相绕组的导通脉冲，此脉冲通过 IC2 直接控制晶体管 VTL 的导通与截止，而图 6 - 31 中①、②两点的电压波形相同。门 IC1 的输入信号除了环形分配器的信号以外，还有一路信号来自比较器。比较器有两个输入端，其中之一接给定电平，它代表所期望的绕组电流值；另一个接自取样电阻 R 的电压信号，它代表绕组的实际电流值。在环形分配器脉冲到来之前，IC1 和 IC2 都处于关闭状态，输出低电平，VTH 及 VTL 都截止。由于此时取样电阻中无电流通过，反馈到比较器的输入信号为 0，比较器输出高电平，如图 6 - 32 (d) 所示。当环形分配器输出导通信号时，高电平使 IC1 和 IC2 打开，它们输出的高电平使 VTH 和 VTL 两管导通，电源电压 U_N 经 VTH 向电动机绕组供电，绕组电流流经 VTH、电动机绕组、VTL 和取样电阻 R。由于电动机绕组具有较大电感，所以电流按指数规律上升，因为所加电压较高，所以电流上升较快。当电流超过设定值 I_2 时，比较器输入端的取样电压超过给定电压，比较器翻转，输出低电平，从而 IC1 也输出低电平，关断高压管 VTH。此时磁场能量将使绕组电流按原方向继续流动，经由低压管 VTL、取样电阻 R、二极管 VD1 构成的续流回路消耗磁场能量。此时，电流将按指数规律逐渐下降；当电流低于设定值 I_1 时，取样电阻 R 上的电压小于给定电压时，比较器又翻转回去，输出高电平，高压管 VTH 导通，电源又开始向绕组供电，电流又开始上升。如此反复，电动机绕组的电流就稳定在由给定电平所决定的数值附近，形成小小锯齿波，电流波形与电路中④点的波形一样，如图 6 - 32 (c) 所示。

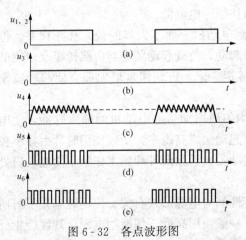

图 6 - 32　各点波形图

(a) 导通脉冲；(b) 给定电平；(c) 取样电压；
(d) 比较器输出电平；(e) 绕组供电脉冲

当低压管 VTL 导通时，由于 VTL 的集电极电位接近于地电位，所以二极管 VD2 处于截止状态。当环形分配器输出低电平时，高、低压管都截止，此时绕组的续流经二极管 VD2 流向电源，续流回路与高低压切换型基本相同。

由图 6 - 32 (e) 可见，在环形分配器所给出的相绕组导通时间内，电源电压并不是一直向绕组供电，而是间断式供电，形成一个个窄脉冲，在绕组电流的导通时间内，电动机从电源取得的能量要比其他电路明显减少，因此具有很高的效率。

上述斩波恒流功放中，斩波频率是由绕组的电感、比较器的回差等诸多因素决定，没有外来的固定频率，这种斩波电路称为自激式斩波恒流电路。如果用其他方法形成固定的频率来斩波，称为他励式。归纳起来，斩波恒流功放的特点是：①高频响应特性明显提高；②输出转矩均匀；③消除了共振现象；④线路较复杂。

6.6　步进电动机主要性能指标及选择

与其他伺服电动机相比较，步进电动机有如下特点：

（1）步进电动机的步数和转速不受电压波动和负载变化的影响，而与输入脉冲的频率成正比。

（2）步进电动机可在一定的频率范围内按输入的脉冲信号进行快速起动、反转和停止。

（3）可不用负反馈环节，在较宽的范围内通过控制脉冲频率实现高精度的转速（或角度）调节。

（4）可实现高精度的角度控制，转子每转一圈，累积误差为 0。

因此，采用步进电动机进行调速，可使控制系统简化，成本降低，适用于开环控制系统。但是，步进电动机对所带动的负载转动惯量有一定的限制。在相同负载下，若转动惯量偏大，则其起动频率将显著下降。步进电动机的位移是断续的，位移量决定于控制脉冲数，速度大小取决于脉冲频率，其转向取决于绕组的通电顺序。因此，它适用于数字控制系统，从而实现位置控制和速度控制。

6.6.1　步进电动机的性能指标

步进电动机的性能指标主要有相数、步距角、额定电压及电流、起动频率、运行频率及最大静转矩，这是指一定通电方式下的数据。

（1）额定电压 U_N：指驱动电源中功放器的电压，也是每相绕组所承受的直流电源电压。国家标准规定步进电动机的额定电压，单一电压型电源应为 6V、12V、27V、48V、60V、80V，高低压切换型电源应为 60/12V、80/12V。

（2）额定电流 I_N：指静态时每相绕组的最大电流。当电动机运转时，每相绕组通的是脉冲电流，电流表的读数为脉冲电流平均值，其值比额定电流低。

（3）起动频率 f_{st}：指电动机静止时，突然加到电动机上而不失步的最大脉冲频率。但在实际使用时，步进电动机多数为带负载的情况下起动，负载起动频率与负载转矩及惯量的大小有关。负载惯量一定，负载转矩增加或负载转矩一定，负载惯量增加都会使起动频率下降。

（4）运行频率 f_r：指空载或负载下，缓慢而均匀地增加步进电动机的输入脉冲，使电动机能不失步地工作的最大频率。由于运行频率比起动频率高得多，所以使用时常由频率控制电路先在低频（不大于起动频率）下使电动机起动，然后逐渐升频到工作频率使电动机处于连续运行。升频时间一般不大于 1s。

步进电动机的起动频率、运行频率及其矩频特性都与电源形式有关。使用时应先了解所给的性能指标是在什么形式的驱动电源下测定的。一般使用高低压切换型电源，其性能指标较高；如改为单一电压型电源，则性能指标要相应降低。

（5）最大静转矩 T_m：指一相通电时（或在规定的通电相数下）电动机的最大转矩值。

绕组电流越大，最大静转矩也越大，如图 6-33 所示。通常，最大静转矩是指一相绕组通上额定电流时的值。T_m 总是大于起动转矩值（或最大负载转矩值）。为了对过载的转矩留有安全裕量，T_m 值按实际负载转矩 T_L 的 2～3.5 倍选取，拍数多时取小倍数，拍数少时取大倍数。

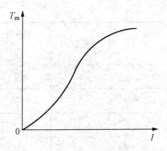

图 6-33 最大静转矩与
电流的关系

按最大静转矩的值可以把步进电动机分为伺服步进电动机和功率步进电动机。前者输出力矩较小，有时需要经过液压力矩放大器或伺服功率放大系统放大后再带动负载。而功率步进电动机的最大静转矩一般大于 5N·m。它不需要力矩放大装置就能直接带动负载运动。这不仅极大地简化了系统，而且提高了传动的精度。所以提高输出转矩，制造功率步进电动机是当前步进电动机的发展方向之一。

（6）步距角 θ_b：为每拍（每步）步进的角度。有时也可用分辨率来表示，即 $b_s = 360°/\theta_b$，表示每转一圈步进了多少步。如步距角为 15°，其分辨率为每转 24 步。

（7）步距角误差 $\Delta\theta_b$：指空载时实际步距角与理论步距角之间的差值。通常用理论步距角的百分数或绝对值来衡量。步距角误差小，表示步进电动机精度高，通常是在空载情况下测量的。

国产 BF 系列磁阻式步进电动机的主要技术数据见表 6-3，通过此表，读者能对步进电动机有更清楚的感性认识。其他型号步进电动机的技术数据可查询相应的产品目录。

表 6-3　　　　　　　　　　　　　国产 BF 系列磁阻式步进电动机主要技术数据

型号	相数	步距角 (°)	电压 (V)	电流 (A)	最大静转矩 (N·cm)	空载起动频率 (Hz)	负载起动频率 (N·cm/Hz)
28BF01	3	3°	27	0.15	2	300	0.5/100
28BF02	3	3°	27	0.80	25	1800	0.25/1000
36BF01	3	1.5°	27	1.5	7.85	3000	2.9/1500
36BF02	3	3°	27	0.5	4	1800	0.1/750
45BF01	3	1.5°	27	0.35	6	1200	2.8/750
45BF02	3	1.5°	27	2.0	10	2400	2.75/1000
45BF04	3	1.875°	27	2.5	20	2400	6/1000
55BF01	3	1.5°	27	3.0	70	1800	17/1000
55BF02	3	1.5°	60	4.0	35	3600	26/2000
55BF07	4	0.9°	27	2.5	70	2400	15/2000
70BF01	3	1.5°	27	3.0	40	1800	12/1000
70BF02	3	1.5°	27	3.0	70	1500	28/750
70BF05	4	0.9°	27	3.0	30	10	35/1000
70BF06	5	0.75°	27	4.0	40	3600	20/2000
70BF10	6	0.75°	60/12	4.5	60	3600	14/3000

型号	相数	步距角 (°)	电压 (V)	电流 (A)	最大静转矩 (N·cm)	空载起动频率 (Hz)	负载起动频率 (N·cm/Hz)
90BF01	3	1.5°	60/12	5.0	150	1100	35/750
90BF02	3	1.5°	60	5.0	200	1500	60/1000
90BF03	4	0.9°	60/12	7.0	250	1500	70/1000
90BF06	5	0.36°	27	3.0	200	2400	100/1000
110BF01	3	0.75°	27	4.0	500	450	25/250
110BF02	3	0.75°	80	6.0	800	1500	260/1000
110BF03	4	0.36°	60/12	2.5	200	900	100/500

6.6.2 步进电动机的选择

为了选择适用的最佳步进电动机，应考虑如下主要指标。

1. 步距角的选择

步距角 θ_b 用分辨率来表示更清楚，如 $\theta_b = 15°$，其分辨率 b_s 为每转 24 步。如需要 15° 的步距增量运动时，选用大于 15° 步距角的步进电动机是不行的，但可采用 5° 步距角的电动机走 3 步来实现 15° 的运动。这样的选择会使振动减小，位置误差减小，但要求运行频率提高，控制成本也较高。

旋转式步进电动机用于直线增量（每一脉冲电动机移动的直线位移量）运动时，如用丝杠作运动转换器，则直线增量所需的电动机的步距角 θ_b 可按下式换算

$$\theta_b = \frac{360° \delta_p}{ti} \tag{6-16}$$

式中 δ_p——直线增量运动当量，mm；

t——丝杠螺距，mm；

i——传动比。

例如，所用丝杠的螺距 $t = 0.0254\text{mm}$，$i = 0.5$，线性增量为 $\delta_p = 5.29 \times 10^{-4}\text{mm}$，则所需电动机具有的步距角为

$$\theta_b = \frac{360° \delta_p}{ti} = \frac{360° \times 5.29 \times 10^{-4}}{0.0254 \times 0.5} = 15°$$

可知，需要一台每转 24 步的步进电动机。

2. 转矩的选取

在实际应用中，只根据最大静转矩值来选择步进电动机是不够的。步进电动机的性能不仅取决于矩角特性形状，还取决于驱动电路和矩频特性。

（1）步进电动机的转矩应按负载转矩 T_L 与动转矩 T_1 之和来确定。一般已知步距角 θ_b 以及电动机在 ts 内从静止加速到每秒多少步即 v_b，则步进电动机的动转矩按下式确定

$$T_1 = J \frac{\mathrm{d}\Omega}{\mathrm{d}t} = J \frac{2\pi v_b}{b_s t} \tag{6-17}$$

式中 v_b——ts 内加速后的速度，step/s；

b_s——分辨率，step/r，$b_s = 360°/\theta_b$；

　　　　　t——时间，s；

　　　　　J——转动惯量，N·mm·s^2。

　　（2）参考起动矩频特性来选择步进电动机。因为即使 T_m 值很大，但是转矩随转速升高而下降，使步进电动机不能带动负载加速。电动机的动态转矩与驱动电源有关。通常采用高低压切换型驱动电源，电动机在高频（速）时产生的转矩明显大于采用低压驱动电源的转矩值。

　　（3）需要由矩角特性曲线来选择步进电动机。曲线上稳定平衡点附近的特性表明特性的硬度，这对单步运行时的性能有决定性的意义。在连续运行时，改变通电状态，换接点（动稳定区的起始区域）处于转矩曲线具有正斜率的区间，正斜率越大，在改变通电状态时转矩也越大，有利于连续运行。我们把空载时，后一个通电相的静稳定区称为前一个通电相的动稳定区，如图 6-11（a）中 B 相的静稳定区即为 A 相的动稳定区。由图 6-11 可见，单相通电时换接点的正斜率小于两相通电时换接点的正斜率。不同电动机所具有的矩角特性不同，所以具有不同的换接正斜率。

　　3. 起动惯频特性的选择

　　若要求步进电动机在固定的连续脉冲频率下，从静止状态起动时不能丢步（失步），就需要从起动惯频特性曲线中，按负载的惯量查出电动机的极限起动频率。特性中惯量是指纯负载惯量，而对于有摩擦性的负载，频率则需下降。

　　4. 步距角精度

　　空载时距离理想步距位置的偏差量称为空载步距精度。步距角误差是非积累性的，摩擦负载所引起的位置误差也是非积累性的，所以电动机与负载构成的系统的实际位置精度将等于电动机的空载步距精度与摩擦负载引起的误差之和。通常，厂家所提供的步距精度大约为步距角的±5％。

6.7　步进电动机的应用举例

　　步进电动机是一种将电脉冲信号转换成相应角位移的数字执行部件，因此它在数字控制系统中、程序控制系统及许多航天工业系统中得到了应用。随着微型计算机的发展，步进电动机得到了更广泛的应用，有相当一部分步进电动机正应用在计算机的外部设备，如打印机、纸带输送机构、卡片阅读机、主动轮驱动机构和磁盘存储器存取机构等。

　　如图 6-34 所示的软磁盘存储器是计算机外部信息存储装置。当软盘插入驱动器后，伺服电动机带动主轴旋转，使盘片在盘套内转动。磁头安装在磁头小车上，步进电动机通过传动机构磁头螺杆驱动磁头小车，将步距角变换成磁头的位移，从而读写磁盘数据。步进电动机每前进一步，磁头移动一个磁道。

　　图 6-35 所示为针式打印机示意。针式打印头撞击打印纸带，打印出点阵，点阵组成字符或图形来完成打印任务。从结构来看，针式打印机由打印机械装置和驱动控制电路两大部分组成，在打印过程中共有三种机械运动：打印头横向运动、打印纸纵向运动和打印针的击针运动。这些运动都是由软件控制驱动机构

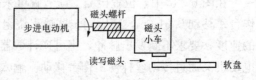

图 6-34　软盘驱动系统

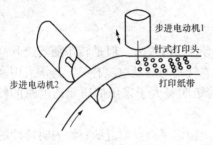

图 6 - 35　针式打印机

完成的，其中打印头驱动机构是利用步进电动机及齿轮减速装置，使打印头做横向运动，其步进速度由一个单元时间内的驱动脉冲数决定，改变步进速度即可改变打印字距。而纸带的移动是由另一台步进电动机驱动。

图 6 - 36 所示为数控铣床工作原理示意。在进给伺服系统中，步进电动机根据指令的要求精确定位，接收一个脉冲，步进电动机就转过一个固定的角度，经过传动机构驱动工作台，使之按规定方向移动一个脉冲当量的位移，因此指令脉冲总数也就决定了机床的总位移量。指令脉冲的频率决定了工作台的移动速度。每台步进电动机可驱动一个坐标的伺服机构。

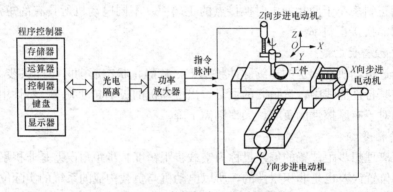

图 6 - 36　数控铣床工作原理示意

将事先备好的程序固化在微机的存储器中，工件加工程序通过键盘输入微机控制器中，运算器再把控制程序中规定的几何图形及所给的原始数据进行计算，然后根据所得的结果向各坐标轴 X、Y、Z 方向分配指令脉冲。每来一个指令脉冲，步进电动机就旋转一个角度，它所拖动的工作台就对应地完成一个脉冲当量（每来一个脉冲，步进电动机带动负载所转的角度或直线位移，叫脉冲当量）的位移。这样两个或三个坐标轴的联动就能加工出控制程序所规定的几何图形来。只要编制好控制程序，形状再复杂的工件都可以加工出来。

这种控制系统没有位置检测反馈装置，它是一个开环控制系统，此控制系统简单可靠、成本低、易于调整和维护，但精度不高。

在数控机床中，为了及时掌握工作台实际运动的情况，系统中具有位置检测反馈装置。位置检测反馈装置将测得的工作台实际位置与指令位置相比较，然后用它们的差值（即误差）进行控制，这就是闭环控制。图 6 - 37 为数控机床闭环控制系统框图。

在图 6 - 37 中，位置检测反馈装置可采用感应同步器，它的滑尺与工作台机械连接，工作台每移动 0.01mm，感应同步器输出绕组就发出一个脉冲。脉冲发生器按机床工作台移动的速度，要求不断发出脉冲，当可逆计数器内有数时，通过门电路控制步进电动机的旋转。电动机又通过传动丝杆使工作台移动。输入指令装置预置某一相应工作台的指令脉冲数。当位置检测反馈装置发出的反馈脉冲数等于指令预置脉冲数时，可逆计数器出现全"0"状态，门电路关闭，工作台停止移动。

　　由于采用位置检测反馈装置直接测出工作台的移动量，以修正其定位误差，所以系统的定位精度提高了。

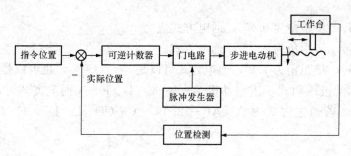

图 6-37　数控机床闭环控制系统框图

思考题与习题

　6-1　什么是步进电动机的"拍"？为什么步进电动机的技术指标中步距角有两个值？

　6-2　步进电动机转速的高低与负载大小有关系吗？步进电动机有哪些可贵的特点？

　6-3　磁阻式步进电动机与永磁式及混合式步进电动机在作用原理方面有什么共同点和差异？步进电动机与同步电动机有什么共同点和差异？

　6-4　如果一台步进电动机的负载转动惯量较大，试问它的起动频率有何变化。

　6-5　试问步进电动机的连续运行频率和它的负载转矩有怎样的关系，为什么。

　6-6　为什么步进电动机的连续运行频率比起动频率要高得多？

　6-7　步进电动机有哪些技术指标？它们的具体含义是什么？

　6-8　一台四相步进电动机，若单相通电时矩角特性为正弦形，其幅值为 T_m，试求：

　(1) 写出四相八拍运行方式时一个循环的通电次序，并画出各相控制电压波形图。

　(2) 两相同时通电时的最大静态转矩。

　(3) 分别作出单相及两相通电时的矩角特性。

　(4) 求四相八拍运行方式时的极限起动转矩。

　6-9　一台五相十拍运行的步进电动机，转子齿数 $Z_r = 48$，在 A 相绕组中测得电流频率为 600Hz，试求：

　(1) 电动机的步距角。

　(2) 转速。

　(3) 设单相通电时矩角特性为正弦形，其幅值为 3N·m，求三相同时通电时的最大静转矩。

　6-10　一台磁阻式步进电动机，其步距角 $\theta_b = 1.5°/0.75°$，若取 $m=3$，其转子齿数 Z_r 是多少？每个齿的齿距角 θ_t 为多少？若取相数 $m=6$ 时，其 Z_r 和 θ_t 又是多少？

　6-11　为什么 $Z_r = 40$ 的磁阻式步进电动机的最小相数为 3？若取两相通电方式可行吗？

此时的步距角 θ_b 为多少？对应的起动转矩 T_{st} 为多少？

6-12　磁阻式步进电动机采用多相通电方式有什么好处？是否受到一定限制？

6-13　三相磁阻式步进电动机按 A—B—C—A 通电方式时，电动机顺时针转，步距角为 1.5°，试问：

(1) 顺时针转，步距角为 0.75°，通电方式应为_____。

(2) 逆时针转，步距角为 0.75°，通电方式应为_____。

(3) 逆时针转，步距角为 1.5°，通电方式可以是_____，也可以是_____。

6-14　五相十极磁阻式步进电动机 A—B—C—D—E—A 通电方式时，电动机顺时针转，步距角为 1°，若通电方式为 A—AB—B—BC—C—CD—D—DE—E—EA—A，其转向及步距角怎样？

第7章 直线电动机

7.1 概　　述

直线电动机是一种不需要中间转换装置，而能直接做直线运动的电动机，在以往的直线运动控制时，一般是用旋转电动机通过曲柄连杆或蜗轮蜗杆等传动机构来获得的，这使结构复杂，质量和体积大，且系统精度差，工作不稳定。近年来，随着科学技术的发展推动了直线电动机的研究和生产，目前在交通运输、机械工业和仪器仪表工业中，直线电动机已得到推广和应用。在铁路运输上采用直线感应电动机可以实现高速列车，并且向超高速列车的目标发展。在生产线上，各种传送带已开始采用直线电动机来驱动。在仪器仪表系统中，直线电动机作为驱动、指示和测量的应用更加广泛，如快速记录仪，$X-Y$ 绘图仪，磁头定位系统，打字机以及电子缝纫机中都得到应用，可以预见，在直线运动领域里旋转电动机将逐渐被直线电动机所取代。

与旋转电动机传动相比，直线电动机传动主要具有下列优点：

（1）精度高。直线电动机由于不需要中间传动机械，因而使整个机械得到简化，提高了精度，减少了振动和噪声。

（2）响应速度快。用直线电动机驱动时，由于不存在中间传动机构的惯量和阻力矩的影响，因而加速和减速时间短，可实现快速起动和正、反向运行。

（3）速度高。系统的零部件和传动装置不像旋转电动机那样会受到离心力的作用，因此它的直线速度可以不受限制。

（4）容量增大。直线电动机由于散热面积大，容易冷却，所以允许较高的电磁负荷，可提高电动机的容量定额。

（5）装配灵活度高。往往可将电动机和其他机件合成一体。

直线电动机的类型很多，从原理上来说，每一种旋转电动机都有与之相对应的直线电动机。直线电动机按其工作原理可分为直线直流电动机、直线感应（异步）电动机、直线同步电动机、直线步进电动机等；按结构形式可分为平板型、圆筒型（或管型）、圆盘型和圆弧型四种。此外，还有一些特殊的结构。

7.2 直线感应电动机

7.2.1 结构

直线感应电动机主要有两种形式，即平板型和管型。平板型电动机相当于将普通的旋转感应（异步）电动机沿着半径的方向切开，并将定、转子沿圆周展成直线，如图 7-1 所示。由定子演变而来的一侧称作一次或定子，由转子演变而来的一侧称作二次或动子。实际上，直线电动机既可以做成一次固定、二次移动的动次级型，也可以做成二次固定、一次移动的动初级型。

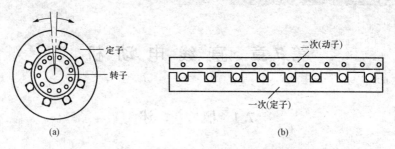

图 7-1　平板型直线感应电动机的形成

（a）旋转电动机；（b）直线电动机

　　直线异步电动机的结构主要包括一次、二次和直线运动的支撑轮三部分。图 7-1 中直线电动机的一次、二次长度相等，实际上这是无法正常工作的。因为一次、二次要做相对运动，如果开始时一次、二次正好对齐，随着运动的进行，一次、二次之间的电磁耦合部分逐渐减少，使电动机无法正常运行下去。为了保证在所需的行程范围内，一次、二次之间始终具有良好的电磁耦合，实际的直线电动机一次、二次长度是不等的。根据一次、二次间相对长度，可以把平板型直线电动机分成短一次和短二次两类，如图 7-2 所示。由于短一次结构比较简单，制造和运行成本较低，一般短一次应用比较普遍，只是特殊情况才使用短二次。

　　一次中通以交流电，二次就在电磁力的作用下沿着一次做直线运动。这时二次要做得很长，延伸到运动所需要达到的位置，而一次则不需要那么长。

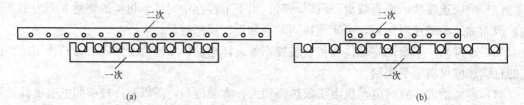

图 7-2　平板型直线感应电动机结构

（a）短一次；（b）短二次

　　图 7-2 所示的平板型直线电动机仅在二次的一边具有一次，这种结构形式称为单边型。单边型除了产生切向力外，还会在一次、二次间产生较大的法向力，这在某些应用中是不希望的。为了充分利用二次和消除法向力，可以在二次的两侧都装上一次。这种结构形式称为双边型，如图 7-3 所示。

　　与旋转电动机一样，平板型直线电动机的定子由定子绕组和定子铁芯组成。定子铁芯由硅钢片叠压而成，表面开有齿槽，铁芯的槽中放入三相、两相或单相绕组；单相直线感应电动机可做成罩极式的，也可通过电容移相。平板型直线异步电动机的动子通常有两种类型：一种是笼型结构，即在动子铁芯中放入铜条或铝条，再用铜带或铝带将两侧端部短接，铜主要起导电作用。这种形式的电动机气隙较大，励磁电流及损耗也大。另一种是

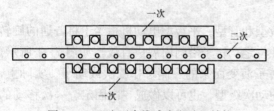

图 7-3　双边型直线感应电动机结构

类似于交流伺服电动机的空心杯形转子结构，它是用带状软钢板或直接用角钢、工字钢来做动子，如高速列车的钢轨就是它的动子，钢板既起磁路作用，又起导电作用。第二种类型因结构简单，动子不仅作为导磁、导电体，甚至可以作为结构部件，其应用前景更广阔。

直线感应电动机具有交流笼型异步电动机结构简单、价格低、维护方便等优点，又可省去传动机构直接做直线运动，在交通运输，如磁悬浮高速列车、传送带，纺织工业如推动梭子、电磁泵、电磁感应搅拌器等直线运动系统中得到广泛应用。

将图7-4（a）所示的平板型直线电动机的一次和二次按箭头方向卷曲，就成为管型直线感应电动机，如图7-4（b）所示。在平板型电动机里线圈一般做成菱形，如图7-5（a）所示（图中只画出一相线圈的连接），它的端部只起连接作用。在管形电动机中，线圈端部不再需要，因此，把各线圈边卷曲起来，就成为饼式线圈，如图7-5（b）所示。管型直线感应电动机的典型结构如图7-6所示，它的一次铁芯是由硅钢片叠成的一些环型钢盘，一次多相绕组的线圈绕成饼式，装配时将铁芯与线圈交替叠放于钢管机壳内。管型电动机的二次通常由一根表面包有铜皮或铝皮的实心钢或厚壁钢管构成。

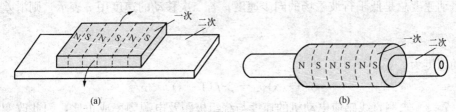

图7-4 管型直线感应电动机的形成
(a) 平板型；(b) 管型

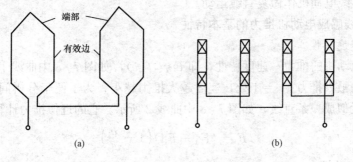

图7-5 直线感应电动机的线圈
(a) 菱形；(b) 饼式

7.2.2 工作原理

直线感应电动机不仅结构上相当于从旋转感应电动机演变而来，其工作原理也与旋转感应电动机相似。旋转电动机的对称三相绕组通入对称三相交流电时，在定、转子间的气隙中会产生一个圆形旋转磁场；现将定、转子切开展平，就把旋转磁场变成直

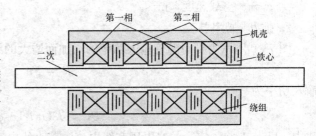

图7-6 两相管型直线感应电动机的结构

线运动的匀速磁场，即磁场的磁通密度 B_δ 是直线移动的，称为行波磁场，如图 7-7 所示。行波磁场的移动速度与旋转磁场在定子内圆表面上的线速度是一样的，即为 v_s，称为同步速度，且

$$v_s = \frac{2\tau}{T} = 2\tau f \quad \text{cm/s} \tag{7-1}$$

式中 τ——绕组极距，cm；

  f——电源频率，Hz。

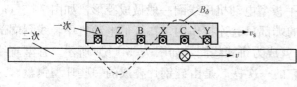

图 7-7 直线电动机的工作原理

在行波磁场切割作用下，二次导条将产生感应电动势和电流，所有导条的电流和气隙磁场相互作用，便产生切向电磁力。如果一次固定不动，则二次将沿着行波磁场运动的方向做直线运动。直线感应电动机二次（动子）的运动速度总是低于行波磁场的同步速度，若二次移动的速度用 v 表示，则滑差率为

$$s = \frac{v_s - v}{v_s} \tag{7-2}$$

动子移动速度为

$$v = (1-s)v_s = 2\tau f(1-s) \quad \text{cm/s} \tag{7-3}$$

式（7-3）表明直线感应电动机的速度与绕组极距及电源频率成正比，因此改变绕组极距或电源频率都可以改变电动机的速度。

与旋转电动机一样，改变直线感应电动机一次绕组的通电相序，可改变电动机运动的方向，因而可使直线电动机作做复直线运动。

7.2.3 直线感应电动机推力的基本特性

1. 推力 - 速度特性

直线感应电动机的推力—速度特性，即 $F = f(v)$，如图 7-8 中曲线 1 所示。可见，直线感应电动机的最大推力在 $s = 1$ 处，速度越大推力越小，为了便于分析问题，它的推力—速度特性也可近似成一条直线，如图 7-8 中曲线 2 所示。它的近似推力计算式为

$$F = (F_{st} - F_U)\left(1 - \frac{v}{v_0}\right) \tag{7-4}$$

式中 F_{st}——起动推力，N；

  F_U——摩擦力，N；

  v_0——空载速度，m/s。

2. 推力 - 功率特性

图 7-9 所示为推力随着输入功率的增加而增大的线性关系。直线电动机的输出功率为

$$P = Fv$$

输入功率为

$$P_1 = \sqrt{3}U_L I_L \cos\varphi \tag{7-5}$$

式中 U_L、I_L——定子的线电压和线电流，若直线电动机的效率为 η，则输出机械功率为

$$P = \eta P_1 = \eta \sqrt{3}U_L I_L \cos\varphi$$

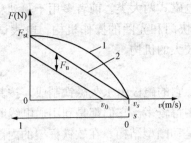

图 7-8 推力-速度特性

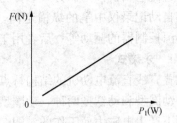

图 7-9 推力-功率特性

7.2.4 双边型直线电动机的型号及主要参数

双边型直线电动机的型号由名称代号、规格代号等组成，如

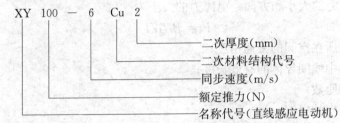

双边型直线电动机的主要参数如下：

（1）额定电压。直线电动机一次绕组上应加的线电压。

（2）额定推力。额定运行时，直线电动机输出的推动力。在转差率为1时，推力分别为10、20、30、50、100、200、300、500、750、1000、1500N 等。

（3）额定同步转速。额定运行时，行波磁场的移动速度，通常为3、4、5、6、9、12m/s。

（4）定子绕组接法。通常采用 Y 接，双边型一次绕组之间可以并联或串联连接，如图 7-10 所示。当双边型一次绕组并联连接时，每边绕组的电流为总电流的 1/2，每边绕组的端电压与电源电压相等。当双边型一次绕组串联连接时，每边绕组的端电压是电源总电压的 1/2。

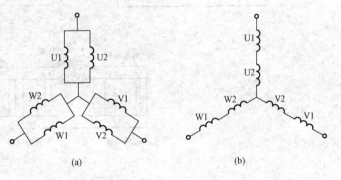

图 7-10 双边型直线电动机双边一次之间的连接
（a）并联；（b）串联

直线感应电动机的其他特性，如机械特性、调节特性等都与旋转式交流异步电动机相似，通常也是靠改变电源电压或频率来实现对速度的连续调节，这里不再介绍。

7.3 直线直流电动机

直线直流电动机外形多为圆筒型，它具有结构简单，无旋转部件，效率高，速度易控制，反应速度快，调速平滑性好等优点，在自动控制及仪器仪表中被广泛应用。

直线直流电动机按励磁方式可分为永磁式和电磁式两大类。前者多用于驱动功率较小的机构，如自动记录仪中笔的纵横走向，摄影机中快门和光圈的操作机构，电表试验中探测头，电梯门控制器的驱动等；后者用于驱动功率较大的机构。

7.3.1　永磁式

永磁式直线直流电动机的结构特点是体积小，它的磁极由永久磁铁制成。按其结构的不同可分为动圈型和动铁型两种，动圈型在实际中用得较多。它们都是利用通电线圈在永久磁场的作用下产生电磁力而工作的。图 7 - 11（a）是动圈型结构，在软铁框架的内部装有永久磁铁，磁铁产生的磁通经过很小的气隙被软铁框架所闭合，气隙中的磁场强度均匀分布。当可动线圈中通入直流电流时，便产生电磁力，只要电磁力大于滑轨上的静摩擦阻力，线圈便沿着滑轨做直线运动，其运动的方向可由左手定则确定。改变绕组中直流电流的大小和方向，即可改变电磁力的大小和方向。电磁力的大小为

$$F = B_\delta l W I_a \tag{7 - 6}$$

式中　B_δ——线圈所在空间的磁通密度；

　　　l——磁场中线圈导体的有效长度；

　　　W——线圈匝数；

　　　I_a——线圈中的电流。

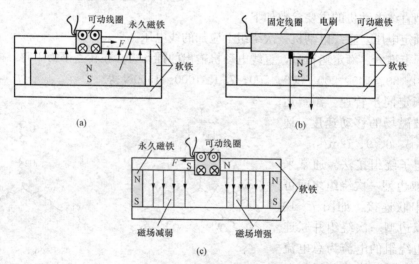

图 7 - 11　永磁式直线直流电动机结构

（a）动圈型；（b）动铁型；（c）双永磁铁动圈型

这种结构的缺点是要求永久磁铁的长度大于可动线圈的行程。如果记录仪的行程要求很长，则磁铁长度就更长。因此，这种结构成本高，体积大。

图 7 - 11（b）所示为移动永久磁铁的结构形式，即动铁型。在一个软铁框架上套有线圈，该线圈的长度要包括整个行程。显然，当这种结构形式的线圈流过电流时，不工作的部分要白白消耗能量。为了降低电能的消耗，可将线圈外表面进行加工使铜裸露出来，通过安装在磁极上的电刷把电流再回馈到线圈中。这样，当磁极移动时，电刷跟着滑动，可只让线圈的工作部分通电。但由于电刷存在磨损，降低了可靠性和寿命。另外，它的电枢较长，电枢绕组用铜量较大。优点是电动机行程可做得很长，还可做成无接触式直线直流电动机。

图 7-11（c）所示的结构是在软铁架两端装有极性同向放置的两块永久磁铁，通电线圈可在滑道上做直线运动，这种结构具有体积小、成本低和效率高等优点。

在设计永磁直线电动机时应尽可能减少其静摩擦力，一般控制在输入功率的（20～30）％以下。应用在精密仪表中的直线电动机采用了直线球形轴承或磁悬浮及气垫等形式，以降低静摩擦的影响。

根据直流电机的可逆原理，永磁式直线电机还可作为直线测速发电机使用。图 7-12 所示为永磁直线测速发电机结构示意。由该图可见，它的定子上装有两个形状相同、匝数相等的线圈，分别位于永久磁钢两个异极性的作用区段上。两个线圈可以是反向绕制、正接串联，或者同向绕制、反接串联。这样使两个处于不同极性的线圈的感应电动势相加，输出增大一倍，提高了输出效率。为了

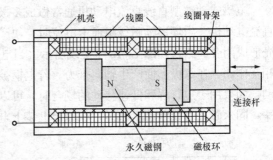

图 7-12 永磁直线直流测速发电机结构示意

获得较小的电压脉动，每个线圈的长度应大于工作行程与一个磁极环的宽度之和。线圈骨架除了支撑固定线圈外，还给动子起直线运动的定向作用，它由既耐磨损且摩擦系数小的工程塑料制成。动子包括永久磁钢（AlNiCo$_5$）、磁极环（软铁）和连接杆（非磁性材料）。

根据电磁感应定律，当磁钢相对于线圈以速度 v 运动时，磁通切割线圈边，在两线圈中产生感应电动势 E，其值可用下式表示

$$E = 2\frac{W}{L}\Phi v = k\Phi v \qquad\qquad (7-7)$$

式中　$\dfrac{W}{L}$——线圈的线密度；

　　　　Φ——每极磁通。

可见感应电动势与直线运动速度呈线性关系，这就是直线测速发电机的基本原理。

由式（7-7）可见，线圈的线密度决定着测速发电机的输出斜率。若线圈绕制不均匀，排列不整齐，造成线圈各处密度不等，会使电压脉动等指标变坏。因此，线圈的绕制要十分精心，这是决定电动机质量的关键因素之一。

直线测速发电机是一种输出电压与直线速度成比例的检测元件，应用在自动控制闭环系统、解算装置中，其技术指标与旋转运动的测速发电机相似，只是被测的输入量是直线运动的速度。它的技术指标包括输出斜率、线性精度、电压脉动、正/反向误差、可重复性等。我国试制的一种直线测速发电机外形尺寸及技术指标如下：长度 54mm，外径 20mm，工作行程±10mm，当速度范围为 0.5～10mm/s 的情况下，灵敏度不小于 10mVs/mm，电压脉动不大于 5%，线性精度小于±1%，正、反向误差小于 1%，重复性小于 0.5%，并具有一定抗干扰能力等。

7.3.2 电磁式

任何一种永磁式直线直流电动机，只要把永久磁铁改成电磁铁，就成为电磁式直线直流电动机，同样也有动圈型和动铁型两种。图 7-13（a）所示为电磁式动圈型直线直流电动机的结构示意。当励磁绕组通电后产生磁通与移动绕组的通电导体相互作用产生电磁力，克服

滑轨上的静摩擦力，移动绕组便做直线运动。

对于动圈型直线直流电动机，电磁式的成本要比永磁式低。因为永磁式所用的永磁材料在整个行程上都存在，而电磁式只用一般材料的励磁绕组即可；永磁材料质硬，机械加工费用高；电磁式可通过串、并联励磁绕组和附加补偿绕组等方式改善电动机的性能，灵活性较高。但电磁式比永磁式多了一项励磁损耗。

电磁式动铁型直线直流电动机通常做成多极式，图 7-13（b）所示为动铁型三磁极式直线直流电动机。当环形励磁绕组通上电流时，便产生了磁通，它经过电枢铁芯、气隙、极靴和外壳形成闭合回路，如图 7-13 中虚线所示。当电枢绕组通入直流电流后，带电导体与气隙磁通相互作用，在每极上便产生轴向推力。若电枢被固定不动，磁极就沿着轴线方向做往复直线运动。如果用于短行程和低速移动的场合时，可以省掉滑动的电刷。但若行程很长，为了提高效率，同永磁式直线电动机一样，在磁极上装上电刷，使电流只在电枢绕组的工作段流过。

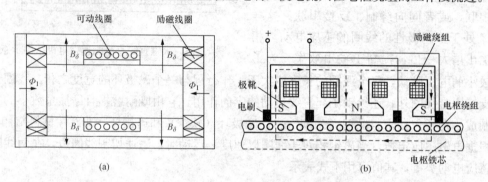

图 7-13   电磁式直线直流电动机结构示意

（a）动圈型单极式；（b）动铁型三磁极式

图 7-13 所示的电动机可以看作管型的直流直线电动机。这种对称的圆柱型结构具有很多优点。例如它没有线圈端部，电枢绕组得到完全利用；气隙均匀，消除了电枢和磁极间的吸力。

国外有关这种电动机样机的外形尺寸和技术数据如下：极数为 2 极，电源为 6V 直流，除去电枢外的总长度为 12cm，外径为 8.6cm，除去电枢后的质量为 1.8kg，输出位移为 150cm，2m/s 时输出功率为 18W（40% 工作周期），静止时输出推力为 13.7N，1.5m/s 时输出推力为 10.78N。

7.4   直 线 自 整 角 机

在同步控制系统中，有时要求直线位移同步，如雷达直线测量仪（调波段）中就要求采用直线自整角机。而过去都采用电位器，结果精度很差，齿轮装置复杂，可靠性也较差。

图 7-14 所示为直线自整角机结构示意，直线自整角机的原理与传统旋转式自整角机基本相同，图 7-14（a）中，表示有 3 个凸极定子，其上绕有分布绕组，三相绕组在相位上互差 120°，在定子极与磁回路之间是直线位移的印刷动子带，它是在绝缘材料基片的两面印制导线而成。图 7-14（b）为印制绕组连接情况，图中粗线表示上层印制导线，细线表示下层印制导线，上、下层导线通过印制基片孔连接，下面印制基片上有两根平行的引出导线，通

过电刷与外界相连接。显然，动子带上的印制电路是一种分布的单相绕组。

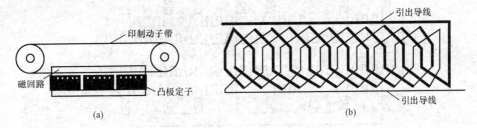

图 7-14　直线自整角机结构示意
(a) 结构图；(b) 印制绕组

　　印制绕组基片通过两个圆盘轮绞动，当印制绕组通上交流电时，定子各相绕组中会感应出与印制绕组位置有关的电压；相反，若定子三相绕组通电，印制绕组在定子中做平行直线位移，其输出端就产生一个与其位置有关的输出电压。因此，利用一对这样的直线自整角机，就能实现两绞轮间的直线位移同步。

　　直线自整角机与传统旋转自整角机一样，可与直线伺服电动机和直线测速发电机一起组成直线伺服闭环系统。它适用于直线同步连接系统，可减少齿轮装置，提高系统精度。

7.5　直线和平面步进电动机

　　在自动控制装置中，要求某些机构快速地做直线或平面运动，而且要保证精确的定位，如自动绘图机、自动打印机等。一般旋转式磁阻步进电动机可以完成这样的动作，但旋转式步进电动机由旋转运动变成直线运动，需要机械转换机构，会使系统结构复杂、惯量增大、出现机械间隙和摩擦，从而影响系统的速度和精度。为了克服这些缺点，在旋转式步进电动机的基础上，又研制出一种新型的直线步进电动机和平面步进电动机。直线步进电动机可分为磁阻式和永磁式两种，下面分别进行介绍。

7.5.1　磁阻式直线步进电动机

　　磁阻式直线步进电动机的工作原理与旋转式步进电动机相同。图 7-15 所示为一台四相磁阻式直线步进电动机的结构原理图。它的定子和动子都由硅钢片叠压而成。定子上、下两表面都开有均匀分布的齿槽。动子是一对具有 4 个极的铁芯，极上套有四相控制绕组，每个极的表面也开有齿槽，齿距与定子上的齿距相同。当某相动子齿与定子齿对齐时，相邻相的动子齿轴线与定子齿轴线错开 1/4 齿距。上、下两个动子铁芯用支架刚性连接起来，可以一起沿定子表面滑动。为了减少运动时的摩擦，在导轨上装有滚珠轴承，槽中用非磁性材料如环氧树脂或塑料填平，使定子表面平滑。当控制绕组按 A—B—C—D—A 的顺序轮流通电时，根据步进电动机一般原理，动子将以 1/4 齿距的步距移动，当通电顺序改为 A—D—C—B—A 的顺序时，动子则向相反方向步进移动。与旋转式步进电动机相似，通电方式可以是单拍的，也可以是双拍的，如 A—AB—B—BC—C—CD—D—DA—A，双拍制时步距减小一半。

　　图 7-15 也被称为双边型共磁路的直线步进电动机，即定子两边都有动子，一相通电时所产生的磁通与其他相绕组也匝链。此外，也可做成单边型或不共磁路的形式，这样可消除

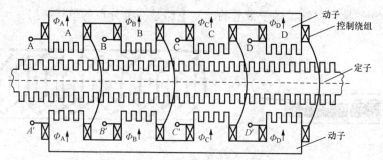

图 7 - 15　四相磁阻式直线步进电动机结构原理图

相与相间互感的影响。图 7 - 16 表示一台五相单边型不共磁路直线步进电动机。图中动子上有 5 个 II 形铁芯，每个 II 形铁芯的两极上套有相反连接的两个线圈，形成一相控制绕组。当一相通电时，所产生的磁通只在本相的 II 形铁芯中流通，此时 II 形铁芯两极上的小齿与定子齿对齐（图中表示每极上只有 3 个小齿），而相邻相的 II 形铁芯极上的小齿轴线与定子齿轴线错开 1/5 齿距。当五相控制绕组以 AB—ABC—BC…五相十拍方式通电时，动子每步移动 1/10 齿距。这种直线步进电动机的主要特性如下：步距 0.1mm，最高速度 3m/min，输出推力 98N，最大保持力 196N，在 300mm 行程内定位精度达 ±0.075mm，重复精度 ±0.02mm，有效行程 300mm。

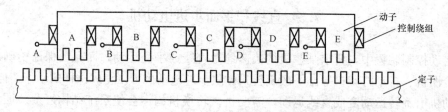

图 7 - 16　五相磁阻式直线步进电动机

7.5.2　永磁式直线和平面步进电动机

图 7 - 17 所示为永磁式直线步进电动机的结构和工作原理图。直线步进电动机的定子（也称反应板）和动子都用磁性材料制成。定子开有均匀分布的矩形齿和槽，齿距为 t，为了避免槽中堆积异物，槽中填满非磁性材料（如环氧树脂或塑料），使整个定子表面平整光滑。动子上装有永久磁铁 A 和 B，每一磁极端部装有用磁性材料制成的 II 型极片，每块极片有两个齿（如 a 和 c，a' 和 c'，d 和 b，d' 和 b'），齿距为 $1.5t$。这样，当齿 a 与定子齿对齐时，齿 c 便对准定子槽。同一磁铁的两个 II 形极片间隔的距离为 t，刚好使齿 a 和 a' 能同时对准定子的齿。磁铁 A 与 B 相同，但极性相反，它们之间的距离为 $(6±1/4)t$。这样，当其中一个磁铁（例如磁铁 A）的齿完全与定子齿和槽对齐时，另一磁铁（例如磁铁 B）的齿则处于定子齿和槽的中间。在磁铁 A 的两个 II 形极片上装有 U 相控制绕组，磁铁 B 上装有 V 相控制绕组。

当 U 相绕组通入脉冲电流 I_U 时，如图 7 - 17（a）所示，这时由 U 相绕组产生的磁通在 a、a' 中与永久磁铁的磁通相叠加（方向相同），而在 c、c' 中却相抵消（方向相反），使齿 c、c' 全部去磁，不起作用。而 V 相绕组不通电流，仅由磁铁 B 在齿 d、d' 及 b 和 b' 中产生的磁通，在水平方向的分力近乎大小相等、方向相反，相互抵消。因此，这时仅有齿 a 和 a' 能产生磁推力，驱使动子沿水平方向移动到图 7 - 17（b）所示的位置。

　　当 U 相断电，V 相绕组通入脉冲电流 i_V 时，如图 7 - 17（c）所示，这时 V 相绕组产生的磁通将使齿 b、b′ 中的磁通增加，而齿 d、d′ 中的磁通相互抵消。在齿 b、b′ 产生的磁推力作用下，驱使动子从图 7 - 17（b）所示的位置移动到图 7 - 17（c）所示的位置，即 b、b′ 移动到与定子齿相对齐的位置上，这样动子沿水平方向向右移动半个齿宽即（1/4）t。

　　如果切断 V 相电流，并给 U 相绕组通入反向脉冲电流，如图 7 - 17（d）所示。则 U 相绕组和磁铁 A 产生的磁通，在齿 c、c′ 中相叠加，而在齿 a、a′ 中相互抵消。在齿 c、c′ 产生的磁推力作用下，动子沿水平方向向右又移动（1/4）t，使齿 c、c′ 与定子齿相对齐，如图 7 - 17（d）所示。

　　同理，当 U 相断电，V 相绕组通入反向脉冲电流时，动子沿水平方向又向右移动（1/4）t，使齿 d 和 d′ 与定子齿对齐，如图 7 - 17（e）所示。这样，经过图 7 - 17（b）～（e）所示的四个阶段后，动子沿水平方向向右移动了一个定子齿距 t。重复以上的顺序通电，动子会继续移动下去。

　　要使动子沿水平方向向左移动，只需将以上四个阶段的通电顺序倒过来即可。

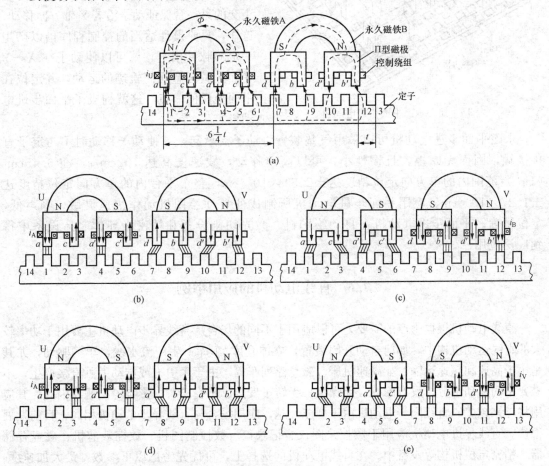

图 7 - 17　永磁直线步进电动机工作原理

（a）U 相通正向电流移动前；（b）U 相通正向电流移动后；（c）V 相通正向电流移动后；

（d）U 相通反向电流移动后；（e）V 相通反向电流移动后

实际使用时，为了减小步距，削弱振动和噪声，可采用细分电路形式的电源供电，使电动机实现微步距移动，即在 $10\mu m$ 以下。还可用两相交流电控制，只要在 U 相和 V 相绕组中同时通入交流电。若 U 相绕组通入正弦电流，则 V 相绕组中通入余弦电流。当绕组中电流变化一个周期时，动子就移动一个定子齿距 t；如果改变绕组中通电电流的相位顺序，可以改变移动的方向。采用正、余弦交流电控制的直线步进电动机，因为磁拉力是逐渐变化的（这相当于采用细分无限多的电路驱动），可使电动机的自由振荡减弱。有利于电动机起动，使电动机移动平滑，振动和噪声也很小。

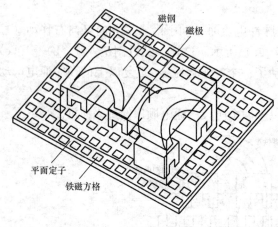

磁钢
磁极
平面定子
铁磁方格

图 7 - 18　永磁平面步进电动机

如果要求动子做平面运动，可将定子改为一块平板，其上开有 X 轴和 Y 轴方向的齿槽。定子齿排成方格形，槽中注入环氧树脂，而动子则是由两台直线步进电动机组合起来制成的，如图 7 - 18 所示。其中一台保证动子沿着 X 轴方向移动，与它正交的另一台保证动子沿着 Y 轴方向移动。这样，只要设计适当的控制程序借以产生一定的脉冲信号，就可以使动子在 $X-Y$ 平面上做任意几何轨迹的运动，并定位在平面上任何一点，这就构成了平面步进电动机。

永磁平面步进电动机可以采用气垫装置将动子支承起来，使动子移动时不与定子直接接触，因而无摩擦，且惯性小，可以高速移动，线速度高达 $102cm/s$，在 $6.45cm^2$（$1in^2$）范围内的单方向定位精度达 $\pm2.54\times10^{-3}cm$，整个平台内的单方向定位精度达 $\pm1.27\times10^{-2}cm$。应用平面步进电动机所制成的自动绘图机动作快速灵敏，噪声低，定位精确。平面步进电动机在自动绘图机、激光切割设备和精密半导体制造设备中得到广泛应用。

7.6　直线电动机的应用举例

直线电动机根据生产的需要，可以应用于不同的场合。直线异步电动机主要用于功率较大的直线运动机构中，如门自动开闭装置，立体仓库/车库，生产流水线，车辆驱动，尤其是用于高速和超速运输，如高速机床、磁悬浮列车等。由于牵引力或推动力可直接产生，不需要中间连动部分，没有摩擦、无噪声、无转子发热、不受离心力影响等问题。因此，其应用将越来越广。直线同步电动机由于性能优越，应用场合与直线异步电动机相同，目前发展很快。直线步进电动机应用于数控绘图仪、记录仪、数控制图机、数控裁剪机、磁盘存储器、精密定位机构等设备中。在直线电动机的选择上，可优先考虑以下参数：最大加速度、最大速度、恒速时额定推力、最大推力等。

用直线电动机驱动电梯轿厢门，结构示意如图 7 - 19 所示。其中直线电动机的一次安装在大门门楣上，二次安装在大门上。当直线电动机的一次通电后，一次和二次之间由于气隙磁场的作用，将产生一个平移的推力 F，该推力可将大门向前推进（开门）或将大门拉回

（关门）。采用直线电动机驱动的大门没有旋转变换装置，结构简单、整机效率高、成本低、使用方便。

磁悬浮列车是由直线电动机来驱动的，它是一种全新的列车。一般的列车，由于车轮和铁轨之间存在摩擦，限制了速度的提高，所能达到的最高运行速度不超过300km/h。磁悬浮列车是将列车用磁力悬浮起来，使列车与导轨脱离接触，以减小摩擦，提高车速。列车由直线电动机牵引。直线电动机的一个级固定于地面，跟导轨一起延伸到远处；另一个级安装在列车上。一次通以

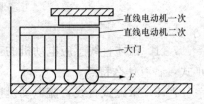

图 7-19　直线电动机驱动的电动门

交流电，列车就沿导轨前进。列车上装有磁体（有的就是兼用直线电动机的线圈），磁体随列车运动时，使铺设在地面上的线圈（或金属板）中产生感应电流，感应电流的磁场和列车上的磁体（或线圈）之间的电磁力把列车悬浮起来。悬浮列车的优点是运行平稳，没有颠簸，噪声低，所需的牵引力很小，只要几千千瓦的功率就能使悬浮列车的速度达到 550km/h。悬浮列车减速的时候，磁场的变化减小，感应电流也减小，磁场减弱，造成悬浮力下降。悬浮列车也配备了车轮装置，它的车轮像飞机一样，在行进时能及时收入列车，停靠时可以放下来，支持列车。

要使质量巨大的列车靠磁力悬浮起来，需要很强的磁场，实用中需要用高温超导线圈产生这样强大的磁场。

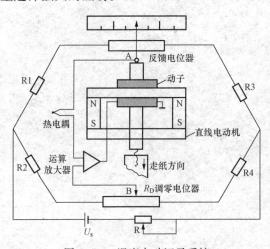

图 7-20　温度自动记录系统

图 7-20 为一个温度自动测量与记录系统。其中热电偶为温度测量元件，直线电动机为执行元件。

当系统处于平衡状态时，电桥输出端 A、B 之间无电压，直线电动机所带指针或记录笔所处的位置为仪表的零位。此零点位置可通过改变调零电位器触点的位置来调整。当温度升高时，热电偶产生电动势 e_x，使得运算放大器输入端产生电位差。经放大后送入直线电动机的线圈，使它产生推力，带动指针、记录笔和反馈电位器的触点同时做直线运动。笔在记录纸上记下温度的变化曲线，反馈电位器的触点向新的平衡点滑动，使 A、B 两点之间有电压输出。当电桥输出电压与热电偶的温度电动势大小相等，极性相反时，运算放大器输入信号为 0，系统处于新的平衡位置，电动机不动。由于采用了直线电动机驱动，故可以省去一套变转动为直线运动的机构，减小了运动部件的质量；提高了系统的灵敏度和指示精度。

当前，在 $X-Y$ 记录仪、平面绘图机上已大量采用直线电动机作为推动记录笔的动力源。几乎在所有的微型计算机磁盘系统中的磁头驱动装置也都采用了微特直线电动机。

思考题与习题

7-1　试述直线感应电动机的工作原理，如何改变运动的速度和方向，它有哪几种主要形式，各有什么特点。

7-2　永磁式直线直流电动机按结构特征可分为哪几种？各有什么特点？如何改变运动的速度和方向？

7-3　电磁式直线直流电动机适用于什么场合？为什么电磁式动圈型比永磁式成本低？

7-4　动铁型直线直流电动机为了减小铜损耗，通常采用什么措施？

7-5　混合式直线步进电动机的磁场推力与哪些因素有关？当固定磁场与电磁铁磁场的磁通不等时，还能实现正常的步进运动吗？

7-6　如何实现平面步进电动机动子的加速和制动？

第Ⅲ篇　测量元件——控制电机

第8章　测速发电机

测速发电机是一种测量转速的机电式信号元件，是伺服系统中的基础元件之一。当测速发电机与电动机或其他设备的旋转轴相连接时，就可以将机械旋转量（转速）转换为电压信号输出，且输出电压与转速成正比关系，或者把它的输出电压接到标有转速刻度的电压表上，按测得的电压大小可以判定该转轴的转速值，故又称速度传感器。

测速发电机在自动控制系统和计算装置中通常作为测速元件、校正元件、解算元件和角加速度信号元件。在自动控制系统中广泛用于各种速度或位置控制系统，以增高跟踪的稳定性和精确度。

控制系统对测速发电机在电气性能方面的要求是输出特性呈正比关系并保持稳定，以提高系统的精度，减小线性误差；正、反转两个方向的输出特性要一致。另外，作为一般转速检测和测速式阻尼元件，测速发电机的转动惯量要小，时间常数小，以保证反应迅速；要有大的输出斜率，这样阻尼作用就大，以满足灵敏度的要求，而对线性度等精度指标的要求则是次要的。作计算元件时，为了精确地对输入函数进行某种运算，要着重考虑精度要高，线性误差要小。此外，还要求它对无线电通信干扰小、噪声小、结构简单、工作可靠、体积小和质量轻等。

测速发电机按输出信号性质的不同可分为直流、交流和脉冲三大类。近年来还出现了采用新原理、新结构研制成的霍尔效应测速发电机。

8.1　直流测速发电机

直流测速发电机是一种测量转速用的小型直流发电机。从能量转换的角度来看，它是将机械能转换成电能，输出直流电；从信号转换的角度来看，它是把转速信号转换成电信号。直流测速发电机只是直流电动机的一种运行状态，前面讨论的直流电动机的一些共同问题对它完全适用。

8.1.1　基本结构及工作原理

1. 基本结构与分类

直流测速发电机的定、转子结构和一般的微型或小型直流发电机的结构相同，和直流伺服电动机是互为可逆的两种运行方式。

直流测速发电机定子上装有磁极，大多数是两极，只有功率较大时才制成四极。直流测速发电机按励磁方式可分为电磁式和永磁式两类。电磁式直流测速发电机定子上有励磁绕组，一般采用他励式，由外部直流电源供电以产生磁场，其转子结构与直流电动机相近，图

8-1所示为电磁式直流测速发电机。由于电磁式直流测速发电机不仅复杂，且因励磁受电源、环境等因素的影响，输出电压变化较大，用得不多。

永磁式直流测速发电机采用高性能永久磁钢励磁，转子常用铁芯电枢和空心杯电枢两种结构形式，图8-2所示为永磁式直流测速发电机。永磁式直流测速发电机其他部分结构和直流电动机相近。电刷的结构大致与直流电动机相似，但大多数采用全额的电刷。为了减小电动势脉振的幅值，往往把换向器制造得比普通发电机换向器的换向片多。永磁式电动机结构简单，省掉励磁电源，便于使用，并且温度变化对励磁磁通的影响小，但永磁材料价较昂贵，故常应用于小型测速发电机中。

图8-1 电磁式直流测速发电机   图8-2 永磁式直流测速发电机

永磁式直流测速发电机具有输出斜率高、线性误差小、零转速时无剩余电压、不存在相位误差以及不受负载性质（系指电阻、电容和电感负载）影响等特点，是近年来得到较快发展的微特发电机之一，广泛用于自动控制、遥控及计算解答技术中。永磁式直流测速发电机还存在一些缺点，如电刷与换向器间存在滑动接触、对无线电有干扰等，但可采取一些措施弥补，特别是近年来出现的永磁式直流低速测速发电机，这些不足之处对其实际应用影响甚微。永磁式直流测速发电机若按其应用场合不同，可分为普通速度电动机和低速电动机。前者一般工作转速在每分钟几千转以上，最高可达 10 000r/min 以上；而后者的工作转速一般在每分钟几百转以下，最低可达每年一转，甚至更低。由于低速测速机能和系统直接耦合，可省去笨重的齿轮传动装置，提高了系统的精度和刚度。

2. 直流测速发电机工作原理

直流测速发电机的工作原理与一般直流发电机相同，如图8-3所示。当励磁绕组通入直流电流后，产生恒定磁通 Φ，或采用永久磁铁使磁场恒定。当电枢不动时，转子不切割磁通 Φ，输出电动势 $E=0$。当被测装置转动轴带动测速发电机电枢以转速 n 旋转时，设为逆时针方向，则电枢绕组切割磁通 Φ。根据电磁感应定律，转子的电枢绕组中产生感应电动势及感应电流，并且从电刷 A 引出的总为电动势的正极，电刷 B 引出的总为电动势的负极，因此输出的是直流电动势。与直流电动机一样，直流测速发电机在电枢电刷两端产生的空载感应电动势 $E=C_e\Phi n$。

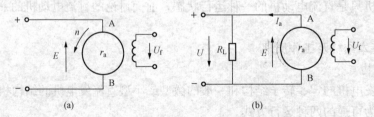

图8-3 直流测速发电机工作原理图

(a) 空载时；(b) 负载时

当发电机空载时，如图8-3（a）所示，由于电枢电流 $I_a=0$，直流测速发电机的输出电压就是电枢感应电动势 E，此时 $U=E=C_e\Phi n$，因而输出电压 U 与转速 n 呈正比关系。

带负载时，通常是在输出端接放大器或伏安表之类的测量仪器。如图 8 - 3 (b) 所示，外接负载电阻为 R_L，考虑到电枢回路总电阻为 $R_a=r_a+R_s$，其中 r_a 为电枢绕组电阻；R_s 为电刷和换向器之间的接触电阻，则负载电流 I 的大小为 $I=\dfrac{U}{R_L}$，直流测速发电机的输出电压为

$$U = E - IR_a = E - \frac{U}{R_L}R_a \tag{8-1}$$

所以

$$U = \frac{E}{1+R_a/R_L}n = \frac{C_e\Phi}{1+R_a/R_L}n = Cn \tag{8-2}$$

式中的系数 $C=\dfrac{C_e\Phi}{1+R_a/R_L}$ 称为输出电压陡度或灵敏度，是测速发电机重要性能数据之一。C 表示 1000r/min 时输出电压的大小。在特殊用途的小型直流测速发电机中，C 值为 3～5V，一般用途的测速发电机中，C 为 50～100V。

由式 (8-2) 可见，当励磁电压 U_f 保持恒定时（Φ 恒定），若 R_a、R_L 不变，则输出电压 U 的大小与电枢转速 n 呈正比。这样，测速发电机就把被测装置的转速信号线性地转变成了电压信号，输出给控制系统。显然带负载后，测速发电机输出电压比空载时小，这是电枢回路总电阻 R_a 的电压降造成的。转速 n 的大小和方向的改变会影响 U 的变化，因此由 U 可测量出转速 n 的大小和方向。

从以上分析可知，直流伺服电动机和直流测速发电机是两种互为可逆的电机。

由式 (8-2) 可以得出直流测速发电机的输出特性。

如图 8 - 4 所示，输出特性是一条通过坐标原点的直线。电枢旋转方向改变，输出电压的极性也随着改变。

输出特性曲线的斜率既与电机结构和参数有关，也与负载电阻 R_L 有关。当 C_e、R_a、R_L 为常数时，U 与 n 之间呈线性关系。当 C_e、R_a 一定时，在不同的负载电阻 R_L 情况下，输出特性斜率也不同，如图 8 - 4 (b) 所示。随负载电阻 R_L 减小，负载电流增大，输出特性斜率降低，在相同的转速变化量下，输出电压的变化量也越小。

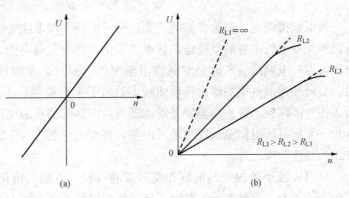

图 8 - 4　直流测速发电机的输出特性
(a) 理想输出特性；(b) 实际输出特性

8.1.2　误差的产生及减小的方法

图 8 - 4 (a) 所示为测速发电机在理想情况下的输出特性，即保持 Φ、R_a、R_L 不变。实际上测速发电机运行时有些因素将引起这些量的变化，使测速发电机的输出特性不是严格的线性关系，其输出特性随转速的增加稍有弯曲。因为直流测速发电机的磁场为恒定的，没有控制信号 n 输入时，发电机不会感应电动势，所以不存在剩余电压误差和相位误差。直流测

速发电机只存在线性误差。下面来分析引起误差的原因和减小误差的方法。

1. 电刷接触压降的影响

式（8-1）中电刷与换向器之间的接触电阻 R_s 实际上是随电枢电流的增大而减小的。这样，直流测速发电机的电压平衡方程式可近似写为 $U=C_e\Phi n-Ir_a-2\Delta U_s$，则负载后的输出电压为

$$U = \frac{C_e\Phi n}{(1+r_a/R_L)} - \frac{2\Delta U_s}{(1+r_a/R_L)} = C'n - \Delta U'_s \qquad (8-3)$$

其中，$C' = \dfrac{C_e\Phi}{(1+r_a/R_L)}$，$\Delta U'_s = \dfrac{2\Delta U_s}{(1+r_a/R_L)}$。

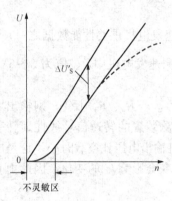

图 8-5　考虑到电刷接触压降和电枢反应后的输出特性

接触电阻 R_s 具有非线性，当电机转速较低，相应的电枢电流较小时，接触电阻 R_s 较大，这时测速发电机的输出电压变得很小。只有当转速较高、电枢电流较大时，电刷压降才可以认为是常数。考虑到电刷接触压降的影响，直流测速发电机的输出特性如图 8-5 所示。与理想的输出特性相比，由于电枢接触压降的影响，使输出特性向下平移了 $\Delta U'_s$。可见，在达到某一转速前电枢两端没电压输出，这段区域称为无信号区或不灵敏区（或死区）。即在转速较低时，输出特性上有一段斜率显著下降的区域，在此区域内，测速发电机虽然有输入信号（转速），但输出电压很小，对转速的反应很不灵敏，所以称此区域为不灵敏区。

当电刷接触电压降为常数时，无信号区的范围仅取决于电刷与换向器间的接触电压降和直流测速发电机本身的空载输出斜率之比值，而与负载电阻无关。即对任何一台直流测速发电机而言，电刷接触压降和空载输出斜率为已知时，无信号区即为定值。当负载电阻变化时，直流测速发电机的输出特性曲线不是向下平行位移，而是其斜率将随负载电阻而变化，而无信号区保持不变。当需要考虑电刷与换向器间的接触电压降的变化时，则无信号区也将变化。无信号区对伺服系统会带来误差，甚至"失控"，因此必须尽可能消除，或把它设计在工作转速范围之外。

电刷接触压降 ΔU_s 与电刷和换向器的材料、电刷的电流密度、电流的方向、电刷单位面积上的压力、接触表面的温度、换向器圆周线速度、换向器表面的化学状态和机械方面的因素等有密切关系。它们引起电刷和换向器滑动接触的不稳定性，以致使电枢电流含有高频尖脉冲。为了减少这种无线电频率的噪声对邻近设备和通信电缆的干扰，常在测速发电机的输出端连接滤波电路。

为了缩小不灵敏区，减小电刷接触压降的影响，必须降低电刷和换向器间的接触压降 ΔU_s。可选用接触压降较小的黄铜—石墨电刷或含银的金属电刷。黄铜—石墨电刷的接触压降最小可达 $0.2\mathrm{V}$ 左右。在高精度的直流测速发电机中还可采用含金、铂的金属电刷，并在它和换向器接触表面镀上银层，使换向器不易磨损，进一步减小接触压降。对于低速直流测速发电机，因其空载输出斜率较一般直流测速发电机高，故其无信号区相对来说较小。此外，在具体设计中，往往把无信号区置于工作转速范围之外，因此在这种情况下可以不予

考虑。

2. 电枢反应的影响

同普通直流电机一样，直流测速发电机也有电枢反应。当发电机的磁路较饱和时，电枢反应对主磁场起去磁作用，使每极总磁通下降，电枢感应电动势减小。负载电阻越小，转速越高，负载电流将越大，电枢反应也越强，磁通被削弱得越多，端电压减小，输出特性偏离直线越远，误差将越大。考虑电枢反应和电刷接触压降的影响，直流测速发电机的输出特性应如图 8-5 中的虚线所示。在转速较高时，特性向下弯曲。

为了减小电枢反应对输出特性的影响，使发电机的气隙磁通保持不变，采取的措施如下：①对电磁式直流测速发电机，可以在定子磁极上安装补偿绕组；②在设计时，选取较小的线负荷，并适当加大发电机的气隙；③在直流测速发电机的技术数据中标有最高转速和最小负载电阻值，用户在使用时转速不得超过最高转速，所接负载电阻不得小于规定电阻值，否则非线性误差将变大。直流测速发电机在负载电阻尽可能大而且在较小的转速范围内使用，对提高其工作精度是有利的。

3. 延迟换向的去磁作用

由直流电动机的换向原理可知，一般直流电动机都是延迟换向的。延迟换向时，换向元件会产生感应电动势和电流。该电流流过换向元件时便会产生磁通，它一般和主磁通方向相反，对主磁通起去磁作用，使主磁通减小。延迟换向对输出特性的影响如图 8-5 所示。直流测速发电机的转速上限主要是受到延迟换向去磁效应的限制。

为了改善输出特性的线性度，对小容量的测速发电机一般采取限制转速的办法来减小延迟换向的去磁作用，这与限制电枢反应去磁作用的措施是一致的，即限定了测速机最高的工作转速。

4. 温度的影响

他励直流测速发电机输出特性曲线不稳定的另一个原因是磁极绕组发热。由于发电机周围环境温度变化以及发电机本身发热均会引起发电机电阻发生变化。对铜导线来说，温度每增加 25℃，绕组电阻将增加 10%，故发热比励磁电压波动对输出电压大小的影响更大。尤其在电磁式直流测速发电机中，励磁绕组中长期通过电流而发热，使它的电阻值相应增大，进而使励磁电流减小，引起电机气隙磁通下降，输出电压就将降低。电枢电阻的增加也会使输出特性曲线斜率减小。因此在一定的负载下，温度的变化将会破坏输出特性的线性度，使其不稳定。

为了减小温度变化对输出特性的影响，通常采取的措施是将测速发电机的磁路设计得比较饱和，从而使励磁电流变化引起的磁通变化量减小。但是由于绕组电阻随温度变化而变化的数值相对较大，因此温度变化仍然对输出电压有影响。要使输出特性很稳定，就必须采取措施以减弱温度对输出特性的影响。例如，对于温度变化所引起的误差要求较严格的场合，可在励磁回路中串联一个阻值比励磁绕组电阻大几倍的附加电阻 r 来稳流，如图 8-6 所示。附加电阻 r 可以用温度系数较低的合金材料制成，如锰镍铜合金或镍铜合金。尽管温度升高将引起励磁绕组电阻增大，但整个励磁回路的总电阻增加不多，使励磁电流几乎不变。如果采用的合金材料具有负的温度系数，其特点是温度升高时电阻反而下降。即当温度升高时，励磁绕组电阻增加，而并联电阻网络总电阻却随温度升高而下降，补偿效果更好，使励磁电流基本上不随温度而改变。不过应用这种方法相应地使得励磁电源的电压升高，励磁功率也随之增大，这是它的一个缺点。

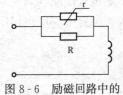

图 8-6 励磁回路中的
电阻补偿

采用永磁直流测速发电机，则没有上述变温误差。

5. 纹波的影响

直流测速发电机换向片数是有限的，电枢绕组电动势应为每一支路内有限个元件感应电动势的叠加，所以输出电压是脉动的，如图 8-7 所示。显然，发电机的元件数越多，电压的脉动幅值就越小。由于工艺条件的限制，换向片数和元件数都不可能很多，因此直流测速发电机的输出电压中除了有直流分量以外，还有交变分量，交变分量的幅值和频率均与电动机的转速有关。转速越高，它们也随之越大，这使测速发电机的输出电压带有微弱的脉动，称为纹波电压。

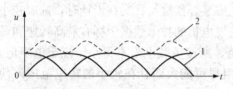

图 8-7　直流测速发电机中电动势的脉动
1—元件电动势波形；2—合成电动势波形

输出电压脉振的数值也是衡量测速发电机工作性能极为重要的问题。电压脉动值的大小通常用纹波系数衡量，它是指发电机在一定的转速下，输出电压交变分量的有效值与输出电压的直流分量之比。纹波电压的幅值可达平均电压的 $0.1\% \sim 1\%$。直流测速发电机负载运行时，由于换向的影响，还会在交变电压上出现高频尖脉冲。输出电压中的交变分量对于测速发电机用于速度反馈或加速度反馈系统都是很不利的，它对系统的精度和稳定度均带来不利影响，在很多精密系统中，对此有严格要求。而在高精度的解算装置中更是不允许。

引起电压脉动的因素还有很多，一般可大致归纳为三类：①直流测速发电机输入量的变化，如速度变化（对电磁式的直流测速发电机来说，还有励磁电源电压的变化）；②设计、工艺和材料方面的原因（如元件电动势多边形、齿槽效应、气隙不均匀），由于晶粒取向不同引起电枢铁芯叠片磁阻的变化、换向以及物理中性线不正确等；③寿命老化因素，如直流测速发电机运行寿命到了一定阶段，换向器表面粗糙，与电刷接触不佳引起电刷跳动等。在影响输出电压脉动诸因素中，换向和齿槽效应是主要的。对直流电动机而言，前者主要影响到力矩或电流波动，后者引起电动机运行颤动。而对直流测速发电机而言，两者的影响均反映在输出电压脉动上。一般而言，有槽铁芯电枢结构的电压脉动较高，所以往往在一些要求甚高的应用场合，可采用低脉动的线绕杯或盘形的结构。但是这种结构的测速机，输出斜率较低，结构复杂，成本较高。

为了减小输出电压的脉振，可在励磁电压许可的范围内，增大气隙长度；在电机加工中提高定子和电枢配合的同心度；设计时合理地选用极弧长度，使其与齿距有适当的比值，采用较多的槽数和整流子片数；保证有严格圆柱形的整流子表面及很好地研磨电刷等。

综上所述，直流测速发电机最大的缺点是带有换向器和电刷、结构复杂、价格昂贵、输出特性不稳定、电刷火花产生无线电干扰。但是它也有一些优点，没有相角误差、输出特性不随负载性质（如电阻、电感或电容）而改变等。直流测速发电机在自动控制系统中和计算解答装置中应用也很广泛。

8.2　交流测速发电机

交流异步测速发电机与直流测速发电机一样，是一种测量或传感转速信号的元件，它将转速信号转变为电信号。理想的交流测速发电机的输出电压 U 与它的转速 n 呈线性关系。

在自动控制系统中，交流测速发电机的主要用途与直流测速发电机相同，在交流伺服系统中作为阻尼元件，或在计算解答装置中作为解算元件。由于直流测速发电机存在电刷和换向器，使电机的输出特性不稳，影响电机的精度，线性度也差，所以在计算装置中，交流测速发电机获得了更多的应用。

相对直流测速发电机而言，交流测速发电机的主要优点是没有电刷和换向器，构造简单，维护容易，运行可靠；无滑动接触，输出特性稳定，精度高；摩擦力矩小，惯性小；不产生干扰无线电的火花；正、反转输出电压对称性好；没有无线电干扰、运行时无噪声和工作寿命长。它也具有一些交流电机共同的弊病，如存在相位误差和剩余电压；输出斜率小；输出特性随负载性质（电阻、电容、电感）而不同。

交流测速发电机有同步式、笼型转子异步式和空心杯转子异步式等几类。同步测速发电机采用永磁转子，定子为三相星接绕组。因其输出电压频率随转速而变，致使发电机本身的阻抗及负载阻抗均随转速而变化，因此输出电压不再与转速呈正比关系，一般不宜用于自动控制系统中，多半作为转速的直接测量用。笼型转子异步测速发电机因其输出特性的线性度较差，仅用于要求不高的场合作反馈阻尼。空心杯转子异步测速发电机，由于其噪声低、无干扰、结构简单、体积小，且技术指标较前两者为佳等优点，是目前应用最为广泛的交流测速发电机。近年来还出现了采用新原理、新结构研制成的霍尔效应测速发电机等品种。

控制系统对空心杯转子异步测速发电机的要求，除了对直流测速机有同样要求的输出斜率和线性误差外，还有下列几项特殊的要求。

(1) 相位误差：在工作转速范围内输出电压相位移的变化值。

(2) 剩余电压：在一定励磁条件下，转子不转时的输出电压。

(3) 输出电压不对称度：在相同转速下，正反转时，输出电压之差与两者平均值之比。

(4) 变温输出误差：在一定转速下，由于温度变化引起输出电压变化值对该转速下常温输出电压之比。除此还有变温相位误差等要求。

在实际应用中，为了缩小体积，空心杯转子异步测速发电机往往和交流伺服电动机组成机组形式，但两机之间的磁场干扰必须采取有效屏蔽措施。

8.2.1 基本结构和工作原理

1. 异步测速发电机的结构及工作原理

异步测速发电机实质上是用短路转子异步电动机做成的测速发电机。异步测速发电机的结构和两相交流伺服电动机结构完全一样，也是由外定子铁芯、内定子铁芯和在它们之间的气隙中转动的转子三部分组成，如图8-8所示。小容量的测速发电机在外定子铁芯槽上嵌放着空间互差90°的两相绕组。一相称为励磁绕组，外施稳频稳压的交流电源励磁。一相称为输出绕组，其两端的电压即为测速发电机的输出电压。容量大的测速发电机的励磁绕组嵌放在外定子上，把输出绕组嵌放在内定子上，以便调节内、外定子间的相对位置，使剩余误差最小。

它的转子可以做成薄壁非磁性杯型的，也可以是笼型的。笼型转子电磁过程和杯型转子的电磁过

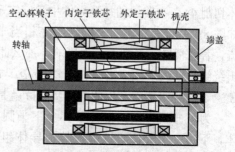

图8-8 空心杯转子测速发电机基本结构

程没有区别。笼型转子异步测速发电机输出斜率大，但线性度差、相位误差大、转子惯性大，剩余电压高，一般只用于精度要求不高的系统中。空心杯转子通常采用电阻率较大和温度系数较低的材料制成，如磷青铜、锡锌青铜、硅锰青铜等，杯壁厚为 0.2~0.3mm。由于杯型转子在转动过程中，内外定子的间隙不发生变化，磁阻不变，因而气隙中磁通密度的分布不受转子转动的影响，所以其输出绕组的电压的波形较好，精度要高得多，转子惯性也小，快速性和灵敏度好，是目前应用最广泛的一种交流测速发电机。下面以此为例介绍异步测速发电机。

　　图 8-9 所示为空心杯转子测速发电机的原理电路图。F 为励磁绕组，G 为输出绕组，它们的有效匝数分别为 N_1 和 N_2，在空间互差 90°电角度。转子是一个非磁性空心杯，可看成是一个导条数非常多的笼型转子。为了减小磁路不对称和转子电气不平衡对电机性能的影响，通常电机做成 4 极。运行时，励磁绕组 F 施加恒定的单相交流电源电压 U_1，输出绕组 G 则输出与转速大小成正比的电压信号 U_2。两绕组电路中电流和电动势的正方向如图 8-9 所示。

　　当电机的励磁绕组外施稳频稳压的交流电压 U_1 时，有电流 I_1 通过励磁绕组 F，并在气隙中产生以电源频率 f_1 脉振的磁动势 F_d 和相应的脉振磁通 Φ_d。磁通 Φ_d 在空间上按励磁绕组轴线方向（称为直轴 d）脉振。

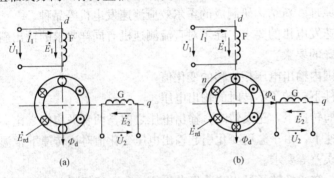

图 8-9　交流异步测速发电机工作原理图
(a) 转子静止时；(b) 转子转动时

　　当转子静止即 $n=0$ 时，如图 8-9（a）所示，电动机内气隙磁场为脉振磁场。由于脉振磁动势的轴线为励磁绕组的轴线，与输出绕组轴线互相垂直，所以励磁绕组产生的磁通 Φ_d 仅在励磁绕组和转子杯中交变，而不与输出绕组相交链。因此 Φ_d 只在励磁绕组和转子杯中分别感应电动势（称为变压器电动势）E_1 和 E_{rd}。E_{rd} 在转子杯中产生的电流会形成转子磁场，其方向与 Φ_d 方向一致。由于没有磁场与输出绕组相交链，输出绕组中不会产生感应电动势，输出绕组的输出电压信号为 0。实际上因工艺等原因，绕组 G 与绕组 F 的轴线间角度稍有出入时，磁通 Φ_d 就将在绕组 G 中感生微小电动势，称为剩余电压或称零态信号。

　　当转子由转动轴驱动以转速 n 旋转时，如图 8-9（b）所示，设为逆时针方向。转子导体切割 Φ_d，在转子的每个导体中又感应产生旋转电动势 E_{rq}，其方向用右手定则判断，方向如图 8-9（b）所示。又因转子杯相当于短路绕组，故旋转电动势在转子杯中产生短路电流，若忽视转子杯的漏抗的影响，那么此短路电流所产生的交轴磁通 Φ_q 在空间位置上与输出绕组的轴线一致，因此转子磁场 Φ_q 与输出绕组相交链，在输出绕组中产生感应电动势 E_2。输出绕组感应产生的电动势实际就是交流异步测速发电机输出的空载电压 U_2。

　　为了分析方便，把转子杯上下半圆上的导条分别用一根等值导体代替，上边一个导体，下边一个导体，这两根等值导体组成一个等值线圈。等值线圈的轴线与输出绕组轴线重合。

设励磁绕组产生的脉振磁场磁密瞬时表达式为 $B_d = B_{dm}\sin\omega t$，则转子等值线圈中感应电动势为

$$e_{rq} = B_d lv = l \times \frac{2\pi Rn}{60} \times B_{dm}\sin\omega t$$

$$= l \times \frac{2\pi Rn}{60} \frac{\Phi_d}{\pi R^2}\sin\omega t = C\Phi_d n\sin\omega t = \sqrt{2}E_{rq}\sin\omega t \qquad (8-4)$$

式中　C——常数；

　　　E_{rq}——旋转电动势有效值；

　　　l——导体有效部分的长度；

　　　R——转子半径。

式（8-4）可见，旋转电动势也是一种交流电动势，频率仍为 f_1，而

$$E_{rq} = \frac{C\Phi_d n}{\sqrt{2}}$$

即转子的旋转电动势有效值与转速 n 成正比。

在旋转电动势的作用下，转子导体中又产生交流电流 I_{rq}。由 I_{rq} 所产生的磁通为 Φ_q，根据右手螺旋定则可知，Φ_q 方向与 Φ_d 方向垂直，其轴线与输出绕组轴线重合，其大小与 E_{rq} 成正比，即 $\Phi_q = KE_{rq} = K'I_{rq}$。则 Φ_q 在输出绕组感应的变压器电动势为

$$E_2 = 4.44f_1N_2\Phi_q = 4.44f_1N_2KE_{rq} = 4.44f_1N_2K\frac{C\Phi_d}{\sqrt{2}}n = C'n \qquad (8-5)$$

式（8-5）可见，输出绕组中所产生的感应电动势 E_2 与转速 n 成正比，由电动势 E_2 产生输出电压 U_2。这样异步测速发电机就能将转速信号变成电压信号输出，实现测速的目的。

如果转子的转向相反，输出电压的相位也相反，这样就可以从输出电压 U_2 的大小及相位来测量带动测速发电机转动的原电机的转向及转速。可见，交流测速发电机与交流伺服电动机是互为可逆的运行方式，和一般电动机与发电机的能量转换一样，遵守电机的可逆原理。

转子是传递信号的关键，其质量好坏对电机性能起很大作用。从以上分析可以看出，为了保证测速发电机的输出电动势和转子转速呈严格的正比关系，就必须使直轴磁通 Φ_d 保持常数。实际上，一方面由于转子杯本身漏电抗的影响，将产生直轴磁动势，会使直轴磁通发生相应的变化；另一方面当电机中存在交轴磁场后，转子杯旋转时又同时切割交轴磁通，它又会产生直轴磁动势而使直轴磁通变化，这些因素都将影响到测速发电机输出特性的线性度。

为了解决转子漏抗对输出特性的影响，异步测速发电机无疑都采用非磁性空心杯转子，并使空心杯的电阻取值相当大，这样，在实际应用中，完全可以略去转子的漏抗。同时转子电阻增大以后，也可以使转子切割交轴磁通而产生的直轴磁动势被大大削弱。当然转子的电阻值选得过大，又会使测速发电机输出电压的斜率显著降低，电机的灵敏度也大为降低。由于转子杯的技术性能比其他类型交流测速发电机优越，结构不是很复杂，同时噪声低，无干扰且体积小，是目前应用最广泛的一种交流测速发电机。

笼型转子异步测速发电机与空心杯转子异步测速发电机工作原理相同，但与交流伺服电动机相似，因输出的线性度较差，仅用于要求不高的场合。

2. 同步测速发电机结构和原理

同步测速发电机是一种最简单的交流测速发电机。同步测速发电机分为永磁式、感应子式和脉冲式三种。永磁式同步测速发电机实质上就是一台以永久磁铁作为转子的单相永磁同步发电机。尽管其结构简单，也没有滑动接触，但由于输出电压和频率随转速同时变化，又不能判别旋转方向，使用不便，在自动控制系统中用得很少，通常只作为指示式转速计供转速的直接测量用。

感应子式测速发电机和脉冲式测速发电机的工作原理基本相同，都是利用定、转子齿槽相互位置的变化，使输出绕组中的磁通发生脉动，从而感应出电动势。这种工作原理就称为感应子式发电机原理。图 8 - 10 中给出一台感应子式测速发电机的原理性结构图。定、转子铁芯均为高硅薄钢片冲制叠成，定子内圆周和转子外圆周上都有均匀分布的齿槽。在定子槽中放置节距为一个齿距的输出绕组，通常组成三相绕组。转子是具有几个磁极（图中为 4 个磁极）的圆盘形永久磁铁。定、转子的齿数应符合一定的配合关系。

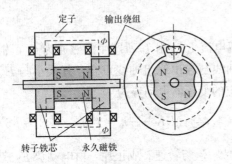

定子　输出绕组

转子铁芯　永久磁铁

图 8 - 10　感应式测速发电机的
原理性结构图

当转子不转时，由永久磁铁在电机气隙中产生的磁通是不变的，所以定子输出绕组中没有感应电动势。当转子以一定速度旋转时，由于定、转子齿之间的相对位置发生了周期性的变化，定子绕组中将有交变电动势产生。例如当转子一个齿的轴线与定子某一齿的轴线位置一致时，该定子齿对应的气隙磁导为最大，而当转子再转过 1/2 齿距，则使转子槽的轴线与上述定子齿的轴线位置一致，该定子齿对应的气隙磁导又为最小，以后的过程将重复进行。在上述过程中，该定子齿上的输出绕组所匝链的磁通大小也相应发生了周期性的变化，于是输出绕组中就有交流的感应电动势。每当转子转过一个齿距，输出绕组的感应电动势也就变化一个周期，因此，输出电动势的频率应为

$$f = \frac{Z_r n}{60} \tag{8-6}$$

式中　Z_r——转子的齿数；

　　　　n——电动机的转速，r/min。

由于感应电动势频率和转速之间有严格的关系，所以属于同步发电机，相应地感应电动势的大小也和转速成正比，故可以作为测速发电机用。

从上述感应子式测速发电机原理来看，它也和永磁式同步测速发电机一样，由于电动势的频率随转速而变化，致使负载阻抗和电机本身的内阻抗大小均随转速而改变，所以也不宜用于自动控制系统中。只能用来直接测量各种机构的转速，一般用作指示式转速表，即将具有专门刻度的伏特表接在绕组的输出端，直接指示出机械的转速。

但是，采用二极管对这种测速发电机的三相输出电压进行桥式整流后，可取其直流输出电压作为速度信号用于自动控制系统。实践证明，这种设想完全可以满足系统的要求。这是因为电机的转子槽数可以做得比较多，因而输出电压的频率相当高，再经过三相桥式整流后，直流输出电压中的纹波频率很高，配以适当的滤波措施后，其直流输出电压相当平稳。因此感应子式测速发电机和整流电路结合后，可以作为一台性能良好的直流测速发电机使用。

脉冲式测速发电机是以脉冲频率作为输出信号，由于输出电压的脉冲频率和转速保持严格的正比关系，所以也属于同步发电机类型。其特点是输出信号的频率相当高，即使在较低的转速下（如每分钟几转或几十转）也能输出较多的脉冲数，因而以脉冲个数显示的速度分辨率就比较高，适用于速度比较低的调节系统，特别适用于鉴频锁相的速度控制系统，如图 8 - 11 所示。

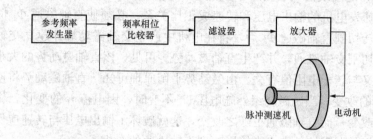

图 8 - 11　电动机速度控制的基本锁相回环

8.2.2　误差的产生及减小的方法

理想的交流测速发电机的特点是输出电压与电机的转速呈严格的线性关系；输出电压与励磁电压（电源电压）应是同相位的；转速为 0 时，输出电压为 0，即剩余电压为 0。而实际上测速发电机作为检测元件，有一定的误差。测速发电机存在下述误差：线性误差（即输出电压与转速不呈严格的线性关系）；相位误差（即输出电压与励磁电压不同相位）；剩余误差（即转速为 0 时，有剩余电压，使输出电压不为 0）。造成上述误差的原因很多，如定子绕组和转子绕组参数受温度变化影响；制造工艺的影响等。

1. 线性误差

由式 (8 - 4) 可知，E_2 与 n 呈线性关系的条件是 Φ_d 为常数，即励磁绕组轴线产生的直轴脉振磁动势不变。即测速发电机转速为 0 时，励磁绕组轴线上产生相当于变压器短路状态下的主磁通最大值。如测速发电机转速为 0，这时测速发电机的电磁关系相当于二次短路的变压器一样，励磁绕组相当于变压器的一次绕组，杯型转子就是短路的二次绕组。这样就可以列出励磁绕组和转子杯型等值电路中的电动势平衡方程为

$$\begin{cases} \dot{U}_1 = -\dot{E}_1 + \dot{I}_1 Z_1 \\ \dot{E}_1 = \dot{E}'_{r2} = \dot{I}'_{r2} Z'_{r2} \\ \dot{E}_1 = -j4.44 f_1 N_1 \Phi_d \end{cases} \tag{8 - 7}$$

式中　E_1——励磁绕组内的感应电动势；

　　　E'_{r2}——杯型转子等值电路感应电动势的折算值，其方向根据 Φ_d 方向，由右手螺旋定则确定，在此感应电动势作用下转子不动；

　　　I'_{r2}——杯形转子等值电路转子电流折算值；

　　　Z'_{r2}——杯形转子等值电路转子漏电抗折算值。

则　　　$$\Phi_d = \frac{\dot{E}_1}{-j4.44 f_1 N_1} = j\frac{\dot{E}_1}{4.44 f_1 N_1} = j\frac{\dot{I}'_{r2} Z'_{r2}}{4.44 f_1 N_1}$$

可见，Φ_d 还与杯型转子等值电路中，二次短路时的感应电动势产生的电流折合值 I'_{r2} 有关。

从工作原理可知，转子转动时导条切割 Φ_d，又在导条中感应电动势 E_{rq} 和电流 I_{rq}，则电

流 I_{rq} 在输出绕组轴线上产生一个脉振磁通 Φ_q，其大小与 n 成正比。这时杯型转子又切割 Φ_q，而在杯型转子中感应电动势 E_{rd}，根据右手定则判别其方向。所以转子回路中除了变压器电动势 E'_{r2} 外，又出现了 E_{rd} 电动势。E_{rd} 的出现必然引起 I'_{r2} 及 I_1 的变化。I'_{r2} 变化根据式（8-7）将引起 Φ_d 变化，进而引起输出感应电动势 E_2 变化，使 E_2 与 n 线性关系遭破坏。所以输出电压 U 与 n 之间线性关系被破坏，造成线性误差。

要使异步测速发电机的输出电压和转速成正比关系，必须使直轴磁通 Φ_d 恒定。但事实上，由于转子旋转切割直轴磁通 Φ_d 后，将在电机中产生交轴磁动势并建立交轴磁场。而转子旋转时，又要切割交轴磁通，并产生直轴磁动势。可见，该直轴磁动势的大小与转子转速的平方成正比，又与转子电阻值有关。由磁动势平衡原理可知，直轴磁动势将使励磁绕组的电流 i_f 发生相应的改变。当励磁绕组外施电压 U_f 不变时，因电流 i_f 的变化，将引起励磁绕组漏阻抗压降的改变，而直轴磁通也随之改变，这就破坏了输出电压与转速应保持的正比关系。所以定子绕组的漏阻抗的大小直接影响到直轴磁通的变化。

减小定子绕组的漏阻抗和增大转子电阻都可以保证输出电压和转速成正比关系，但是减小漏阻抗会使定子槽面积增大，电机的体积也相应增大。因此为了减小输出电压的误差，通常是采用增大转子电阻的方法来解决。

此外，通过减小电机的相对转速也可以保证输出电压和转速成正比关系。方法是增大测速发电机的同步转速，即增高测速发电机励磁电源的频率。为此，一般异步测速发电机大都采用 400Hz 的中频电源励磁。

2. 相位误差

在自动控制系统中，希望异步测速发电机的输出电压与励磁电压同相位，但在实际的异步测速发电机中，由于异步测速发电机的参数是随转速而改变的，这就造成输出电压的相位随着转速变化而变化，使两者之间存在相位移。输出电压的相移也包括两个分量。一个分量是固定的，和转速无关，另一个分量随转速而变化。前者是可以补偿的，后者补偿比较困难。

为了补偿相移的固定分量，可以在励磁绕组串上电阻、电容，其数值可用实验方法来确定。应该注意，在励磁绕组串上电阻、电容后，对输出特性的斜率、线性误差等都有影响，因此电机的技术指标应该重新测定。异步测速发电机的参数和技术性能指标可查阅手册。

3. 剩余电压

当测速发电机由稳频稳压的交流电源励磁，电机的转速为 0 时，应该没有电压输出。可是实际上，当转速为 0 时，却有一个很小的输出电压，使控制系统精度变差，称之为剩余电压。剩余电压一般只有几十毫伏，精度较高的测速发电机，Ⅰ级品要求小于 25mV，Ⅱ级品要求小于 75mV。但它的存在使得输出特性曲线不再从坐标原点开始，如图 8-12 所示。

剩余电压包括基波和高频两种分量，它们产生的原因各不相同，下面分别说明并指出消除办法。

（1）剩余电压的基波分量产生的主要原因。

1）由于加工工艺误差所造成的磁路不对称所引起的。如电动机内、外定子铁芯冲片槽分度的误差，致使安放在槽中的励磁绕组和输出绕组的轴线在空间位置上不是严格相差 90°电角度；或者因导磁材料的方向性及内、外定子铁芯的椭圆度造成的气隙不均匀，都会引起磁路的不对称，这时输出绕组就与励磁磁通有耦合作用，并在输出绕组中感应出变压器电动势，形成剩余电压中的变压器分量图 8-13 中表示由于内定子铁芯加工成椭圆后，引起了磁通的扭斜，并使部分磁通匝链输出绕组，在输出绕组中感应出变压器电动势，产生剩余电压。

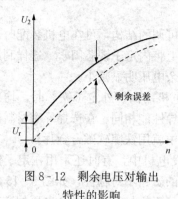

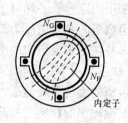

图 8-12 剩余电压对输出
特性的影响

图 8-13 椭圆形内定子铁芯
引起磁通扭斜

2) 由于电动机定子铁芯导磁材料内部晶格排列的方向性，致使材料各向磁滞变化的情况不同；或者空心杯转子的形状不规则，材料和壁厚不均匀，或者定子铁芯片间短路以及空心杯转子的材料和壁厚不均匀，都会导致各向产生的涡流不同，去磁效应也不一样，这将使沿电机气隙圆周各点的磁密相位不一致，并由此而形成一个椭圆形旋转磁场，使输出绕组产生感应电动势，形成剩余电压。

3) 励磁绕组和输出绕组同时嵌放在一个定子铁芯上，它们之间就有寄生分布电容，包括绕组端部耦合和槽中导体耦合所形成的电容。因此，励磁绕组外施电压后，通过寄生分布电容就会在输出绕组中产生电压，形成剩余电压。

(2) 剩余电压的高频分量产生的原因。

1) 励磁电源电压波形的非正弦。若励磁电源电压波形为非正弦，则其高频电压分量可以通过变压器耦合、椭圆形旋转磁场的感应以及分布电容的直接传输等方式，使输出绕组中产生剩余电压的高频分量。尤其是寄生分布电容的影响较大，因频率越高，容抗越小，高频电压很容易通过寄生分布电容而传输到输出绕组。

2) 磁性材料的饱和影响。由于电机铁芯可能工作在磁化曲线的饱和段，这样，即使励磁绕组外施正弦电压，由于励磁绕组中电流为非正弦波，致使励磁绕组的漏阻抗压降也为非正弦波，从而引起直轴脉振磁场的高次谐波。这些高次谐波分量再通过变压器耦合方式和椭圆形旋转磁场的感应在输出绕组中产生剩余电压的高频分量。

(3) 减小剩余电压的措施。异步测速发电机存在剩余电压会给系统带来不利的影响。剩余电压在转子不动时，给出了错误的信号，将使系统产生误动作；在转子转动时，它叠加在输出电压上，使输出电压的大小和相位改变而造成误差。还会使高增益放大器饱和并发热，使放大倍数受到一定的限制，从而影响随动系统的灵敏度，所以必须设法降低异步测速发电机的剩余电压。通常可以采用以下措施。

1) 选用较低的铁芯磁密。设计测速发电机时，选用较低的铁芯磁密可以降低磁路的饱和程度，因而剩余电压的高频分量也相应减小。

2) 采用单层集中绕组和可调铁芯结构。因为单层集中绕组每极下只有一个线圈，容易保证磁路对称，且不会因匝间短路而引起椭圆形旋转磁场，所以剩余电压的旋转分量和变压器分量都可以减小。通常还将输出绕组和励磁绕组分别放置在内、外定子铁芯上，并选取外定子铁芯的齿数为内定子铁芯齿数的偶数倍，构成"无磁耦合"结构，如图 8-14 所示。这样，励磁绕组产生的磁通仅通过内定子的齿部，并不与输出绕组匝链，保证磁路对称，剩余电压的变压器分量也随之降低。

此外，采用内定子铁芯相对于外定子铁芯位置可调的结构，可在电机装配时，转动内定子铁芯使输出绕组的剩余电压为最小，并在该位置上将内定子铁芯固紧。这样利用人为的电磁不对称性来补偿原来电机中的电磁不对称，使剩余电压明显减小。

3）定子铁芯采用旋转形叠装法。叠装测速发电机的内、外定子铁芯时，均采用每张冲片错过一个齿槽的旋转形叠装法，以保证各向的磁导性能相同。在选择导磁材料时，可选用磁导率均匀、损耗小的材料，如高精度测速发电机中就用铁镍软磁合金片。

4）修补定子铁芯和转子空心杯。在异步测速发电机中，有时还采用在定子铁芯上开沟槽和修正槽口等补救措施，以修正原来电机中存在的磁路不对称性，如图 8-15 所示。这样也可以减小剩余电压的旋转分量。若因为转子空心杯不均匀而引起剩余电压的交变分量，也可以通过把转子空心杯进行局部磨削来解决。

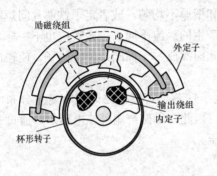

图 8-14　外定子铁芯齿数为内定子铁芯
齿数两倍时的结构示意

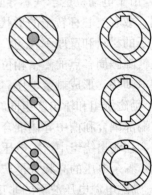

图 8-15　定子铁芯锉槽和
开沟的情况

5）采用补偿绕组。采用补偿绕组可以有效地降低剩余电压的固定分量。通常在一些较大机座号的产品中采用。补偿绕组的匝数可根据实际需要来确定，它可以安放在外定子铁芯的槽中，也可安放在内定子铁芯的槽中。补偿线路有两种：串联移相电压补偿（见图 8-16）和磁通补偿（见图 8-17）。

6）外接补偿装置。在实际使用时，还可以采用外接补偿装置。它产生的附加电压，大小接近于剩余电压的固定分量，而相位相反。这种补偿方法可使剩余电压降到最小只有几毫伏。有时也称为阻容电桥补偿法，其原理如图 8-18 所示。调节图中电阻 R_1 的大小可以用来改变附加电压的大小；调节电阻 R 的大小可以改变附加电压的相位，以达到完全补偿剩余电压的目的。

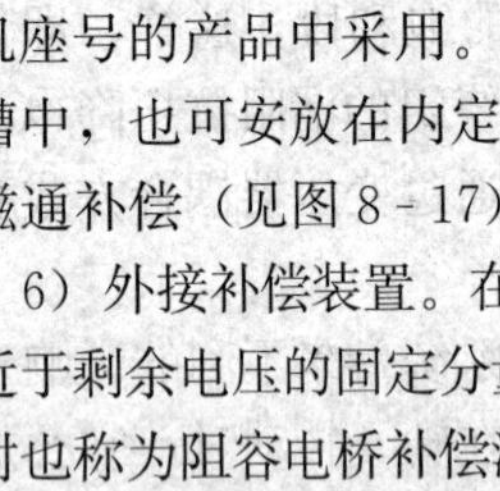

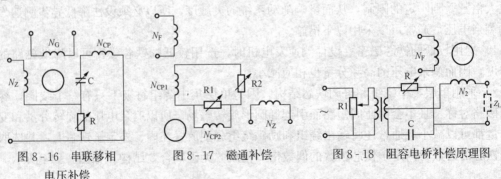

图 8-16　串联移相
电压补偿

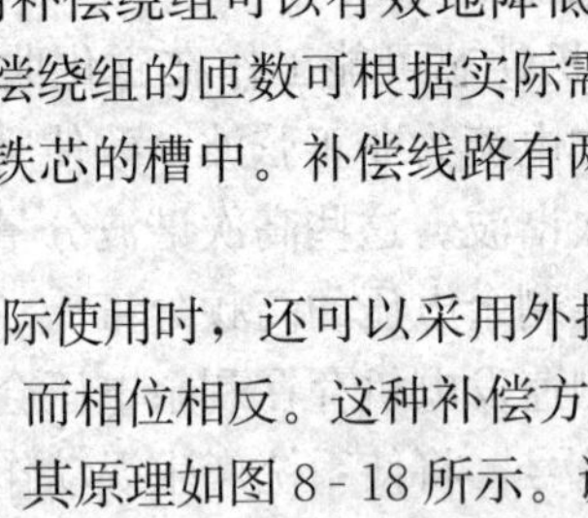

图 8-17　磁通补偿

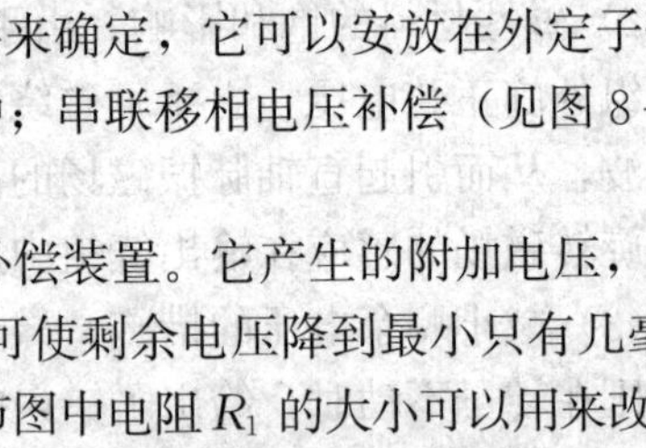

图 8-18　阻容电桥补偿原理图

4. 励磁电源和温度变化的影响

异步测速发电机的输出特性还与励磁电源电压的大小、频率和波形直接有关。因此，在使用时对励磁电源有严格要求：电压的波形应是正弦波，且必须稳压、稳频。

由于温度变化也会使异步测速发电机的输出特性斜率发生改变。其主要原因是，温度变化后，励磁绕组的电阻和空心杯转子的电阻值都要随之改变。为此，在设计时转子空心杯应选用电阻温度系数较小的材料；在实际使用时，经常采用环境温度控制和温度补偿等措施。这样，就能较有效地消除或削弱因温度改变而引起的输出特性的变动。

8.3 测速发电机的应用举例

8.3.1 直流测速发电机的应用

直流测速发电机是重要的机电元件之一，在自动控制系统中用来测量或构成闭环系统，自动调节电动机的转速；在随动系统中用来产生比例于转速的电压信号以提高系统的稳定性和精度；在计算解答装置中作为微分、积分元件；它还可以测量各种机械在有限范围内的摆动或非常缓慢的转速，并代替测速仪直接测量转速。其优点是输出特性斜率大，没有相位误差；其缺点是有电刷和换向器，使它的可靠性差。由于它的优点比较突出，故在自动控制系统中，尤其在低速测量装置中使用更广泛。

1. 用作系统的阻尼元件

图 8 - 19 所示为直流测速发电机在雷达天线控制系统中作阻尼元件的应用实例。如果从自整角机发送机（手轮）手动输入一个转角 α，而此时自整角接收机（或称自整角变压器）由雷达天线驱动的转角为 β，则自整角接收机就输出一个正比于角度差 $(\alpha-\beta)$ 的交流电压，并经一套电子线路转换成直流的误差信号电压 $K_1(\alpha-\beta)$，该电压经放大器放大后控制晶闸管的导通和截止，调节了加给直流伺服电动机的直流电压，因而可以控制电动机的转动。在输出轴上还耦合一台直流测速发电机，它输出一个和转速成正比的直流电压 $K_2 d\beta/dt$，并负反馈到直流放大器的输入端。这时直流放大器的输入电压为 $K_1(\alpha-\beta)-K_2(d\beta/dt)$，其中 K_1 为前置放大器的放大倍数，K_2 为测速发电机输出特性的斜率。

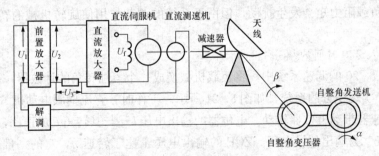

图 8 - 19 直流测速发电机作阻尼元件

下面分析测速发电机在系统中的阻尼作用。如果没有测速发电机。直流伺服电动机的转速仅正比于信号电压 $K_1(\alpha-\beta)$，电动机旋转使 β 增大，$\alpha-\beta$ 减小，当 $\alpha-\beta=0$ 时，直流伺服电动机的输入信号 $K_1(\alpha-\beta)=0$，电动机应停转，但由于电动机及其轴上负载的机械惯性，电机转速并不立即为 0，而是继续向 β 增大方向转动，使 $\beta>\alpha$，此时自整角机又输出反极性的误差信号，电动机将会在此反极性的信号作用下变为反转。同样，又由于电动机及其负载的惯性，反转又过了头，这样系统就会产生振荡。

当接上测速发电机后，当 $\alpha=\beta$ 时，虽然 $K_1(\alpha-\beta)=0$，但由于 $d\beta/dt\neq0$，故直流放大器的信号电压为 $K_2(d\beta/dt)$，由于此信号负反馈到直流放大器，此电压使电动机产生与原来转向相反的制动转矩，以阻止由于惯性而使电动机继续向 β 增大方向转动，因而电动机很快停留在 $\beta=\alpha$ 位置。由此可见，系统中引入了测速发电机，就使得由于电动机及负载的惯性所造成的系统振荡受到了阻尼，从而改善了系统的动态性能。

2. 在调速装置中的应用

为了使旋转机械保持恒速，可以在电动机的输出轴上耦合一个测速发电机，并将其输出电压和给定电压相减后加入放大器，经放大后供给直流伺服电动机。当电动机转速上升，测速发电机的输出电压增大，给定电压和输出电压的差值变小，经放大后加到直流电动机的电压减小，电动机减速；反之，若电动机转速下降，测速电机的输出电压减小，给定电压和输出电压的差值变大，经放大后加给电动机的电压变大，电动机加速。保证了电动机转速变化很小，近似于恒速。

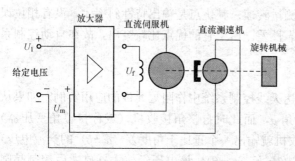

图 8-20　直流恒速控制系统原理图

简单的恒速控制系统原理如图 8-20 所示，负载是一个旋转机械。当直流伺服电动机的负载力矩变化时，电动机的转速也随之改变。为了使旋转机械保持恒速，在电动机的输出轴上耦合一个测速发电机，并将其输出电压和给定电压相减后加到放大器，经放大后供给直流伺服电动机。给定电压取自可调恒压源，改变给定电压值，便能达到所希望的速度。当负载阻力矩由于某种偶然的因素减小时，电动机的转速要上升，此时测速发电机的输出电压增大，给定电压和测速发电机输出电压之间的差值变小，经放大器放大后加到直流电动机两端的电压减小，电动机减速；反之，若负载力矩突然变大，转速下降，则过程正好相反。这样尽管负载阻力矩会发生扰动，但由于系统的调节作用使旋转机械的转速变化很小，近似于恒速。

3. 实现输入量对时间的积分

如果在图 8-20 的调速系统中，将负载机械换成一个累加转角的计数器，就构成了一个对输入电压 U_1 实现积分的系统，如图 8-21 所示。工作时，直流伺服电动机 SZ 除驱动 ZCF 外，还通过减速器带动电位器转动。电位器的输出电压 U_2 与其转角 θ 成正比，U_1 为输入信号电压，电压 U_2 为输出信号电压。ZCF 的输出电压正比于转速 n，它的一部分 U_c 作为反馈信号经比较器与输入电压 U_1 相比较，得到偏差信号 $\Delta U=U_1-U_c$，将 ΔU 输入放大器，经放大后作为控制信号电压加到 SZ 上。当输入信号 $U_1=0$ 时，SZ 不转，转角 $\theta=0$，故输出电压 $U_2=0$。在有了输入信号 U_1 后，SZ 带动 ZCF 和电位器一起转动，则电压 U_c 正比于转速 n，电压 U_2 正比于转角 θ，而转角 $\theta=K_1\int ndt$。当放大器的放大倍数足够大时（如集成运算放大器），偏差信号 ΔU 相对于放大器的输出电压信号是很小的，因此可近似地认为

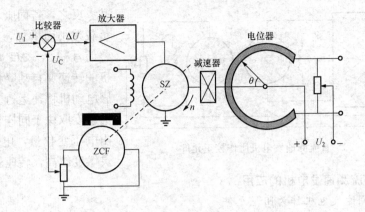

图 8-21 测速发电机用作积分元件

$\Delta U = 0$，即 $U_1 \approx U_C$，于是 $U_2 = K_2\theta = K_1K_2\int n\mathrm{d}t$，$U_C = K_3 n$，$U_C \approx U_1$，所以 $U_2 = K\int U_1 \mathrm{d}t$。
该式表明，输出电压正比于输入电压的积分。

4. 用作计算元件

图 8-22 所示为利用 3 台直流测速发电机 ZCF 来实现微分运算的电路。ZCF1 和 ZCF2
在励磁电压保持不变时，它们的输出电压 U_1 和
U_2 分别正比于它们的转速 n_1 和 n_2。电压 U_1 作
为测速发电机 ZCF3 的电枢电压，电压 U_2 作为
ZCF3 的励磁电压，此时 ZCF3 将作为电动机运
行，并以转速 n_3 沿顺时针方向旋转。设测速发
电机 ZCF1 和 ZCF2 的转角 θ_1 和 θ_2 分别正比于
参量 $y(t)$ 和 $x(t)$。如果不计磁路饱和，电压 U_2
正比于 ZCF3 的磁通 Φ_3，不计电枢电阻压降，
电压 U_1 等于电动势 E_3，且正比于 $\Phi_3 n_3$（或
$U_3 n_3$）。所以，测速发电机 ZCF3 的转速为

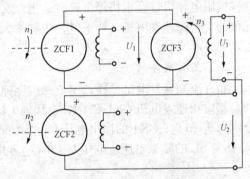

图 8-22 直流测速发电机用作微分运算元件

$$n_3 = \frac{U_1}{U_2} = \frac{K_1 n_1}{K_2 n_2} \propto \frac{K_1 \mathrm{d}\theta_1}{K_2 \mathrm{d}\theta_2}$$

则

$$n_3 = K\frac{\mathrm{d}y}{\mathrm{d}x}$$

可见，利用测速发电机可以实现 $\mathrm{d}y/\mathrm{d}t$ 之类的微分运算。

5. 用作校正元件

图 8-23 所示为利用直流测速发电机作为负反惯元件，以使直流伺服电动机 SZ 负载运
行时能得到稳定而准确的转速。图中直流伺服电动机 SZ 除驱动机械负载外，还同轴带动一
台直流测速发电机 ZCF。测速发电机输出电压的一部分作为反馈信号电压与电位器 R 提供
的给定电压 U 相比较，两者之差作为偏差信号，经放大器放大后作为伺服电动机的控制信
号电压。当给定电压 U 一定时，若伺服电动机 SZ 的转速因负载增大而减小，则测速发电机
ZCF 的反馈电压 U_C 减少，偏差信号增加，伺服电动机的控制电压 ΔU 增加，转速自动上

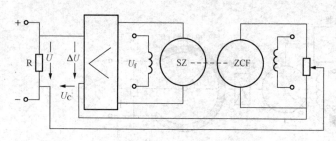

图 8-23　直流测速发电机用作校正元件

升。反之，若伺服电动机的转速因负载减小而增加，则 U_C 增加，偏差信号减小，ΔU 减小，伺服电动机的转速又自动降低，从而实现伺服电动机稳速运行。测速发电机的灵敏度取决于同样转速变化下的输出电压变化量，电压变化量越大，灵敏度越高，转速就会越稳定。

8.3.2　交流测速发电机的应用

一、交流测速发电机作为阻尼元件

采用交流测速发电机的阻尼伺服系统如图 8-24 所示。这里交流测速发电机被用作阻尼元件以提高系统的稳定度和精度。当控制电压取消以后，按照控制要求电动机应立即停转，但实际上，由于惯性作用，电动机还会继续旋转。这时，与伺服电动机同轴的测速发电机就将这部分机械能转变为电能，在机械能转变为电能的过程中，机械能的消耗会促使伺服电动机转速降下来。如果再将测速发电机所发出的电压以与原来控制绕组所加电压反相后，加到控制绕组上，那么由这个电压所产生的转矩与原来伺服电动机的转向相反，是个制动转矩，这样伺服电动机就会很快停下来。这里，交流测速发电机起到了阻尼元件的作用，用作阻尼元件的交流测速发电机，要求其输出斜率大，这样阻尼作用就大，而对线性度等精度指标的要求则是次要的。

二、用作微分器

和直流测速发电机一样，交流感应测速发电机也可用作微分器，如图 8-25 所示。利用两台感应测速发电机 CK1 和 CK2，从轴上输入的转速信号分别为 n_1 和 n_2，输入的转角信号分别为 θ_1 和 θ_2。CK1 的输出电压 U_{21} 作为交流伺服电动机 SL 的励磁电压，CK2 的输出电压 U_{22} 作为 SL 的励磁电压。电压 U_{21} 和 U_{22} 分别正比于转速 n_1 和 n_2，转速 n_1 和 n_2 正比于角速

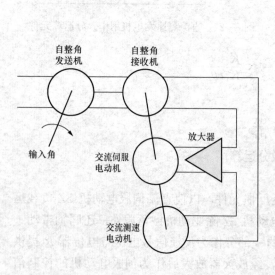

图 8-24　交流阻尼伺服系统

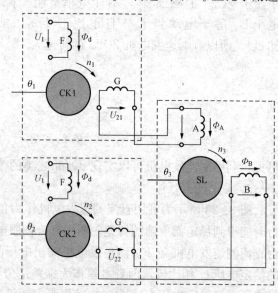

图 8-25　感应测速发电机用作微分运算元件

度 $d\theta_1/dt$ 和 $d\theta_2/dt$。不计饱和及漏阻抗压降，电压 U_{22} 等于反电动势 E_B，正比于 $\int\Phi_A$，而电压 U_{21} 正比于磁通 Φ_A，转速 n_3 正比于频率 f。所以交流伺服电动机 SL 将转速表示为输入转角信号 θ_2 对 θ_1 的微分运算，即

$$n_3 = \frac{U_{22}}{U_{21}} = \frac{K_2 n_2}{K_1 n_1} = K\frac{d\theta_2}{d\theta_1}$$

思考题与习题

8-1　直流测速发电机按励磁方式分有哪几种？各有什么特点？

8-2　直流测速发电机的输出特性，在什么条件下是线性特性？产生误差的原因和改进的方法是什么？

8-3　为什么直流测速发电机在使用时转速不宜超过规定的最高转速？而负载电阻不能小于规定值？

8-4　为什么异步测速发电机的转子都用非磁性空心杯结构，而不是笼型结构？

8-5　异步测速发电机的励磁绕组与输出绕组在空间位置上互差 90°电角度，没有磁路的耦合作用。励磁绕组接交流电源，电机转子转动时，为什么输出绕组会产生电压？为何输出电压的频率却与转速无关？若把输出绕组移到与励磁绕组在同一轴线上，电机工作时，输出绕组的输出电压有多大？与转速有关吗？

8-6　异步测速发电机的输出特性为什么会产生线性误差？怎样确定线性误差的大小？

8-7　什么是异步测速发电机的剩余电压？简要说明剩余电压产生的原因及其减小的方法。

第 9 章　变 压 器 基 础

　　变压器是一种常用的输送交流电时所使用的静止电气设备。在生产电能（供电），输送电能（输电）和使用电能（配电）的整个电力系统中，变压器是一个十分重要的元件。图 9-1 所示为一个简单电力系统示意。

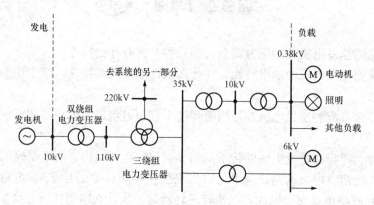

图 9-1　电力输配电系统示意

　　电能主要来自于发电机，而发电机本身并不能创造电能，只能把机械能转换为电能。发电机机械能的获得方法是：在火力发电厂里，用燃烧的热能把水变成水蒸气，推动汽轮机，再推动发电机发电；在水力发电厂里，用水力推动水轮机带动发电机发电；还有核电，即将自然中存在的能源转化为电力。一般发电机由于受绝缘材料结构的限制，发出的电压不能太高，通常为 10kV，通常发电厂与用电户距离很远（民用发电机如柴油机等除外），要把发电厂发出来的电能输送到各处，就要用输电线路进行高压输电，采用高压输电是一种最经济最合理的措施，因为要输送一定功率的电能，电压越高，线路中的电流越小，线路上电压降和功率损耗减小；单位面积的铜线允许流过的电流一定，电流越小，使线路中的铜线越细，用铜量小，降低送电成本。所以输送电距离越远，输送功率越大，要求输电电压越高，远距离的输电线路都用高电压输电，如 110kV，220kV，甚至更高。当电能输送到用电地区后，由于在工农业生产及社会生活的各个方面，存在着千差万别的用电设备，不同的用电设备常常需要接在各种不同等级电压的电源上。例如，家用电器一般接在电压为 220V 的电源上；三相异步电动机一般接在电压为 380V 的电源上；我国电力机车接在电压为 25kV 的接触网上。因此要用降压变压器把输电电压降到配电电压，送到各用电户，最后用配电变压器把电压降到用户电压。如到了工厂里，在经过降压变压器降到 10kV 或更低一些。到车间后还要降到 380/220V，供电动机及照明用电，特殊场合为了安全等原因要用 36V 或 24V 的电压。此外，在小功率的控制设备中也常用到各种类型的变压器。由此看出，变压器对电能的经济传输，灵活分配和安全使用有重要意义。

　　此外，变压器还具有变换电流、变换阻抗的功能，用来传递信号、实现阻抗匹配等，成为电工测量和电子技术等领域不可缺少的电气设备。

变压器的类型很多，有不同的分类方法，如按照用途分有电力变压器、仪用互感器等，按照变换电能的相数分有单相变压器和三相（多相）变压器。尽管变压器的类型不同，但它们的结构和工作原理都是基本相同的。下面以单相小型变压器为主进行介绍。

9.1 变压器的基本结构

变压器的外形结构如图 9-2 所示。变压器由铁芯和绕在铁芯上的线圈两部分组成器身，为了改善散热条件，大中容量变压器的器身浸入盛有变压器油的封闭油箱。为把绕组出线端从油箱内引出，在油箱上装有绝缘套管；为在一定范围内调整电压，附有分接开关等；为使变压器安全可靠运行，还设有储油柜、气体继电器、安全气道等附件。

9.1.1 铁芯

变压器铁芯的作用是构成磁路，也作为变压器的机械骨架。为了提高导磁性能，降低交变磁通在铁芯中引起的涡流损耗和磁滞损耗，铁芯一般用含硅量较高、厚度为 0.35mm 或 0.5mm 两面涂有绝缘漆的热轧或冷轧硅钢片交错叠装而成。另外，铁芯也有用冷轧硅钢片卷制后切割而成的。

铁芯分为铁芯柱和铁轭两部分，铁柱上套装绕组，铁轭连接两个铁芯柱，作为闭合磁路之用。在一般变压器中，为了充分利用绕组内圆的空间，铁芯柱截面采用内接圆的阶梯形，如图 9-3 所示。只有当变压器容量

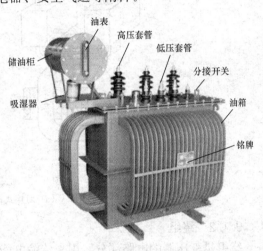

图 9-2 油浸式电力变压器

很小时才采用正方形或矩形。当心柱直径大于 380mm 时，中间还应留出油道，铁芯浸在变压器油中，当油从油道中流过，可将铁芯中的热量带走，从而改善铁芯冷却。为减少励磁电流和铁芯损耗，铁轭面积通常要比铁柱面积大 5%～10%。根据变压器铁芯结构形式的不同，可分为壳式和心式两种。

图 9-4 所示为壳式变压器的结构示意，其特点是铁芯包围线圈，铁轭不仅包围绕组的顶面和底面，而且包围绕组的侧面，这样就不需要专门的变压器外壳。由于它的制造工艺复杂，用料较费，目前除功率较小的电源变压器多采用壳式结构外，几乎很少采用。

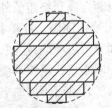

图 9-3 阶梯形铁芯截面

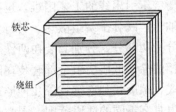

图 9-4 壳式变压器结构

图 9-5 所示为心式变压器结构示意，其特点是线圈包围铁芯，铁轭靠着绕组的顶面和底面，而不包围绕组的侧面。其结构较简单，绕组的装配及绝缘也较容易，因而绝大部分国

产的变压器均采用心式结构。功率较大些的单相变压器多采用心式结构，以减少铁芯金属材料的用量。根据铁柱与铁轭在装配方面的不同，铁芯可分为对接式和叠接式两种。对接式铁芯，如图9-5（a）所示，其叠装次序如下：先把铁柱和铁轭分别叠装和夹紧，然后再把它们拼在一起，用特殊的夹件结构夹紧。在铁芯柱与铁轭组合成整个铁芯时，多采用叠接式装配，如图9-5（b）所示，其装配次序是把铁芯柱和铁轭的钢片一层一层地交错重叠。为了减少装配工时，通常用两三片作一层。由于各层接缝错开，减小了接缝处的气隙，从而减少了励磁电流。这种结构夹紧装置简单、经济，可靠性高，所以国产变压器普遍采用叠接式的铁芯结构。缺点是装配复杂，费工时。

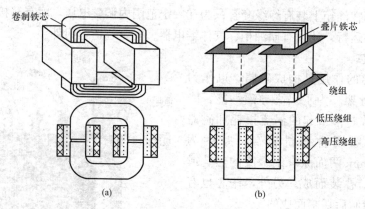

图9-5　心式变压器结构

（a）对接式；（b）叠接式

9.1.2　绕组

绕组是变压器的电路部分，用来传输电能。为了保证变压器能够安全、可靠地运行以及有足够的使用寿命，对绕组的电气性能、耐热性能和机械强度都有一定的要求。

绕组是用纸包的绝缘扁铜线或圆铜线绕成，一般分为高压绕组和低压绕组。变压器中接于高压电网的绕组称为高压绕组，高压绕组的匝数多、导线横截面小；接于低压电网的绕组称为低压绕组，低压绕组的匝数少、导线横截面大。从能量的变换传递来说，接在电源上，从电源吸收电能的绕组称为一次绕组；与负载连接，给负载输送电能的绕组称二次绕组。

按高、低压绕组之间的相对位置不同，变压器绕组可布置成同心式与交叠式两类。同心式绕组是指高、低压绕组同心地套装在铁芯柱上，如图9-5（b）所示。为了便于绝缘，一般低压绕组套在里面，紧靠铁芯，高压绕组套低压绕组在外面。但大容量的低压大电流变压器，由于低压绕组引出线的工艺困难，也往往把低压绕组套在高压绕组的外面。高、低压绕组之间留有油道，既利于绕组散热，又可作为两绕组之间绝缘间隙。在单相变压器中，高、低压绕组均分为两部分，分别套装在两铁芯柱上，这两部分可以串联或并联；在三相变压器中属于同一相的高、低压绕组全部套装在同一铁芯柱上。同心式绕组按其绕制方法不同，又可分为圆筒式、螺旋式和连续式等几种形式，不同的结构形式具有不同的电气、机械及热方面的特性，也具有不同的适用范围。同心式绕组的结构简单、制造方便，心式变压器一般都采用这种结构。

交叠式绕组是将高压绕组和低压绕组分成若干线饼，沿着铁芯柱交替排列而构成，如图9-6所示。为了便于绝缘和散热，高压绕组与低压绕组之间留有油道并且在最上层和最下层

靠近铁轭处安放低压绕组。交叠式绕组的漏电
抗小，机械强度高，引线方便，壳式变压器一
般采用这种结构。

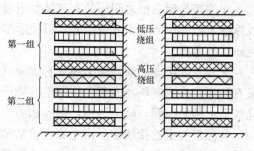

图9-6　交叠式绕组

9.1.3　油箱及其他结构部件

小容量变压器通常是干式的，即自然风冷
的，其结构非常简单。对于容量较大的变压器
多采用油浸式，这是因为变压器油的绝缘性能
比空气好，可以缩小尺才，节约材料；通过油
受热后加速对流作用，及时将绕组和铁芯的热
量传到油箱壁和散热器壁，以扩散到四周，改善变压器的散热条件。

油箱就是指油浸式变压器的外壳。变压器在运行中绕组和铁芯会产生热量，为了迅速将
热量散发到周围空气中去，可采用增加散热面积的方法。变压器油箱的结构形式主要有平板
式、管式等。对容量较大的变压器，采用在油箱壁的外侧焊装有一定数量的散热管来增加散
热面积。当变压器运行时，它内部的油受热膨胀，由散热管上部流出，经散热冷却后，从管
的下部进入油箱，如此周而复始地循环流动，把热量散发到周围空气中，可使变压器的温升
不致超过额定温升。对大容量变压器，还可采用强迫冷却的方法，如用风扇吹冷变压器等以
提高散热效果。同时，在运行时，油温增高，会使油的体积膨胀；油温降低，则油的体积收
缩。这样使油对空气起了呼吸作用，造成吸收空气中的水分和尘埃的不良作用。为了防止这
种现象，必须设法使油与空气的接触面积尽量减小。现在的大中型变压器中，在其油箱盖上
面均装有储油柜，柜的下部用油管与油箱相联，箱内的油充满到储油柜高度的一半，与空气
接触的面积也就局限于柜内的一小块油面。油箱盖上还有绝缘套管，以便变压器绕组的一次
侧、二次侧能分别与电源及负载相联。箱盖上还装有分接开关，可在空载情况下改变高压绕
组的匝数，以调节变压器的输出电压。在较大容量变压器的箱盖上还装有安全气道，气道出
口用薄玻璃板盖住，当变压器内部发生严重故障，而其他保护装置，如装在储油柜与油箱之
间联通管上的气体继电器失灵时，油箱内部压力迅速升高，当压力超过某一限度时，气体即
从安全气道喷出，以免造成重大事故。

高、低压绕组套装在铁芯上总称为器身，器身放在油箱中，油箱中充以变压器油。充油
的目的是提高绕组的绝缘强度。因为油的绝缘性能比空气好，便于散热，通过油受热后的对
流作用，可以将绕组及铁芯的热量带到油箱壁，再由油箱壁散发到空气中。对变压器油的要
求是介质强度高、着火点高、黏度小、水分和杂质含量尽可能少。

变压器油受热要膨胀，因此油箱不能密封。为了减小油与空气的接触面积，变压器安装
有储油柜。储油柜固定在油箱顶上并用管子与油箱直接连通，储油柜的上部有加油栓，可以
向变压器内补油，油箱的下部有放油活门，可以排放变压器油。储油柜使油箱内部与外界空
气隔绝，减少了油的氧化及吸收水分的面积。储油柜内的油面高度被控制在一定范围内，当
油受热膨胀时，一部分油被挤入储油柜中，使油面升高，而油遇冷收缩时，这部分油再流回
油箱使油面降低。储油柜的大小应能满足变压器在各种可能的运行温度下，油面的升降总是
能保持在储油柜的范围内。储油柜的一侧有油位计，可查看油面高度的变化。另外，储油柜
上还装有吸湿器，它是一种空气过滤装置，外部空气经过吸湿器干燥后才能进入储油柜，从
而使油箱中的油不易变质损坏。

在油箱与储油柜之间还装有气体继电器。当变压器发生故障时，油箱内部会产生气体，气体继电器动作而发出故障信号，以提示工作人员及时处理或使相应的开关自动跳闸，切除变压器的电源。

大容量变压器的油箱盖上还装有安全气道，它是一个长的钢筒，下面与油箱相通，上端装有防爆膜。当变压器内部发生严重故障产生大量气体时，油箱内部压力迅速升高，冲破安全气道上的防爆膜，喷出气体，消除压力，以免产生重大事故。

变压器绕组的接线端子由绝缘套管从油箱内引到油箱外。绝缘套管由外部的瓷套和中心的导电杆组成，它穿过变压器上部的油箱壁，其导电杆在油箱内部的一端与绕组的出线端子连接，在外部的一端与外电路连接。绝缘套管的结构因电压的高低而不同，引出的电压越高，套管的结构越复杂。当电压不高时，可采用简单的瓷制实心式套管。电压很高时，要采用高压瓷套管，高压瓷套管在套管和导电杆之间充油，外部做成多级伞形，电压越高，级数越多。

9.1.4　变压器的铭牌

每台变压器都有一块铭牌，上面标注着变压器的型号和额定值等。铭牌用不受气候影响的材料制成，并安装在变压器外壳上的明显位置。在使用变压器之前必须先查看铭牌。通过查看铭牌，对变压器的额定值有了充分了解后，才能正确使用变压器。图 9-7 所示为一台变压器铭牌示意。

电力变压器

产品型号	S7-500/10		标准代号×××		
额定容量	500kV·A		产品代号×××		
额定电压	10kV		出厂序号×××		

		高　　压		低　　压	
开关位置		电压(V)	电流(A)	电压(V)	电流(A)
I		10 500	27.5		
II		10 000	28.9	400	721.7
III		9500	30.4		

额定频率　50Hz 3相
联结组标号　Y, yn0
阻抗电压　4%
冷却方式　油冷
使用条件　户外

××变压器厂　　××年××月

图 9-7　变压器的铭牌

额定值是制造工厂对变压器正常工作时所做的使用规定。在设计变压器时，根据所选用的导体截面、铁芯尺寸、绝缘材料、冷却方式等条件来确定变压器正常运行时的有关数值。例如，它能流过多大电流及能承受多高的电压等。这些在正常运行时所承担的电流和电压等数值，就被规定为额定值。各个量都处在额定值时的状态被称为额定运行。额定运行可以使变压器安全、经济地工作并保证一定的使用寿命。变压器的额定值主要有以下几项：

（1）额定电压。在额定运行时规定加在一次绕组的端电压，称为一次绕组额定电压，以 U_{1N} 表示；当变压器空载时，一次绕组加以额定电压后，在二次绕组上测量到的电压，称为二次绕组额定电压，以 U_{2N} 表示。因此二次绕组的额定电压是指它的空载电压。在三相变压器中，额定电压都是指线电压，电压的单位是 V 或 kV。

（2）额定电流。在额定运行时，一次绕组、二次绕组所能承担的电流，分别称为一次绕组、二次绕组的额定电流，并分别用 I_{1N} 和 I_{2N} 表示。在三相变压器中，额定电流都是指线电流，电流的单位是 A。

（3）额定容量。一次绕组或二次绕组额定电流与额定电压的乘积，称为额定容量，以 S_N 表示。它是在铭牌上所标注的额定运行状态下，变压器输出的视在功率，它的单位以 kVA 表示。对于三相变压器来说，额定容量是指三相的总容量。

（4）额定频率。额定频率用 f_N 表示。在我国，交流电的额定频率为 50 Hz。

（5）阻抗电压。阻抗电压又称为短路电压。它表示在额定电流时变压器短路阻抗压降的大小。通常用它与额定电压 U_{1N} 的百分比来表示。

此外，额定值还包括额定状态下变压器的效率、温升等数据。在铭牌上除额定值外，还标注着变压器的制造厂名、出厂序号、制造年月、标准代号、相数、连接组标号、接线图、冷却方式等。为了便于运输，有时还标注变压器的重量和外形尺寸等数据。

9.2 变压器的工作原理

变压器的工作原理示意如图 9-8 所示。这是一个单相双绕组变压器。单相变压器是指接在单相交流电源上，用来改变单相交流电压的变压器。它通常容量都很小，主要用于局部照明和控制用途。一般电工测量和电子线路中使用的也多为单相变压器。

它的主要部件是一个铁芯和套在铁芯上的两个线圈，这两个线圈有不同的匝数，且两个线圈相互绝缘。实际上，两个线圈套在同一个铁芯柱上，以增大耦合作用。为了画图简明起见，常把两线圈画成分别套在铁芯的两边。

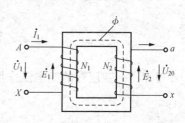

图 9-8 变压器的工作原理

两个绕组中与电源相连的一方称为一次绕组，又称为初级绕组或原绕组，作用是接收电能。若是接收交流信号的则称为输入绕组。凡表示一次绕组各有关电量的字母均采用下标 "1" 来表示，如一次绕组电压 U_1，一次绕组匝数 N_1 等。与负载相连的绕组称为二次绕组，又称次级绕组或副绕组，作用是输出电能。若是输出交流信号的称为输出绕组。凡表示二次绕组各有关电量的字母均采用下标 "2" 来表示，如二次绕组电压 U_2，二次绕组匝数 N_2 等。

设图 9-8 中的变压器为理想变压器，即两个绕组的耦合非常紧密，耦合系数 $k=1$，没有漏磁通，同时忽略一次、二次绕组的电阻，一次、二次各电量参数的方向如图 9-8 所示。

当在一次侧 N_1 上外施交流电压 U_1 后，便有交流电流 I_1 流过，因而在铁芯中激励出交变磁动势 F_1 和磁通 Φ_1。根据电磁感应定律可知，磁通 Φ_1 的交变会在绕组 N_2 中感应出电动势 E_2，此时若绕组 N_2 接上负载，就会有电能输出。

这时主磁通 Φ_m 由一次、二次绕组共同产生。根据电磁感应定律，由于忽略了绕组电阻，绕组感应电动势的大小接近外电压，相应的电压电动势瞬时方程式为

$$\begin{cases} U_1 \approx -E_1 = N_1 \dfrac{\mathrm{d}\Phi_m}{\mathrm{d}t} \\ U_2 \approx E_2 = -N_2 \dfrac{\mathrm{d}\Phi_m}{\mathrm{d}t} \end{cases}$$

两式相比

$$\frac{U_1}{U_2} \approx \frac{E_1}{E_2} = \frac{N_1}{N_2} = K_u = K \qquad (9-1)$$

K 称为变比（匝比），得出一次、二次绕组电压和电动势瞬时值与匝数的关系。

如果忽略了铁芯由于磁通交变产生的损耗，根据能量守恒原理，有

$$U_1 I_1 = U_2 I_2 = S$$

S 称为变压器一次、二次的视在功率，也称变压器的容量，所以

$$\frac{U_1}{U_2} = \frac{I_2}{I_1} \qquad (9-2)$$

式（9-2）为一次、二次绕组电压和电流的关系。

式（9-1）和式（9-2）相比，可以得出

$$U_1 = KU_2 , I_1 = \frac{1}{K} I_2$$

要升高电压，应减小变比使 $K<1$，即相应增加二次侧的匝数；要降低电压使 $K>1$，即减小二次侧的匝数。

可见，变压器是通过电磁感应的作用把交流电从一个电路向另一个电路传送，这两个电路的特点是具有相同的频率、不同的电压和电流。由于绕组的感应电动势正比于它的匝数，因此只要改变二次绕组 N_2 的匝数，就能改变输出电压 U_2 的大小，这就是变压器的工作原理。

9.3 变压器的作用

9.3.1 变压器的变电压作用

$$\begin{cases} U_1 \approx E_1 = 4.44 f N_1 \Phi_m \\ U_2 \approx E_2 = 4.44 f N_2 \Phi_m \end{cases}$$

对比式（9-1）、式（9-2）可见，由于一次、二次绕组的匝数 N_1 和 N_2 不相等，感应电动势 E_1 和 E_2 也不相等，因而输出电压 U_2 和电源电压 U_1 也不相等。这时一次、二次绕组的电压比为

$$\frac{U_1}{U_2} \approx \frac{E_1}{E_2} = \frac{N_1}{N_2} = K_u = K \qquad (9-3)$$

式中 K_u——变压器的变比，也可用 K 来表示，这是变压器最重要的参数之一。

由式（9-3）可见，当电源电压 U_1 一定时，只要改变一次、二次绕组的匝数 N_1 和 N_2，就可以得到不同的输出电压 U_2，达到了变换电压的目的。当 $K_u>1$，即 $N_1>N_2$、$U_1>U_2$，是降压变压器；当 $K_u<1$，即 $N_1<N_2$、$U_1<U_2$，是升压变压器。

变压器铭牌上所标注的额定电压是以分数形式表示的一次、二次绕组的电压值，是空载运行状态下的电压。例如，6000/230V 表明一次绕组的额定电压（一次绕组应加的电源电压）$U_{1N}=6000V$，二次绕组的额定电压 $U_{2N}=230V$。U_{2N} 指一次绕组加上额定电压 U_{1N} 后，二次绕组的空载电压。

9.3.2 变压器的变电流作用

$$\frac{I_1}{I_2} = \frac{N_2}{N_1} = K_i \qquad (9-4)$$

式中 K_i——变压器的变流比，$K_i = \dfrac{N_2}{N_1} = \dfrac{1}{K_u}$

式（9-4）也是变压器的基本公式之一，它表明变压器具有变电流的作用，且在额定状态下，一次、二次绕组的电流之比等于其匝数比的倒数。后面将要介绍的电流互感器是一种测量交流电流的仪器，它就是利用变压器的变电流作用原理做成的。

变压器的二次绕组电流 I_2 取决于负载阻抗 Z_L 的大小，但一次、二次绕组电流的比值在一定范围内是近似不变的。例如当负载电流 I_2 增加时，$N_2 I_2$ 加大，它对工作磁通的影响加大。表现在式（9-4）中，负载电流 I_2 加大，在略去了极小的励磁分量之后，I_1 近似地按一定比例相应变化。这个变化过程是变压器根据电磁感应定律的原理，自动调节、自动进行的。

9.3.3　变压器的变阻抗作用

变压器除了具有变换电压和变换电流的作用外，还有变换阻抗的作用。应用变压器的变换阻抗作用可以实现电路的阻抗匹配，使负载获得最大的功率输出。

如图 9-9 所示，负载接于二次绕组，而电功率却是从一次绕组通过工作磁通传到二次绕组的。根据等效的观点可以认为，直接接在电源上的阻抗 Z'_L 与其二次绕组接上负载阻抗 Z_L 时，一次绕组的电压、电流和功率完全一样。就可以认为，对交流电源 U_1 来说 Z'_L 与二次绕组接负载阻抗 Z_L 是等效的。阻抗 Z'_L 为 Z_L 折算到一次绕组侧的等效阻抗。

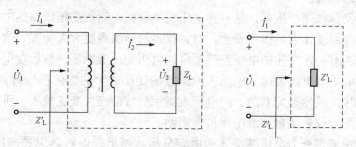

图 9-9　变压器的变阻抗作用

为了简化计算，并突出阻抗变换的作用，可将一次、二次绕组中的导线电阻、漏磁电抗和铁芯损耗略去不计。由图 9-9 知，负载阻抗 Z_L 的模为 $|Z_L| = \dfrac{U_2}{I_2}$；一次绕组等效阻抗 Z'_L 的模为 $|Z'_L| = \dfrac{U_1}{I_1}$。根据式（9-3）和式（9-4），可得

$$|Z'_L| = \frac{U_1}{I_1} = \frac{\dfrac{N_1}{N_2}U_2}{\dfrac{N_2}{N_1}I_2} = \left(\frac{N_1}{N_2}\right)^2 \frac{U_2}{I_2} = K_u^2 |Z_L| \tag{9-5}$$

上式表明等效接入的负载阻抗 $|Z'_L|$ 是 $\Delta \varphi$ 的 K_u^2 倍，这就是变压器的变换阻抗作用。只要改变变压器一次、二次绕组的匝数就可以将负载阻抗 $|Z_L|$ 随之换成所需的数值。

以上介绍的变压器的三种功能（变电压、变电流和变换阻抗），在电力传输、电工测量及电子电路中都得到了广泛应用。

9.4　仪用互感器

直接测量大电流或高电压是比较困难的。在交流电路中，常用特殊的变压器把高电压转换成低电压、大电流转换成小电流后再测量。这种特殊的变压器就是互感器。使用互感器可以使测量仪表与被测回路隔离，从而保证人身和测试设备安全，并且扩大仪表量限，便于仪表的标准化，还可以为各类继电保护和控制系统提供控制信号。

互感器的种类多种多样，在不同的场合，不同的环境，不同的电压等级等条件下，所使用的互感器也不一样。互感器包括电流互感器和电压互感器，是一次系统和二次系统之间的联络元件，可以将一次侧的高电压、大电流变成二次侧标准的低电压（100V 或 $100\sqrt{3}$V）和小电流（5A 或 1A），用以分别向测量仪表、继电器的电压线圈和电流线圈供电，使二次电路正确反映一次系统的正常运行和故障情况。

电压互感器和电流互感器又称仪用互感器，是电力系统中使用的测量设备。目前，互感器常用电磁式和电容式。随着电力系统容量的增大和电压等级的提高，光电式、无线电式互感器正应运而生，将应用于电力生产中。

9.4.1　电压互感器

电压互感器又称仪用变压器，是一种电压变换装置。测量高压线路的电压，如果用电压表直接测量，不仅对工作人员很不安全，而且仪表的绝缘需要大大加强，这样会给仪表制造带来困难，故需用有一定变比的电压互感器将高电压变成低电压，然后在电压互感器二次侧连接普通电气仪表，如电压表等。电压表的读数按变比放大的数值很接近高电压的实在值。如果电压表与电压互感器是配套的，则电压表指示的数值已按变比放大，可直接读取。电压互感器常用于变配电仪表测量和继电保护等回路。

电压互感器按原理分为电磁感应式和电容分压式两类。电磁感应式多用于 220kV 及以下各种电压等级。电容分压式一般用于 110kV 以上的电力系统，330～765kV 超高压电力系统应用较多。电压互感器按用途又分为测量用和保护用两类。对前者的主要技术要求是保证必要的准确度；对后者可能有某些特殊要求，如要求有第三个绕组，铁芯中有零序磁通等。

1. 电压互感器的工作原理

电压互感器的工作原理与普通电力变压器相同，结构原理和接线也相似。特点是容量很小且比较恒定，正常运行时接近于空载状态。图 9-10 表示电压互感器使用时的接线图。

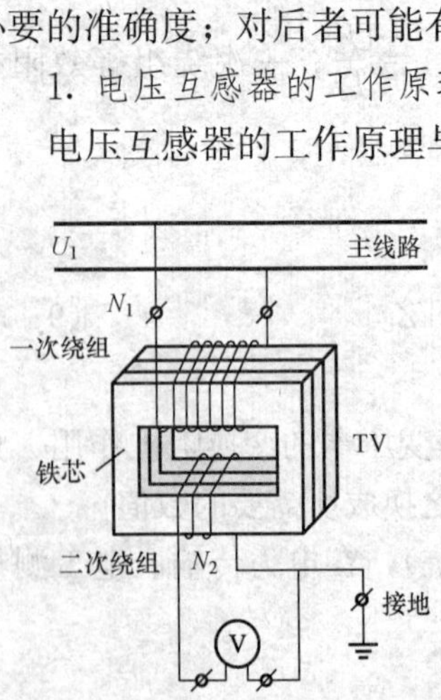

图 9-10　电压互感器接线图

工作时，一次绕组匝数很多，并联接到主线路，一次侧电压决定于一次电力网的电压 U_1，不受二次侧负荷影响。二次绕组匝数很少，并联接入电压表或其他测量仪表的电压线圈。不管一次侧电压有多高，其二次侧额定电压一般都是 100V，使得测量仪表和继电器电压线圈制造上得以标准化，而且保证了仪表测量和继电保护工作的安全，也解决了高压测量的绝缘、制造工艺等困难，且容量小，只有几十伏安或几百伏安。二次侧负荷主要是仪表、继电器线圈，它们的阻抗大，通过的电流很少，使工作时接近于空载状态，多数情况下它的负荷是恒定的。如果无限期增加二次负荷，二次电压会降低，造成测量误差增大。

　　二次侧必须有一端接地，使低电压的二次侧与高电压的一次侧实施电气隔离，这样可以保证人身和设备的安全，且防止静电荷的累积，影响仪表读数。由于一次、二次侧除了接地点外无其他电路上的联系，因此二次侧的对地电位与一次侧无关，只依赖于接地点与二次侧其他各点的电位差，在正常运行情况下处于低压（小于 100V）状态，方便维护、检修与调试。

　　电压互感器的一次电压 U_1 与其二次电压 U_2 之间有下列关系

$$U_1 \approx \frac{N_1}{N_2} U_2 = K_u U_2 \tag{9-6}$$

式中　N_1、N_2——电压互感器一次和二次绕组的匝数；

　　　　K_u——电压互感器的变压比，一般表示为其额定一、二次电压比，即 $K_u = U_{1N}/U_{2N}$，例如 10 000V/100V。

　　可见，用电压互感器来间接测量电压，能准确反映高压侧的量值，保证测量精度。

　　因为电压表和其他测量仪表的电压线圈阻抗很高，所以电压互感器在使用时，相当于一台二次侧处于空载状态的单相降压变压器，它将高电压转换成低电压以供测量，也可作为控制信号使用。

　　电压互感器的二次侧所通过的电流由二次侧回路阻抗的大小来决定。当二次侧短路时，将产生很大的短路电流损坏电压互感器。为了保护电压互感器，一般在二次侧出口处安装熔断器或快速自动空气开关，用于过载和短路保护。在可能的情况下，一次侧也应装设熔断器以保护高压电网不因互感器高压绕组或引线故障危及一次系统的安全。

　　电压互感器全型号的表示和含义如下：

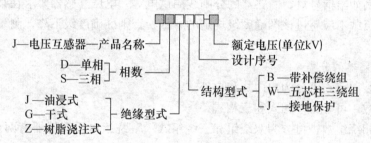

2. 电压互感器的测量误差

　　仪用电压互感器必须考虑误差问题。因为电压互感器内部总存在励磁阻抗和漏阻抗这些参数，以致相量 U_1 与（$-U_2$）的有效值之比只能是近似于变比，而两者之间的相位差也不会等于 0，造成了变比误差和相位误差，通常用电压误差（又称比值差）和角误差（又称相角差）表示。

　　（1）电压误差。电压误差是以二次电压的测量值 U_2 乘以变比 K_u 所得的一次电压近似值与实际一次电压 U_1 之差，与 U_1 之比的百分数表示。

　　（2）角误差。角误差是指旋转 180° 的二次电压相量 $-\dot{U}_2$ 与一次电压相量 $\dot{U}_1$ 之间的夹角，并规定 $-\dot{U}_2$ 超前于 $\dot{U}_1$ 时，角误差为正，反之为负值。

　　电压误差将导致电压测量误差。电压误差与角误差一起会产生功率等量的测量误差。因此为了减小误差，提高测量精度，电压互感器的铁芯须用高级硅钢片制成，且使铁芯处于不饱和状态以减小其空载电流，同时设计和制造时，应尽量使绕组的漏阻抗减小。

电压互感器的测量误差，用准确度级来表示。电压互感器的准确度级是指在规定的一次电压和二次负荷变化范围内，负荷的功率因数为额定值时，电压误差的最大值。按变比误差的相对值，电压互感器的精度分成 0.2、0.5、1.0、3.0 几个级，见表 9 - 1，每个等级的允许误差可查阅有关技术标准。

表 9 - 1　　　　　　　　　　　电压互感器的准确度级和误差限值

准确度级	误差限值		一次电压变化范围	频率、功率因数及二次负荷变化范围
	电压误差（±%）	角误差（±′）		
0.2	0.2	10		
0.5	0.5	20		$(0.25 \sim 1)S_{N2}$
1	1.0	40	$(0.8 \sim 1.2)U_{N1}$	$\cos\varphi_2 = 0.8$
3	3.0	不规定	$(0.05 \sim 1)U_{N1}$	$f = f_N$
3P	3.0	120		
6P	6.0	240		

电压互感器的误差与二次负荷有关，因此对应于每个准确度级，都对应着一个额定容量，但一般说电压互感器的额定容量是指最高准确度级下的额定容量。例如，JDZ-10 型电压互感器，各准确度级下的额定容量为 0.5 级—80VA，1 级—120VA，3 级—300VA，则该电压互感器的额定容量为 80VA。同时，电压互感器按最高电压下长期工作允许的发热条件出发，还规定最大容量。上述电压互感器的最大容量为 500VA，该容量是某些场合用来传递功率的，例如给信号灯、断路器的分闸线圈供电等。电压互感器要求在某些准确度级下测量时，二次负载不应超过该准确度级规定的容量，否则准确度级下降，测量误差是满足不了要求的。

3. 电压互感器的分类

(1) 按安装地点，可分为户内式和户外式。

(2) 按相数，可分为单相式和三相式。

(3) 按每相绕组数，可分为双绕组和三绕组式。三绕组电压互感器有两个二次侧绕组、基本二次绕组和辅助二次绕组。辅助二次绕组供接地保护用。

(4) 按绝缘，可分为干式、浇注式、油浸式、串级油浸式和电容式等。干式多用于低压；浇注式用于 3～35kV；油浸式主要用于 35kV 及以上的电压互感器。

(5) 按容量，可分为 35kV 及以下的电压互感器和 110～220kV 电压互感器。

35kV 及以下电压互感器的结构和普通变压器基本一致。根据其绝缘方式的不同，可分为干式、环氧浇注式和油浸式三种。干式电压互感器一般只用于低压的户内配电装置。浇注式电压互感器用于 3～35kV 户内配电装置。油浸式电压互感器 JDJJ2－35 型、JDJ2－35 型被广泛用于 35kV 系统中。这类电压互感器的铁芯和一次、二次绕组放在充有变压器油的油箱内。绕组出线端经固定在油箱盖上的套管引出。

随着电压的升高，电压互感器绝缘尺寸需增大。为了减少绕组绝缘厚度，缩短磁路长度，110kV 及以上电压互感器采用串级式，铁芯不接地，带电位，由绝缘板支撑。一次绕组分两部分，分别绕在上下两个铁芯上，二次绕组只绕在下铁芯柱上并置于一次绕组的外面。铁芯和一次绕组的中点相连。当电网电压加到互感器一次绕组时，其铁芯的电位为电网电压的一半。而且一次绕组的两个出线端与铁芯间的电位差，一次、二次绕组间的电位差及二次绕组和铁芯间的电位差将都是电网电压的一半。这就降低了对铁芯与一次绕组之间以及一次、二次绕组之间的绝缘要求。

4. 电压互感器的接线方式

在三相电力系统中，通常需要测量的电压有线电压、相对地电压和发生单相接地故障时的零序电压。为了测量这些电压，图 9-11 给出了几种常见的电压互感器接线方式。

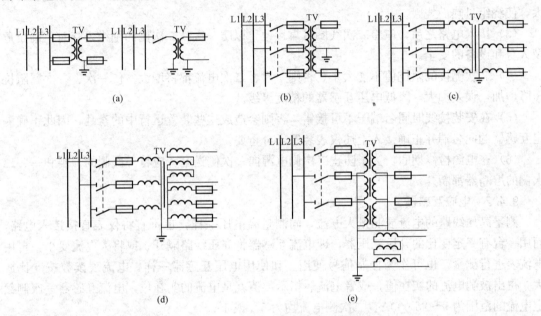

图 9-11　电压互感器的接线方式

5. 电压互感器的配置原则

电压互感器配置原则如下：应满足测量、保护、同期和自动装置的要求；保证在运行方式改变时，保护装置不失压、同期点两侧都能方便地取压。通常进行以下配置。

（1）母线。6～220kV 电压级的每组主母线的三相上应装设电压互感器，旁路母线则视回路出线外侧装设电压互感器的需要而确定。

（2）线路。当需要监视和检测线路断路器外侧有无电压，供同期和自动重合闸使用，该侧装一台单相电压互感器。

（3）发电机。一般在出口处装两组。一组（三只单相、双绕组 D、y 接线）用于自动调节励磁装置。一组供测量仪表、同期和继电保护使用，该组电压互感器采用三相五柱式或三只单相接地专用互感器，Y，y，Δ 接成接线，辅助绕组接成开口三角形，供绝缘监察用。当互感器负荷太大时，可增设一组不完全星形连接的互感器，专供测量仪表使用。50MW 及以上发电机中性点还设一个单相电压互感器，用于 100％定子接地保护。

（4）变压器。变压器低压侧有时为了满足同步或继电保护的要求，设有一组电压互感器。

（5）330～500kV 电压级的电压互感器配置。双母线接线时，在每回出线和每组母线三相上装设。一个半断路器接线时，在每回出线三相上装设，主变压器进线和每组母线上根据继电保护装置、自动装置和测量仪表的要求，在一相或三相上装设。线路与母线的电压互感器二次回路不切换。

6. 电压互感器使用注意事项

（1）应根据用电设备的需要，选择电压互感器型号、容量、变比、额定电压、准确度等参数。

（2）运行中的电压互感器在任何情况下都不得短路，其一次、二次侧都应安装熔断器，并在一次侧装设隔离开关。电压互感器正常运行时接近空载，如二次侧短路，则电流变得很大，使绕组过热而烧毁。

（3）接入电路之后，应将二次线圈可靠接地，以防一次、二次侧的绝缘击穿时，高压危及人身和设备的安全。

（4）二次侧接的阻抗值不能太小。否则一次、二次电流都将增大，使一次、二次漏阻抗压降增加，误差加大，降低电压互感器的精度等级。

（5）在安装接线时同名端子不可接错，否则会造成这些装置运行中的紊乱，因此正确测定互感器的同名端并正确接入上述仪表装置十分重要。

（6）在电源检修期间，为了防止二次侧电源向一次侧送电，应将一次侧的刀闸和一、二次侧的熔断器都断开。

9.4.2 电流互感器

测量高压线路的电流或测量大电流，同测量高电压一样，也不宜将仪表直接接入电路，而用一台有一定变比的升压变压器，即电流互感器将高压线路隔开，或将大电流变小，再用电流表进行测量，也可作为控制信号使用。和使用电压互感器一样，电流表读数按变比放大，得出被测电流的实在值，或者电流表指示数值就是电流的实在位，电流互感器一次侧额定电流的范围为 5～25 000A，二次侧电流均为 5A 或 1A。

1. 电流互感器的工作原理

电流互感器也是根据变压器的原理做成的，在电工测量技术中用来按比例变换交流电流的数值，以扩大交流电流表的量程。同时在测量高压电路的电流时，也能够使电流表与被测高压电路隔开，确保人身及仪表的安全。

电流互感器的结构较简单，由相互绝缘的一次绕组、二次绕组、铁芯以及构架、壳体、接线端子等组成。电流互感器的基本结构形式及工作原理与单相变压器相似，其接线如图 9-12 所示。电流互感器一次绕组的匝数 N_1 较少，通常只有一匝或几匝，并用粗导线绕制，允许通过较大电流，使用时一次绕组串接于被测电网（与支路负载串联），流过它的是被测电流 I_1。二次绕组与内阻很小的测量仪表或继电器的电流线圈相串联，二次绕组的匝数 N_2 较多，它与交流电流表（或电能表、功率表等电工仪表）连接。

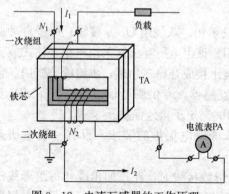

图 9-12　电流互感器的工作原理

根据变压器变换电流作用的原理，$I_1 = \dfrac{N_2}{N_1} I_2 = K_i I_2$，$K_i = N_2/N_1$ 称为电流互感器的额定电流比，标示于电流互感器的铭牌上，如 100A/5A。

实际进行测量时只需读出接在二次绕组中电流表的示数，乘上电流比就可以得到被测电流 I_1 的数值。通常，交流电流表均采用量程是 5A 的仪表，只需改变所用电流互感器的变流比 K_i 就可以测知不同大小的电流 I_1。

实际上的电流互感器中，励磁电流不可能为 0，因此一次、二次电流数值之比只是近似为常数，电流互感器也同样存在变比和相位两种误差。这些误差也是由电流互感器本身的励磁电流和漏阻抗以及仪表的阻抗等一些因素所引起的。也是从设计和材料两方面着眼去减小这些误差。按变比误差，电流互感器分成 0.2，0.5，1.0，3.0，10.0 五级，每个等级的允许误差可查阅有关技术标准。

图 9-13 又称为钳形电流表或测流钳，属于精密互感器范畴，是一种高精度交流电流变换器。它是电流互感器的一种变形，其铁芯做成钳状，并用弹簧压紧，形成闭合磁路。测量时用手将钳口张开，把被测载流导线钳入铁芯窗口中，该被测载流导线就相当于电流互感器的一次绕组，二次绕组则绕在铁芯上，与电流表相连，可直接读出被测电流的数值。其优点是使用方便，可以随时随地测量电流，而不必断开被测电路接入互感器。它可配合多种测量仪器，如电能表现场校验仪、多功能电能表、示波器、数字万用表、双钳式接地电阻测试

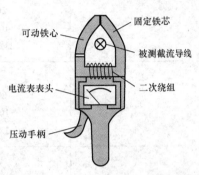

图 9-13 钳形电流互感器

仪、双钳式相位伏安表等，可在电力不断电状态下，对多种电参量进行测量和比对。

电流互感器全型号的表示和含义如下：

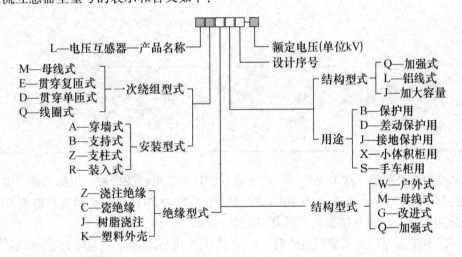

2. 电流互感器的误差

漏电流的存在导致误差。

(1) 电流误差（又称比差）：电流互感器实际测量出来的电流 $K_i I_2$ 与实际一次电流 I_1 之差，占 I_1 的百分比。一般情况下较小（小于 1%）。

(2) 角误差（角差）：旋转 $180°$ 的二次电流与一次电流之间的夹角。规定二次电流负相量超前于一次电流相量时，角误差为正，反之，角误差为负。一般情况下较小（小于 $2°$）。

准确度级是指在规定的二次负荷变化范围内，一次电流为额定值时的最大电流误差，见

表 9 - 2。我国 GB 1208—1997《电流互感器》规定测量用的电流互感器的测量精度有 0.1、0.2、0.5、1、3 五个准确度级；保护用电流互感器按用途可分为稳态保护用（P）和暂态保护用（TP）两类，稳态保护用电流互感器的准确度级用 P 来表示，常用的有 5P 和 10P。

表 9 - 2　　　　　　　　　　　　电流互感器准确级误差限值

准确度级	一次电流占额定电流的百分数（％）	误差限值	
		电流误差（±％）	角误差（′）
0.1	5	0.4	15
	20	0.2	8
	100	0.1	5
	120	0.1	5
0.2	5	0.75	30
	20	0.35	15
	100	0.2	10
	120	0.2	10
0.5	5	1.5	90
	20	0.75	45
	100	0.5	30
	120	0.5	30
1	5	3.0	180
	20	1.5	90
	100	1.0	60
	120	1.0	60
5P	50	1.0	60
	120	1.0	60
10P	50	3.0	60
	120	3.0	60

所谓额定准确限值一次电流即指一次电流为额定一次电流的倍数，也称为额定准确限值系数。例如，10P20 表示准确级为 10P，准确限值系数为 20。这一准确度级电流互感器在 20 倍额定电流下，电流互感器负荷误差不大于 10%。

当一次电流为 n 倍一次额定电流时，电流误差达 10%，$n=I_1/I_{1N}$ 称为 10% 倍数。10% 倍数与互感器二次允许最大负荷阻抗 Z_{2l} 的关系曲线为 $n=f(Z_{2l})$，叫做电流互感器的 10% 误差曲线，如图 9 - 14 所示。

电流互感器的额定容量 S_{N2} 是指电流互感器在额定二次电流 I_{N2} 和额定二次阻抗 Z_{N2} 下运行时，二次绕组输出的功率 $S_{N2}=I_{N2}^2 Z_{N2}$。由于电流互感器的额定二次电流为标准值，也为了便于计算，有的厂家提供电流互感器的值。

因电流互感器的误差和二次负荷有关，故同一台电流互感器使用在不同准确度级时，会有不同的额定容量。例如，LMZ1-10-3000/5 型互感器在 0.5 级下工作时，$Z_{N2}=1.6$

（40VA），在 1 级工作时，$Z_{N2}=2.4(60VA)$。

影响电流互感器误差的主要因素如下：

（1）一次电流越接近一次电流额定值，比差和角差越趋近于 0。

（2）二次负荷阻抗增加，比差向负方向增大，角差向正方向增大。

（3）比差按正弦曲线规律变化，角差按余弦曲线规律变化。

此外，工作频率也会对电流互感器的误差产生影响。可在 $40\sim60Hz$ 的频率范围使用。

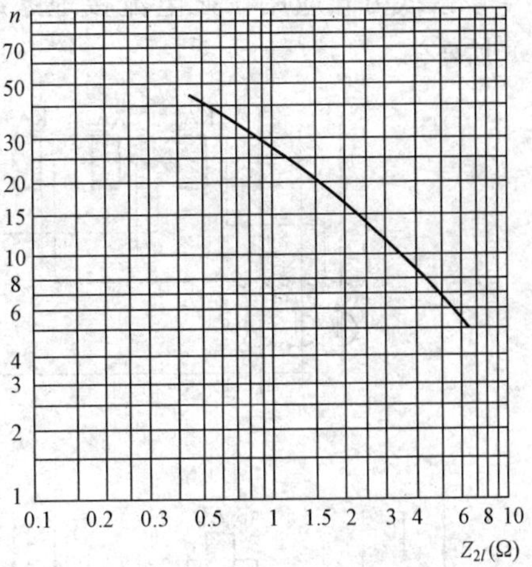

3. 电流互感器的分类

（1）按安装地点可分为屋内式和屋外式。

（2）按安装方式可分为穿墙式、支持式和装入

图 9-14 10%误差曲线

式。穿墙式装在墙壁或金属结构的孔中，可节约穿墙套管；支持式安装在平面或支柱上；装入式是套装在 35kV 及以上的变压器或多油断路器油箱内的套管上，故也称为套管式。

（3）按绝缘可分为干式、浇注式、油浸式等。干式用绝缘胶浸渍，用于屋内低压电流互感器；浇注式以环氧树脂作绝缘，目前，仅用于 35kV 及以下的屋内电流互感器；油浸式多为屋外式。

（4）按一次绕组匝数可分为单匝式和多匝式。单匝式分为贯穿型和母线型两种。

（5）按电流互感器的工作原理，可分为电磁式、电容式、光电式和无线电式。

4. 电流互感器接线方式

电流互感器的接线形式指的是电流互感器与测量仪表或保护继电器之间的连接形式，如图 9-15 所示。

（1）三相三完全星型接线可以准确反映三相中每一相的真实电流。当三相电流平衡时，中性线电流为 0，否则中性线电流不为 0。严禁公共线断开，否则会造成较大的计量误差。常用于高压大电流接地系统、发电机二次回路、低压三相四线电路中。该接线方式应用在大电流接地系统中，保护线路的三相短路、两相短路和单相接地短路，如图 9-15（a）所示。

（2）两相两继电器不完全星型接线可以准确反映两相的真实电流。在二次侧的公共线上可获得另一相电流。该接线方式应用在 $6\sim10kV$ 中性点不接地的小电流接地系统中，保护线路的三相短路、两相短路，如图 9-15（b）所示。缺点是接线容易出错，且发生错误接线后，不易查找。

（3）两相接差动式接线反映两相差电流。该接线特点是 U、W 相电流互感器接成电流差式，通过继电器的电流是 U、W 相电流互感器二次侧电流差。该接线方式应用在 $6\sim10kV$ 两相差接线中性点不接地的小电流接地系统中，保护线路的三相短路、两相短路、小容量电动机保护、小容量变压器保护，如图 9-15（c）所示。

（4）单相接线在三相负荷平衡时，可以用单相电流反映三相电流值，主要用于测量电路，如图 9-15（d）所示。

（5）两相三完全星型接线中流入第三个继电器的电流是 $i_j=i_U+i_V$。两台电流互感器宜采用四线连接。各相电流相互独立，使得错误接线几率相对减少，提高了准确度与可靠性。

　　该接线方式应用在大电流接地系统中，保护线路的三相短路、两相短路，如图 9 - 15（e）所示。

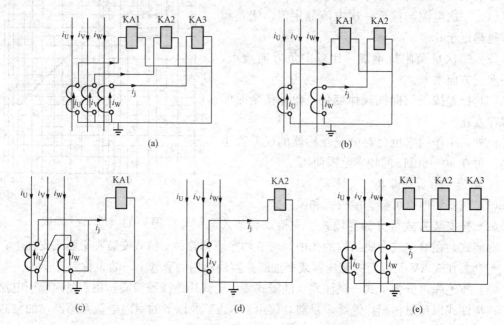

图 9 - 15　电力互感器的接线方式
（a）三相完全星型接线；（b）两相不完全星型接线；（c）两相差接线；
（d）单相接线；（e）两相三完全星型接线

　　5. 电流互感器使用注意事项

　　（1）在运行过程中绝对不允许二次侧开路。这是因为电流互感器的一次侧电流是由被测试的电路决定的。在正常运行时，电流互感器的二次侧相当于短路，二次侧电流有强烈的去磁作用，即二次侧的磁通势近似与一次侧的磁通势大小相等、方向相反，因而产生铁芯中的磁通所需的合成磁通势和相应的励磁电流很小。若二次侧开路，则一次侧电流全部成为励磁电流，它比正常工作时的励磁电流大几百倍，这样大的励磁电流会使铁芯中的磁通增大，铁芯过分饱和，铁耗急剧增大，引起互感器过热甚至烧毁绝缘。同时因二次绕组匝数很多，将会感应出危险的高电压，不但击穿绝缘，而且危及操作人员和测量设备的安全。

　　要接入仪表，或拆除仪表时也必须先将二次侧短路，以防止绝缘击穿，危及工作人员。

　　（2）二次侧应可靠接地。

　　（3）二次侧回路串入的阻抗值不能超过有关技术标准的规定。这是因为如果二次侧回路串入的阻抗值过大，则二次侧电流变小，而一次侧电流（主线路电流）不变，造成励磁电流增大，使误差加大，降低电流互感器的精度等级。

　　（4）电流互感器在连接时，要注意其端子的极性。在安装接线时同名端子不可接错，否则会造成这些装置运行紊乱，因此正确测定互感器的同名端并正确接入上述仪表装置十分重要。电流互感器的极性，一般按减极性标注即一次侧电流从同名端流入互感器时，二次侧电流从同名端流出互感器，这样的极性称为减极性。

　　6. 电压互感器和电流互感器在作用原理上的区别

　　（1）电流互感器二次可以短路，但不得开路；电压互感器二次可以开路，但不得短路。

　（2）相对于二次侧的负荷来说，电压互感器的一次内阻抗较小以致可以忽略，可以认为电压互感器是一个电压源；而电流互感器的一次内阻却很大，以致可以认为是一个内阻无穷大的电流源。

　（3）电压互感器正常工作时的磁通密度接近饱和值，故障时磁通密度下降；电流互感器正常工作时磁通密度很低，而短路时由于一次侧短路电流变得很大，使磁通密度大大增加，有时甚至远远超过饱和值。

第10章 旋 转 变 压 器

　　旋转变压器是一种一次、二次绕组分别放置在定、转子上且能相对转动的变压器。一次、二次绕组之间的电磁耦合程度与转子转角有关，因而转子绕组的输出电压可以随转子转角以一定规律变化。

　　旋转变压器是自动装置中的一类精密控制微电机，它的精度比自整角机要高。在控制系统中它可作为解算元件，主要用于坐标变换、三角运算等；在随动系统中，可以传输与转角相应的电信号，此外，还可用作移相器和角度—数字转换装置。

　　按转子输出电压与转角间函数关系不同，旋转变压器分为正、余弦旋转变压器，线性旋转变比器和特种函数（如比例式）旋转变压器等。正、余弦旋转变压器是最基本的旋转变压器，其余的旋转变压器在电磁结构上与它并无本质的区别，只是绕组参数设计和接线方式上有所不同。

　　按有无电刷和集电环之间的滑动接触来分，可分为接触式和无接触式两种。在无接触式中又可再细分为有限转角和无限转角两种。通常在无特别说明时，均是指接触式旋转变压器。

　　按电机的极对数多少来分，又可分为单极对和多极对两种，通常在无特别说明时，均是指单极对旋转变压器。在高精度双通道系统中采用电气变速的双通道旋转变压器。

　　按在系统中的不同用途，旋转变压器可分为解算用旋转变压器和数据传输用旋转变压器。根据数据传输用旋转变压器在系统中的具体用途，又可分为旋变发送机、旋变差动发送机和旋变变压器三种。各种数据传输用旋转变压器的工作原理与控制式自整角机没有多少区别，只不过采用四线制，通常使用在精度要求较高的系统中。

10.1　旋转变压器的结构

　　旋转变压器的结构与两相线绕转子异步电动机相似，由定子和转子组成。为了获得良好的电气对称性，以提高旋转变压器的精度，一般都设计成两极隐极式的四绕组旋转变压器，如图10-1所示。

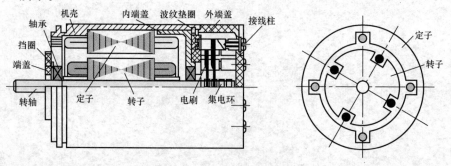

图 10-1　旋转变压器结构图

定、转子铁芯均由导磁性能良好的电工钢片或高导磁铁镍合金钢片叠压而成。为了使旋转变压器的磁导性能各方向均匀一致，在定、转子铁芯叠片时采用每片错过一齿槽的旋转形叠片法。在定子铁芯的内圆周和转子铁芯外圆周上都冲有槽，里面各放置两组空间轴线互相垂直的结构参数完全一样的对称分布绕组，以便在运行时得到一次或二次对称。绕组通常采用高精度的正弦绕组，绕组的匝数和接线方式都相同，一般做成两极。其中，定子两相绕组分别称为主绕组（或称励磁绕组、辅助绕组），转子两相绕组分别称为正弦输出绕组和余弦输出绕组。定、转子之间是空气隙。定子绕组引出线可直接引出或接到固定的接线板上，转子绕组和集电环相接，并经电刷直接引出或接到固定的接线板上，与外路相连接。对于线性旋转变压器，因为其工作转角有限，所以可以用软导线直接将转子绕组引至固定的接线板上。

接触式旋转变压器和自整角机一样也为封闭式，这样可以防止因机械撞击和电刷、集电环污染所造成的接触不良对电机性能的影响，适用于较恶劣的工作环境。小机座号的旋转变压器，通常设计成定子铁芯内孔与轴承室为同一尺寸的"一刀通"结构。这样，定子铁芯内孔、轴承室在机械加工时一次磨出或车出，从而保证了电机的同心度，有利于电机精度的提高。中小机座号的旋转变压器的机壳材料通常采用不锈钢；大中机座号的电机机壳采用硬铝。

无接触式旋转变压器没有电刷和集电环，由分解器和变压器组成。分解器的定子线圈接外加的励磁电压，转子线圈输出连接到变压器的一次绕组。变压器的定子绕有二次绕组，引出最后的输出信号，转子绕有一次绕组。无接触式旋转变压器，有一种是将转子绕组引出线做成弹性卷带状，这种转子只能在一定的转角范围内转动，称为有限转角的无接触式旋转变压器；另一种是将两套绕组中的一套自行短接，而另一套则通过环形变压器从定子边引出，它与无接触式自整角机的结构相像，这种无接触式旋转变压器的转子转角不受限制，因此称为无限转角的无接触式旋转变压器。无接触式旋转变压器由于没有电刷和集电环之间的滑动接触，所以工作时更可靠。

10.2　正、余弦旋转变压器

正、余弦旋转变压器是指在励磁绕组中通以一定频率的交流电压励磁时，改变输出绕组与励磁绕组之间的相对位置，可使输出绕组的输出电压与转子转角成正弦、余弦函数关系的一种旋转变压器。

10.2.1　空载运行

工作原理如图 10 - 2 所示，正余弦旋转变压器为两级结构，图 10 - 2（a）为定子绕组。定子有两套匝数、形式完全相同，空间互差 90°电角度的正弦绕组，其中一个作为励磁绕组，另一个则为交轴绕组，匝数为 N_D。图 10 - 2（b）为转子绕组，转子也有两套匝数相同，空间互差 90°电角度的正弦绕组，又称输出绕组，匝数为 N_Z。

当旋转变压器空载时，如图 10 - 2（a）、（b）所示，转子绕组上的 Z1Z2、Z3Z4 均开路，定子绕组 D3D4 也开路。设绕组 Z1Z2 轴线与绕组 D1D2 轴线重合，即其夹角 $\theta = 0°$。绕组 D1D2 加上交流励磁电压 $u_D = \sqrt{2}U_D\sin\omega t$ 时，绕组 D1D2 中流过励磁电流，并产生一个脉振磁动势 F_D，使气隙中在绕组 D1D2 轴线位置上建立一个与转子位置无关，按正弦分布的单相脉振磁场，对应的磁通称为直轴磁通 Φ_D，称 D1D2 为励磁绕组。

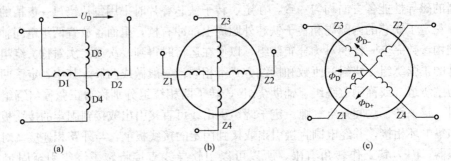

图 10 - 2　空载时正、余弦旋转变压器的工作原理图
（a）定子绕组；（b）转子绕组；（c）转过 θ 的转子绕组

直轴脉振磁通在励磁绕组 D1D2 中产生的感应电动势为 $E_{D1D2} = 4.44 f N_D \Phi_D$。若略去励磁绕组的漏阻抗压降，则

$$U_D \approx E_{D1D2} = 4.44 f N_D \Phi_D \tag{10-1}$$

当交流励磁电压 U_D 恒定时，直轴磁通的幅值 Φ_D 将为常数。由于采用正弦绕组，直轴磁场在空间呈正弦分布。

因为绕组 Z1Z2 轴线与 D1D2 轴线相重合，直轴磁通 Φ_D 与转子绕组 Z1Z2 匝链，并在其中产生感应电动势 e_{Z1Z2}。与普通双绕组变压器相比较，励磁绕组 D1D2 相当于变压器的一次，绕组 Z1Z2 相当于变压器的二次，其区别仅在于绕组 Z1Z2 所匝链磁通 Φ_D 的多少取决于它和励磁绕组之间的相对位置。此时，根据变比 K 的定义，其感应电动势为

$$e_{Z1Z2} = K e_{D1D2} = K\sqrt{2} U_D \sin\omega t$$

绕组 Z3Z4 与绕组 D1D2 相差 90°电角度，脉振磁场不交链绕组 Z3Z4，则

$$e_{Z3Z4} = 0$$

当转子逆时针转动 θ 角时，如图 10 - 2（c）所示，为了求得这时转子绕组的输出电压，将直轴磁通 Φ_D 分解成两个分量 Φ_{D+} 和 Φ_{D-}。Φ_{D+} 与绕组 Z1Z2 的轴线方向一致，并在该绕组中产生感应电动势，Φ_{D-} 与绕组 Z1Z2 的轴线方向垂直，即与绕组 Z3Z4 轴线重合，因此不会在绕组 Z1Z2 中产生感应电动势。这两个磁通分量的幅值大小为

$$\begin{cases} \Phi_{D+} = \Phi_D\cos\theta \\ \Phi_{D-} = \Phi_D\sin\theta \end{cases}$$

则这两个磁通分量将分别在转子绕组 Z1Z2 和 Z3Z4 中产生感应电动势：

$$\begin{cases} e_{Z1Z2} = 4.44 f N_Z \Phi_{D+} = 4.44 f N_Z \Phi_D\cos\theta \\ e_{Z3Z4} = 4.44 f N_Z \Phi_{D-} = 4.44 f N_Z \Phi_D\sin\theta \end{cases} \tag{10-2}$$

若略去转子绕组的漏阻抗压降，并将 $U_D \approx E_{D_1D_2} = 4.44 f N_D \Phi_D$ 代入式（10 - 2），则

$$\begin{cases} U_{Z1Z2} \approx e_{Z1Z2} = \dfrac{N_Z}{N_D} U_D\cos\theta = K U_D\cos\theta \\ U_{Z3Z4} \approx e_{Z3Z4} = \dfrac{N_Z}{N_D} U_D\sin\theta = K U_D\sin\theta \end{cases} \tag{10-3}$$

其中，$K = N_Z/N_D$ 为转子绕组与定子绕组有效匝数比，即变比，其值是一个常数。

由式（10 - 3）可见，空载时，励磁电压有效值 U_D 不变，变比 K 不变时，绕组 Z1Z2 输

出电动势为转角 θ 的余弦函数，绕组 Z3Z4 输出电动势为转角 θ 的正弦函数，因此又称绕组 Z1Z2 为转子余弦输出绕组，绕组 Z3Z4 为转子正弦输出绕组。当电源电压 U_D 一定时，空载时输出电动势仅与转角 θ 的正、余弦函数呈严格的比例关系，因此叫正、余弦旋转变压器。

10.2.2　负载运行

当旋转变压器输出绕组接负载时，如余弦输出绕组 Z1Z2 带负载，如图 10 - 3（b）所示，有电流流过输出绕组 Z1Z2，因此负载电流将产生一个位于绕组 Z1Z2 轴线上按正弦规律分布的脉振磁动势 F_Z。

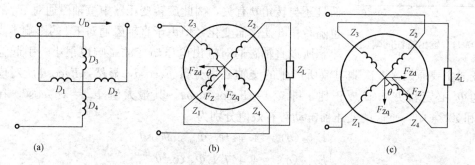

图 10 - 3　负载时正、余弦旋转变压器的工作原理图
（a）定子绕组；（b）Z1Z2 带负载时的转子绕组；（c）Z3Z4 带负载时的转子绕组

为分析方便，把 F_Z 分解成两个分量；一个分量和励磁绕组 D1D2 轴线一致，称为直轴分量，其值 $F_{Zd}=F_Z\cos\theta$，另一个分量和 D1D2 轴线正交，称为交轴分量，其值为 $F_{Zq}=F_Z\sin\theta$。

励磁绕组磁动势 F_D 和 F_{Zd} 分量构成变压器一对一次、二次绕组磁动势。变压器二次绕组磁动势会引起一次绕组磁动势变化，但主磁通可认为基本不变，所以 F_{Zd} 这个分量不会使气隙磁场有明显的畸变或削弱，只是减少励磁磁动势 F_D。F_{Zq} 分量为交轴磁动势，它没有对应的励磁分量，对绕组 Z1Z2 和 Z3Z4 均有耦合作用，F_{Zq} 产生的脉振磁通为 $\Phi_q = \lambda F_Z\sin\theta\sin\omega t$，其最大值 $\Phi_{qm}=\lambda F_Z\sin\theta$。$\Phi_{qm}$ 在绕组 Z1Z2 和 Z3Z4 中感应的变压器电动势的有效值分别为

$$\begin{cases} E_{Z1Z2}(q) = 4.44fN_Z\Phi_{qm}\sin^2\theta \\ E_{Z3Z4}(q) = 4.44fN_Z\Phi_{qm}\sin\theta\cos\theta \end{cases} \tag{10 - 4}$$

因此，负载时在绕组 Z1Z2 中感应的总电动势为

$$E_{Z1Z2} + E_{Z1Z2}(q) = KU_D\cos\theta + 4.44fN_Z\Phi_{qm}\sin^2\theta \tag{10 - 5}$$

在绕组 Z3Z4 中感应的总电动势为

$$E_{Z3Z4} + E_{Z3Z4}(q) = KU_D\sin\theta + 4.44fN_Z\Phi_{qm}\sin\theta\cos\theta \tag{10 - 6}$$

所以，负载时输出绕组 Z1Z2、Z3Z4 中的感应电动势不再是转角 θ 的正、余弦函数，输出特性畸变。如图 10 - 4 给出了正、余弦旋转变压器在空载和负载时，转子正弦输出绕组 Z3Z4 的感应电动势与转子转角 θ 之间的对比关系。负载电流越大，F_Z 越大，F_{Zq} 越大，Φ_{qm} 越大，$E_{Z3Z4}(q)$ 越大，畸变就越大。这种输出特性偏离正、余弦规律的现象称为输出特性的畸变。

同理，当转子输出绕组 Z3Z4 接上负载 Z_L 时，如图 10 - 3（c）所示。绕组 Z3Z4 中也有电流流过，并在气隙中产生相应的位于绕组 Z3Z4 的轴线上正弦脉振磁场 F_Z。为了分析方便，把 F_Z 分解成两个分量；一个分量和励磁绕组 D1D2 轴线一致，称为直轴分量，其值为 $F_Z\sin\theta$；另一个分量和 D1D2 轴线正交，称为交轴分量，其值为 $F_Z\cos\theta$。直轴分量所对应的

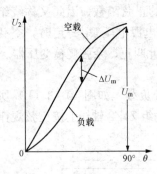

图 10 - 4　输出特性的畸变

直轴磁通对励磁绕组 D1D2 来说，相当于变压器二次绕组所产生的磁通。按变压器磁动势平衡关系，当二次侧接上负载，流过电流时，实际上反电动势 E_D 和主磁通 Φ_m 均略有减小。在旋转变压器中，二次侧电流所产生的直轴磁场对一次侧电动势 E_D 及主磁通 Φ_m 的影响也是如此，所不同的是，在变压器中，当二次侧负载不变时，电动势 E_1、E_2 是不变的，但在旋转变压器中，由于二次侧电流及其所产生的直轴磁场不仅与负载有关，而且还与转角 θ 有关，因此旋转变压器中直轴磁通对 E_D 的影响也随转角 θ 变化而变化，但由于直轴磁通对 E_D 的影响本身就很小，所以直轴磁通对输出电压畸变的影响也很小。引起输出电压畸变的主要原因是二次侧电流所产生的交轴磁场分量 $F_Z\cos\theta$，显然，$F_Z\cos\theta$ 所对应的交轴磁通 Φ_q 必定和 $F_Z\cos\theta$ 成正比，即 $\Phi_q = \lambda F_Z\cos\theta\sin\omega t$，其最大值 $\Phi_{qm} = \lambda F_Z\cos\theta$，在绕组 Z1Z2 和 Z3Z4 中，感应的变压器电动势有效值分别为

$$\begin{cases} E_{Z1Z2}(q) = 4.44 f N_Z \Phi_{qm}\sin\theta\cos\theta \\ E_{Z3Z4}(q) = 4.44 f N_Z \Phi_{qm}\cos^2\theta \end{cases}$$

因此，负载时在绕组 Z1Z2 中感应的总电动势为

$$E_{Z1Z2} + E_{Z1Z2}(q) = KU_D\cos\theta + 4.44 f N_Z \Phi_{qm}\sin\theta\cos\theta$$

在绕组 Z3Z4 中感应的总电动势为

$$E_{Z3Z4} + E_{Z3Z4}(q) = KU_D\sin\theta + 4.44 f N_Z \Phi_{qm}\cos^2\theta$$

可见，旋转变压器正弦输出绕组 Z_3Z_4 接上负载以后，负载时输出绕组 Z1Z2、Z3Z4 中的感应电动势也不再是转角 θ 的正、余弦函数，输出特性也发生了畸变。

10.2.3　正、余弦变压器的补偿措施

通常对正、余弦旋转变压器的精度有很高要求，如它的输出电压值和转子转角所保持的正弦（余弦）函数关系与理想的正弦曲线上每一点的差值，应不大于其正弦（余弦）幅值的 0.3%，在有些要求更高的场合，应不大于 0.05%，因此输出电压的畸变必须加以消除。

上述分析可知，正余弦旋转变压器在负载时，输出电压发生畸变的根本原因在于负载电流产生的交轴磁场。为了消除输出电压的畸变，就必须在负载时设法消除电机中交轴磁动势的影响。消除畸变的方法，称为补偿。通常可以采用二次补偿和一次补偿两种方法，下面分别进行说明。

1. 二次补偿的正、余弦旋转变压器

由于定子绕组及其所连接的负载是对称的，定子绕组所产生的脉振磁场在励磁绕组轴线方向，并且该脉振磁场的幅值为一个恒值，也就是说，定子绕组只产生和转角 θ 无关的直轴磁场，而不产生交轴磁场。同理，如果旋转变压器二次绕组对称，那么也可以不再产生交轴磁场，而且其直轴磁场不随 θ 变化。

二次补偿的正、余弦旋转变压器就是指二次对称的正、余弦旋转变压器，其接线图如图 10-5 所示。其励磁绕组 D1D2 加交流励磁电压 U_D，D3D4 开路；正弦输出绕组 Z3Z4 接负载 Z_L，并输出信号电压。余弦输出绕组 Z1Z2 接有阻抗 Z'_L，且有 $Z'_L = Z_L$。因为二次为对称绕组，所以旋转变压器接负载时，在余弦输出绕组中，也有负载电流通过，并产生磁动势，使余弦绕组磁动势的交轴分量磁动势完全补偿正弦绕组磁动势的交轴分量，就不再出现交轴磁

动通势，输出电压和转角之间即可保
持严格的正、余弦关系。

将这种正、余弦旋转变压器接至
另一台旋转变压器的输出端，并作为
它的负载，则对此台旋转变压器来说
将有恒定的负载阻抗值。这是应用二
次对称补偿时的优点，但这时要求
正、余弦输出绕组的负载阻抗必须相

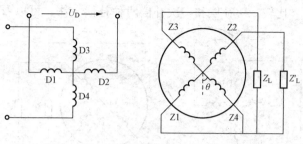

图 10-5　二次补偿的正、余弦旋转变压器

等，若负载阻抗 Z_L 有变化，则要求负载阻抗 Z_L' 也有同样的变化，这在实际使用中往往不容
易达到，成为二次补偿方法的一个缺点。

2. 一次补偿的正、余弦旋转变压器

一次补偿就是通过在定子的交轴绕组中接入合适的负载阻抗，以达到完善地解决交轴磁
场对输出电压的影响，接线如图 10-6 所示。励磁绕组 D1D2 加交流励磁电压 U_D，绕组
D3D4 接阻抗 Z，转子绕组 Z3Z4 接负载 Z_L，并输出信号电压，绕组 Z1Z2 开路。

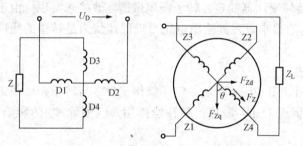

图 10-6　一次补偿的正、余弦旋转变压器

正弦输出绕组中，负载电流所产
生的磁动势 F_Z 可以分解为直轴分量
F_{Zd} 和交轴分量 F_{Zq}。直轴分量和定子
励磁绕组 D1D2 的轴线方向一致，由变
压器中磁动势平衡关系可知，它将由
励磁绕组电流的改变而予以补偿。交
轴分量和定子交轴绕组 D3D4 的轴线方
向一致，它将在交轴绕组中产生感应
电动势 E_{Dq}，又因绕组 D3D4 中接入了

阻抗 Z，便有电流流过并产生磁动势，这个磁动势是反对交轴磁动势变化的，因而对交轴磁
通起去磁作用，因此阻抗 Z 的大小将影响到交轴磁场的大小。通常阻抗 Z 很小，使交轴绕
组近于短路状态，由此产生了很强的去磁作用，致使交轴磁通 Φ_q 趋于 0。可以证明，若定
子上两绕组的参数相同，且阻抗 Z 与外施单相交流电源的内阻抗相等，则交轴磁场对输出电
压的影响就能完全补偿，从而消除了输出电压的畸变。这里，定子交轴绕组 D3D4 对交轴磁
通来说，相当于一个阻尼线圈。由于阻抗 Z 与外施单相交流电源的内阻抗相等，这种补偿称
为一次对称补偿。

若外施单相电源的容量很大，其内阻抗可近似认为是 0。在工作时为了减小输出电压的
畸变，以提高其精度，可以把交轴绕组直接短接。

一次补偿的优点在于转子绕组的负载阻抗可任意改变，只要适当选定阻抗 Z 后，就可
以完善地解决交轴磁场引起输出电压畸变的问题。

与二次补偿时不同，一次补偿的正、余弦旋转变压器的输入电流和转子转角 θ 有关，因
而输入功率及输入阻抗均随转子转角 θ 而改变。这时输出电压 U_L 随转子转角 θ 呈正弦函数
变化，且不受负载阻抗大小的影响，这是应用一次对称补偿的优点。若把这种正、余弦旋转
变压器接至另一台旋转变压器作为它的负载时，由于这台正、余弦旋转变压器的输入阻抗是
变量，致使另一台旋转变压器的负载阻抗也为变量，这是一次补偿的缺点。

比较二次补偿和一次补偿两种补偿方法，可以看到，二次补偿时补偿用的阻抗 Z'_L 的数

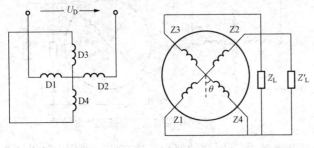

值和旋转变压器所带的负载 Z_L 的大小有关。而一次补偿时，交轴绕组短路而与负载阻抗无关，因此一次补偿易于实现。在实际应用时，为了达到完善补偿的目的，通常是采用一次、二次边同时补偿，这样对减小误差来说是最有利的，此时旋转变压器的四个绕组全部用上，如图 10 - 7 所示。

图 10 - 7 一次、二次同时补偿的正、余弦旋转变压器

10.3 线性旋转变压器

输出电压的大小与转子转角成正比关系的旋转变压器称为线性旋转变压器。为了得到更好的线性输出特性，通常是将正、余弦旋转变压器的定、转子绕组做适当改接来实现。由于 θ 很小时，$\sin\theta\approx\theta$，当正弦旋转变压器转角很小时，其输出电压可近似地认为是转角的线性函数。

10.3.1 一次补偿的线性旋转变压器

一次补偿的线性旋转变压器的原理图如图 10 - 8 所示，定子绕组 D1D2 与转子余弦绕组 Z1Z2 串联，然后加励磁电压 U_D。定子绕组 D3D4 短接，起补偿作用，以消除 Φ_q 的影响。转子绕组 Z3Z4 为输出绕组。

首先分析空载时线性旋转变压器的工作原理。设转子逆时针方向转过 θ 角，当励磁绕组和余弦输出绕组串联后接到单相交流电源 U_D 上，将有电流 I_D 通过这两个绕组，分别产生磁动势 F_D 和 F_Z。磁动势 F_D 的方向与绕组 D1D2 轴线方向一致，即为直轴磁动势；磁动势 F_Z 的方向与绕组 Z1Z2 轴线方向一致，

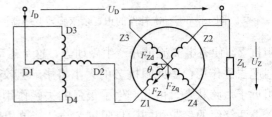

图 10 - 8 线性旋转变换器原理图

将其分成两个量：直轴分量 $F_{Zd}=F_Z\cos\theta$ 和交轴分量 $F_{Zq}=F_Z\sin\theta$，并分别产生磁通 Φ_{Zd}、Φ_{Zq}。因交轴绕组 D3D4 短接作为一次补偿（即根据楞次定律，绕组 D3D4 对 F_{Zq} 这个脉振磁动势有很强的阻尼作用，以消除 Φ_{Zq} 的影响），并忽略定、转子绕组的漏阻抗，可以认为交轴分量磁动势 F_{Zq} 被完全抵消，所以电动机中不再存在交轴磁场，可以认为绕组 D1D2 及组 Z1Z2 合成磁动势产生的磁通仅有沿绕组 D1D2 轴线的分量 Φ_{Zd}，即这时在旋转变压器中只有直轴磁场。

直轴脉振磁通 Φ_{Zd} 分别与励磁绕组及正、余弦输出绕组相匝链，并在绕组 D1D2 中感应电动势 E_D，在绕组 Z1Z2、Z3Z4 中感应电动势 E_{Z1Z2}、E_{Z3Z4}，这些电动势由同一个脉振磁通 Φ_{Zd} 感应产生，因此它们在时间上为同相位。将 E_D 分解为绕组 Z1Z2 轴分量为 $E_D\cos\theta$，所以 $E_{Z1Z2}=KE_D\cos\theta$。其中，$K=N_Z/N_D$ 为转子绕组匝数和定子绕组匝数之比，也称变比。将 E_D 分解为绕组 Z3Z4 轴分量为 $E_D\sin\theta$，所以 $E_{Z3Z4}=KE_D\sin\theta$。

由于绕组 D1D2 与绕组 Z3Z4 串接后接 U_D,当忽略绕组 D1D2 及 Z1Z2 中的漏抗压降时,则有 $U_D = -(E_D + KE_D\cos\theta)$,而输出绕组 Z3Z4 的输出电压为 $U_Z = E_{Z3Z4} = KE_D\sin\theta$,则输出电压与励磁电压之比为

$$\frac{U_Z}{U_D} = \frac{KE_D\sin\theta}{E_D + KE_D\cos\theta} = \frac{K\sin\theta}{1 + K\cos\theta} \tag{10-7}$$

所以

$$U_Z = \frac{K\sin\theta}{1 + K\cos\theta}U_D$$

由式(10-7)可以看出,当正弦输出绕组开路时,并选取最佳变比 K,则输出电压 U_Z 和转子转角 θ 在一定的转角范围内能满足线性函数关系。如选变比 $K=0.52$,输出电压 U_Z 与转角 θ 的关系如图 10-9 所示。在 $\theta = \pm 60°$ 范围内,U_Z 与 θ 近似为线性关系,这时的线性关系与理想的直线关系相比,误差不超过 $\pm 0.1\%$,具有最

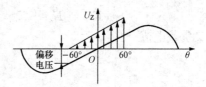

图 10-9 线性旋转变压器的输出特性

高线性精度。若在线性旋转变压器的输出电压上,预先加上适当的偏移电压,就可使转子转角 θ 在 $0° \sim 120°$ 的范围内,其输出电压满足线性关系。

式(10-7)是忽略了绕组阻抗压降后得出的,所以是近似的。在实际的线性旋转变压器中,因最佳变比还与其他参数有关,为了获得最佳的线性特性,在电源内阻很小时,其变比 K 一般取为 $0.52 \sim 0.57$。机座号较小的线性旋转变压器,其最佳变比取较大值。所以一台变比为 0.56 的正、余弦旋转变压器若按图 10-8 连接,就可以作为线性旋转变压器使用。上述这种线性旋转变压器由于采用了一次补偿,其交轴绕组被短路而与负载无关,使用较为方便,所以在实际中采用较多。

若正弦输出绕组中接有负载阻抗 Z_L 后,虽有负载电流通过该绕组,但因采用了一次补偿,其负载电流所产生的磁动势的交轴分量仍被完全抵消,正弦输出绕组中的感应电动势也和空载时一样,因此,输出电压随转子转角在一定范围内也满足线性函数关系。

10.3.2 二次补偿的线性旋转变压器

二次补偿的线性旋转变压器如图 10-10 所示,励磁绕组 D1D2 外施额定的单相交流电源 U_D,而交轴绕组 D3D4 和余弦输出绕组 Z1Z2 串联后,接有负载阻抗 Z_L,正弦输出绕组 Z3Z4 接有合适的阻抗 Z_C,它是按二次补偿的条件来选取的,即在任何转子转角 θ 时,应使正、余弦输出绕组所产生的交轴分量磁动势相互抵消。

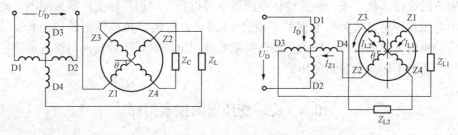

图 10-10 二次补偿的线性旋转变压器

若略去励磁绕组的漏阻抗压降,直轴磁通 Φ_{Dd} 在正弦输出绕组中产生的感应电动势为

$$\dot{E}_{Zd} = -KU_D\sin\theta$$

当负载电流通过交轴绕组 D3D4 后，将产生交轴磁通 Φ_q，则

$$\dot{\Phi}_q = \Lambda \dot{F}_q = \frac{4}{\pi}\sqrt{2}N_D K_D \Lambda \dot{I}_{L1}$$

而由交轴磁通 Φ_q 在正弦输出绕组中产生的感应电动势为

$$\dot{E}_{Zq} = -j4.44fN_Z K_Z \dot{\Phi}_q\cos\theta = -j4.44fN_Z K_Z \frac{4}{\pi}\sqrt{2}N_D K_D \Lambda \dot{I}_{L1}\cos\theta$$

$$= -j8fN_D K_{Dr} N_Z K_Z \Lambda \dot{I}_{L1}\cos\theta$$

正弦输出绕组中的感应电动势为

$$\dot{E}_{Z1} = \dot{E}_{Zd} + \dot{E}_{Zq} = -KU_D\sin\theta - j8fN_Z K_Z N_D K_D \Lambda \dot{I}_{L1}\cos\theta$$

又负载电流

$$\dot{I}_{Z1} = \frac{\dot{E}_{Z1}}{Z_{OZ} + Z_{D1} + Z_{DO}}$$

式中 Z_{DO}——定子绕组的空载阻抗。

所以

$$\dot{E}_{Z1} = -KU_D\sin\theta - j8fN_D K_D N_Z K_Z \Lambda \frac{\dot{E}_{r1}}{Z_{OZ} + Z_{D1} + Z_{DO}}\cos\theta \tag{10-8}$$

$$= -KU_D\sin\theta - C\dot{E}_{Z1}\cos\theta$$

式中 C——复常数，$C = j\dfrac{8fN_D K_D N_Z K_Z \Lambda}{Z_{OZ} + Z_{D1} + Z_{DO}}$。

由式（10-8）得

$$\dot{E}_{Z1} = \frac{-KU_D\sin\theta}{1 + C\cos\theta} \tag{10-9}$$

则二次补偿时的线性旋转变压器的输出电压为

$$\dot{U}_{Z1} = \frac{Z_{L1}}{Z_{OZ} + Z_{L1} + Z_{DO}} \cdot \frac{-KU_D\sin\theta}{1 + C\cos\theta} \tag{10-10}$$

在式（10-10）中，如选取合适的参数，可使 $C \approx 0.54$，即可满足线性输出电压的要求。

同样，二次补偿时的线性旋转变压器，当余弦输出绕组接有某一阻抗 Z_{L2} 后，正弦输出绕组中的负载阻抗 Z_{L1} 也就不能随意改变，此项要求将使它在实际应用中不易实现。

采用转子边补偿的线性旋转变压器，当转子转角 θ 以弧度作单位，且在很小范围内（θ 不超过 $\pm 4.5°$）时，$\sin\theta \approx \theta$，所以当正、余弦旋转变压器转角很小时，其输出电压近似可以认为是转角的线性函数，正、余弦旋转变压器就可以当作线形旋转变压器来使用，此时，要求其输出电压和理想直线关系的误差不超过 $\pm 0.1\%$，它的转角范围不超过 $\pm 4.5°$ 时。当要求在更大的角度范围内得到与转角呈线性关系的输出电压时，不做任何调整直接使用正、余弦旋转变压器就不能满足实际使用的要求了。

10.4 旋转变压器的技术指标

正、余弦旋转变压器作为解算元件时，其精度由函数误差和零位误差来决定。若作为四线自整角机系统使用时，其精度则由电气误差来决定。此外，正、余弦旋转变压器在检查试验中，除了做普通电机的常规检查外，还需要测定其输出相位移。下面将上述的有关技术指

标分别加以说明。

（1）正、余弦函数误差。当正、余弦旋转变压器的励磁绕组外施额定单相交流电压励磁，且交轴绕组短接时，在不同的转子转角位置，转子上两个输出绕组的感应电动势与理论的正弦（或余弦）函数值之差与最大理论输出电压之比，称为该旋转变压器的正、余弦函数误差。在实际测试中，常用百分值所表示的函数误差折算成相应的角度误差来表示，这种误差直接影响作为解算元件的解算精度，误差范围一般在 0.02%～0.3% 范围内。

（2）零位误差。正、余弦旋转变压器定子交轴绕组短接，励磁绕组加额定单相交流电压励磁时，转动转子，使两个输出绕组中任意一个的输出电压为最小值的转子位置，称为电气零位。实际电气零位与理论电气零位 $\left(\text{即转子转角为 } 0, \dfrac{\pi}{2}, \pi, \dfrac{3\pi}{2}\right)$ 之差称为零位误差，以角分表示。误差范围为 $3'\sim22'$，零位误差的大小将直接影响到解算装置和角度传输系统的精度。

（3）零位电压。正、余弦旋转变压器的转子处于电气零位时的输出电压，称为零位电压。旋转变压器的最大零位电压与额定电压之比应不超过规定值，其误差范围为额定电压的 0.01%～0.04%。

零位电压由两部分组成：一部分是与励磁电压的频率相同，但相位相差 90° 电角度的基波正交分量；另一部分是频率为励磁频率奇数倍的高次谐波分量。零位电压过高将引起输出电压外接的放大器饱和。

（4）电气误差。当正、余弦旋转变压器的励磁绕组外施额定的单相交流电源励磁，且交轴绕组短接时，正、余弦旋转变压器在不同转角位置，两个输出绕组的输出电压之比所对应的正切或余切的角度，与实际转角之差值称为电气误差，通常以角分来表示。误差范围一般为 $3'\sim18'$。

电气误差受到函数误差、零位误差、变比误差及阻抗不对称等因素的综合影响。它直接影响到角度传输系统的精度。

正、余弦旋转变压器作为解算元件使用时，只测量它的函数误差和零位误差而不测量它的电气误差；当它作为四线自整角机使用时，测量它的电气误差而不测量函数误差和零位误差。这些误差之间可以通过一定的关系来折算。

零位误差、正余弦函数误差和电气误差直接影响解算装置和数据传递系统的精度，所以正、余弦旋转变压器的精度等级由这三种误差来决定（见表 10-1）。

表 10-1　　　　　　　　　旋转变压器的精度等级

精度等级	0	1	2	3
零位误差（分）	3	8	16	22
正、余弦函数误差（%）	±0.05	±0.1	±0.2	±0.3
电气误差（分）	3	8	12	18

（5）线性误差。线性旋转变压器在转角工作范围内的不同转角位置时，实际输出电压和理论值之差与理论最大输出电压之比。误差范围为 0.05%～0.3%，转角工作范围一般在 ±60° 之间。

（6）输出相位移。当正、余弦旋转变压器的励磁绕组外施额定的单相交流电源励磁，且交轴绕组短接时，它的输出电压基波分量与励磁电压基波分量之间的相位差，称为输出相位移。误差范围一般为 $3°\sim22°$。

正、余弦旋转变压器在出厂时都要进行输出相位移的测定，但它不作为产品的考核项目。引起输出电压相位移的主要因素为励磁绕组的电阻和铁芯的铁损耗。

10.5　旋转变压器的应用

旋转变压器的用途很广，按其在控制系统中的不同用途，可分为计算用旋转变压器和数据传输用旋转变压器两大类。计算用旋转变压器主要用来进行三角运算，坐标变换，角度—数字转换以及作移相器；数据传输用旋转变压器的作用与自整角机相同，精度一般比控制式自整角机高。

在控制系统中，旋转变压器被广泛应用在高精度随动系统中作四线自整角机用，其误差可为 $3'\sim5'$；在解算装置中作为解算元件，在解算装置中应用的旋转变压器，其变比 K 常为 1.0。

10.5.1　远距离同步角度传递

自整角机可以用来实现远距离角度传递，其中用控制式自整角机组成的随动系统，角度传递精度达到 $10'\sim30'$。而采用旋转变压器组成的随动系统，其角度误差可达 $1'\sim5'$，精度较高。图 10-11 所示为单通道旋转变压器角度传递系统原理图。

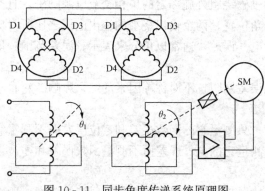

图 10-11　同步角度传递系统原理图

图 10-11 中，左边与发送轴耦合的旋转变压器称为旋转变压器发送机，右边与接受轴耦合的旋转变压器称为旋转变压器接收机。为了减小由于电刷接触不良而造成的不可靠性，常把定、转子绕组互换使用，即旋变发送机和旋转变压器的定子绕组相互连接，发送机的两个转子绕组中一个接交流电压励磁，另一个短接，做一次侧补偿；接收机转子一个绕组短接做一次侧补偿，另一个绕组的两端输出一个与两转轴的差角 $\theta=\theta_1-\theta_2$ 的正弦函数成正比的电动势，当差角减小时，该输出电动势近似与差角成正比。输出电动势经放大后驱动交流伺服电动机，电动机经减速后输出角位移，同时又带动接收机转子旋转，直至失调角为 0，即 $\theta_1=\theta_2$，因此一对旋转变压器可以用来测量差角。由于一对旋转变压器测角原理和控制式自整角机完全相同，所以有时把这种工作方式的旋转变压器叫做四线自整角机。

一般来说，旋转变压器的精度要比自整角机精度高，这是由于旋转变压器要满足输出电压和转角之间的正、余弦关系而对绕组进行了特殊设计，加之旋变发送机一次有短路补偿绕组，可以消除由于工艺上造成的两相同步绕组不对称所引起的交轴磁动势。但旋转变压器用来测量差角时，发送机和接收机的同步绕组要有四根连接线，比自整角机多，而且旋转变压器价格比自整角机高。因此，一般多用自整角机测量差角，只有高精度的随动系统，才采用旋转变压器。

10.5.2　多极旋转变压器及其在双通道同步随动系统中的应用

　　虽然旋转变压器的精度比自整角机高，但是用上述一对两极的旋转变压器测量差角时，系统的精度也只能达到几个角分。为了适应更高精度同步随动系统的要求，近十几年来采用了由两极和多极旋转变压器组成的双通道同步随动系统，其中，粗机通道由一对两极的旋转变压器组成，精机通道由一对多极的旋转变压器组成。

　　多极旋转变压器与两极旋转变压器的区别是，当定、转子绕组通电时，多极旋转变压器将产生多极的气隙磁场；而两者的工作原理一样，只是输出电压的周期不同而已。例如，一般旋转变压器为一对极，转子旋转一周（空间机械角 2π），输出电动势变化正好为 2π 电角度。若采用多极旋转变压器，如极对数为 p，当定子一相绕组加励磁电压时，沿定子内圆将产生 p 对极的磁场，每对极所对应的圆心角为 $2\pi/p$。不难想象，转子转过 $2\pi/p$，就等于转过一对极的距离，因此，转子转过 $2\pi/p$ 期间，输出绕组电动势变化和两极旋转变压器转子转过 2π 期间电动势的变化一样，如图 10-12 所示。为了简明起见，图 10-12 中只沿空间作正弦分布的脉振磁场，设转子线圈的跨距等于一个极距，由图可见，多极旋转变压器在转子转过 $2\pi/p$ 期间，其线圈所匝链的磁通的变化和两极旋转变压器转子转过 2π 时是一样的，因此，二者感应电动势的变化规律也完全一样。

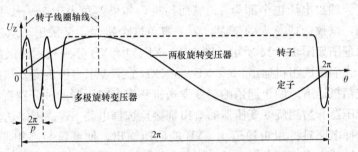

图 10-12　多极旋转变压器作差角测量时的输出电压波形

　　与自整角机一样，一对旋转变压器作差角测量时，其输出电压的有效值是差角的正弦函数。由于 p 对极旋转变压器转子转过 $2\pi/p$，相当于两极旋转变压器转子转过 2π，因此多极旋转变压器用作差角测量时，其输出电压有效值也是差角的正弦函数，所不同的是，两极时输出电压有效值随差角做正弦变化的周期是 2π，多极时周期为 $2\pi/p$，如图 10-12 所示。可见，差角变化 2π 时，多极旋转变压器的输出电压就变化了 p 个周期。如用 $U_{Z(1)}$、$U_{Z(p)}$ 表示两极和多极旋转变压器输出电压的有效值，则

$$\begin{cases} U_{Z(1)} = E_{m(1)}\sin\theta \\ U_{Z(p)} = E_{m(p)}\sin(p\theta) \end{cases} \tag{10-11}$$

式中　$E_{m(1)}$、$E_{m(p)}$——两极和多极旋转变压器最大输出电压的有效值。

　　需要说明，多极旋转变压器每对极在定子内圆上所占的角度 $2\pi/p$ 是指实际的空间角度，这种角度一般称为机械角。在电机中常定义一对极占 2π 电角度，这是因为在理想条件下，一对极的气隙磁通密度沿定子内圆做正弦分布，而正弦函数的周期为 2π。对于两极电机，其定子内圆的电角度和机械角度都是 2π，而 p 对极电机，其定子内圆的电角度为 $p\times 2\pi$，但机械角度仍为 2π。所以，一般来说，电角度＝极对数 $p\times$ 机械角度。据此可知，式（10-11）中正弦函数所对应的角度实际上是用电角度表示的差角，即两极时差角为 θ 电角

度，多极时差角为 $p\theta$ 电角度，可见，多极旋转变压器把电气差角放大了 p 倍，使由多极旋转变压器组成的测量差角的系统精度大大提高了。

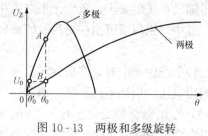

图 10 - 13　两极和多级旋转
变压器误差比较

图 10 - 13 表示作差角测量时两极和多极旋转变压器的输出电压有效值波形。假定在差角 θ_0 时，两极旋转变压器的输出电压 U_0，经放大后尚不能驱动交流伺服电动机，造成系统误差 θ_0。但如果改用多极旋转变压器，在同样的 θ_0 时，由于电气差角放大了 p 倍，使输出电压 $U_{Z(p)} = E_{m(p)} \sin(p\theta)$ 比较高（如图 10 - 13 中的 A 点），经放大后可以驱动交流伺服电动机继续转动，直到 $U_{Z(p)} = U_0$ 时方才停转（如图 10 - 13 中的 B 点），此时系统的误差为 θ_0'。由图可见，θ_0' 比 θ_0 小得多，因而系统的精度大大提高。一般说来，多极旋转变压器的极数越多，系统的精度就越高。多极旋转变压器可做成数十对极，因此在小失调角时，可显著提高角度鉴别能力。

仅仅采用一对多极旋转变压器组成的测量差角的系统，在差角稍大时，就不能使用了。如图 10 - 12 所示，在机械差角 θ 等于 $2\pi/p$，$2\times2\pi/p$，$3\times2\pi/p$，…这些位置上，其对应的电气差角都为 $0°$，输出电压也全部为 0。显而易见，如果差角大于 $2\pi/p$，则系统就会在这些假零位上协调，以致造成莫大的错误，为了避免这个错误，又采用了双通道同步随动系统，该系统的原理图如图 10 - 14 所示。图中 $1\times$XF、$1\times$XB 分别表示两级旋变发送机和两极旋变变压器，它们组成粗机通道；$n\times$XF、$n\times$XB 分别表示多极旋变发送机和多极旋变变压器，它们组成精机通道。两个通道的旋变发送机和旋变变压器的轴分别直接耦合。

粗测旋变变压器和精测旋变变压器的输出都接至选择电路 SW。当发送轴和接收轴处于大失调角时，选择电路只将粗机通道 $1\times$XB 的电压输出，使系统只在粗测的信号下工作。当发送轴和接收轴处在小失调角时，将精机通道 $n\times$XB 的电压输出，使系统只在精测信号作用下工作。显而易见，这种双通道系统既充分利用了采用多极旋转变压器时的优点，又避免了错误同步的缺点，由于多极旋转变压器在系统中把电气转速（用电角度表示角位移时的转速）提高了 p 倍，所以这种系统称为电气变速式双通道同步随动系统，p 称为电气速比。

这种同步随动系统使角度检测精度进一步提高，可达角秒精度，使系统精度小于 $1'$。提高精度一是靠增加电气速比 p 来减少系统误差；二是由于多极旋转变压器本身的精度比两极旋转变压器提高了一个数量级。当极对数增加时，每对极沿定子内圆所占的弧长就越短，因此在一对极下，由于气隙不均匀等因素所引起的磁通密度非正弦分布的程度就越小。虽然各对极下的平均气隙仍不相等，但通过各对极下绕组之间的串联来达到相互补偿，这种平均补偿能力使得多极旋转变压器比两极旋转变压器有高一级的精度。一般两极旋转变压器的精度只能做到几个到几十角分，而多极旋转变压器可以达到 $20''$，甚至可达 $3''\sim7''$。

多极旋转变压器除了广泛用于角度数据传输的同步系统中外，还可以用于解算装置和模/

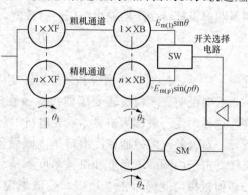

图 10 - 14　双通道同步角度传递系统

数转换装置中，用于伺服系统的多极旋转变压器一般是 15、20、30、36、60、72 对极，用于解算装置和模/数转换装置的旋转变压器一般是 16、32、64、128 对极。

多极旋转变压器有单独精机结构和粗精机组合在一起的组合结构。在电气变速双通道同步随动系统中，粗机和精机总是连接在一起的，所以组合结构对用户安装使用都比较方便，称这种电机为双通道旋转变压器。双通道旋转变压器是将两种不同极对数的旋转变压器合为一体的组合电机，在转子转动一周中，副端输出周期数不同的两种正弦波电压信号，构成粗、精双通道系统，主要用于高精度同步随动系统和轴角编码系统中，作为角度传感元件。

10.5.3　矢量与三角运算

1. 矢量运算

已知矢量 A 的两个直角坐标分量为 x、y，如图 10 - 15 （a）所示，求矢量 A 的幅值 a 和幅角 θ。

求解线路原理如图 10 - 15 （b）所示。设加于定子两个绕组的同频、同相电压分别正比于 x、y，即 $U_x \propto x$，$U_y \propto y$。由定子二相绕组在气隙中产生的合成脉振磁场的幅值将正比于 a，这里幅值、幅角分别为

$$
\begin{cases}
a = C\sqrt{x^2 + y^2} \\
\theta = \arctan(y/x) = \arctan(U_y/U_x)
\end{cases}
\tag{10 - 12}
$$

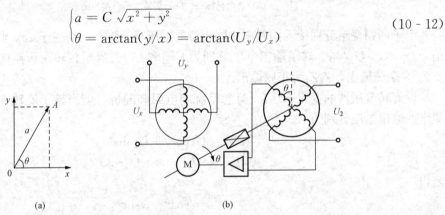

图 10 - 15　矢量运算原理图

(a) 坐标图；(b) 电路原理图

当转子位置与合成磁场位置失调时，转子的两个正交绕组均有输出，此时将转子的一个绕组输出接放大器，经放大后的信号去控制交流伺服电动机，电动机轴经减速器带动一个测角装置，同时又带动旋转变压器转子转动，当转子转到协调位置时，电动机停转，从测角装置上可直接读出转角。将转子上另一个绕组的输出电压接电压表。由于转子两个绕组是正交放置的，所以当转子处于协调位置时，该绕组的电动势最大，并正比于 a，从而实现了矢量运算。

与此相反的问题是，已知 a 和 θ，求 x、y。这可直接由正、余弦旋转变压器工作获得。

2. 坐标变换

图 10 - 16 （a）所示为一个直角坐标系 xoy，平面上有一点 P，现将直角坐标 xoy 逆时针旋转 θ 角，变为新坐标系 $x'oy'$。平面上 P 点的新老坐标分别为 $P(x, y)$、$P(x', y')$。已知旧坐标，求新坐标。由图 10 - 16 （a）可得

$$
\begin{cases}
x' = a + b = \dfrac{x}{\cos\theta} + y'\tan\theta \\
y' = (y - c)\cos\theta = (y - x\tan\theta)\cos\theta = y\cos\theta - x\sin\theta
\end{cases}
$$

则

$$\begin{cases} x' = \dfrac{x}{\cos\theta} + (y\cos\theta - x\sin\theta)\tan\theta = \dfrac{x}{\cos\theta} + y\sin\theta - x\dfrac{\sin^2\theta}{\cos\theta} = x\cos\theta + y\sin\theta \\ y' = y\cos\theta - x\sin\theta \end{cases}$$

现用旋转变压器实现上述方程，旋转变压器接线如图 10-16（b）所示。

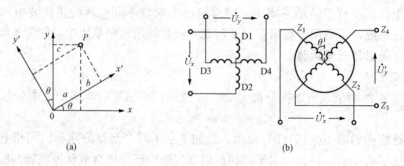

(a)　　　　　　　　　　　　　　(b)

图 10-16　坐标变换原理

(a) 直角坐标系；(b) 旋转变压器接线图

定子两相绕组分别接入同频率、同相位的电压 U_x 和 U_y，对应于 xoy 坐标系的两个电压信号 $U_x \propto x$，$U_y \propto y$。转子输出电压分别为 U'_x 和 U'_y。根据旋转变压器原理，U_x 作用时，$Z_1 Z_2$ 为余弦输出，$Z_3 Z_4$ 为正弦输出。

设旋转变压器的变比 $K=1$，且忽略绕组电阻和漏抗，则当转子旋转 θ 角时，正、余弦绕组的输出电压分别为

$$\begin{cases} U'_x = U_x\cos\theta + U_y\sin\theta \\ U'_y = -U_x\sin\theta + U_y\cos\theta \end{cases}$$

所以

$$\begin{cases} x' = x\cos\theta + y\sin\theta \\ y' = -x\sin\theta + y\cos\theta \end{cases}$$

实现了坐标变换。

3. 移相器

移相器是一种输出电压的幅值恒定，其相位与转子转角呈线性函数关系的交流控制电机。其实质可以看作旋转变压器的一种特殊工作方式。它是通过正、余弦旋转变压器适当的连接来实现的，如图 10-17 所示。此时，定子一相绕组 D1D2 接励磁电压，另一相绕组 D3D4 短接作一次侧补偿。转子正交的两相绕组中，正弦绕组 Z3Z4 与一个移相器电容 C 串接，余弦绕组 Z1Z2 与一个移相器电阻 R 串接，然后并联输出电压 U_Z。

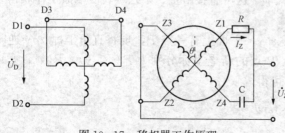

图 10-17　移相器工作原理

设现处于空载运行，忽略转子绕组的电阻和漏抗，并令 $x_c = 1/\omega C$，$R = x_c$，则当转子转过 θ 角时，正、余弦绕组中有感应电动势和电流，由于输出开路，此时在正、余弦绕组回路中只有一个回路电流 I_Z 流过，用相量表示为

$$\dot{I}_Z = \frac{E_{Z1Z2} + E_{Z3ZA}}{R + \dfrac{1}{jx_c}} = \frac{E_{Z1Z2} + E_{Z3ZA}}{R - jx_c}$$

$$= \frac{KU_D\cos\theta + KU_D\sin\theta}{R - jx_c} = \frac{KU_D(\cos\theta + \sin\theta)}{R - jx_c}$$

则输出电压

$$\dot{U}_Z = E_{Z1Z2} - \dot{I}_Z R = KU_D\cos\theta - R\frac{KU_D(\cos\theta + \sin\theta)}{R - jx_c}$$

$$= KU_D\left[\cos\theta - (\cos\theta + \sin\theta)\frac{R}{R - jx_c}\right] = KU_D\left[\cos\theta - (\cos\theta + \sin\theta)\frac{1}{1 - j}\right]$$

$$= KU_D\frac{1}{1 - j}\left[\cos\theta - j\cos\theta - \cos\theta - \sin\theta\right] = KU_D\frac{-1}{1 - j}\left[\sin\theta + j\cos\theta\right]$$

$$= KU_D e^{j\theta}\frac{1}{\sqrt{2}}e^{-j45°} = K\frac{U_D}{\sqrt{2}}e^{j(\theta - 45°)}$$

这表明，当转子转过 θ 角时，输出电压幅值不变，但在相位上移过 $(\theta - 45°)$ 角。可见，移相器输出电压大小不变，而输出电压与输入电压的相位差则与转子转角 θ 呈线性关系。负载时证明上述关系比较复杂，这里不详细推导，可参阅有关资料。

移相器可用于精密的测角装置中，图 10-18 是一个应用实例。机械角从移相器转轴输入，交流电压一路作为基准，经限幅、放大、整形得到方波输出，到检相装置。另一路供给移相器定子励磁绕组。移相器输出电压为与基准电压频率相同，但已移相 $\Delta\varphi$ 角的正弦波。$\Delta\varphi$ 角与移相器转子转角 θ 成正比。移相器输出也经限幅、放大、整形后输出为与基准电压相移 $\Delta\varphi$ 的方波，此方波也送检相装置，经检相后输出宽度为 Δt 的脉冲（$\Delta t \propto \Delta\varphi$），送到控制门，经控制门，使该脉冲在 Δt 时间内被来自石英振荡器的标准时基脉冲所填满。读出 Δt 时间内的标准脉冲数，即可求出 $\Delta\varphi$ 的大小。显然所测 $\Delta\varphi$ 的精度与石英晶体振荡器所提供的标准时基脉冲频率有很大关系，频率越高，所测的 $\Delta\varphi$ 角越准确。

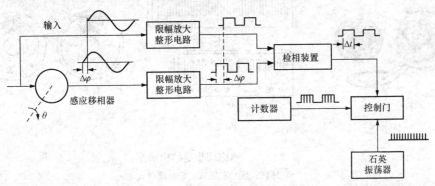

图 10-18 移相器在测角装置中的应用

4. 求三角函数和反三角函数

举一个求反三角函数的例子。已知 E_1、E_2，可以求 $\theta = \arccos(E_2/E_1)$。

接线图如图 10-19 所示，电压 E_1 加在转子绕组 Z1Z2 上，定子绕组 D1D2 和电压 E_2 串联后接至放大器，经放大器放大后供给伺服电动机，伺服电动机通过减速器与旋转变压器机械耦合。绕组 Z1Z2 和绕组 D1D2 完全相向，$k = 1$，若忽略绕组 Z1Z2 的电阻和漏抗，则绕

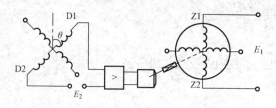

图 10-19　求反余弦函数的接线图

组 Z1Z2 所产生的励磁磁通在绕组 D1D2 中感应的电动势为 $E_1\cos\theta$。放大器的输入电动势为 $E_1\cos\theta-E_2$。当 $E_1\cos\theta-E_2=0$ 时，伺服电动机便停止转动，这时 $E_1/E_2=\cos\theta$，所以转子转角 $\theta=\arccos(E_2/E_1)$，这正是我们所要求的。可见，利用上述方法可以求得反三角函数。

10.6　感应同步器

　　感应同步器是一种高精度的将角位移（或线位移）变换成电信号的测量元件。从工作原理上看，它与多极旋转变压器完全一样，只是在结构上它的运动部分（动子）和静止部分（静子）的绕组均采用了印制绕组。它是利用印刷（或照相）、腐蚀的方法制成的曲折形状的平面铜箔绕组。它不是放置在铁芯槽内，而是用绝缘黏合剂将其黏结在绝缘薄板上，如图 10-20（a）所示。由于工艺上的这一改进，感应同步器的极对数可以做到几百、甚至上千对，因而精度比旋转变压器要高得多，而且结构简单、成本低、工作可靠、使用寿命长。因此，在精密机床数字显示系统和数控机床的闭环伺服系统以及导弹制导、射击控制、雷达天线定位等高精度跟踪系统中获得广泛应用。

　　感应同步器一般由 1～10kHz，几伏至几十伏的交流电励磁，其输出电压仅为励磁电压的几百分之一到几十分之一，约几毫伏。

　　感应同步器按其结构形式和运动方式不同可分为直线式（直线位移式）和圆盘式（旋转式）两类，如图 10-20（b）、（c）所示。前者用来测直线位移，后者用来测角位移。

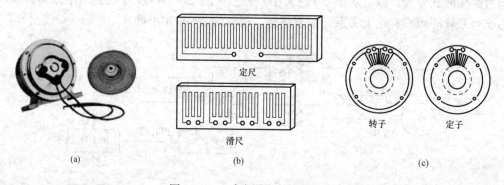

定尺

滑尺

转子　　定子

(a)　　　　　　　　(b)　　　　　　　　(c)

图 10-20　感应同步器结构示意
（a）外观；（b）直线式；（c）圆盘式

10.6.1　直线式感应同步器

　　直线式感应同步器由定尺和滑尺两部分组成，如图 10-21 所示，定尺为其固定部分，滑尺为运动部分。它们都采用和机床热膨胀系数接近的厚度为 10mm 的钢板作基板，基板上敷放有 0.1mm 厚的绝缘层，绝缘层上粘有 0.06mm 厚的铜箔，利用照相腐蚀的方法制成印制绕组，在其表面敷上绕组，绕组形状如图 10-21 所示。定、滑尺之间的气隙为 0.2～0.3mm。定尺为单相绕组，它由许多具有一定宽度的导电片串联组成。标准型直线式感应同步器导电片间距离 τ 为 1mm（即极距），定尺总长为 250mm，宽为 40mm，在测量长度超过 250mm 时，可将数根定尺接长使用。滑尺上有多个绕组，分为正弦绕组 s 和余弦绕组 c。所有正、余弦绕组各自串联，最后构成两相绕组，正、余弦绕组中心之间的距离应为极距 τ 的偶数倍再加半个极距，以保证两相绕组在电气上互差 90°电角度。

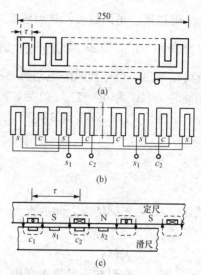

图 10 - 21　直线式感应同步器定、
滑尺和磁场

(a) 定尺；(b) 滑尺；(c) 磁场

要了解直线式感应同步器的工作原理，首先要分析它的磁场。垂直于定、滑尺导电片方向的剖面如图 10 - 21 (c) 所示。当在定尺绕组上加上交流励磁电压 U_D 时，定尺绕组就在空间产生一个随时间作正弦变化的脉振磁场，磁通方向如图 10 - 21 (c) 中箭头所示。可见 6 根导片产生 6 个极，所以每根导片相当于一般电机的一个极，相邻两导片之间的距离相当于一个极距。因绕组相邻两导电片反向串联，所以两根导电片的电流方向相反，从而产生一个极的磁场，相邻两导电片间的距离即为一个极距 τ。因为施加的励磁电压是交变的，这个磁场是一个磁极轴线位置不变，而各点磁通密度随时间作正弦变化的脉振磁场，它会在滑尺的导片上产生变压器电动势。由于这个电动势的大小（即有效值）是取决于定尺和滑尺之间的电磁耦合程度，所以电动势的大小必定与定、滑尺的相对位置密切相关。这样在定尺通电后，就可以产生 N、S 极交替的上百个极对数的脉振磁场。

下面分析当定、滑尺相对位置改变时，滑尺上的一个导片所匝链的磁通的变化。滑尺上的正、余弦绕组各有两个导电片 s_1、s_2 和 c_1、c_2。s_1、s_2 组成正弦绕组，c_1、c_2 组成余弦绕组。它们之间相隔 1/2 极距，形成正交。在图 10 - 21 (a) 中所示位置时，c_1、c_2 线圈与定尺导电片的位置重合（轴线一致），因此在定尺绕组产生的脉振磁场的作用下，在 c_1、c_2 绕组中就感应出最大的变压器电动势，而 s_1、s_2 绕组轴线与定尺绕组轴线相隔 $\tau/2$（正交），因而感应电动势为 0。

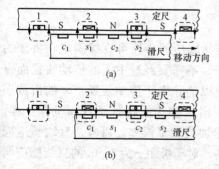

图 10 - 22　定、滑尺相对移动时的
工作情况

(a) 初始位置；(b) 滑尺移动 $\tau/2$ 后的位置

随着滑尺的移动，c_1、c_2 和 s_1、s_2 绕组相对定尺绕组的位置改变，两个绕组中的感应电动势的大小也做周期性的变化。当 c_1、c_2 移动 $\tau/2$ 时，如图 10 - 21 (b) 所示，c_1、c_2 线圈轴线与定尺线圈轴线移动 $\tau/2$，c_1、c_2 中感应电动势为 0，而 s_1、s_2 线圈轴线正好与定尺绕组轴线重合，而感应电动势达到最大。滑尺继续移动 $\tau/2$，又重复上述过程。可见，滑尺导片上的感应电动势随滑尺的位移做周期性的变化，变化的周期为两个极距。

以上粗略的分析，只能说明电动势大小随滑尺位移做周期性的变化，它之所以呈正弦函数（或余弦函数）的变化规律是依靠严密的设计和加工得到的，这里不做分析。

可以用三角函数表示这个感应电动势。首先找出对应位移 x 的电角度。已知一对极的电角度为 $360°$，即 2τ 对应 $360°$，所以对应位移 x 的电角度 $\theta = x\dfrac{360°}{2\tau} = x\dfrac{180°}{\tau} = x\dfrac{\pi}{\tau}$，然后就可以写出一个导片感应电动势的有效值。假定 c_1、c_2 在 N 极下时感应电动势为正的最大，则此时 s_1、s_2 为 0。经过 $\tau/2$ 后，c_1、c_2 为 0。而 s_1、s_2 到 N 极下面，电动势为正最大。又经过 $\tau/2$ 后，c_1、c_2 移到 S 极下，电动势为负最大，而 s_1、s_2 为 0，由此推论可知

$$\begin{cases} E_s = KE_{1m}\sin\left(\dfrac{\pi}{\tau}x\right) \\[2mm] E_c = KE_{1m}\cos\left(\dfrac{\pi}{\tau}x\right) \end{cases} \tag{10-13}$$

式中　　τ——相邻两极之间的距离；

　　E_{1m}——一个导片在 $x=0$，2τ，$3\tau\cdots$ 位置的感应电动势，定尺绕组内自感电动势最大值；

　　K——定尺与滑尺绕组变比。

当定尺励磁电压为 U_D，并忽略定子绕组的电阻和漏抗时，$E_{1m} \approx U_D$，则式（10-13）可改写为

$$\begin{cases} E_s = KU_D\sin\left(\dfrac{\pi}{\tau}x\right) \\[2mm] E_c = KU_D\cos\left(\dfrac{\pi}{\tau}x\right) \end{cases} \tag{10-14}$$

瞬时值分别为

$$\begin{cases} e_s = KU_D\sin\left(\dfrac{\pi}{\tau}x\right)\sin\omega t \\[2mm] e_c = KU_D\cos\left(\dfrac{\pi}{\tau}x\right)\sin\omega t \end{cases} \tag{10-15}$$

图 10-23 所示为滑尺正、余弦绕组输出电动势与位移 x 的关系，当滑尺的正、余弦绕组由 N 个线圈串联而成，则输出应为 N 倍。

由式（10-14）可见，滑尺移动一对极（2τ）时，感应电动势幅值变化一个周期，如滑尺移动 p 对极，则感应电动势幅值变化 p 个周期。可见它与多极旋转变压器的输出电动势是完全相仿的。目前，极距为 1mm 的直线式感应同步器，其精度可达 $\pm 2\mu m$，重复精度可达 $\pm 0.25\mu m$。

综上所述，可知直线感应同步器有如下特点：

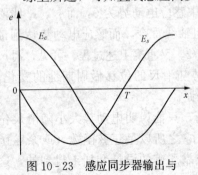

图 10-23　感应同步器输出与位移的关系

（1）精度高。直线感应同步器可直接固定在机床的运动部分和静止部分，不需要经过中间的传动装置而直接测量移位，因而可以消除由于传动装置带来的齿隙误差。此外，它的定、滑尺基片的膨胀系数和机床一样，温度变化不会造成附加的测量误差。再者，直线感应同步器本身的精度很高，对于极距 τ 为 1mm 的直线感应同步器，其精度可达 $\pm 2.5\mu m$，重复精度可达 $0.25\mu m$，灵敏度可达 $0.05\mu m$。由于以上这些原因，使得直线感应同步器在检测直线位移时，比多极旋转变压器更优越。

（2）制造方便，坚固耐用，对环境适应性强，维护简便。

（3）把几个定尺连接起来，可以长距离工作，高速度移动。

（4）由于输出阻抗较高，输出电压只有几毫伏，因此必须在输出端接前置放大器。

由于具有上面这些特点，所以在需要直接检测工作台位移的场合（如数控闭环系统的位置反馈及数字显示系统的位置检测），直线感应同步器已开始取代多极旋转变压器而和两极旋转变压器组成双通道系统，或者它与两极旋转变压器及多极旋转变压器组成粗、中、精三通道系统。

10.6.2　圆盘式感应同步器

圆盘式感应同步器的结构如图 10-20（c）所示，它包括定子和转子两部分。和直线式感应同步器一样，其定、转子绕组也采用印制绕组。转子为单相绕组，由许多辐射状的导电片串联而成。定子绕组分若干组，相邻两个绕组相差 90°电角度，分别为正弦和余弦绕组。所有的正弦和余弦绕组各自串联连接成一体。

圆盘式感应同步器的工作原理与直线式相同，与多极旋转变压器相似。当转子励磁绕组加上交流励磁电压时，它的每一个导电片形成一个磁极，相邻的两个导电片形成一对极，它们之间的距离即为一个极距，磁场沿圆周方向以 p 对极做正弦分布。

设定子上的余弦绕组轴线与转子励磁绕组的轴线之间的夹角的机械角为 θ 时，则相应的电角度为 $p\theta$，和多极旋转变压器相似。此时，其定子上的正弦、余弦绕组的输出电压是 $p\theta$ 角的正、余弦函数，即

$$\begin{cases} E_s = KE_{1m}\sin(p\theta) \\ E_c = KE_{1m}\cos(p\theta) \end{cases}$$

转子旋转一周，正、余弦绕组输出电动势幅值变化 p 个周期，因此，它可以如同多极旋转变压器一样，作为双通道测角系统中的精机通道，且因 p 很多，测量精度比旋转变压器更高。目前，外径为 300mm 的 720 极圆盘式感应同步器的测角精度可达 $\pm(1'' \sim 2'')$，重复精度可达 $0.1''$，灵敏度可达 $0.05''$。

10.6.3　感应同步器的工作状态与应用举例

1. 工作状态

感应同步器有鉴相、鉴幅两种工作状态。

（1）鉴相工作状态。在滑尺的正、余弦绕组上加上幅值、频率相同，但相位差 90°电角度的电压

$$\begin{cases} u_s = U_0\cos\omega t \\ u_c = U_0\sin\omega t \end{cases}$$

则当定、滑尺相对移动 θ 角 $\left(\text{或} \dfrac{\pi}{\tau} \times \text{电角度}\right)$ 时，定尺单相绕组中的感应电动势为

$$\begin{aligned} e &= K_2 u_s \cos\theta - K_2 u_s \sin\theta \\ &= K_2 U_0 (\sin\omega t \cos\theta - \cos\omega t \sin\theta) \\ &= K_2 U_0 \sin(\omega t - \theta) \end{aligned}$$

对于圆盘式

$$e = K_2 U_0 \sin(\omega t - \theta)$$

对于直线式

$$e = K_2 U_0 \sin\left(\omega t - \frac{\pi}{\tau} x\right)$$

可见，直线感应同步器把滑尺的直线位移变换为输出电压的时间相位移。只要鉴别出输出电压的时间相位移，就可知道感应同步器的角位移（或直线位移）的大小。这种工作状态称为鉴相工作状态。

（2）鉴幅工作状态。在滑尺的正、余弦绕组上，分别加上幅值不同，频率和相位相同的正弦电压，如

$$\begin{cases} u_s = U_0 \cos\theta_1 \sin\omega t \\ u_c = U_0 \sin\theta_1 \sin\omega t \end{cases}$$

式中　θ_1——指令位移角（或指令直线位移$\frac{\pi}{\tau} x_1$）。

假定滑尺的余弦绕组相对定尺励磁绕组位移θ角，则在定尺绕组中感应电动势为

$$\begin{aligned} e &= K_2 u_s \cos\theta - K_2 u_c \sin\theta \\ &= K_2 U_0 (\sin\theta_1 \cos\theta - \cos\theta_1 \sin\theta) \sin\omega t \\ &= K_2 U_0 \sin(\theta_1 - \theta) \sin\omega t \end{aligned}$$

对于圆盘式

$$e = K_2 U_0 \sin(\theta_1 - \theta) \sin\omega t$$

对于直线式

$$e = K_2 U_0 \sin\frac{\pi}{\tau}(x_1 - x) \sin\omega t$$

由此可见，感应同步器输出电动势的幅值正比于指令位移角和滑尺位移角之差的正弦函数。如果用它的输出电动势去控制交流伺服电动机的工作，则只有当$\theta_1 = \theta$（或$x_1 = x$）时，输出电压为0，电机才停转。这样一来，工作台就能严格按照指令移动。由于这种系统是通过鉴别感应同步器的输出电动势幅值是否为0来进行控制的，所以叫鉴幅工作状态或鉴零工作状态。

与多极旋转变压器一样，直线感应同步器输出电压也有许多个零位。为了避免在假零位上协调，必须采用双通道系统，粗机通道可以由两极旋转变压器组成。

2. 感应同步器的应用举例

机床的数字控制系统按控制刀具相对于工件移动的轨迹不同，可分为点位控制系统和位置随动系统。下面分别进行说明。

（1）点位控制系统。点位控制系统主要是控制刀具或工作台从某一加工点到另一加工点之间的准确定位，而对点与点之间所经过的轨迹不加控制。利用感应同步器作点位控制的检测反馈元件，可以直接测出机床的移动量以修正定位误差，提高定位精度。图10-24就是感应同步器在点位控制中的应用。

系统的工作过程如下：工作前通过输入装置（如可编程控制器）先给计数器预置工作台某一相应位置的指令脉冲数。脉冲发生器按机床移动速度的要求不断发出脉冲。当计数器内有数时，门电路打开，步进电动机按脉冲发生器发出的驱动脉冲驱动工作台做步进运动，并带动感应同步器的滑尺。滑尺每移动一定距离，如0.01mm，感应同步器检出装置发出一个脉冲，这个脉冲进入计数器，说明工作台已移动了0.01mm，计数器中的数就减1。当机床运动到达预定位置时，感应同步器检测装置发出的脉冲数正好等于预置的指令脉冲数，计数

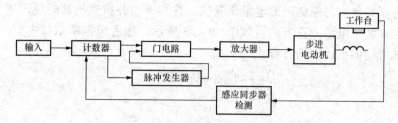

图 10-24　感应同步器组成的点位控制系统

器出现全"0"状态，门电路关闭，步进电动机停转。工作台停止运动，实现了准确的定位。

（2）位置随动系统。位置随动系统或称连续控制系统，它不仅要求在加工过程中实现点的准确定位，而且要保证运动过程中逐点的定位精度，即对运动轨迹上的各点都要求精确地跟踪指令。

图 10-25 所示为一种采用直流力矩电动机为执行元件，采用鉴幅工作方式的感应同步器为检测反馈元件的位置随动系统。设开始时 $\theta = \theta_1$，系统处于平衡状态。当计算机送来指令脉冲时，经数模转换电路，使励磁电压的 θ_1 角改变，即 $\theta \neq \theta_1$，这就破坏了原有的平衡，定尺输出电压，经放大、整流后驱动直流力矩电动机，使工作台按预定方位运动，并带动滑尺向 $\theta = \theta_1$ 的方向运动，直到 θ 重新等于 θ_1 为止，从而实现了位置随动。

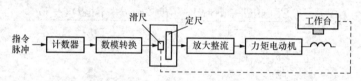

图 10-25　感应同步器组成的位置随动系统

10.7　感 应 移 相 器

目前常用的感应移相器是在旋转变压器基础上演化而来的一种微型控制电机。其特点是输出电压的相位与转子转角呈线性关系，且输出电压的幅值保持恒定。感应移相器作为移相元件常用于测角、测距离和随动系统中。

10.7.1　感应移相器的基本结构与工作原理

感应移相器的基本结构和旋转变压器相同，即定、转子铁芯由硅钢片叠成，定、转子铁芯槽内都放有结构相同、空间位置相互垂直的两套绕组，转子绕组通过集电环和电刷引出。如果将旋转变压器的输出绕组按图 10-26 接上移相电路，移相回路中的电阻 R 和电容 C 以及旋转变压器本身的参数满足一定的条件，那么旋转变压器就变成感应移相器了，如图 10-26 所示。如果设励磁绕组和余弦绕组轴线间的夹角为 θ，当一次侧加上单相交流电压 U_s 时，感应移相器的输出电压 U_R 将是一个幅值不变，相位和转子转角 θ 呈线性关系的交流电压。

下面通过推导空载时的输出电动势来

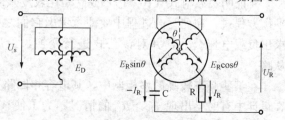

图 10-26　感应移相器工作原理图

进行说明。为了简便，忽略绕组的电阻和漏抗。首先按照分析变压器时规定正方向的方法，做出电压、电动势、电流的正方向，如图 10-26 所示，然后根据基尔霍夫第二定律确定二次侧正、余弦绕组的电压平衡方程式

$$\begin{cases} \dot{U}_R = \dot{E}_R \cos\theta - \dot{I}_R R \\ \dot{U}_R = \dot{E}_R \sin\theta - (-\dot{I}_R)\dfrac{1}{j\omega C} \end{cases} \tag{10-16}$$

则

$$\dot{I}_R = \frac{\dot{E}_R \cos\theta - \dot{E}_R \sin\theta}{R + \dfrac{1}{j\omega C}}$$

假设移相回路的参数满足 $R = \dfrac{1}{\omega C}$ 条件，则

$$\dot{I}_R = \frac{\dot{E}_R}{R}(\cos\theta - \sin\theta)\frac{1}{1-j} \tag{10-17}$$

把式（10-17）代入式（10-16），则

$$\begin{aligned} \dot{U}_R &= \dot{E}_R \cos\theta - \frac{\dot{E}_R}{R}(\cos\theta - \sin\theta)\frac{1}{1-j}R \\ &= \frac{\dot{E}_R(\sin\theta - j\cos\theta)}{1-j} = \frac{\dot{E}_R(\cos\theta + j\sin\theta)(-j)}{1-j} \\ &= \frac{\dot{E}_R}{\sqrt{2}}e^{j(\theta - 45°)} \end{aligned} \tag{10-18}$$

由式（10-18）可以看出，输出电压 U_R 满足幅值不变的要求，而相位与转子转角 θ 呈线性关系。

以上是空载时的情况。要使负载时输出电压仍保持上述关系，旋转变压器和移相电路的参数必须满足以下两个条件：

$$\begin{cases} R_{2k} = x_{2k} \\ R + R_{2k} = \dfrac{1}{\omega C} - x_{2k} \end{cases}$$

式中　R_{2k}——旋转变压器输出阻抗的电阻分量；

　　　x_{2k}——旋转变压器输出阻抗的电抗分量。

此时，输出电压也和式（10-18）符合，即

$$\dot{U}_R = \frac{\dot{E}_R}{\sqrt{2}}e^{j(\theta - 45°)} \tag{10-19}$$

要证明负载时式（10-19）成立是比较复杂的，首先要列出一次、二次四个回路的电压平衡方程式，在列写的过程中要注意考虑它们之间的互感作用，再由方程组解出负载电流，求出负载电压公式，并对该公式进行变换，最后代入上述两个条件即可证得。具体推导从略。

在某些频率较高的移相器中，其电容相回路往往还串有电阻 R_C，图 10-27 所示。因为在设计中有时会出现 $x_{2k} > R_{2k}$ 的情况，为了使移相器输出电压保持正常，特加上补偿电阻 R_C。这里 $R_C = x_{2k} - R_{2k}$。

10.7.2　感应移相器的应用

1. 感应移相器在同步随动系统中的应用

图 10-28 所示为由一对感应移相器组成的同步随动系统。

当发送机和接收机处于失调位置时，两机输出电压的相位不一致，通过相位比较器求出相位差，相位比较器的输出电压经过放大器送至伺服电动机的控制绕组，使伺服电动机转动，伺服电

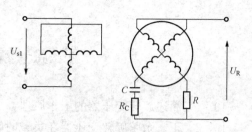

图 10-27　感应移相器加补偿电阻 R_C 的原理图

动机通过齿轮带动接收机转子转动，直至接收机的位置与发送机的位置一致为止，此时，发送机和接收机协调，两机输出电压相位一致，相位比较器输出电压为 0，伺服电动机停止转动。

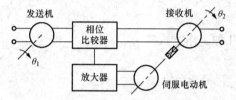

图 10-28　由一对感应移相器组成的同步随动系统

2. 感应移相器在测角装置中的应用

在测角装置中可以用感应移相器作为角度—相位转换器，然后对相位进行测量，图 10-29 是测角装置之一。

这里移相器的作用是将机械转角 θ 变换成输入电压和输出电压的相位差 $\Delta\varphi$，输入电压和输出电压分别经过限幅放大、整形后送入检相装置。检相装置输出一个宽度为 Δt 的脉冲，该 Δt 正比于相位差 $\Delta\varphi$，经过控制门使该脉冲在 Δt 时间内被来自石英振荡器的高额脉冲所填满。另一方面，石英晶体振荡器的输出经分频器和触发器，输出一个宽度为标准时间（例如 1s）的脉冲去控制一个门，这样送至计数器的信号，就是一个标准时间内总的脉冲数。显然脉冲总数正比于 Δt，而 Δt 正比于 $\Delta\varphi$，$\Delta\varphi$ 又正比于被测转角 θ，所以计数器所表示的脉冲数标志着被测转角的大小。

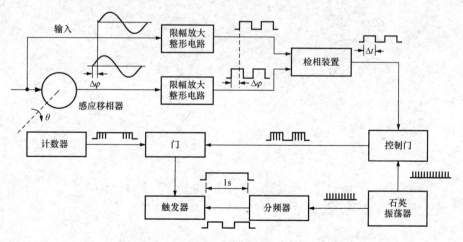

图 10-29　感应移相器作为角度—相位转换器

思考题与习题

10-1　简述旋转变压器的工作原理。

10-2　正、余弦旋转变压器在负载时输出电压为什么会发生畸变？消除输出特性曲线畸变的方法有哪些？

10-3　正、余弦旋转变压器二次侧完全补偿的条件是什么？一次侧完全补偿的条件又是什么？试比较采用二次侧补偿和一次侧补偿各有哪些特点？

10-4　线性旋转变压器输出电压与转子转角 α 的关系式是什么？若要求输出电压的线性误差小于 0.1% 时，转角 α 的角度范围是多少（设变比为 0.52）？

10-5　简要说明旋转变压器产生误差的原因和改进方法。

10-6　感应同步器的绕组是如何设置的？有哪几种工作方式？

第11章 自整角机

自整角机是一种能对角位移或角速度的偏差自动整步的感应式机电元件。其功能是在轴上完成转角到电信号转换，或者再将电信号变换为转轴的转角信号，使机械上互不连接的两根或几根转轴同步偏转或旋转，以实现角度的传输、变换和接收。在自动控制系统中，一般是两台或两台以上相同的自整角机组合使用，它们在电路上互有联系，在机械上各自独立，但各电机的转轴又能自动地保持相同的转角变化或同步旋转。自整角机的上述特性称为自整步特性。

自整角机的应用非常广泛，常用于位置和角度的远距离指示，如飞机、舰船等角度位置和高度的指示、雷达系统的无线定位等；另一方面，常用于需要远距离调节执行机构的速度，或者需要某一根或多根轴随另外的与其无机械连接的轴同步转动的远距离控制系统中，如轧钢机轧辊控制和指示系统、核反应堆的控制棒指示等。

按在系统中的作用，自整角机分为自整角发送机和自整角接收机。在系统中产生和发出角度位置信号的自整角机称为自整角发送机，它可将轴上的转角变换为电信号；接收并跟随动作的自整角机称为自整角接收机，它可将发送机发送的电信号变换为转轴的转角。在随动系统中，主令轴只有一根，而从动轴可以是一根或多根，主令轴安装发送机，从动轴安装接收机，即一台发送机可带一台或多台接收机。

按供电电源相数的不同，自整角机可分为三相自整角机和单相自整角机。三相自整角机功率较大，多用于水闸、阀门等大功率系统中，拖动系统作"电轴"用，故又称为功率自整角机，其结构形式与三相绕线转子异步电动机相同，一般不属于控制电动机之列。自动控制系统中广泛应用的自整角机是单相自整角机，由单相交流电源供电，通常电源频率为400Hz和50Hz。本章只讨论单相自整角机。

按功能的不同，自整角机可分为力矩式自整角机和控制式自整角机两种。力矩式自整角机系统通常为开环系统，它只适用于接收机轴上负载很轻（如指针、刻度盘等）、角度传输精度要求不高的控制系统中，如远距离指示液面的高度，阀门的开度，液压电磁阀的开闭，船舶的舵角、方位和船体倾斜的指示，电梯或矿井提升机的位置等。这类自整角机本身不能放大力矩，要带动接收机轴上的机械负载，必须由自整角机发送机一方的驱动装置供给转矩，因此，力矩式自整角机系统可以看成是通过一个"弹性"连接，能在一定距离内扭转转轴来带动负载。控制式自整角机作为检测元件，可以将转角转换成电信号，主要应用在由自整角机和伺服机构组成的随动系统中。其接收机的转轴不直接带负载，即没有力矩输出，相当于工作在变压器状态，通常称为自整角变压器。采用控制式自整角机系统和伺服机构组成的随动系统，其驱动负载的能力取决于系统中交流伺服电动机的容量，因而能带动较大的负载。由控制式自整角机组成的随动系统是闭环系统，精度较高。

按结构形式的不同，自整角机分为接触式和无接触式两种。接触式自整角机采用封闭式、单轴伸结构，结构简单，制造方便，工作性能好，因而使用较广泛，采用封闭式结构可以防止因机械撞击及电刷、集电环污染而造成的接触不良，以免影响其性能，因此适用于较为恶劣的环境中，但电刷与集电环之间的滑动接触可靠性差，易产生无线电干扰。无接触式自整角机结构特点是电机外径较大，轴向长度较短，呈环状，且转子是不带轴的，内孔大，便于和现场的转轴装配，由于用环形变压器代替了集电环和电刷，它的可靠性高，寿命长，不产生无线电干扰，但其结构复杂，制造困难，工作性能较差。

接触式和非接触式自整角机的结构虽有差别，但它们的工作原理是一样的。下面以接触式自整角机为例，介绍力矩式、控制式自整角机系统的工作原理。

11.1　力矩式自整角机

11.1.1　力矩式自整角机的结构

自整角机的结构和一般旋转电机一样，主要由定子和转子两大部分组成。

力矩式自整角机的定、转子绕组有单相绕组和三相绕组两种。单相绕组作为励磁绕组，可做成集中式，直接套在凸极铁芯上，也可做成分布式放在铁芯槽中。工作时，接入单相交流电源励磁。三相绕组由 3 个结构、匝数、阻抗完全相同的对称绕组组成，一般做成分布式，称为整步绕组，也称同步绕组，沿铁芯的表面按空间互差 120°电角度放置在铁芯槽中。三相对称绕组有 6 个出线头，3 个始端引到接线板上，末端连在一起，接成星形。为了提高力矩式自整角机的精度，三相整步绕组采用分布短距绕组或同心式不等匝绕组。

力矩式自整角机的定、转子铁芯是由高磁导率、低损耗的薄硅钢片冲制后，经涂漆、涂胶叠装而成。大多数都采用两极的凸极机结构，可以是转子采用凸极式结构，如图 11-1（a）所示，也可以采用定子凸极式结构，如图 11-1（b）所示。选用两极电动机是为了保证在整个圆周范围内只有唯一的转子对应位置，从而能准确指示。选用凸极式结构是为了能获得较好的参数配合关系，以提高其运行性能。只有在频率较高而尺寸又较大的力矩式自整角机中，才采用隐极式结构，如图 11-1（c）所示。

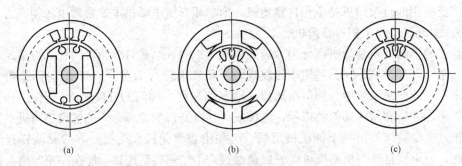

图 11-1　力矩式自整角机典型结构
(a) 转子凸极式；(b) 定子凸极式；(c) 隐极式

图 11-1（a）所示的转子凸极式结构中，定子铁芯上放置三相整步绕组，转子凸极式铁芯上放置单相励磁绕组。为了使转子绕组与外电路连接，转子上装有两组集电环和电刷装置，集电环是安装在转轴上的两个导电环，集电环之间以及集电环与转轴之间都是绝缘的，转子绕组的出线端分别接到不同的集电环上。在电机的端盖上装有电刷架，以放置电刷，电刷压在集电环上做滑动接触，这样，转子绕组通过集电环和电刷被引到机壳上的接线板上。这种结构的优点是转子重量轻，电刷、集电环数少，因此摩擦力矩小，

精度较高，故障率较低，可靠性也相应提高。缺点是转子重量不宜平衡，可引起附加误差，转子上的单相励磁绕组长期经电刷、集电环通过励磁电流，尤其在随动系统中，当发送机与接收机的转子处于对应位置（也称为协调位置）而停转时，容易造成电刷和集电环的固定接触处长期发热以致烧坏集电环。所以这种结构适用于容量较小的指示性远距离角度传输系统中。

采用图 11-1（b）定子凸极式结构时，将单相励磁绕组放置在定子凸极铁芯上，三相整步绕组放置在转子隐极铁芯上，并由三相集电环和电刷引出。转子的集电环与电刷仅在系统中有失调角时，即在自整角机转子转动时才有电流通过，集电环的工作条件较好。这种结构的缺点是转子重量大，集电环数目增加为三组，摩擦力矩较大，易出故障，影响精度，并增加了薄弱环节，被较少采用。这种结构大都用于容量较大的力矩式自整角机中。

另外，为了提高比整步转矩［N·m/(°)］，力矩式自整角机通常都在转子上装设交轴阻尼绕组。对于接收机来说，阻尼绕组还可以消除转子的振荡，减小阻尼时间。

为保证在薄壁情况下有足够的强度，机壳采用不锈钢筒制成或者采用铝合金制成。机壳通常加工成杯形，即电动机的一端有端盖，可以拆卸，另一端是封闭的。轴承孔分别位于端盖和机壳上。电动机在制造时应保证定、转子有较高的同心度。自整角机的集电环是由银铜合金制成，电刷采用焊银触点，以保证接触可靠。

11.1.2　力矩式自整角机的工作原理

力矩式自整角机工作原理可以由图 11-2 来说明。两台结构、参数完全一样的转子凸极式自整角机构成自整角机组。一台与输入信号轴相连，用来发送转角信号，称自整角发送机；另一台与机械负载相连，用来接收转角信号，称为自整角接收机。它们的转子励磁绕组接在同一单相交流电源上，定子三相整步绕组均接成星型，相序相同的相绕组对应的引出线接在一起。习惯上为了表示清楚，将励磁绕组画在上边，整步绕组画在下边。发送机画在左边，用 F 表示；接收机画在右边，用 J 表示。

通常定义 A 相整步绕组轴线与励磁绕组轴线的夹角为转子位置角。如图 11-2 所示，设 θ_F 为发送机的转子位置角；θ_J 为接收机的转子位置角。令 $\theta = \theta_F - \theta_J$，称 θ 为失调角。

为了便于分析，做如下简化：①忽略电枢反应；②假定自整角机气隙磁通密度按正弦规律分布；③自整角机磁路为不饱和状态，忽略磁动势和电动势中的高次谐波影响。这样，在分析时就可应用叠加原理和矢量运算。

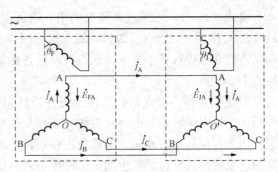

图 11-2　力矩式自整角机工作原理图

当两台自整角机的励磁绕组中均通入单相交流电流时，两台自整角机的气隙中都将产生脉振磁场，方向与各自励磁绕组的轴线方向相同，其大小随时间按正弦规律变化。脉振磁场使整步绕组的各相绕组生成时间上同相位的感应电动势，电动势的大小取决于整步绕组中各相绕组的轴线与励磁绕组轴线之间的相对位置。显然，当整步绕组中的某一相绕组轴线与其对应的励磁绕组轴线重合时，该相绕组中的感应电动势为最大，用 E_m 表示电动势的最大值。则发送机的各相绕组的感应电动势有效值为

$$\begin{cases} E_{FA} = E_m \cos\theta_F \\ E_{FB} = E_m \cos(\theta_F - 120°) \\ E_{FC} = E_m \cos(\theta_F - 240°) \end{cases}$$

接收机的各相绕组的感应电动势有效值为

$$\begin{cases} E_{JA} = E_m \cos\theta_J \\ E_{JB} = E_m \cos(\theta_J - 120°) \\ E_{JC} = E_m \cos(\theta_J - 240°) \end{cases}$$

当两台自整角机完全相同，转子又处于相同位置（$\theta_F = \theta_J$）时，在发送机和接收机对应的相绕组内感应电动势的大小和相位都一样，电势差为 0，于是三相整步绕组中也就不存在电流。

当原动机带动发送机转子转动时，使 $\theta_F \neq \theta_J$，就会出现电动势差

$$\begin{cases} \Delta E_A = E_{FA} - E_{JA} = E_m(\cos\theta_F - \cos\theta_J) = 2E_m \sin\dfrac{\theta_F + \theta_J}{2} \sin\dfrac{\theta}{2} \\ \Delta E_B = E_{FB} - E_{JB} = 2E_m \sin\left(\dfrac{\theta_F + \theta_J}{2} - 120°\right)\sin\dfrac{\theta}{2} \\ \Delta E_C = E_{FC} - E_{JC} = 2E_m \sin\left(\dfrac{\theta_F + \theta_J}{2} - 240°\right)\sin\dfrac{\theta}{2} \end{cases}$$

于是有电流流过三相绕组。设整步绕组中的各相阻抗为 Z，则各相回路的电流有效值为

$$\begin{cases} I_A = \dfrac{\Delta E_A}{2Z} = \dfrac{E_m}{Z} \sin\dfrac{\theta_F + \theta_J}{2} \sin\dfrac{\theta}{2} \\ I_B = \dfrac{\Delta E_B}{2Z} = \dfrac{E_m}{Z} \sin\left(\dfrac{\theta_F + \theta_J}{2} - 120°\right)\sin\dfrac{\theta}{2} \\ I_C = \dfrac{\Delta E_C}{2Z} = \dfrac{E_m}{Z} \sin\left(\dfrac{\theta_F + \theta_J}{2} - 240°\right)\sin\dfrac{\theta}{2} \end{cases} \tag{11-1}$$

由式（11-1）可知，无论失调角 θ 为何值，三相整步绕组中电流的总和始终为 0，即 $I_A + I_B + I_C = 0$，所以发送机和接收机三相整步绕组间可不接中性线 OO'。当失调角 $\theta = 0°$，即发送机和接收机转子处于协调位置时，各相整步绕组中的电流为 0，相应转子上的整步转矩也为 0。

当 $\theta \neq 0$，即 $\theta_F \neq \theta_J$ 时，整步绕组各相回路中存在电流，带电的整步绕组在气隙磁场的作用下产生电磁转矩，电磁转矩作用于整步绕组而试图使定子旋转，定子是固定不动的，根据作用力与反作用力原理，电磁转矩将使转子旋转起来。由于发送机转轴与主令轴相接，不能做任意转动，发送机产生的电磁转矩与外力矩平衡，使转轴保持静止。接收机中的电磁转矩带动转子转动，直到失调角为 0°，三相绕组中的感应电动势差消失为止，实现电能到机械能的转换，这样，系统进入新的协调位置，实现转角的传输。接收机的电磁转矩能使其转子与发送机转子协调或同步，这个转矩又称为整步转矩。

只要发送机转子转过一个角度，接收机的转子就会在接收机本身生成的电磁转矩作用下转过一个相同的角度，使从动轴的位置与主动轴位置相同，从而消除转角差，即自动保持相同转角的变化或同步旋转，从而实现了转角远距离再现。所以自整角机是具有自动整步能力的微特电机，力矩式自整角机系统就将两个无机械连接的转轴，通过电信号连接起来，同步运动。

实际上，由于存在摩擦转矩，当电磁转矩随失调角减小而减小到等于或小于摩擦转矩时，接收机的转子就停转了。也就是说，电流未下降到零时接收机转子就停转了，说明接收机转子的偏转角与发送机转子的偏转角还有一定的偏差，即仍存在失调角，此时的失调角称为静态误差角。静态误差角越小，力矩式自整角机的精度越高。

下面分析自整角机中的磁动势、转矩、电动势、电流的正方向如图 11-2 所示。

1. 整步绕组的磁动势分析

发送机励磁绕组通电后产生一个脉振磁场。在此磁场作用下，发送机定子三相绕组内感应出电动势和电流，并产生 3 个同频率、同相位，但大小不等的脉振磁场。方向沿各相绕组轴线，因而在空间互差 120°电角度，则三相基波脉振磁动势的幅值为

$$
\begin{cases}
F_{FA} = \dfrac{4}{\pi}\sqrt{2}I_A N k_w = \dfrac{4\sqrt{2}}{\pi}\dfrac{E_m}{Z}N k_w \sin\dfrac{\theta_F+\theta_J}{2}\sin\dfrac{\theta}{2} = F_m \sin\dfrac{\theta_F+\theta_J}{2}\sin\dfrac{\theta}{2} \\[3mm]
F_{FB} = \dfrac{4}{\pi}\sqrt{2}I_B N k_w = \dfrac{4\sqrt{2}}{\pi}\dfrac{E_m}{Z}N k_w \sin\left(\dfrac{\theta_F+\theta_J}{2}-120°\right)\sin\dfrac{\theta}{2} \\[3mm]
\quad = F_m \sin\left(\dfrac{\theta_F+\theta_J}{2}-120°\right)\sin\dfrac{\theta}{2} \\[3mm]
F_{FC} = \dfrac{4}{\pi}\sqrt{2}I_C N k_w = \dfrac{4\sqrt{2}}{\pi}\dfrac{E_m}{Z}N k_w \sin\left(\dfrac{\theta_F+\theta_J}{2}-240°\right)\sin\dfrac{\theta}{2} \\[3mm]
\quad = F_m \sin\left(\dfrac{\theta_F+\theta_J}{2}-240°\right)\sin\dfrac{\theta}{2}
\end{cases}
$$

为了分析方便，通常将这 3 个脉振磁动势分解为直轴分量和交轴分量。如图 11-3（a）所示，取励磁绕组的轴线为直轴，又称为 d 轴；超前 90°为交轴，又称为 q 轴。由各相空间脉振磁动势在直轴和交轴投影之和，求出磁动势的直轴分量 F_{Fd} 和交轴分量 F_{Fq}，即

$$
\begin{cases}
F_{Fd} = F_{Fad}+F_{Fbd}+F_{Fcd} = F_{Fa}\cos\theta_F + F_{Fb}\cos(\theta_F-120°)+F_{Fc}\cos(\theta_F-240°) \\[2mm]
\quad = F_m \sin\dfrac{\theta}{2}\Big[\sin\dfrac{\theta_F+\theta_J}{2}\cos\theta_F + \sin\left(\dfrac{\theta_F+\theta_J}{2}-120°\right)\cos(\theta_F-120°) \\[2mm]
\qquad + \sin\left(\dfrac{\theta_F+\theta_J}{2}-240°\right)\cos(\theta_F-240°)\Big] \\[2mm]
\quad = -\dfrac{3}{4}F_m(1-\cos\theta) \\[2mm]
F_{Fq} = F_{FAq}+F_{FBq}+F_{FCq} = -\big[F_{FA}\sin\theta_F + F_{FB}\sin(\theta_F-120°)+F_{FC}\sin(\theta_F-240°)\big] \\[2mm]
\quad = -F_m \sin\dfrac{\theta}{2}\Big[\sin\dfrac{\theta_F+\theta_J}{2}\sin\theta_F + \sin\left(\dfrac{\theta_F+\theta_J}{2}-120°\right)\sin(\theta_F-120°) \\[2mm]
\qquad + \sin\left(\dfrac{\theta_F+\theta_J}{2}-240°\right)\sin(\theta_F-240°)\Big] \\[2mm]
\quad = -\dfrac{3}{4}F_m \sin\theta
\end{cases}
\tag{11-2}
$$

则合成磁动势为

$$
F_F = \sqrt{F_{Fd}^2 + F_{Fq}^2} = \dfrac{3}{2}F_m \sin\dfrac{\theta}{2}
$$

同理，可分析接收机定子绕组中产生的磁场。由于发送机和接收机的整步绕组是对应相接，当发送机定子绕组内的感应电流流过接收机定子对称三相绕组后，也会在接收机定子各

相绕组中产生脉振磁动势。因两台自整角机完全相同，而电流方向相反，所以接收机与发送机的相应脉振磁动势大小相等，但方向相反，即

$$\begin{cases} F_{JA} = -F_{FA} \\ F_{JB} = -F_{FB} \\ F_{JC} = -F_{FC} \end{cases}$$

则

$$\begin{cases} F_{Jd} = -\dfrac{3}{4}F_m(1-\cos\theta) \\ F_{Jq} = \dfrac{3}{4}F_m\sin\theta \end{cases}$$

合成磁动势为

$$F_J = \sqrt{F_{Jd}^2 + F_{Jq}^2} = \frac{3}{2}F_m\sin\frac{\theta}{2}$$

接收机合成磁动势与交轴的夹角 β_J 为 $\beta_J = \arctan\dfrac{|F_{Jd}|}{|F_{Jq}|} = \dfrac{\theta}{2}$。

接收机合成磁动势的关系如图 11-3（b）所示。

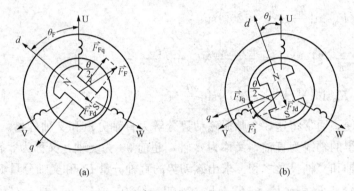

图 11-3　力矩式自整角机整步绕组磁动势的空间关系

（a）发送机；（b）接收机

由上述分析可知：

（1）发送机和接收机中磁动势的直轴分量、交轴分量和合成磁动势的大小均与转子位置角 θ_F 和 θ_J 无关，仅是失调角的函数。

（2）发送机和接收机整步绕组磁动势的直轴分量为负值，均与主磁场方向相反，说明整步绕组的直轴磁动势对励磁主磁动势呈去磁作用。但在指示状态时，因失调角很小，整步绕组磁动势的直轴分量也极小，去磁作用可以忽略不计。

（3）发送机和接收机整步绕组磁动势的直轴分量大小相等，方向相同，而交轴分量大小相等，方向相反。因此发送机的合成磁动势在空间上滞后 q 轴一个 $\theta/2$ 角度，接收机的合成磁动势超前 q 轴一个 $\theta/2$ 角度。这说明发送机的合成磁动势在空间转过一个正 $\theta/2$ 时，接收机的合成磁动势将反方向转过同样的 $\theta/2$ 角度。

（4）当失调角很小时，发送机和接收机整步绕组的合成磁动势在空间上几乎和交轴重合，因此严格说式（11-1）中的阻抗 Z 应是交轴阻抗。

2. 整步转矩

通电导体在磁场中会受到电磁力的作用，力矩式自整角机转子所受的电磁力矩就是定子合成磁场与转子绕组导体内电流相互作用的结果。电磁转矩方向由左手定则确定。下面研究

接收机如何产生转矩。

当力矩式自整角机产生失调角 θ 后，在电机转子上产生的转矩称为整步转矩，也称静态整步转矩。凸极式自整角机的整步转矩 T 由两个不同性质的分量组成，一个是整步绕组中的电流和励磁绕组建立的主磁通相互作用而产生的电磁转矩 T_1；另一个是由于直轴和交轴磁阻不同而引起的反应转矩 T_2。隐极式自整角机无反应整步转矩，只有电磁整步转矩。

在上述分析中，已经确定了直轴（d 轴）和交轴（q 轴）的正方向，如图 11-4（a）所示。若磁动势（或电流）所产生的磁通是沿 d 轴或 q 轴的正方向时，则此磁动势（或电流）也为正，并取逆时针方向为转子回转角和转矩的正方向。

图 11-4（b）所示为直轴磁通和产生直轴磁动势的线圈，显然，Φ_d 对线圈不会产生转矩。图 11-4（c）所示为交轴磁通和产生交轴磁动势的线圈，同理它们之间相互作用，也不会产生转矩。图 11-4（d）所示为直轴磁通和产生正向交轴磁动势的线圈，它们之间相互作用，将使该线圈产生反向转矩。图 11-4（e）所示为交轴磁通和产生正向直轴磁动势的线圈，它们之间相互作用，将使该线圈产生正向转矩。

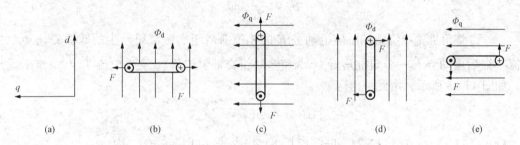

图 11-4　力矩式自整角机系统的电磁转矩产生原理

根据电磁作用规律，如果在磁场中有一个可以转动的线圈，当它通过电流时，它的两个边都与磁场作用产生电磁力，这两个电磁力形成转矩，使线圈转动，力矩的方向是使载流线圈所产生的磁场方向和外磁场方向一致。在这里，接收机励磁绕组相当于可转动的线圈，定子绕组所产生的磁场 $B\sin\delta$ 相当于外磁场，励磁绕组通电后，它的两个线圈边就受到 $B\sin\delta$ 磁场的作用力，使转子受到反时针方向的转矩。

可见，此时接收机转子是朝着使失调角 δ 减小，使接收机转子轴线与发送机转子轴线一致的方向转动。当 δ 减小到 0 时，由于磁场 $B\sin\delta=0$，转矩为 0 使转子停止了转动，此时发送机和接收机达到协调或同步。如果发送机转子不断转动，则接收机转子也随之转动，这样就实现了转角随动的目的。

由于力矩式自整角机是将整步绕组放在定子上，而作用在转子上的电磁转矩与作用在定子线圈上的电磁转矩大小相等，方向相反，因此作用在自整角机转子上的电磁整步转矩为

$$T_1 = K_F(\Phi_d F_q + \Phi_q F_d)$$

当失调角 θ 很小时，可认为 $F_d \approx 0$，此时整步转矩就可近似认为

$$T_1 = K_F \Phi_d F_q \tag{11-3}$$

当磁通 Φ_d 和磁动势 F_q 在空间均按正弦规律分布，且均随时间按正弦函数变化时，但两者相位不同，则式（11-3）可写成

$$T_1 = K\Phi_d F_q \cos\psi \tag{11-4}$$

式中　　K——转矩常数；

　　　　ψ——磁通 Φ_d 和磁动势 F_q 之间的时间相位差。

若不计励磁绕组中的漏阻抗，有

$$\Phi_d \propto \frac{E_f}{f} \propto \frac{U_f}{f} \tag{11-5}$$

式中　　U_f——励磁绕组外施单相交流电压。

由式（11-2）可知

$$F_q = -\frac{3}{4} F_m \sin\theta = -\frac{3}{4} \frac{4\sqrt{2}}{\pi} \frac{E_m}{Z_q} Nk_w \sin\theta \propto \frac{E_m}{Z_q} \sin\theta$$

当某相整步绕组和励磁绕组轴线重合时，它们的感应电动势之比为有效匝数比，即

$$\frac{E_f}{E_m} = \frac{N_f}{Nk_w} \tag{11-6}$$

式中　　N_f——单相励磁绕组有效匝数。

则

$$F_q \propto \frac{U_f}{Z_q} \sin\theta \tag{11-7}$$

自整角机整步绕组的感应电动势 $\dot{E}$ 的相位滞后于励磁绕组产生的脉振磁通 $\dot{\Phi}_d 90°$，电流 $\dot{I}$ 滞后电动势 $\dot{E}$ 一个阻抗角 φ（φ 为整步绕组交轴阻抗角），交轴电流 $\dot{I}_q$ 与电流 $\dot{I}$ 同相位，如图 11-5 所示。由此可得

$$|\cos\psi| = \sin\varphi = \frac{X_q}{Z_q} \tag{11-8}$$

将式（11-5）、式（11-7）和式（11-8）代入式（11-4）中，得

$$T_1 = K \frac{U_f^2}{f} \frac{X_q}{Z_q^2} \sin\theta = T_{1m} \sin\theta$$

式中　　T_{1m}——电磁整步转矩的最大值。

T_{1m} 和励磁电压的平方成正比，和励磁电源的频率成反比，且出现在失调角 $\theta = 90°$ 时。

上述分析可知，当失调角 θ 很小时，力矩式自整角机的电磁整步转矩主要是由交轴磁动势 F_q 与直轴磁通 Φ_d 相互作用所产生。由于接收机和发送机整步绕组合成磁动势的交轴分量 F_{Fq} 和 F_{Jq} 的大小相等而方向相反，所以它们的电磁整步转矩也是大小相等、方向相反。当发送机转子在外力作用下，转子顺时针方向转过一个角度，则发送机的转子受到逆时针方向的转矩作用，力图使转子保持原有位置。而接收机中的转子受到顺时针方向的转矩作用，转子顺时针方向转动，使失调角逐渐减小，电磁转矩也减小，直至达到协调位置。当发送机转子不断转动，则接收机转子也随之同步转动，实现了转角随动的目的。

整步转矩的第二个分量是反应整步转矩。因为力矩式自整角机常采用凸极结构，对脉振磁场来说，其直轴和交轴磁阻不一样，从而引起反应转矩。根据凸极同步电动机的矩角特性可知，反应整步转矩为

$$T_2 = T_{2m} \sin 2\theta$$

式中　　T_{2m}——反应整步转矩的最大值，通常要比 T_{1m} 小很多。

自整角机总的整步转矩为

$$T = T_1 + T_2 = T_{1m} \sin\theta + T_{2m} \sin 2\theta$$

当失调角 θ 很小时，力矩式自整角机的整步转矩

$$T \approx T_1 \approx T_{1m}\theta$$

总之，自整角机的静态整步转矩对隐极机来说就是 T_1，对凸极机来说还要增加 T_2。静态整步转矩与失调角的关系如图 11 - 6 所示。显然，自整角机处于协调位置时，静态整步转矩为 0。

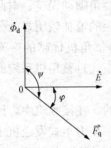

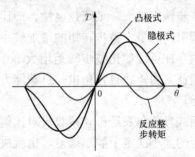

图 11 - 5　力矩式自整角机相量图　　　图 11 - 6　静态整步转矩与失调角的关系

从转矩平衡原理知，只有当整步转矩大于接收机转子轴上总阻转矩 T_L（包括负载转矩和接收机本身的空载转矩）时，接收机转子才可能随发送机的转子转动。由于无论在任何情况下 T_L 都不能等于 0，所以发送机转子和接收机转子之间必然存在一个初始失调角 θ'，使 $T_{1m}\theta' > T_L$。这个失调角 θ' 就是力矩式自整角机系统的转角随动误差，这是力矩式自整角机工作时不可避免地要有失调角。其大小为

$$\theta' > \frac{T_L}{T_{1m}}$$

显然，若阻转矩不变，整步转矩越大，转角随动误差越小。减小电刷摩擦转矩可使误差减小，因此力矩式自整角机的电刷压力要比控制式自整角机小，这样电机的可靠性就差一些。一般力矩式自整角机的比整步转矩只有（几～几十）N·m/(°)，因此它只能带动很小的负载，如仪表指针之类。所以力矩式自整角机也称指示式自整角机，它主要应用于传送数据的同步系统中。

应该指出，力矩式自整角机还存在振荡现象。主令轴使发送机转子转到一个新的角位置时，接收机和发送机的失调角较大，接收机产生整步转矩也较大，使其转子快速向新的协调位置转动去追随发送机。到达协调位置时，即失调角 $\theta = 0°$，$T = 0$，接收机应该停转。但由于惯性的作用，接收机的转子并不立即停在协调位置，它会超越协调位置，此时失调角改变符号，整步转矩也改变方向，从而使接收机反转。同样，反转后由于惯性，转子又会超过协调位置。如此反复，接收机的转子围绕协调位置来回振荡。由于空气的阻力和轴上的摩擦对振荡有阻尼作用，所以整个振荡过程将是衰减的。但这种阻尼作用非常小，仅依靠它们会使振荡的时间很长。为此，在力矩式自整角机接收机中要装设阻尼装置来减小系统运行时的振荡，使接收机在协调位置尽快稳定下来。

接收机的阻尼装置有两种：一种是在转子铁芯中嵌放阻尼绕组，也称为电气阻尼；另一种是在接收机的转轴上装阻尼盘，又称机械阻尼。机械阻尼器的基本元件有惯性轮和摩擦装置。当产生振荡时，惯性轮几乎不动，转轴受到附加摩擦转矩作用，将转子的动能消耗掉，振荡就会迅速衰减。

11.1.3　力矩式自整角机的主要技术指标

力矩式自整角机通常用于角度传输的指示系统，因此要求它们有较高的角度传输精度。

其主要技术指标如下。

1. 比整步转矩和最大整步转矩

比整步转矩指力矩式自整角机系统中，接收机与发送机的失调角为 $\theta=1°$ 时轴上的输出转矩，单位是 N·m/(°)。$\theta=90°$ 时，整步转矩达到最大值，称为最大整步转矩。

比整步转矩越大，系统越灵敏，即比整步转矩直接影响转角随动误差。对凸极机，由反应转矩所引起的最大整步转矩的增加较小，但它对比整步转矩的增加较明显。分析表明，反应转矩的存在可以使比整步转矩增大 20%，这也是凸极式自整角机优越的一面，而最大整步转矩表征了力矩式自整角机的负载能力，因此，它们是力矩式自整角机系统的两项重要的性能指标。

力矩式自整角发送机和接收机对比整步转矩都是有要求的。在接收机中，比整步转矩与摩擦力矩的大小决定了静态误差，也就决定了接收机的精度。在力矩式发送机中，比整步转矩较大者与多台接收机并联工作时，将使接收机轴上产生较大的比整步转矩，从而使系统精度提高。

2. 静态误差

理论上接收机可以稳定在失调角为 0 的位置上，但实际上接收机的转轴上总是存在阻尼力矩，使接收机不能复现发送机的转角。力矩式自整角机系统处于静态稳定时，接收机与发送机转轴转角之差称为静态误差。用角度 $\Delta\theta_s$ 表示，它决定了接收机的精度。

3. 阻尼时间

指力矩式接收机与相同电磁性能的标准发送机同步连接后，当失调角为 $177°\pm2°$ 时，接收机转子由失调位置进入离协调位置 $+0.5°$ 范围内，并且不超过这个范围时所需要的时间称为阻尼时间。

这项指标仅对力矩式接收机有要求。阻尼时间按规定应不大于 3s，阻尼时间越小，接收机的跟随性能越好，为了减小阻尼时间，力矩式接收机上都装设阻尼绕组，即电气阻尼，也有的转轴上装有机械阻尼器，达到阻尼的目的。

4. 零位误差

指力矩式自整角发送机加上励磁电压，从基准电气零位开始，转子每转过 $60°$，从理论上来说，定子三相绕组中总有两根输出线之间电动势应为 0，此位置称为理论电气零位。由于设计、制造工艺等原因影响，实际电气零位与理论电气零位有差异，此差值称为零位误差 $\Delta\theta_0$，用角分表示。力矩式自整角机发送机的精度等级是由零位误差确定的。

11.2 控制式自整角机

在上述力矩式自整角机系统中，接收机的转轴上只能带很轻的负载（如指针），不能用来直接驱动机械负载。因为一般自整角机容量较小，带不动大负载，即使能带动，也会因转轴上负载转矩较大而使系统的精度降低。

力矩式自整角机系统作为角度的直接传输还存在着许多缺点。当接收机转子空载时，静态误差较大，有时可达到 $2°$，并且随着负载转矩或转速的增高而加大。由于这种系统没有力矩的放大作用，因此克服负载所需的转矩必须由发送机方来施加，当多台接收机并联工作时，每台接收机的比整步转矩也随着接收机台数的增多而降低；这种系统在运行中，若有一台接收机因意外原因被卡住，则系统中所有其他并联工作的接收机也都受到影响。又因为力矩式自整角接收机属于低阻抗元件，容易引起力矩式发送机的温升增高，并随着接收机转子上负载转矩的增大而急剧上升。

为了克服以上缺点，在随动系统中广泛采用了由伺服机构和控制式自整角机组合的系统。由于伺服机构中装设了放大器，系统就具有较高的灵敏度，此时角度传输的精度主要取决于自整角机的电气误差，通常可达到几角分，性能上优于力矩式自整角机，并且，对于传动端的连接设备没有更多机械上的限制，在一台发送机分别驱动多个伺服机构的系统中，即使有一台接收机因意外原因发生故障，通常也不至于影响其他接收机正常运行，这种系统的输出信号是电信号，采用的是电气传输方式，输出电动机没有机械运动，有效避免了机械连接带来的误差，工作时温升相当低，尺寸也比相应的力矩式自整角机小，使用灵活，控制式自整角机是自整角机应用的主要形式。

11.2.1 控制式自整角机的结构

控制式自整角机从整体上可分为控制式自整角发送机和控制式自整角接收机。控制式自整角接收机和力矩式自整角接收机不同，它不直接驱动机械负载，而只是输出电压信号，供放大器使用。由于其工作情况如同变压器，因此通常称它为自整角变压器。

控制式自整角发送机的结构形式和力矩式自整角发送机很相近，可以采用凸极式转子结构，也可以采用隐极式转子结构。在转子上通常是放置单相励磁绕组，为了提高电机的精度，有时也在交轴方向装设短路绕组，作为补偿绕组。转子绕组通过集电环、电刷与外电路相接。控制式自整角发送机比力矩式发送机有较高的空载输入阻抗，因而励磁绕组的匝数较多，磁密较低。发送机选用凸极结构还可以使它的输出阻抗降低又不影响其精度，这是因为发送机的精度主要取决于三相整步绕组，而与转子结构形式关系不大。其定子上仍然放置三相整步绕组，彼此间隔 120° 排列。

在具有力矩式接收机和控制式自整角变压器的"混合"系统中，力矩式发送机的零位电压如能满足系统要求，可以用它作为系统的发送机，但不宜选用控制式发送机。因为控制式发送机的绕组阻抗较大，容易发热而使发送机温度升高。

控制式自整角接收机的工作方式是三相整步绕组输入电压，励磁绕组输出电压，实质工作在变压器状态，所以又称为控制式自整角变压器，简称自整角变压器。自整角变压器均采用隐极式转子结构，并在转子上装设单相高精度的直轴绕组作为输出绕组。

为了提高电气精度，降低零位电压，自整角变压器均采用隐极式转子结构，并在转子上装设单相高精度的正弦绕组作为输出绕组。采用隐极式转子结构的优点是：可以降低从发送机方取用的励磁电流，有利于多台自整角变压器与发送机并联工作；由于电机的气隙均匀，在运行时，整步绕组的合成磁动势在空间任一位置都有相同的磁导，可以避免由于磁通波形发生畸变而影响输出绕组的电动势；又因为电机的气隙磁导相同，无反应转矩（磁阻转矩），从而避免了失调角存在时，自整角变压器的转子自动跟随发送机转子保持协调位置的任何趋势。

自整角变压器工作时，输出绕组必须接有高阻抗负载，以避免输出绕组的电枢反应磁动势引起输出电动势的变化。

自整角变压器的定子铁芯上，同样放置三相整步绕组，以获得匝数较多、磁密较低和较高的空载输入阻抗。

控制式自整角机通常采用两极机形式，其他的部件均与力矩式自整角机通用。

11.2.2　控制式自整角机的工作原理

在随动系统中，目前广泛采用的是控制式自整角机和伺服机构组成的组合系统，因为它能带动较大的负载并有较高的角度传输精度，其工作原理如图 11-7 所示。

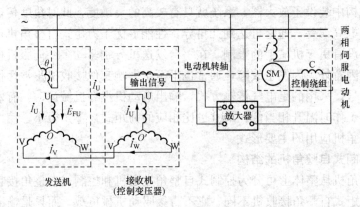

图 11-7　控制式自整角机工作原理

设由结构、参数均相同的两台自整角机构成自整角机组。一台用来发送转角信号，它的励磁绕组接到单相交流电源上，称为自整角发送机。另一台用来接收转角信号并将转角信号转换成励磁绕组中的感应电动势输出，称之为自整角接收机。两台自整角机定子三相整步绕组均接成星形，三对相序相同的相绕组分别对应相接。自整角变压器的输出绕组通常接至放大器的输入端，放大器的输出端接到伺服电动机的控制绕组。这样，由伺服电动机驱动负载转动，并同时通过减速器带动自整角变压器转子构成机械反馈连接。当自整角变压器转子偏转后，失调角减小，并使输出绕组的电压信号减小，直至协调位置，输出绕组的电压信号为0，伺服电机停转。

下面进一步分析控制式自整角机系统的整步绕组电动势、电流、自整角变压器整步绕组的合成磁动势和输出电动势。为了便于分析，做如下假设：①忽略定子三相绕组产生的磁场对励磁磁场的影响；②认为磁动势和磁感应强度沿定、转子之间的气隙在空间按正弦规律分布；③忽略铁芯中磁滞、涡流和饱和的影响，认为磁路是线性的，可以应用叠加原理进行分析。

1. 整步绕组回路的电动势、电流

和力矩式自整角机系统情况一样。在发送机的励磁绕组中通入单相交流电流时，两台自整角机的气隙中都将产生一个在空间正弦分布的、在时间上以电源频率变化的单相脉振磁场，该磁场的轴线就在发送机励磁绕组的轴线上，将在发送机定子的三相绕组中产生时间上同相位的变压器感应电动势，感应电动势的大小取决于各相绕组和励磁绕组轴线之间的相对位置。由于控制式自整角机系统中只有发送机的励磁绕组接入单相交流电源，所以只在发送机的整步绕组中感应电动势。

同样，设发送机整步绕组中的 U 相绕组轴线与其对应的励磁绕组轴线的夹角 θ_F 为转子的初始位置，接收机整步绕组中的 U 相绕组轴线与其对应的励磁绕组轴线的夹角为 θ_1。对接收机而言，励磁绕组只是沿用以往的名称，其实并没有施加单相交流电源励磁，现在只是空接，作为电压输出绕组使用。这个输出电压包括两台自整角机失调角的信息。

发送机整步绕组中各相绕组的感应电动势有效值为

$$\begin{cases} E_{FU} = E_m\cos\theta_F \\ E_{FV} = E_m\cos(\theta_F - 120°) \\ E_{FW} = E_m\cos(\theta_F - 240°) \end{cases}$$

设整步绕组每相等效阻抗为 Z，则整步绕组各相回路中的电流有效值为

$$\begin{cases} I_U = \dfrac{E_{FU}}{2Z} = \dfrac{E_m}{2Z}\cos\theta_F \\[2mm] I_V = \dfrac{E_{FV}}{2Z} = \dfrac{E_m}{2Z}\cos(\theta_F - 120°) \\[2mm] I_W = \dfrac{E_{FW}}{2Z} = \dfrac{E_m}{2Z}\cos(\theta_F - 240°) \end{cases}$$

可见当失调角 $\theta = 0$ 时，U 相整步绕组回路产生最大感应电动势和电流。

2. 自整角变压器整步绕组的磁动势

各相整步绕组产生感应电流后，感应电流必然会在各相产生磁场，这些磁场称为感应磁场，磁场的大小用磁动势表示。根据电动机中电流与磁场的规律，U 相整步绕组回路中，通过发送机整步绕组和接收机整步绕组的电流相等，因此发送机整步绕组的磁动势幅值等于接收机整步绕组的磁动势幅值。则在自整角变压器中，每相、每极对整步绕组基波磁动势的幅值为

$$\begin{cases} F_{JU} = \dfrac{4}{\pi}\sqrt{2}I_U N k_w = \dfrac{4\sqrt{2}}{\pi}\dfrac{E_m}{2Z}N k_w\cos\theta_F = F_m\cos\theta_F \\[2mm] F_{JV} = \dfrac{4}{\pi}\sqrt{2}I_V N k_w = \dfrac{4\sqrt{2}}{\pi}\dfrac{E_m}{2Z}N k_w\cos(\theta_F - 120°) = F_m\cos(\theta_F - 120°) \\[2mm] F_{JW} = \dfrac{4}{\pi}\sqrt{2}I_W N k_w = \dfrac{4\sqrt{2}}{\pi}\dfrac{E_m}{2Z}N k_w\cos(\theta_F - 240°) = F_m\cos(\theta_F - 240°) \end{cases}$$

将整步绕组中 3 个空间脉振磁动势分解为直轴分量和交轴分量，直轴为输出绕组的轴线方向，即 d 轴；交轴为输出绕组轴线在空间前移 90° 电角度的方向，即 q 轴。合成磁动势的直轴分量和交轴分量可由整步绕组各相空间磁动势在直轴和交轴上的投影之和求得。

$$\begin{aligned} F_{Jd} &= F_{JU}\cos\theta_J + F_{JV}\cos(\theta_J - 120°) + F_{JW}\cos(\theta_J - 240°) \\ &= F_m\cos\theta_F\cos\theta_J + F_m\cos(\theta_F - 120°)\cos(\theta_J - 120°) \\ &\quad + F_m\cos(\theta_F - 240°)\cos(\theta_J - 240°) \\ &= \frac{3}{2}F_m\cos(\theta_F - \theta_J) = \frac{3}{2}F_m\cos\theta \end{aligned}$$

$$\begin{aligned} F_{Jq} &= -[F_{JU}\sin\theta_J + F_{JV}\sin(\theta_J - 120°) + F_{JW}\sin(\theta_J - 240°)] \\ &= -[F_m\cos\theta_F\sin\theta_J + F_m\cos(\theta_F - 120°)\sin(\theta_J - 120°) \\ &\quad + F_m\cos(\theta_F - 240°)\sin(\theta_J - 240°)] \\ &= \frac{3}{2}F_m\sin(\theta_F - \theta_J) = \frac{3}{2}F_m\sin\theta \end{aligned}$$

则合成磁动势为

$$F_J = \sqrt{F_{Jd}^2 + F_{Jq}^2} = \frac{3}{2}F_m$$

接收机合成磁动势与直轴的夹角 β_J 为

$$\beta_J = \arctan \left| \frac{F_{Jq}}{F_{Jd}} \right| = \theta$$

可见，自整角接收机三相整步绕组的合成磁动势的大小等于每相磁动势幅值的 1.5 倍，而与失调角无关。合成磁动势的空间位置由失调角决定，其方向与失调角方向一致。

3. 自整角变压器的输出电压

自整角变压器整步绕组所产生的直轴磁动势和交轴磁动势均为空间的脉振磁动势，它们将分别产生直轴脉振磁场和交轴脉振磁场，即

$$\begin{cases} \Phi_{Jd} = F_{Jd}\Lambda = \dfrac{3}{2}F_m\Lambda\cos\theta \\[2mm] \Phi_{Jq} = F_{Jq}\Lambda = \dfrac{3}{2}F_m\Lambda\sin\theta \end{cases}$$

式中　Λ——磁导。

因自整角变压器为隐极电机，它们的直轴与交轴的磁导相等。

若输出绕组的轴线与直轴脉振磁场方向一致，则直轴脉振磁场在输出绕组中的感应电动势在略去高次谐波磁场后，其输出电压 U_J 为

$$U_J = E_J = 4.44fNk_w\Phi_{Jd} = 4.44fNk_w\frac{3}{2}F_m\Lambda\cos\theta = U_{Jm}\cos\theta \qquad (11\text{-}9)$$

式中　U_{Jm}——最大输出电压有效值，即失调角 $\theta = 0°$ 时的输出电压。

式（11-9）可见，失调角 $\theta = 0°$ 时，接收机的输出电动势为最大而不是 0，且输出电压 U_J 为失调角的余弦函数，不能反映发送机转子的偏转方向，故在实际使用中会带来一系列缺点。因随动系统总是希望当失调角为 0°（即协调位置）时，输出电压为 0，即无电压信号输出。只有存在失调角后，才有电压输出，并使伺服电动机运转。现在正好相反，当失调角为 0°时，输出电压为最大值；而存在失调角后，输出电压反而减小。此外，当发送机转子由协调位置向不同方向偏转时，失调角虽有正负之分，但因 $\cos\theta = \cos(-\theta)$，输出电压都一样，无法从自整角变压器的输出电压来判别发送机转子实际的偏转方向。为此，在实际使用时，总是先把转子由协调位置转动 90°电角度，即取原定的交轴方向为零态的初始位置。这时由交轴磁场在输出绕组中感应电动势，其输出电压为

$$U_J = U_{Jm}\cos(\theta - 90°) = U_{Jm}\sin\theta \qquad (11\text{-}10)$$

即输出电压和失调角呈正弦函数关系。

由于接收机转子不能转动，即是恒定的。控制式自整角机的输出电动势的大小反映了发送机转子的偏转角度，输出电动势的极性反映了发送机转子的偏转方向，从而实现了将转角转换成电信号的功能。

11.2.3　控制式自整角机的主要技术指标

1. 比电压

自整角变压器的比电压是指它与发送机处于协调位置附近，失调角为 1°时的输出电压，其单位为 V/(°)。

由式（11-10）可知，当 θ 角很小（$\theta < 5°$）时，$U_J \approx U_{Jm}\theta$，即此时可以用正弦曲线在 $\theta = 0$ 处的切线来近似代替该曲线。这条切线的斜率称为比电压或电压陡度。由图 11-8 可见，比电压大，切线的斜率大，失调同样的角度，所获得的信号电压大，因此系统的精度和

灵敏度就高。比电压是自整角变压器的一项重要性能指标。

2. 电气误差

由式（11-10）可知，控制式自整角机发送机定子绕组的感应电动势，从理论上分析只与转子的转角有关。但由于设计、工艺和材料等因素影响，达到理论值电动势的实际转子转角值与理论上转角值之间有差别，导致变压器定子绕组所产生的合成磁场的方向和发送机励磁绕组轴线不完全对应，并且使得气隙磁通密度也不完全是正弦分布，而含有谐波。这样一来，当发送机和变压器处在协调位置时，变压器输出绕组仍可能有电压存在，因而造成了转角

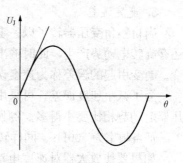

图 11-8 输出电压在 $\theta=0°$ 时的切线

随动的误差，该误差即为电气误差，以角分表示。该误差取决于每一台自整角机偏离理想条件的程度，所以出厂时要逐台测定，而且它还与变压器定、转子的相对位置有关，所以要测出对应定、转子不同位置时的误差值。

控制式自整角机和接收机的精度均用电气误差来衡量，分为三级，0 级为 $5'$，1 级为 $10'$，2 级为 $20'$。

3. 零位电压

电气零位是指控制式发送机转子位置为 0，而自整角变压器转子位置为 90°电角度时的输出电压，是理论上的为 0。零位电压是指控制式自整角机处于电气零位时的输出电压。它包括两部分：①频率与励磁频率相同，但时间相位差 90°的基波分量；②奇数倍励磁频率的谐波分量。前者是由于电路、磁路不对称，铁芯材料不均匀以及铁芯中磁滞、涡流所引起的，如电动机加工过程中定子铁芯内圆和转子外圆的椭圆影响，定、转子的偏心，铁芯冲片的毛刺所形成的短路等因素；后者主要是三次谐波电压，它是由于磁化曲线的非线性及铁芯材料的不均匀性所引起的，如磁路饱和，铁芯的局部饱和，定、转子铁芯的轴向锥度等因素，这些都会使励磁电流为非正弦波，并使励磁绕组的漏阻抗压降为非正弦，从而引起主磁通随时间的变化不是按严格的正弦函数关系，因而产生了谐波分量电压；若励磁电压的波形畸变，对谐波分量电压的大小也会带来一定的影响。这些因素的影响使实际测定自整角变压器电气误差时，无论怎样改变变压器转子位置，其输出电动势都不为 0，而只能减小到一个相当小的数值，这个残留下来的电压称为零位电压或残余电压。

零位电压的存在会引起伺服电机的放大器饱和，并引起伺服电机损耗增大而发热，同样也会造成系统的零位偏差，降低系统的灵敏度，通常采用检相器、滤波器等来削弱它们的影响，必要时还可用补偿电压来部分抵消它。

4. 输出相位移

输出相位移是指自整角接收机输出电压的基波分量与发送机励磁电压基波之间的时间相位差，以角度表示。目前，国产自整角变压器的输出相位移为 2°～20°。

在控制式自整角机和伺服机构所组成的随动系统中，为了使交流伺服电动机有较大的起动转矩，希望电动机的控制电压与励磁电压相位差为 90°电角度。由于伺服电动机的励磁绕组串电容后，和自整角机发送机励磁绕组接到同一电源上，而电动机控制绕组电压是由自整角机变压器输出电压经放大器放大后供给的，因此自整角变压器输出电压的相位移，将直接影响到系统的移相要求。

5. 速度误差

当自整角变压器转子以一定速度旋转时，在输出绕组中，除了有变压器输出电动势外，还有旋转电动势产生，此时输出的总电动势和失调角之间不再是严格的正弦关系，要发生畸变。畸变引起的误差称为速度误差。转速越高，旋转电动势越大，误差也越大。

为了减小速度误差，可采用高频自整角机。这样，旋转电动势与高频脉振磁场产生的变压器电动势相比要小得多。例如，频率为 50Hz、转速为 3000r/min 时，速度误差为 $0.6°\sim 2°$，而当频率为 500Hz、同样转速情况下，速度误差为 $0.06°\sim 0.2°$。

如果要使放大器对速度电动势不敏感，可使相敏放大器的基准电压对速度电动势相移 $90°$，这样就减去了速度电动势，使速度误差大大减小，但同时也削弱了输出电动势，减小了比电压。

11.3　自整角机的应用举例

11.3.1　作为位置指示器

在实际中要求指示出某些工作机构的位置或位置差的装置很多，如液面或电梯位置的指示、阀门开度的位置指示、电梯和矿井提升机位置的指示、变压器分接开关位置及核反应堆中的控制棒指示器等。

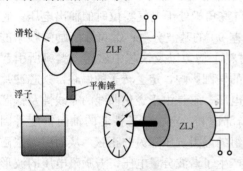

图 11 - 9　液面位置指示器

力矩式自整角机被广泛用作示位器。此时首先需要把被指示的物理量转换成发送机轴的转角，并用指针或刻度盘作为接收机的负载。图 11 - 9 表示液面位置指示器，当液面的高度发生变化时，带动浮子随着液面的上升或下降，并通过绳子、滑轮和平衡锤带动自整角发送机转子转动，将液面位置的直线变化转换成发送机转子转角的变化。自整角发送机 ZLF 和接收机 ZLJ 之间通过导线远距离连接起来，因为发送机和接收机是根据失调角同步转动的，所以自整角接收机转子就带动指针准确地跟随着自整角发送机转子的转角变化而偏转。如果把角位移换算成线位移，就可知道液面的高度，从而实现了远距离位置的指示。

当需要指示出某工作机构的位置差时，可用力矩式差动自整角机系统来完成。例如两扇闸门开度的指示，将两台力矩式发送机分别安装在两个被控制的工作机构上，再通过导线分别与力矩式差动接收机相连接。如果在接收机的转轴上装有指针，则两台力矩式接收机将分别指示这两个工作机构的位置，即两扇闸门的位移大小，而力矩式差动接收机就可以指示它们的位差，即闸门的开度大小。

11.3.2　自动瞄准系统

自整角机的组合使用时，它们在电路上互有联系（用导线连接），在机械上各自独立，但各电机的转轴又能自动地保持相同的转角变化或同步旋转，完成将输入的转角变成电信号、或将电信号变换成转子转角的任务，实现角度的检测、传输、变换和接收。

如图 11 - 10 所示的系统中，自整角机 P1 装设在远距离的操纵盘上，自整角机 P2 安装在执行机构（发射架）中。转动手柄使自整角机 P1 的转轴转动，同时指示手柄的转角 θ_1。自整角机 P1 将转角 θ_1 变成电压信号 U_1 后，经与自整角机 P2 输出的电信号 U_2 比较输送到放大器，放大器输出驱动伺服电机 M 运转，带动发射架转动，使发射架输出轴产生角位移 θ_2。θ_2 使自整角机 P2 的转轴转动，并输出电信号 U_2 至放大器输入端。只要放大器输入端存在电压差，发射架就继续转动，直至 $U_1-U_2=0$ 时发射架停止转动。此时 $\theta_1=\theta_2$，即手柄转过的角度和发射架转动的角度相等，实现了手动控制发射架的功能。

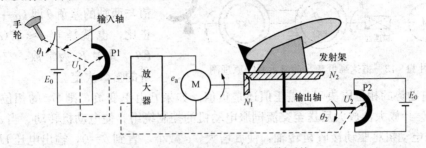

图 11-10　火炮发射架自动控制系统

图 11-11 所示为舰艇上火炮相对于罗盘方位角的控制原理图。图中自整角机上的 3 根线表示定子绕组引出线，两根线表示转子单相绕组引出线，通过圆心的点划线表示其转轴。θ_1 是火炮目标相对于正北方向的方位角，作为自整角机 ZKF 的输入角；θ_2 是罗盘相对于正北方向的方位角，即舰艇的方位角，作为差动发送机 ZKC 的输入角，则自整角变压器 ZKB 的输出电动势为 $U_J=U_{Jm}\sin(\theta_1-\theta_2)$。伺服电动机在 U_J 的作用下，带动火炮转动。因为自整角变压器 ZKB 的转轴和火炮转轴耦合，当火炮相对罗盘方位角转过 $(\theta_1-\theta_2)$ 时，自整角变压器也转过了 $(\theta_1-\theta_2)$，此时输出电动势 U_J 为 0，伺服电动机停止转动，火炮所处的方位角正好对准目标。由此可见，尽管舰艇的航向不断变化，但火炮始终能自动对准某一目标。

在舰艇上雷达天线的方位角，由于天线在旋转，舰艇又在航行，所以它与正北方向之间的方位角应是舰艇的航向偏角 α 和天线对船舶的方向角 β 之和或差，如图 11-12 所示。若舰艇的航向为正北偏东 α 角，天线所指的方向对舰艇来说又是偏右 β 角，则天线的真方位角应为 $(\alpha+\beta)$。当雷达显示管中要按真方位来显示时，常将天线的方位角数据通过自整角发送机传送到差动发送机中，而差动发送机的转子偏转角又由航向角 α 来确定。这时差动发送机和自整角变压器相连接，则自整角变压器的输出电压即为真方位角的正弦函数，并由它来控制雷达显示管的偏转线圈，从而得到天线真方位的正确显示。

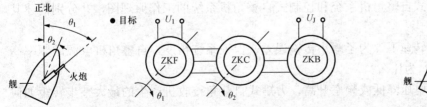
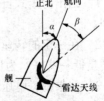

图 11-11　火炮相对于罗盘方位角的控制原理图　　　图 11-12　雷达天线的真方位角的确定

图 11-13 所示为雷达高低角自动显示系统。由于自整角发送机 ZKF 的转轴直接与雷达

天线的高低角α（即俯仰角）耦合，因此雷达天线的高低角α就是自整角发送机 ZKF 轴的转角。自整角接收机 ZKJ 转轴与由交流伺服电动机驱动的系统负载（此处为刻度盘指针）轴相连，所以它的转角就是刻度盘的读数，以β表示。

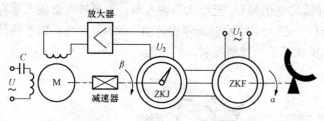

图 11-13　雷达高低角自动显示系统原理图

当发送机 ZKF 转子绕组加励磁电压 U_1 时，接收机转子绕组便输出一个交变电动势 U_2，其有效值与两轴的差角θ即（α−β）近似成正比，也就是 $U_2 \approx K(α - β) = Kθ$，其中 K 为常数，它由电机本身的参数决定。

输出电动势的相位取决于θ是正值还是负值。如果θ由正变负，则 U_2 的相位也随之变化 180°。U_2 经放大器放大后送至交流伺服电动机的控制绕组，使电动机转动。当α>β，θ>0 时，伺服电动机将驱动接收机转轴，使β增大，θ减小，直到θ=0，输出电压 U_2=0，即伺服电动机无信号电压时，方才停止。当α<β时，由于θ<0，U_2 的相位变化了 180°，所以伺服电动机将反向转动，此时β减小，θ也减小，直至θ=0，U_2=0 时才停止转动。可见，不论α和β哪一个大，只要θ≠0，伺服电动机就要转动，使θ减小，直到θ=0 为止。如果α不断变化，系统就会使β跟着α变化，以保持θ=0，这样就达到了转角自动跟踪的目的，所以这种系统称为转角随动系统。

由于接收轴上装有刻度盘，而刻度盘上指示的是雷达高低角，可见这种系统也能传递角度数据，因此也可叫做角度数据传输系统。如果放大器和交流伺服电动机的功率足够大，则接收轴还可带动如火炮一类阻力矩很大的负载，以达到控制负载的目的。由于自整角发送机和接收机之间只需 3 根连线，所以发送轴和接收轴可以相距很远（例如数百米）。这样，便可以实现远距离显示和远距离操纵。

从上述分析可见，自整角机在系统中的作用是测量发送轴和接收轴的角度差，并由接收机输出与差角成正比的电动势去控制伺服电动机的转动。通常在转角随动系统中，作为发送机的称为自整角发送机，而作为接收机的则称为自整角变压器。它们的运行方式叫做控制式运行。

思考题与习题

11-1　画出力矩式自整角机系统和控制式自整角机系统的工作原理图，并分别简述其工作原理。

11-2　在一定的转速下，为了减小传输误差、保证系统精度，自整角机电源的频率高一些好还是低一些好？为什么？

11-3　如果励磁电压降低或频率升高，力矩式自整角接收机产生的最大整步转矩如何变化？为什么？

11-4　简要说明力矩式自整角接收机中整步转矩是如何产生的；它与哪些因素有关。

11-5　在力矩式自整角机系统中，若将发送机（或接收机）励磁绕组的极性接反，则发送机和接收机转子的协调位置将是什么情况？

11-6 为什么力矩式自整角机采用凸极式结构，而自整角变压器采用隐极式结构？

11-7 如果调整伺服电动机，使它有正的信号电压时，向负方向偏转，有负的信号电压时，向正方向偏转，那么接收机转子处在 $\theta=0°$ 和 $\theta=180°$ 这两个位置上，哪一个位置是稳定的？为什么？

11-8 说明将自整角变压器输出绕组的轴线预先转过 $90°$ 的必要性。

11-9 如果在力矩式自整角机系统中发送机和接收机的整步绕组对接有误，将会出现什么情况？而在控制式自整角机系统中又会出现什么情况？

附录 A 电磁式直流电动机主要技术数据

型 号	转矩 (N·m)	转速 (r/min)	效率 (W)	电压（V）		电流（不大于）(A)		允许顺逆转速差 (r/min)
				电枢	励磁	电枢	励磁	
36SZ04	0.0167	3000	5	24		0.55	0.32	200
36SZ05	0.0167	3000	5	27		0.47	0.30	200
36SZ06	0.0167	3000	5	48		0.27	0.18	200
36SZ07	0.0142	6000	9	24		0.85	0.32	300
36SZ08	0.0142	6000	9	27		0.74	0.30	300
36SZ06	0.0142	6000	9	48		0.40	0.18	300
36SZ07	0.0142	6000	9	110		0.17	0.085	300
45SZ01	0.0334	3000	10	24		1.10	0.33	200
45SZ02	0.0334	3000	10	27		1.00	0.30	200
45SZ03	0.0334	3000	10	48		0.52	0.17	200
45SZ04	0.0334	3000	10	110		0.22	0.082	200
45SZ05	0.0284	6000	18	24		1.60	0.33	300
45SZ06	0.0284	6000	18	27		1.40	0.30	300
45SZ07	0.0284	6000	18	48		0.80	0.17	300
45SZ08	0.0284	6000	18	110		0.34	0.082	300
55SZ01	0.0647	3000	20	24		1.55	0.43	200
55SZ02	0.0647	3000	20	27		1.37	0.42	200
55SZ03	0.0647	3000	20	48		0.79	0.22	200
55SZ04	0.0647	3000	20	110		0.34	0.09	200
55SZ05	0.549	6000	35	24		2.70	0.43	300
55SZ06	0.549	6000	35	27		2.30	0.42	300
55SZ07	0.549	6000	35	48		1.34	0.22	300
55SZ08	0.549	6000	35	110		0.54	0.09	300
70SZ01	0.128	3000	40	24		3.00	0.50	200
70SZ02	0.128	3000	40	27		2.60	0.44	200
70SZ03	0.128	3000	40	48		1.60	0.25	200
70SZ04	0.128	3000	40	110		0.60	0.11	200
70SZ05	0.108	6000	68	24		4.80	0.50	300
70SZ06	0.108	6000	68	48		4.40	0.44	300
70SZ07	0.108	6000	68	48		2.40	0.25	300
70SZ08	0.108	6000	68	110		1.00	0.11	300
90SZ01	0.324	1500	50	110		0.65	0.20	100
90SZ02	0.324	1500	50	220		0.33	0.11	100
90SZ03	0.294	3000	92	110		1.20	0.20	200
90SZ04	0.294	3000	92	220		0.60	0.11	200

型　号	转矩 (N·m)	转速 (r/min)	效率 (W)	电压 (V)		电流 (不大于) (A)		允许顺逆转速差 (r/min)
				电枢	励磁	电枢	励磁	
110SZ01	0.785	1500	123	110		1.80	0.27	100
110SZ02	0.785	1500	123	220		0.90	0.13	100
110SZ03	0.638	3000	200	110		2.80	0.27	200
110SZ04	0.638	3000	200	220		1.40	0.13	200
130SZ01	2.26	1500	355	110		4.40	0.28	100
130SZ02	2.26	1500	355	220		2.20	0.18	100
130SZ03	1.91	3000	600	110		7.60	0.28	200
130SZ04	1.91	3000	600	220		3.80	0.18	200
36SZ51	0.0235	3000	7	24		0.70	0.32	200
36SZ52	0.0235	3000	7	27		0.61	0.30	200
36SZ53	0.0235	3000	7	48		0.33	0.18	200
36SZ54	0.0201	6000	12	24		0.15	0.32	200
36SZ55	0.0201	6000	12	27		1.0	0.30	300
36SZ56	0.0201	6000	12	48		0.55	0.18	300
36SZ57	0.0201	6000	12	110		0.22	0.10	300
45SZ51	0.0461	000	14	24		1.30	0.45	200
45SZ52	0.0461	3000	12	27		1.20	0.42	200
45SZ53	0.0461	3000	14	48		0.65	0.22	200
45SZ54	0.0461	3000	14	110		0.27	0.12	200
45SZ55	0.0392	6000	25	24		2.0	0.45	300
45SZ56	0.0392	6000	25	27		1.80	0.42	300
45SZ57	0.0392	6000	25	48		1.0	0.22	300
45SZ58	0.0392	6000	25	110		0.42	0.12	300
55SZ51	0.0912	3000	29	24		2.25	0.49	200
55SZ52	0.0912	3000	29	27		2.0	0.44	200
55SZ53	0.0912	3000	29	48		1015	0.24	200
55SZ54	0.0912	3000	29	110		0.46	0.097	200
55SZ55	0.0785	6000	50	24		3.45	0.49	300
55SZ56	0.0785	6000	50	27		3.10	0.44	300
55SZ57	0.0785	6000	50	48		1.74	0.24	300
55SZ58	0.785	6000	50	110		0.74	0.097	300
70SZ51	0.177	3000	55	24		4.00	0.57	200
70SZ52	0.177	3000	55	27		3.50	0.50	200
70SZ53	0.177	3000	55	48		1.90	0.31	200
70SZ54	0.177	3000	55	110		0.80	0.13	200

型号	转矩 (N·m)	转速 (r/min)	效率 (W)	电压（V）		电流（不大于）(A)		允许顺逆转速差 (r/min)
				电枢	励磁	电枢	励磁	
70SZ55	0.147	6000	92	24		6.00	0.57	300
70SZ56	0.147	6000	92	27		5.40	0.50	300
70SZ57	0.147	6000	92	48		3.00	0.31	300
70SZ58	0.147	6000	92	110		1.20	0.13	300
90SZ51	0.510	1500	80	110		1.10	0.23	100
90SZ52	0.510	1500	80	220		0.55	0.13	100
90SZ53	0.481	3000	150	110		2.00	0.23	200
90SZ54	0.481	3000	150	220		1.00	0.13	200
110SZ51	1.17	1500	185	110		2.5	0.32	100
110SZ52	1.17	1500	185	220		1.25	0.16	100
110SZ53	0.981	3000	308	110		4.00	0.32	200
110SZ54	0.981	3000	308	220		2.00	0.16	200

附录 B　Y2 系列三相异步电动机主要技术数据

型　号	额定功率 (kW)	额定转速 (r/min)	电流 (A)	效率 (%)	功率因数 cosφ	堵转电 流倍数	堵转转 矩倍数	过载 倍数
Y2-801-2	0.75	2830	1.83	75	0.83	6.1		
Y2-802-2	1.1		2.55	77	0.84	7.0		
Y2-90S-2	1.5	2840	3.40	79	0.84	7.0		
Y2-90L-2	2.2		4.80	81	0.85			
Y2-100L-2	3.0	2870	6.31	83	0.87		2.2	
Y2-112M-2	4.0	2890	8.23	85	0.88			
Y2-132S1-2	5.5	2900	11.18	86	0.88			
Y2-132S2-2	7.5		15.06	87				2.3
Y2-160M1-2	11		21.35	88	0.89			
Y2-160M2-2	15	2930	28.78	89	0.89			
Y2-160L-2	18.5		34.72	90	0.9	7.5		
Y2-180M-2	22	2940	41.28	90.5			2.0	
Y2-200L1-2	30	2950	55.37	91.2	0.9			
Y2-200L2-2	37		67.92	92				
Y2-225M-2	45	2970	82.16	92.3				
Y2-250M-2	55		100.01	92.5				
Y2-280S-2	75	2980	134	93.2	0.91			
Y2-280M-2	90		160.27	93.8				
Y2-315S-2	110		195.46	94	0.91			
Y2-315M-2	132	2980	233.3	94.5	0.91		1.8	
Y2-315L1-2	160		279.44	94.6	0.92	7.1		2.2
Y2-315L2-2	200		347.83	94.8	0.92			
Y2-355M-2	250	2980	432.5	95.3	0.92		1.6	
Y2-355L-2	315		543.25	95.6				
Y2-801-4	0.55	1390	1.57	71	0.75	5.2	2.4	
Y2-802-4	0.75		2.03	73	0.77	6.0		
Y2-90S-4	1.1	1400	2.82	75	0.77	7.0		
Y2-90L-4	1.5		3.7	78	0.79		2.3	2.3
Y2-100L1-4	2.2	1430	5.16	80	0.81	7.0		
Y2-100L2-4	3.0		6.78	82	0.82			
Y2-112M-4	4.0	1440	8.83	84	0.82	7.0		
Y2-132S-4	5.5	1440	11.7	85	0.83	7.0		
Y2-132M-4	7.5		15.6	87	0.84		2.2	

型　号	额定功率 （kW）	额定转速 （r/min）	电流 （A）	效率 （%）	功率因数 cosφ	堵转电 流倍数	堵转转 矩倍数	过载 倍数
Y2-160M-4	11	1460	22.35	88	0.85	7.5	2.2	2.3
Y2-160L-4	15		30.14	89				
Y2-180M-4	18.5	1470	3647	90.5	0.85	7.2	2.2	2.3
Y2-180L-4	22		43.14	91				
Y2-200L-4	30	1470	57.63	92	0.86	7.2	2.2	2.3
Y2-225S-4	37	1480	69.89	92.5	0.87	7.2	2.2	2.3
Y2-225M-4	45		84.54	92.8				
Y2-250M-4	55	1480	103.1	93	0.87	7.2	2.2	2.3
Y2-280S-4	75	1480	139.7	93.8	0.87	7.2	2.2	2.3
Y2-280M-4	90	1490	166.93	94.2				
Y2-315S-4	110	1490	201.06	94.5	0.88	6.9	2.1	2.2
Y2-315M-4	132		240.57	94.8	0.88			
Y2-315L1-4	160		287.95	94.9	0.89			
Y2-315L2-4	200		358.8	95	0.89			
Y2-355M-4	250	1490	442.12	95.3	0.90	6.9	2.1	2.2
Y2-355L-4	315		555.32	95.6	0.90			
Y2-801-6	0.37	890	1.3	62	0.70	4.7	1.9	2.0
Y2-802-6	0.55		1.79	65	0.72			
Y2-90S-6	0.75	910	2.26	69	0.72	5.5	2.0	
Y2-90L-6	1.1		3.14	72	0.73			
Y2-100L-6	1.5	940	3.95	76	0.75	5.5	2.0	
Y2-112M-6	2.2	940	5.57	79	0.76	6.5	2.0	
Y2-132S-6	3.0		7.41	81	0.76			
Y2-132M1-6	4.0	960	9.64	82	0.76	6.5	2.1	2.1
Y2-132M2-6	5.5		12.93	84	0.77			
Y2-160M-6	7.5	970	17.0	86	0.77	6.5	2.0	
Y2-160L-6	11		24.23	87.5	0.78			
Y2-180L-6	15	970	31.63	89	0.81	7.0	2.0	
Y2-200L1-6	18.5	970	38.1	90	0.81	7.0	2.1	
Y2-200L2-6	22		44.52		0.83			
Y2-225M-6	30	980	58.63	91.5	0.84	7.0	2.0	
Y2-250M-6	37	980	71.08	92	0.86	7.0	2.1	

续表

型　　号	额定功率 (kW)	额定转速 (r/min)	电流 (A)	效率 (%)	功率因数 cosφ	堵转电 流倍数	堵转转 矩倍数	过载 倍数
Y2-280S-6	45	980	85.98	92.5	0.86	7.0	2.1	2.0
Y2-280M-6	55		104.75	92.8				
Y2-315S-6	75	990	141.77	93.5	0.86	7.0	2.0	
Y2-315M-6	90		169.58	93.8				
Y2-315L1-6	110		206.83	94	0.87	6.7		
Y2-315L2-6	132		244.82	94.2				
Y2-355M1-6	160	990	291.52	94.5	0.88	6.7	1.9	
Y2-355M2-6	200		363.64	94.7				
Y2-355L-6	250		453.6	94.9				
Y2-801-8	0.18	630	0.88	51	0.61	3.3	1.8	1.9
Y2-802-8	0.25	640	1.15	54				
Y2-90S-8	0.37	660	1.49	62	0.61	4.0	1.8	2.0
Y2-90L-8	0.55		2.18	63				
Y2-100L1-8	0.75	690	2.43	71	0.67	4.0	1.8	2.0
Y2-100L2-8	1.1		3.42	73	0.69	5.0		
Y2-112M-8	1.5	680	4.47	75	0.69	5.0	1.8	2.0
Y2-132S-8	2.2	710	6.04	78	0.71	6.0	1.8	2.0
Y2-132M-8	3.0		7.9	79	0.73			
Y2-160M1-8	4.0	720	10.28	81	0.73	6.0	1.9	2.0
Y2-160M2-8	5.5		13.61	83	0.74		2.0	
Y2-160L-8	7.5		17.88	85.5	0.75			
Y2-180L-8	11	730	25.29	87.5	0.76	6.6	2.0	2.0
Y2-200L-8	15	730	34.09	88	0.76	6.6	2.0	2.0
Y2-225S-8	18.5	730	40.58	90	0.76	6.6	1.9	2.0
Y2-225M-8	22	730	47.37	90.5	0.78			
Y2-250M-8	30	740	63.43	91	0.79	6.6	1.9	2.0
Y2-280S-8	37	740	76.83	91.5	0.79	6.6	1.9	2.0
Y2-280M-8	45		92.93	92				
Y2-315S-8	55	740	112.97	92.8	0.81	6.6	1.8	2.0
Y2-315M-8	75		151.33	93	0.81			
Y2-315L1-8	90		177.86	93.8	0.82	6.4		
Y2-315L2-8	110		216.92	94	0.82			
Y2-355M1-8	132	740	260.3	93.7	0.82	6.4	1.8	2.0
Y2-355M2-8	160		310.07	94.2	0.82			
Y2-355L-8	200		386.36	94.5	0.83			
Y2-315S-10	45	590	99.67	91.5	0.75	6.2	1.5	2.0
Y2-315M-10	55		121.16	92	0.75			
Y2-315L1-10	75		162.16	92.5	0.76			
Y2-315L2-10	90		191.03	93	0.77			
Y2-335M1-10	110	590	230	93.2	0.78	6.0	1.3	2.0
Y2-335M2-10	132		275.11	93.5				
Y2-335L-10	160		333.47	93.5				

注　额定电压为 380V。

附录C SZ系列电磁式直流伺服电动机主要技术数据

型　号	转矩 (N·m)	转速 (r/min)	功率 (W)	电压（V）		电流（不大于）(A)	
				电枢	励磁	电枢	励磁
36SZ01	16.66	3000	5	24		0.55	0.32
36SZ02	16.66	3000	5	27		0.47	0.3
36SZ03	16.66	3000	5	48		0.27	0.18
36SZ04	14.21	6000	9	24		0.85	0.32
36SZ05	14.21	6000	9	27		0.74	0.3
36SZ06	14.21	6000	9	48		0.40	0.18
36SZ07	14.21	6000	9	110		0.17	0.085
36SZ08	13.72	4500±450	6.5	48	24	0.3	0.32
36SZ51	23.52	3000	7	24		0.7	0.32
36SZ52	23.52	3000	7	27		0.61	0.3
36SZ53	23.52	3000	7	48		0.33	0.18
36SZ54	20.09	6000	12	24		1.15	0.32
36SZ55	20.09	6000	12	27		1.0	0.3
36SZ56	20.09	6000	12	48		0.55	0.18
36SZ57	20.09	6000	12	110		0.22	0.1
36SZ58	14.7	7000	11	27		1.6	1.6
45SZ01	33.32	3000	10	24		1.1	0.33
45SZ02	33.32	3000	10	27		1.0	0.3
45SZ03	33.32	3000	10	48		0.52	0.17
45SZ04	33.32	3000	10	110		0.22	0.082

附录D LYX系列稀土永磁直流力矩电动机主要技术数据

型 号	峰 值 堵 转				最大空载转速 (r/min)	连 续 堵 转			
	转矩 (N·m)	电流 (A)	电压 (V)	功率 (W)		转矩 (N·m)	电流 (A)	电压 (V)	功率 (W)
45LYX01	0.22	7.7	12	92.4	3300	0.064	2.26	3.53	7.8
45LYX02	0.22	3.4	27	91.8	3300	0.064	1.00	7.94	7.94
45LYX03	0.44	9.7	12	116.4	2700	0.13	2.85	3.53	10
45LYX04	0.44	5.6	27	151.2	2700	0.13	1.65	7.94	13.1
55LYX01	0.42	8.9	12	106.8	2000	0.14	2.97	4	11.9
55LYX02	0.42	4.2	27	113.4	2000	0.14	1.4	9	12.6
55LYX03	0.84	11	12	132	1500	0.28	3.7	4	14.8
55LYX04	0.84	5.6	27	151.2	1500	0.28	1.87	9	16.8
70LYX01	1.2	5.8	27	156.6	1100	0.455	2.2	10.2	22.4
70LYX02	1.2	3.1	48	148.8	1100	0.455	1.18	18.2	21.5
70LYX03	1.8	7.2	27	194.4	900	0.68	2.73	10.2	27.8
70LYX04	1.8	4.6	48	220.8	900	0.68	1.74	18.2	31.7
90LYX01	2	6.1	27	164.7	640	0.83	2.54	11.25	28.6
90LYX02	2	3.42	48	164.2	640	0.83	1.43	20	28.6
90LYX03	3	6.8	27	183.6	500	1.25	2.83	11.25	31.8
90LYX04	3	4	48	192	500	1.25	1.67	20	33.4
90LYX05	4	4.4	48	211.2	470	1.67	1.83	20	36.6
90LYX06	4	4.4	48	211.2	470	1.67	1.83	20	36.6
110LYX01	3.33	8.8	27	237.6	520	1.39	3.67	11.25	41.3
110LYX02	3.33	4.3	48	206.4	520	1.39	1.79	20	35.8
110LYX03	5	8.8	27	237.6	400	2.1	3.67	11.25	41.3
110LYX04	5	5.5	48	264	400	2.1	2.29	20	45.8
110LYX05	6.66	10.6	27	286.2	350	2.78	4.42	11.25	49.7
110LYX06	6.66	6.25	48	300	350	2.78	2.6	20	52
130LYX01	5.5	10	27	270	420	2.3	4.17	11.25	46.9
130LYX02	5.5	5.85	48	280.8	420	2.3	2.44	20	48.8
130LYX03	8.25	11.3	27	305.1	330	3.44	4.7	11.25	52.9
130LYX04	8.25	6.7	48	321.6	330	3.44	2.8	20	56
130LYX05	11	15	27	405	300	4.58	6.25	11.25	70.3
130LYX06	11	8	48	384	300	4.58	3.33	20	66.6
160LYX01	11.8	10.2	27	275.4	190	5.9	5.1	13.5	68.8
160LYX02	11.8	5.9	48	283.2	190	5.9	2.95	24	70.8
160LYX03	23.6	15.1	27	407.7	140	11.8	7.55	13.5	101.9
160LYX04	23.6	8.7	48	417.6	140	11.8	4.35	24	104.4
160LYX09	19.6	5	48	240	120	11.76	3	28.8	86.4
200LYX01	19	7.2	48	345.6	155	9.5	3.65	24	87.8
200LYX02	19	5.45	60	327	155	9.5	2.72	30	81.6
200LYX03	38	9.64	48	462.7	110	19	4.82	24	115.7

附录 E　SL 系列两相交流伺服电动机主要技术数据

型号	极数	频率（Hz）	励磁电压（V）	控制电压（V）	堵转转矩（N·m）≥	堵转励磁电流（A）≥	堵转控制电流（A）≥	每相输入功率（W）≥	额定输出功率（W）	空载转速（r/min）	机电时间常数（ms）
12SL01	4	400	26	26	6	0.11	0.11	2	0.16	900	20
20SL01	6	400	26	26	15	0.15	0.15	2.5	0.25	6000	15
20SL02	6	400	36	36	15	0.11	0.11	2.5	0.25	6000	15
20SL03	6	400	36	26	15	0.11	0.15	2.5	0.25	6000	15
20SL04	4	400	26	26	12	0.15	0.15	2.5	0.32	9000	20
20SL05	4	400	36	36	12	0.11	0.11	2.5	0.32	9000	20
28SL01	4	400	36	26	12	0.11	0.15	2.5	0.32	9000	20

附录 F　TZ 系列磁滞式同步电动机主要技术数据

型号	电压 (V)	频率 (Hz)	相数	转速 (r/min)	额定输出		额定输入	
					功率(W)	转矩(N·m)	功率(W)	电流(A)
12TZ01	20	400	2	240 000		0.108×10^{-3}	2.4	0.1
12TZ02	12	400	1	12 000		0.108×10^{-3}	2.8	0.25
20TZ01	36	400	2	24 000		0.392×10^{-3}	4.4	0.11
20TZ02	36	400	2	12 000		0.491×10^{-3}	3.0	0.1
20TZ03	36	400	1	24 000		0.294×10^{-3}	4.0	0.15
20TZ04	36	400	1	12 000		0.392×10^{-3}	5.0	0.26
28TZ01	36	400	2	24 000	3.0		10	0.4
28TZ02	36	400	2	12 000	2.0		8.0	0.4
28TZ03	36	400	1	24 000	2.4		8.0	0.45
28TZ04	36	400	1	12 000	1.6		9.0	0.3
36TZ01	115	400	2	12 000	4.0		16	0.25
36TZ02	115	400	2	8000	3.0		15	0.22
36TZ03	115	400	1	12 000	3.0		14	0.16
36TZ04	115	400	1	8000	2.5		15	0.18
45TZ01	115	400	2	12 000	12.0		30	0.45
45TZ02	115	400	2	8000	9.0		30	0.45
45TZ03	115	400	1	12 000	8.0		22	0.35
45TZ04	115	400	1	8000	6.0		25	0.35
28TZ51	12	50	1	3000	0.4		4.0	0.5
36TZ51	110	50	1	3000	1.5		12	0.13
36TZ52	110	50	1	1500	0.7		10	0.1
45TZ51	220	50	1	3000	4.0		20	0.1
45TZ52	110	50	1	1500	2.0		18	0.18
55TZ51	380	50	3	3000	12		35	0.12
55TZ52	380	50	3	1500	6.0		30	0.11
55TZ53	220	50	1	3000	10		32	0.20
55TZ54	220	50	1	1500	5.0		28	0.15
70TZ51	380	50	3	3000	26		65	0.25
70TZ52	380	50	3	1500	13		60	0.23
70TZ53	220	50	1	3000	20		55	0.45
70TZ54	220	50	1	1500	10		45	0.30
90TZ51	380	50	3	3000	60		120	0.46
90TZ52	380	50	3	3000	40		110	0.46
90TZ53	220	50	1	3000	45		100	0.7
90TZ54	220	50	1	1500	80		180	0.75
110TZ51	380	50	3	3000	120		220	1.0

附录 G BH 系列永磁感应子式步进电动机主要技术数据

型　号	相　数	步矩角 (°)	额定电压 (V)	静态电流 (A)	空载起动 频率 (Hz)	空载运行 频率 (Hz)	最大静 转矩 (N·m)
42BH-01	2	0.9/1.8	12	0.3	750	2000	0.036
42BH-02	2	0.9/1.8	12	0.5	1100	2200	0.07
55BH-01	2	0.9/1.8	12	1	880	1000	0.032
55BH-02	2	0.9/1.8	12	1.5	1000	2000	0.045
70BH-01	2	0.9/1.8	27	3	1000	2000	0.9
70BH-02	2	0.9/1.8	27	5	1000	2000	1.4
70BH-03	3	0.3/0.6	27	3	2000	30 000	1.2
70BH-04	3	0.3/0.6	27	5	2000	30 000	2
90BH-01	2	0.9/1.8	27	4.5	1000	20 000	1.5
90BH-02	2	0.9/1.8	27	4.5	3200	30 000	2
90BH-03	5	0.36/0.72	60	3	2000	30 000	2
90BH-04	5	0.36/0.72	60	3			3
110BH-01	5	0.36/0.72	80	5	1800	30 000	6
110BH-02	5	0.36/0.72	80	5	1800	30 000	9
130BH-01	3	0.3/0.6	80	5	1500	20 000	15
130BH-02	3	0.3/0.6	80	5	1500	20 000	20
130BH-03	3	0.3/0.6	80	8	2000	25 000	24
130BH-04	3	0.3/0.6	80	8	2000	25 000	24
130BH-05	5	0.36/0.72	80	5	1800	30 000	12
130BH-06	5	0.36/0.72	80	5	1800	30 000	18
160BH-07	5	0.36/0.72	80	8	1500	30 000	24
160BH-08	5	0.36/0.72	80	8	1500	30 000	36
200BH-01	3	0.3/0.6	80	12	1500	20 000	50
200BH-02	3	0.3/0.6	80	15	900	15 000	80
200BH-03	5	0.36/0.72	80	8	1200	15 000	48
200BH-04	5	0.36/0.72	80	8	1200	15 000	72

附录 H　空心杯转子异步测速发电机主要技术数据

型　　号	额定励磁电压 (V)	额定励磁频率 (Hz)	空载励磁电流 (mA)	空载励磁功率 (W)	剩余电压及波动范围 (mV)	输出斜率 (V/kr/min)	输出相移位 (°)	同相线性误差 (%)	短路输出阻抗 (Ω)
20CK01	26	400	110	2.2	15~25	0.2	30	0.50	1500
20CK02	36		90	2.2	20~30	0.32	10	0.25	2500
24CK01	36	400	120	3.0	30~40	0.5	30	0.50	1500
28CK01	36	400	220	4.5	15~25	0.5	50	0.10	1500
28CK02	36		220		30~40	0.7	30	0.50	1000
28CK03	115		70		35~50	1.0	10	0.10	5000
28CK04	36		70		20~30	1.6	50	0.07	6000
28CK05	115		70		50~70	2.0	30	0.50	5000
36CK01	36	400	240	5.0	20~30	0.7	10	0.10	1000
36CK02	36		240		35~50	1.0	30	0.50	1000
36CK03	115		80		45~60	1.6	10	0.10	5000
36CK04	115		80		25~35	2.5	50	0.07	6000
36CK05	115		80		60~80	3.0	30	0.50	5000
45CK01	36	400	260	6.0	25~40	1.0	10	0.10	1000
45CK02	36		260		45~60	1.6	30	0.50	1000
45CK03	115		90		45~65	2.5	10	0.10	6000
45CK04	115		90		30~40	3.0	50	0.07	7000
45CK05	115		90		65~90	4.0	30	0.50	6000
55CK01	115	400	120	8.0	75~100	5.0	10	0.10	7000
55CK02					95~120	7.0	30	0.50	7000
28CK51	36	50	200	8.0	15~25	0.5		2.0	1500
36CK51	36	50	200	5.0	20~35	1.0		1.0	2000
36CK52	110		70		25~40	2.0		1.0	3000
45CK51		50	0	6.0	20~35	2.0		0.5	3000
45CK52	110		80		30~45	3.0		1.0	2000
45CK53			80		40~55	4.0		1.0	3000
55CK51	110	50	100	7.0	45~60	5.0		1.0	4000
55CK52					55~70	7.0		3.0	5000

附录 I 旋转变压器主要技术数据

类别	型号	励磁方	额定电压（V）	额定频率（Hz）	变比	输出电压相位移（°）	开路输入阻抗（Ω）	开路输出阻抗（Ω）	短路输出阻抗（Ω）
正余弦旋转变压器	12XZ01	定子	20	400	0.56	—	600	—	—
	12XZ02				1.00	—	1000	—	—
	20XZ01	定子	26	400	0.56	20	600	240	200
	20XZ02				1.00	20	600	700	600
	20XZ03				0.56	22	1000	380	350
	20XZ04				1.00	22	1000	1200	1100
	20XZ05				0.56	22	2000	700	600
	20XZ06				1.00	22	2000	2500	2300
	28XZ01	定子	36	400	0.56	12	400	130	60
	28XZ02				0.56	12	600	200	80
	28XZ03				1.00	12	600	620	270
	28XZ04				0.56	12	1000	330	150
	28XZ05				1.00	12	1000	1100	560
	28XZ06				0.56	15	2000	650	350
	28XZ07				1.00	15	2000	2000	1000
	28XZ08				0.56	15	3000	1000	500
	28XZ09				1.00	15	3000	3100	1500
	28XZ10				1.00	15	4000	4200	2000
	36XZ01	定子	36	400	0.56	7	400	130	35
	36XZ02				0.56		600	200	50
	36XZ03				1.00		600	600	160
	36XZ04				1.00		600	600	160
	36XZ05				0.56		1000	320	100
	36XZ06				1.00		1000	1050	320
	36XZ07				0.56		2000	640	170
	36XZ08				1.00		2000	2100	700
	36XZ09		60		0.56		3000	970	250
	36XZ10				1.00		3000	3000	900
	36XZ11				0.56		4000	3000	400
	36XZ12				1.00		4000	1300	1500
	36XZ13				0.56		6000	4000	600
	36XZ14				1.00		6000	2000	1900

类别	型号	励磁方	额定电压（V）	额定频率（Hz）	变比	输出电压相位移（°）	开路输入阻抗（Ω）	开路输出阻抗（Ω）	短路输出阻抗（Ω）
正余弦旋转变压器	45XZ01	定子	115	400	0.56	5	400	6000	25
	45XZ02				0.56		600	130	35
	45XZ03				1.00		600	200	120
	45XZ04				0.56		1000	600	70
	45XZ05				1.00		1000	320	200
	45XZ06				0.56		2000	1000	130
	45XZ07				0.56		3000	640	200
	45XZ08				0.56		4000	950	280
	45XZ09				1.00		4000	1300	900
	45XZ10				1.00		6000	4000	1500
	45XZ11				0.56		10000	6000	650
	55XZ01	定子	115	400	0.56	2.5	200	3200	7
	55XZ02				1.00		200	65	20
	55XZ03				0.56		400	200	13
	55XZ04				1.00		400	130	40
	55XZ05				0.56		1000	400	30
	55XZ06				1.00		1000	1000	1000
	70XZ01	定子	36	50	0.56	14	200	65	25
	70XZ02				0.56		600	190	85
	70XZ03				0.56		1000	310	140
	70XZ04				1.00		1000	1000	450
	70XZ05				1.00		2000	2000	900
	70XZ06		110		0.56		600	190	90
	70XZ07				0.56		1000	310	140
	70XZ08				1.00		1000	1000	450
	70XZ09				1.00		2000	2000	900
	70XZ10		220		0.56		3000	950	420
	70XZ11				1.00		6000	6000	2700

续表

类别	型号	励磁方	额定电压 （V）	额定频率 （Hz）	变比	输出电压 相位移 （°）	开路输入 阻抗 （Ω）	开路输出 阻抗 （Ω）	短路输出 阻抗 （Ω）
线性旋转变压器	28XZ01	定子	36	400	0.55～0.60	12	600	200	80
	28XZ02						1000	330	150
	36XZ01		60			7	400	130	35
	36XZ02						600	190	50
	36XZ03						600	190	50
	36XZ04						1000	320	100
	36XZ05						4000	1300	400
	45XZ01		115			5	600	200	35
	45XZ02						1000	320	70
	45XZ03						2000	640	130
	45XZ04						4000	1300	280
	55XZ01					2.5	400	130	13
	55XZ02						600	190	20
	55XZ03						1000	310	30
比例式旋转变压器	28XL01	定子	36	400	0.15	12	600	14	5.8
	28XL02				0.56	7	600	200	80
	28XL03		60		0.56		1000	330	150
	28XL04				1.0		1000	1100	560
	36XL01		115		0.15	5	400	9.3	2.5
	36XL02				0.56		600	190	50
	36XL03				0.56		1000	320	100
	36XL04				1.0		1000	1000	320
	36XL05				0.56		4000	1300	400
	45XL01				0.15		600	14	2.5
	45XL02				0.56		1000	320	700
	45XL03				1.0		1000	1000	200
	45XL04				0.56		4000	1300	280
旋变发送机	20XF01	转子	26	400	0.45	20	400	100	70
	28XF01		36			12	600	150	50
	36XF01		36		0.78	7	400	90	25
	45XF01		115			5	400	250	60
旋变差动发送机	20XC01	定子	12	400	1	20	400	450	380
	28XC01		16			12	600	620	270
	36XC01		16			7	400	400	110
	45XC01		90			5	600	600	120

续表

类别	型号	励磁方	额定电压 （V）	额定频率 （Hz）	变比	输出电压 相位移 （°）	开路输入 阻抗 （Ω）	开路输出 阻抗 （Ω）	短路输出 阻抗 （Ω）
旋转变压器	20XB01	定子	12	400	2	22	1000	5100	5000
	28XB01		16			12	1000	4200	2200
	28XB02					15	2000	8500	4000
	36XB01					7	1000	4000	1400
	36XB02						2000	8000	2400
	36XB03						3000	12000	3600
	45XB01		90		0.65	5	2000	860	190
	45XB02						4000	1700	370
	45XB03						10000	4200	1100

附录 J　自整角机主要技术数据

类别	型号	频率 (Hz)	励磁电压 (V)	最大输出电压 (V)	比整步转矩（不小于）[N·m/(°)]	空载电流 (mA)	空载功率（不大于）(W)	开路输入阻抗 (Ω)	短路输出阻抗 (Ω)	开路输出阻抗 (Ω)
控制式发送机	12ZKF01		26	12						
	12ZKF02	400	20	9		100	1.5	200	45.4	
	16ZKF01		20	9		43	0.8	165	30	
	20ZKF01	50	36	16		72	1.2	500	60	
	24ZKF01		26	12		84	1.0	430	70	
	28ZKF01		115	90	—	42	1.0	2740	500	60
	28ZKF02		36	16		135	1.5	267	15	
	36ZKF01	400 50	115	90		92	2.0	1250	150	
	36ZKF51		36	16		50	2.0	720	300	
	45ZKF01		115	90		200	2.5	575	50	
	45ZKF51		110	90		38	2.0	2900	1000	
控制式差动发送机	16ZKC01		9	9		65	0.5	120	60	
	20ZKC01		16	16		100	1.0	138	60	
	24ZKC01	400	12	12		53	0.8	260	110	
	28ZKC01		90	90	—	39	1.2	2000	600	
	28ZKC02		16	16		200	1.0	69	20	
	36ZKC01					80	1.0	975	200	
	45ZKC01	50	90	90		160	2.0	487	60	
	45ZKC51					50	2.0	1560	1800	
自整角变压器	12ZKB01		9	18		75	0.5	104	850	
	16ZKB01		9	18		60	0.3	130	370	
	20ZKB01	400	16	32		100	0.6	138	700	
	24ZKB01		12	24		27	0.3	510	1150	
	28ZKB01		90	58		11	0.3	7090	2000	
	28ZKB02		16	32		25	0.5	3120	900	
	28ZKB03	50	90	58		55	0.4	251	650	
	28ZKB04	400	16	32		110	0.6	126	350	
	36ZKB01				—	11	0.3	7090	1000	1075
	36ZKB02					30	0.5	2600	450	
	36ZKB03					55	1.0	1420	200	
	36ZKB51					46	0.5	300	4000	
	45ZKB01	50	90	58		7	0.3	11 150	1500	
	45ZKB02					30	0.5	2600	300	
	45ZKB03					78	1.0	1000	120	
	45ZKB04					120	1.5	650	75	
	45ZKB51					30	1.2	2600	2000	

续表

类别	型号	频率 (Hz)	励磁电压 (V)	最大输出电压 (V)	比整步转矩 (不小于) [N·m/ (°)]	空载电流 (mA)	空载功率 (不大于) (W)	开路输入阻抗 (Ω)	短路输出阻抗 (Ω)	开路输出阻抗 (Ω)
力矩式发送机	20ZLF01	400	36	16	0.0294×10⁻³	140	1.3			
	24ZLF01		36	16	0.491×10⁻³	220	1.7			
	28ZLF01		115	90	0.0589×10⁻³	100	2.0			
	28ZLF02		115	16	0.0589×10⁻³	100				
	28ZLF03		36		0.0589×10⁻³	300				
	36ZLF01		115	90	0.245×10⁻³	250	4.0			
	36ZLF02			16						
	45ZLF01		110		0.785×10⁻³	550	8.0			
	45ZLF51	50	110		0.294×10⁻³	100	3.5			
	45ZLF52		220			55	4.5			
	55ZLF01	400	115	90	1.96×10⁻³	900	12.0			
	55ZLF51	50	110		1.08×10⁻³	250	5.5			
	55ZLF52	50	220			125	6.0			
	70ZLF01	400	115		4.91×10⁻³	1700	16.0			
	70ZLF51	50	110		2.94×10⁻³	500	8.0			
	70ZLF52	50	220			250	8.5			
	90ZLF01	400	115			2000	20.0			
	90ZLF51	50	110		7.85×10⁻³	850	10.0			
	90ZLF52	50	220			425	0.5			
力矩式差动发送机	20ZCF01	400	16	16	—	250	1.3			
	28ZCF01		90	90	—	110	2.0			
	28ZCF02		16	16	0.0245×10⁻³	600	2.0			
	36ZCF01				0.147×10⁻³	300	4.0			
	45ZCF01				0.392×10⁻³	600	8.0			
	55ZCF01	50	90	90	0.294×10⁻³	300	5.5			
	70ZCF51				1.77×10⁻³	780	11.4			
	90ZCF51				3.92×10⁻³	1200	14			
自整角接收机	20ZLJ01	400	36	16	0.0294×10⁻³	140	1.3			
	24ZLJ01		36	16	0.0491×10⁻³	220	1.7			
	28ZLJ01		115	90		100	2.0			
	28ZLJ02		115	16	0.0589×10⁻³	100	2.0			
	28ZLJ03		36	16		300	2.0			
	36ZLJ01		115	90	0.245×10⁻³	250	4.0			
	36ZLJ02		115	16		250	4.0			
	45ZLJ01		115		0.785×10⁻³	550	8.0			
	45ZLJ51	50	110		0.294×10⁻³	100	3.5			
	45ZLJ52	50	220			55	4.5			
	55ZLJ01	400	115	90	1.96×10⁻³	900	12.0			
	55ZLJ51	50	110		1.08×10⁻³	250	5.5			
	55ZLJ52	50	220		4.91×10⁻³	125	6.0			
	70ZLJ01	400	115			1700	16.0			
	70ZLJ51	50	110		2.94×10⁻³	500	8.0			
	70ZLJ52	50	220			250	8.5			
	90ZLJ01	400	115			2000	20.0			
	90ZLJ51	50	110		7.85×10⁻³	850	10.0			
	90ZLJ52	50	220			425	10.5			

参 考 文 献

[1] 葛伟亮．自动控制元件．北京：北京理工大学出版社，2004.

[2] 刘向群．自动控制元件（电磁类）．北京：北京航空航天大学出版社，2001.

[3] 梅晓榕，等．自动控制元件及线路．北京：科学出版社，2007.

[4] 武纪燕．现代控制元件．北京：电子工业出版社，1995.

[5] 李忠高．控制电机及其应用．武汉：华中工学院出版社，1986.

[6] 杨耕，罗应立．电机与运动控制系统．北京：清华大学出版社，2006.

[7] 李发海，王岩．电机与拖动基础．北京：清华大学出版社，2005.

[8] 顾绳谷．电机及拖动基础．北京：机械工业出版社，2007.

[9] 邱阿瑞．电机与电力拖动．北京：电子工业出版社，2002.

[10] 程明．微特电机及系统．北京：中国电力出版社，2008.

[11] 郁建平．机电控制技术．北京：科学出版社，2006.